증기보일러 및 원동기

증기보일러 및 원동기

초판 발행 1983년 2월 20일
19쇄 발행 2020년 9월 22일

지은이 김동원
펴낸이 최국주
펴낸곳 동명사
출판등록 1950년 11월 1일(제1-76호)
주소 (우 10881) 경기도 파주시 회동길 50(문발동)
전화 031-955-7200(대표)~2, 7203(편집부), 7204(물류)
팩스 031-955-7205
전자우편 webmaster@dmsbook.com
홈페이지 www.dmsbook.com

ISBN 978-89-411-0139-0 93550
값 18,000원

東明社

머 리 말

이 책은 증기보일러, 증기터어빈 및 복수기에 관한 기초 사항에 대해 서술한 것이며, 공과대학의 기계과 학생들의 교과서 내지 참고서로 사용할 수 있도록 쓴 것이다. 그러나 화력발전공학이나 증기동력 관계의 현장 기술자들에게도 참고가 될 것으로 생각한다.

저자는 20여년 전에 동명사의 공학총서 기계공학 시리이즈 Ⅲ으로 증기관 및 원동기를 써서 불충분하나마 이 분야의 교육에 다소의 기여를 한 경험을 가지고서, 이번에 동명사의 거듭되는 요청에 의하여 다시 붓을 들어, 현재의 대학 실정에 맞도록 새로운 내용의 교과서를 의도하여 이 소저를 내놓게 되었다.

20년 전만 하여도 화력발전소의 건설은 전적으로 외국 기술에 의존하는 것이 실정이었으나, 이제는 우리 공업도 많이 발전하여 국산 기기가 차지하는 비율이 점차 증가일로에 있음은 기쁜 일이 아닐 수 없다.

한편 선진 제국의 경우 이 분야의 기술은 계속 발전하고 있는 추세이며 원동소 효율의 향상, 발전용량의 대형화가 두드러지며, 특히 에너지 위기를 경험한 이후로 더욱 그러하다. 따라서 우리 나라도 뒤지지 않도록 이 분야의 발전에 주력하여야 하겠다.

끝으로 교과서로서의 여러 가지 오류나 불비한 점은 독자 여러분의 지적에 힘입어서 계속 수정 보충해 나가려고 한다.

이 책을 엮는 데 참고로 한 여러 저서의 저자들에게 감사하며, 출판에 열성적이었던 동명사 여러분에게 깊은 사의를 표한다.

1983년 1월

저 자 씀

차 례

제 I 편 증기보일러

제 5 장 전 열

제 6 장 보일러 본체의 열공학적 계산

제 7 장 과열기 및 공기예열기

제 8 장 보일러의 제손실과 효율

제 9 장 통 풍

제 Ⅱ편 증기터어빈

제14장 증기터어빈의 개요

제15장 증기의 유동

제16장 단의 선도효율

제17장 증기터어빈의 제손실과 성능

제18장 증기터어빈의 주요 부품

제 I 편　증 기 보 일 러

제 1 장　증기동력의 개요
제 2 장　보일러의 개요
제 3 장　연료와 연소
제 4 장　연소장치
제 5 장　전　열
제 6 장　보일러 본체의 열공학적 계산
제 7 장　과열기, 절탄기 및 공기예열기
제 8 장　보일러의 제손실과 효율
제 9 장　통　풍
제10장　보일러수 순환
제11장　급수처리
제12장　보일러의 제어
제13장　보일러의 부속품

증기동력의 개요

제 1 장

이 장에서는 증기보일러(蒸氣罐)와 증기원동기(蒸氣原動機)의 간단한 기본 개념과 이에 필요한 열역학의 중요한 여러 개념을 알아보기로 한다.

1-1 열기관(熱機關)과 열원동소(熱原動所)

태양은 지구 위의 모든 형태의 에너지(energy)의 원천이다. 태양에서 복사(輻射)되는 에너지는 지상에서 연료(燃料), 유수(流水), 바람 등으로 축적된다. 우리는 이들 천연 에너지를 이용하여 사용하는 데 편리한 형태의 에너지, 즉 기계적 에너지를 계속하여 발생시킨다. 이를 **동력**(動力, power)이라 하며, 오늘날의 인류의 고도한 기계문명도 결국 축력(畜力)이나 인력(人力)에만 의존하던 고대에 비하여 18세기 이후로 대규모의 동력 획득 방법에 성공한 것에 비롯한다.

천연에너지를 동력으로 전환시키는 데 필요한 일련의 기계, 기구 및 장치를 통틀어 **원동소**(原動所, power plant)라 하며, 이용되는 천연에너지의 종류에 따라 수력원동소(水力原動所), 화력원동소(火力原動所), 풍력원동소(風力原動所)라고 한다.

다시 현대에 와서 과학의 발전으로 원자력원동소(原子力原動所)와 태양의 복사에너지를 직접 이용하는 태양력원동소(太陽力原動所)까지 등장하여 앞으로의 발전이 기대된다. 동력을 전력(電力)으로 방출하는 원동소를 특히 **발전소**(發電所, electric power station)라고 한다.

화력원동소 또는 열원동소(熱原動所, heat power plant)는 주로 연료가 가진 잠재(潛在) 에너지를 동력으로 바꾸는 설비이다. 즉 원동소의 한편에서는 계속하여 연료가 들어가고, 다른 한편에서는 계속 동력이 발생한다. 그리고 원동소 안에서는 연료의 연소에 따른 열발생과 열에서 일로의 에너지 전환이 계속적으로 일어난다. 이 에너지의 전환을 행하는 기계장치를 **열기관**(熱機關, heat engine) 또는 **열원동기**(熱原動機, heat prime mover)라고 한다.

열원동소는 다시 증기원동소(蒸氣原動所, steam power plant)와 내연원동소(內燃原動所)로 구분된다. 증기원동소에서는 연료의 연소로 생긴 고온 가스가 증기보일러(蒸氣罐, steam boiler) 속의 물을 가열하여 고압의 증기(蒸氣, steam)를 발생한다. 다음 증기원동기(蒸氣原動機, steam prime mover), 즉 피스턴 증기기관(蒸氣機關) 또는 증기터어빈에서 증기의 에너지를 기계적 에너지로 전환시킨다. 이 때의 증기와 같이 열에서 일로의 에너지 전환의 중개 역할을 하는 물질을 **작업유체**(作業流體, working medium)라고 한다. 한편 증기원동기에 대립되는 열기관인 내연기관(內燃機關, internal combustion engine)에서는 기관 자체 내에서 연료를 연소시키고, 연소 결과 생긴 고온의 가스가 작업유체로 작용한다. 따라서 내연기관 그 자체를 내연원동소라고 볼 수 있다.

이상의 각 원동소 중 현재 대규모의 동력 발생에 가장 큰 역할을 하고 있는 원동소는 증기원동소와 수력원동소이다.

1-2 증기원동소의 개요 및 증기공학

증기원동소를 크게 나누면 복수식(condensing) 증기원동소와 비복수식(non-condensing) 증기원동소가 있다.

그림 1-1은 복수식 증기원동소를 구성하는 주요부를 보이며, 이들은 ① 증기관(보일러), ② 증기원동기, ③ 복수기(復水器), ④ 복수펌프, ⑤ 급수(給水)펌프 등으로 되어 있다.

이들 여러 설비에서 증기의 상태 변화를 알아보면,

① 증기보일러라는 내압용기(耐壓容器) 속의 물은 밖으로부터의 가열로 증발되고, 다시 부속된 과열기(過熱器, superheater) 속에서 가열되어 고온 고압의 증기가 된다. 가열의 열원이 될 고온 가스는 보일러에 부속된 노(爐)에서 연료의 연소로 발생된다.

② 보일러와 과열기에서 만들어진 대로의 증기, 즉 생증기(生蒸氣, live steam)는 증기 파이프를 거쳐 증기원동기로 들어가, 여기서 팽창으로 생긴 에너지의 일부를 동력으로 전환하고, 저압 저온의 폐기(廢氣)로서 나온다.

③ 폐기는 복수기로 들어가서 여기서 하천(河川) 등의 물로 냉각되어 복수(다시 물로 됨)된다. 이 때 체적의 격심한 감소로 복수기 속은 진공(眞空), 즉 대기압(大氣壓)보다 낮은 압력이 생긴다. 이것이 폐기 및 복수의 압력이다.

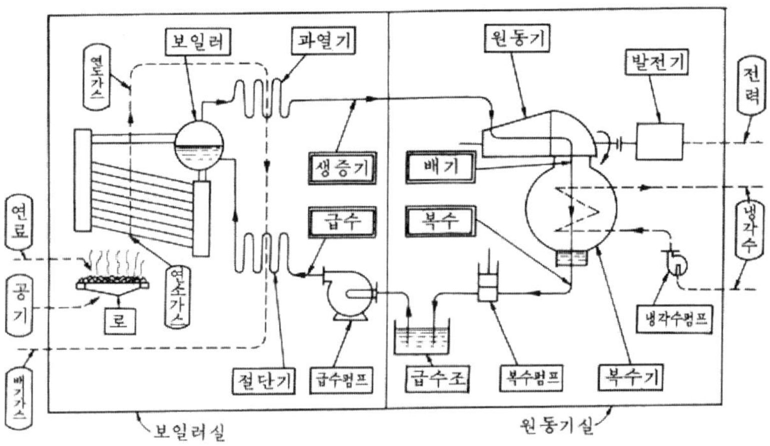

그림 1-1 복수식 증기원동소의 설비

④ 복수는 복수펌프로 먼저 대기압까지, 다시 급수펌프로 보일러 압력까지 압축되어 보일러로 들어간다. 이것이 보일러 급수이다. 급수가 보일러로 들어가기 직전에 이를 연소가스의 여열(餘熱)로 가열하는 장치가 **절탄기**(節炭器, economizer)이다.

이와 같이 복수식 증기원동소에서는 일정량의 물 또는 증기가 가열(加熱), 팽창(膨脹), 냉각(冷却), 압축(壓縮)의 4변화를 거쳐 순환한다. 일반적으로 작업유체가 열을 일로 전환시키기 위하여 반복하여 거쳐 나가는 순환적 상태 변화를 **사이클**(cycle)이라고 한다.

비복수식 증기원동소에서는 원동기의 폐기는 대기 중으로 방출되고 따로 대기 중의 물을 급수로 함으로써 작업유체는 갱신되나, 이 때에도 대기와 지구(地球)를 복수기로 보면 사이클은 완결되는 셈이다. 비복수식 원동소는 소규모로 동력을 발생하는 경우이거나 또는 폐기를 작업용 증기(作業用蒸氣, process steam)로 사용할 때에만 사용되며, 동력 발생을 목적으로 할 때에는 거의 복수식을 채택한다.

생산 공장에서는 일반적으로 동력 외에 작업용 증기를 필요로 하는 경우가 많다. 필요한 작업용 증기량이 적을 때는 일반 난방용의 경우와 같이 그 증기만을 발생시키기 위한 소형 보일러를 별도로 두는 경우도 있다. 그러나 대량으로 작업용 증기를 요하는 경우에는 열병급(熱併給) 동력플랜트가 흔히 이용된다. 이것은 그림 1-2와 같이 보일러로부터의 고압증기를 필요한 작업용 증기압력까지 증기터어빈에서 팽창시켜 동력을 발생시키고, 그 배기를 작업용으로 이용하는 배압(背壓)터어빈 플랜트와 그림 1-3과 같이 터어빈의 도중의 소정 압력의 위치로부터 필요한 작업용 증기를 추출하는 추기(抽氣)터어빈 플랜트가 있다.

대체로 작업용 증기가 많이 필요한 식품, 고무, 펄프, 석유 정제공업에서는 배압플랜트가 잘 이용되고, 석유화학, 방적공업 또는 화학·화섬·유리공업 등에서는 추기플랜트가 주로 이용되나, 요컨대 그 선택은 필요한 동력과 작업용 증기량의 비율에 크게 의존된다.

증기공학(蒸氣工學) 또는 증기동력공학(蒸氣動力工學, steam power engineering)은 이상과 같은 증기원동소를 대상으로 하여 증기력에 의한 동력 발생에 관하여 연구하는 공학의 한 분과이다. 이는 기계공학 중 가장 역사가 깊은 분야이며, 근대에 와서 제임스 와트가 실용적 증기기관을 만들어 영국에서 산업혁명(產業革命)을 유발하고 기계문명에의 길을 터놓은 이래 기계공학 발전의 모체를 이루었다. 즉 증기기관의 발달은 비로소 기계공학이란 학문이 발생하는 터전을 마련했을 뿐만 아니라 기타 공업 또는 공학의 발전을 추진시켰고, 19세기 후반부터 발달하기 시작한 내연기관의 선구자 역할을 했으며, 20세기 초두부터 나타난 증기터어

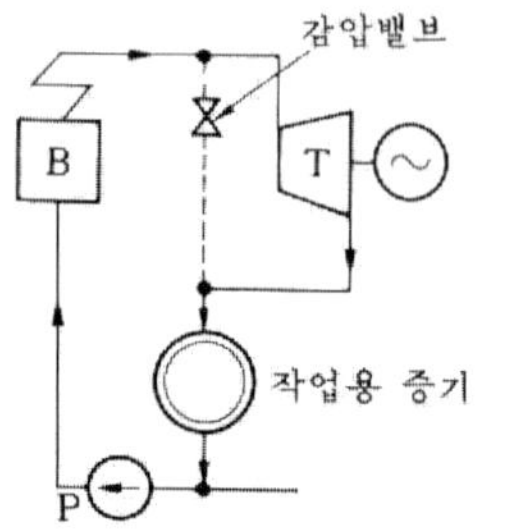

그림 1-2 배압터어빈 플랜트

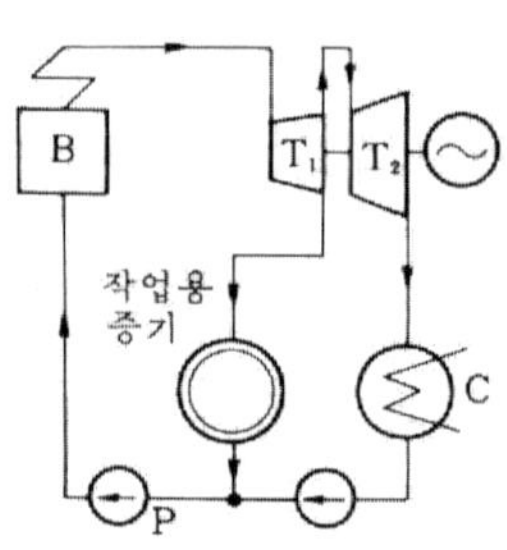

그림 1-3 추기터어빈 플랜트

빈(steam turbine)은 대규모의 동력 발생에 가장 안정된 열기관으로 인정받아 오늘날의 증기원동소는 거의 모두가 증기터어빈 원동소로 통일되었다. 다시 증기터어빈은 제 2 차대전 후 발달된 가스터어빈 및 제트기관의 모체가 되었으며, 새로운 원자력 동력의 출현으로 증기원동기는 더욱 더 찬란한 장래가 기대된다. 이는 원자력 발전의 기본적 체계가 종래의 증기보일러를 핵연료의 분열에 의한 발생열을 이용하는 원자로(原子爐)로 대치한 이외는 별로 다른 점이 없을 만큼 증기동력공학과 밀접한 관계를 갖는 까닭이다.

1-3 증기 사이클

복수식 증기원동소의 주요 구성 요소는 그림 1-1과 같이 보일러, 증기원동기(보통은 증기터어빈), 복수기 및 급수펌프이며, 기본이 되는 증기사이클은 랭킨사이클이다. 그러나 열효율을 높이기 위하여 실제로는 주로 재생사이클이, 또 대출력의 것에서는 재열재생 사이클이 사용되고 있다.

[1] 랭킨 사이클(Rankine cycle)

랭킨 사이클은 또한 **클라우지우스-랭킨 사이클**(Clausius-Rankine cycle)이라고도 한다. 이것은 증기를 작업 유체로 하는 사이클로서 고안된 것이며, 카르노 사이클을 증기원동소의 실정에 맞게 고친 것이라고 할 수 있으며, 오랫동안 증기원동소의 기본 사이클이 되어 왔다.

건포화증기의 랭킨 사이클은 p-v 선도(그림 1-4) 및 T-s 선도 (그림 1-5)에서 aa′b″c″da 로 표시되며, 습증기에 대해서는 aa′b′c′da, 과열증기에 대해서는 aa′bcda 가 된다(그림에서 점선 $a_0b_0c_0da_0$ 는 보일러 압력이 초임계압일 때의 사이클을 표시한다).

사이클을 구성하는 4 과정 중 aa′b″(또는 aa′b′, aa′b)는 등압가열, b″c″(또는 b′c′, bc)는 단열

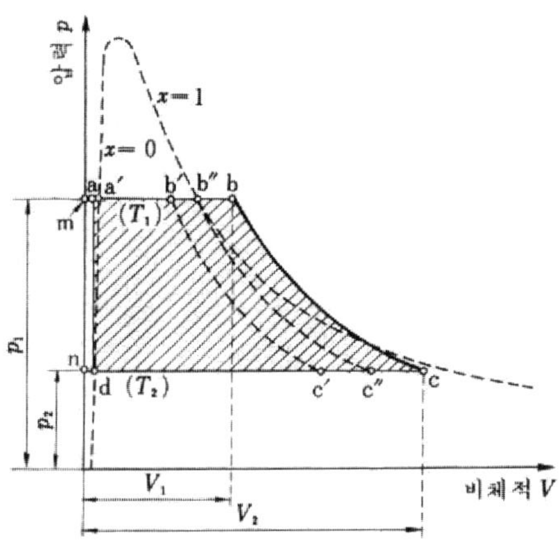

그림 1-4 랭킨 사이클의 p-v 선도

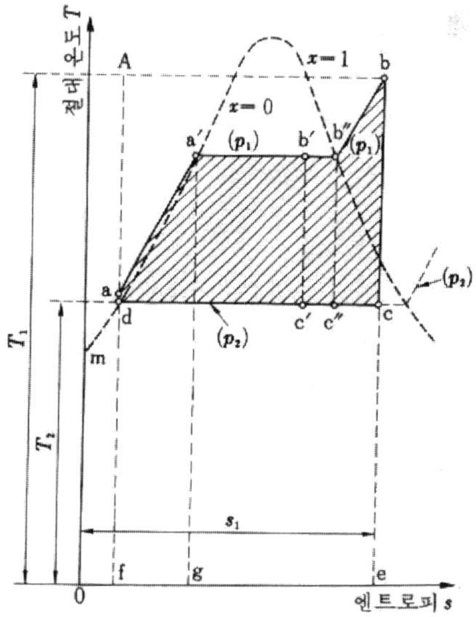

그림 1-5 랭킨 사이클의 T-s 선도

팽창, c″d(또는 c′d, cd)는 등압냉각, da 는 단열압축이다.

이 사이클을 행하기 위한 설비로는 카르노 사이클의 경우와 같이 이상적(理想的)인 단일 기통(單一氣筒)과 이에 접촉하는 열원(고온열원 및 저온열원) 및 단열체(斷熱體)를 생각해도 좋으나, 보다 실제적으로는 복수식 증기원동소의 제설비(諸設備, 그림 1-1 참조)에 대해서 생각하기로 한다.

즉 랭킨 사이클은 증기기관이나 터어빈 같은 증기원동기만으로 완결되는 사이클이 아니라 증기원동소의 필요한 여러 설비, 즉 보일러 증기원동기, 복수기, 급수펌프 등이 다 이 사이클의 구성 요소가 된다는 것을 주의해야 한다.

1) 제 1 과정(ab) …… a 점으로 표시되는 불포화수(p_1, T_2)가 급수로 보일러에 들어갈 때 보통 큰 보일러에서는 보일러 설비 안의 절탄기(節炭器)에서 포화온도(T_s)까지 가열되어 포화수(a′ 점)가 된다. 계속하여 보일러에서 가열되어 건포화증기(b″ 점)가 되고, 다시 과열기(過熱器)에서 가열되어 b 점으로 표시되는 과열증기(p_1, T_1)가 된다.

2) 제 2 과정(bc) …… 보일러에서 나온 생증기가 이 과정에서 증기원동기(피스턴 기관, 또는 터어빈)에서 팽창일을 한다. 팽창을 끝낸 증기, 즉 폐기의 상태(c 점)가 과열역에 있는가 또는 포화역에 있는가는 b 점에서의 과열도와 팽창 정도로 정해진다.

3) 제 3 과정(cd) …… 이는 폐기가 복수기 안에서 냉각되는 과정이며, 등압인 동시에 등온하에 체적이 감소되어 끝에 가서는 전부 복수가 된다.

4) 제 4 과정(da) …… 이 과정에서 d 점으로 표시되는 포화수(p_2, T_2)가 복수펌프로 대략 대기압까지 가압(加壓)되고, 다시 급수펌프로 보일러 압력(p_1)까지 가압되어 급수가 된다. 그리하여 물은 출발점 a 의 상태로 돌아온다.

이상과 같은 랭킨 사이클이 카르노 사이클에 비해서 매우 실제적인 까닭은 제 1 과정에서 물의 가열이 상온(常温) T_2에서 시작되는 것과 과열역에서의 등압가열 및 제 4 과정에서의 완전 복수이다.

그러나 불포화수의 가열 aa′와 등압가열 b″b 는 비가역과정(非可逆過程)이므로 랭킨 사이클은 비가역 사이클이 된다. 따라서 열효율은 카르노 사이클보다 낮고, 일정한 온도 범위($T_1 \sim T_2$)에 대해서 압력 p_1이 낮을수록, 또 일정한 압력에서는 과열온도가 높을수록 카르노 사이클과의 차이가 커진다.

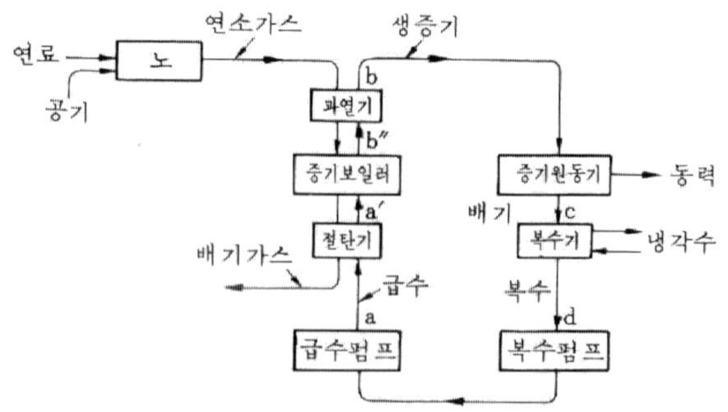

그림 1-6 랭킨 사이클을 행하는 증기원동소 설비

그림 1-5에서 상하(上下)의 온도 한계가 같은 카르노 사이클의 경우의 일량이 Abcda 가 됨을 보면 명백하다.

[2] 랭킨 사이클의 열효율

랭킨 사이클을 하는 작업증기 1 kg 당(當)의 공급열량을 q_1, 방출열량을 q_2 라 하면 T-s 선도에서(그림 1-5)

$$q_1 = \text{면적(面積) faa'b''bef} = \text{면적 maa'b''beom} - \text{면적 mafom} = i_1 - i_a \quad (1\text{-}1)$$

$$q_2 = \text{면적 dcefd} = \text{면적 mdceom} - \text{면적 mdfom} = i_2 - i_2' \quad (1\text{-}2)$$

여기서, i_1, i_2 : b 점(초압 p_1) 및 c 점(종압 p_2)에서의 증기의 엔탈피 [kcal/kg]

i_a : a 점(초압 p_1)에서의 불포화수의 엔탈피 [kcal/kg]

i_2' : d 점(종압 p_2)에서의 포화수의 엔탈피 [kcal/kg]

따라서 일로 전환되는 열량은 A 를 일의 열당량(熱當量 $A = 1/427$ kcal/kgf-m)이라 하면

$$AL = \text{면적 daa'b''bcd} = q_1 - q_2 = (i_1 - i_a) - (i_2 - i_2') \quad (1\text{-}3)$$

$$= (i_1 - i_2) - (i_a - i_2') \quad (1\text{-}4)$$

여기서, $(i_a - i_2') = AL_w$

는 압력 p_2, 온도 T_2 의 포화수를 p_1 까지 가압하는 데 요하는 에너지이며, **급수펌프일**(feed pump work)이라고 하며, p-v 선도에서는 면적 madnm(그림 1-4)으로 표시된다.

따라서 랭킨 사이클의 열효율(thermal efficiency)은

$$\eta_R = \frac{(i_1 - i_2) - (i_a - i_2')}{i_1 - i_a} = \frac{(i_1 - i_2) - (i_a - i_2')}{(i_1 - i_2') - (i_a - i_2')}$$

$$= \frac{i_1 - i_2 - AL_w}{i_1 - i_2' - AL_w} \quad (1\text{-}5)$$

이 식에서 $(i_1 - i_2)$는 상태 b에서 c까지, 즉 초압 p_1 에서 종압 p_2 까지의 단열팽창으로 이루어지는 일량의 열당량(熱當量)이며, 이를 **단열열낙차**(斷熱熱落差, adiabatic heat drop), 또는 단지 **열낙차**라고 한다.

$(i_1 - i_2)$는 p-v 선도에서는 물론 면적 mbcnm 에 해당한다$\left(\text{면적 mbcnm} = \dfrac{(i_1 - i_2)}{A}\right)$.

이 중에 madnm 은 위에서 말한 바와 같이

급수펌프일 $L_w = \int_{p_2}^{p_1} v dp = -\int_{p_1}^{p_2} v dp \fallingdotseq v_2'(p_1 - p_2)$ (단, v_2' 는 포화수의 비체적)를 표시하나, 압력이 특히 높지 않을 때는 증기의 비체적에 비하여 물의 비체적은 매우 작기 때문에 단열선 da 는 p 축과 거의 합치하므로, 면적 madnm $= AL_w \fallingdotseq 0$ 이라고 볼 수 있다.

《주》 예컨대 $p_1 = 20$ at, $p_2 = 0.1$ at 에서 급수펌프일은

$$AL_w = 0.001(200000 - 1000)\frac{\text{mkgf}}{\text{kg}} = \frac{199}{427}\ \frac{\text{kcal}}{\text{kg}} = 0.466\ \text{kcal/kg}$$

한편 350°C, 20 at 의 증기가 0.1 at 까지 팽창할 때의 일량은 223 kcal/kg 나 된다. 따라서 실제로는 급수펌프일을 무시해도 상관 없을 때가 많다.

이와 같이 급수펌프일을 생략하면

$$\eta_R \fallingdotseq \frac{i_1 - i_2}{i_1 - i_2'} \quad (1\text{-}6)$$

또한 등압가열에 있어서 물의 체적증가 aa′ 도 압력이 특히 높지 않은 한은 근소하므로 a, a′ 의 두 점은 실제에 있어서 거의 합치하고, 모두 p 축 위에 있는 것으로 도시(圖示)할 수

있다. 그러나 임계압력에 가까운 고압에서는 m, a, a′의 구별이 필요해진다.

한편 T-s 선도 (그림 1-5)와 i-s 선도 (Mollier 선도, 그림 1-7)에서도 이런 때에는 실제에 있어서 a 점과 등압선 aa′는 포화수선과 거의 일치하므로 보통 이를 구별하지 않는 경우가 많다.

《주》 다음의 표는 여러 가지의 포화온도 t_s 로부터 25, 100 및 200 at 의 종압까지 물을 단열 압축할 때의 물의 온도상승 Δt 를 보인다.

포화온도 t_s		0°C	50°	100°	150°	200°	250°	300°	350°
온도상승 Δt	25 at	−0.013	+0.1	0.15	0.2	0.15	—	—	—
	100 at	−0.5	+0.35	0.7	1.1	1.4	1.3	0.5	—
	200 at	−0.8	+0.71	0.31	2.0	3.2	3.5	4.5	4.0

랭킨 사이클의 일량 및 열효율은 i-s 선도를 이용하면 매우 간단하고 정확하게 구할 수가 있다. 즉 그림 1-7 에서 열낙차($i_1 - i_2$)는 p_1 선 위의 초상태점 b 에서 종압 p_2 선까지의 수선의 길이 bc 로 표시된다(초상태가 건포화증기이면 b″c″, 습증기이면 b′c′). 랭킨 사이클은 aa′bcda 로(과열증기일 때) 표시되나 극히 고압이 아닌 경우에 aa′는 da′에 합치한다고 볼 수 있다. 또 열효율도 식 (1-5)에 따라 이 선도 위의 길이(그림 1-8)로 간단히 구해진다.

$$\eta_R = \frac{\overline{bc} - \overline{12}}{\overline{b2} - \overline{12}} \fallingdotseq \frac{\overline{bc}}{\overline{b2}}$$

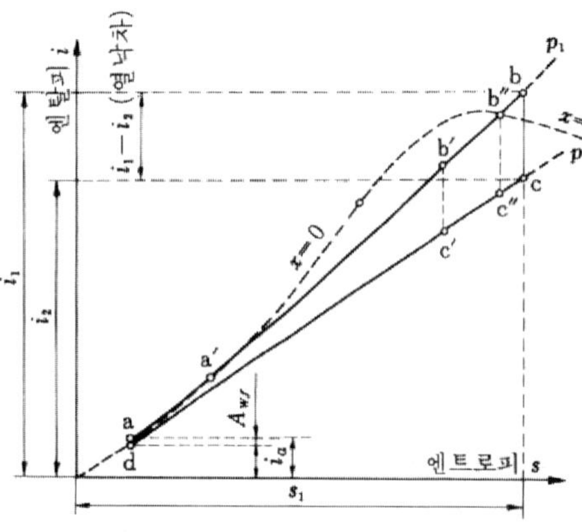

그림 1-7 랭킨 사이클의 i-s 선도

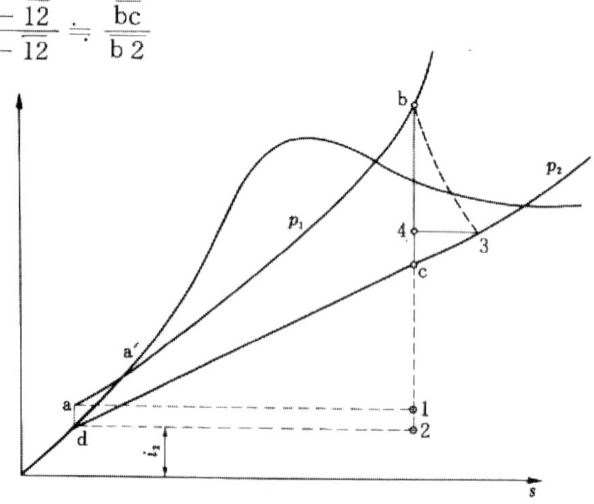

그림 1-8 i-s 선도에서 η_R 구하기

《주》 위에서 증기원동기 내에서의 팽창일이 열낙차($i_1 - i_2$)로 구해지는 것은 이 원동기가 이상적인 가역적(可逆的) 단열변화, 즉 isentropic (s = const) 팽창을 한다고 가정하는 경우에 성립된다. 그러나 실제의 원동기에서는 비가역적인 단열변화를 하게 되어 반드시 손실(損失)이 따르므로 실제의 팽창과정은 아마도 그림 1-8의 b 3 과 같은 경로를 따라 종압 p_2 의 등압선에서 그칠 것이므로, 실제의 원동기에서의 일량은 b 점과 3 점의 수직거리 b 4 에 해당하는 열낙차와 같게 되어 4 c 의 수직거리에 해당되는 열낙차만큼 일량은 줄어진다. 실제의 원동기에서 이로부터 나오는 폐기의 상태(압력과 건도 등)를 측정 결과 알게 되면 3 점의 위치를 정할 수 있다.

다음에 열효율과 증기소비율(蒸氣消費率, steam rate) 및 열소비율(熱消費率, heat rate) 사이의 관계에 대하여 살펴보자.

랭킨 사이클로 얻게 되는 이론적인 열량, 다시 말하면 손실이 없고 단열열낙차(i_1-i_2)를 모두 일량으로 전환시킬 수 있는 원동기로 얻게 되는 일량을 위에서 말한 대로 L로 표시하고 실제의 원동기에서의 도시(圖示, 指示 또는 線圖)일을 L_i, 원동기축(軸)에서 발생되는 유효(有效)일을 L_e라 하면, 다음과 같은 열효율들의 정의(定義)를 얻는다.

① 랭킨 사이클의 **이론열효율**(理論熱效率, ideal cycle efficiency)

$$\eta_{th}=\frac{AL}{Q}=\frac{i_1-i_2}{i_1-i_2'}=(\eta_R)$$

② **도시열효율**(圖示熱效率, indicated thermal efficiency)

$$\eta_i=\frac{AL_i}{Q}$$

《주》 특히 원동기가 터어빈일 경우에는 이 효율은 흔히 **내부효율**(內部效率)이라고 한다.

도시(圖示)일이란 피스턴식 원동기 또는 터어빈 안에서 작업유체가 각기 피스턴 위에, 또는 터어빈 깃(blade) 위에 실제로 전달하는 일량이며 피스턴 기관에서는 지시기(指示器, indicator)로 측정된다.

③ **기관효율**$\left(\text{機關效率, engine efficiency}=\frac{\eta_i}{\eta_{th}}\right)$

$$\eta_g=\frac{L_i}{L}$$

《주》 이 효율은 또한 열역학적 효율(熱力學的 效率, thermodynamic efficiency), 효율비(效率比, efficiency ratio), 상대효율(相對效率, relative efficiency), 터어빈 효율(turbine efficiency) 등이라 한다.

η_g는 요컨대 (순수한 기계적 손실을 무시하면) 공급된 증기의 실제 일로의 환산척도(換算尺度)라고 볼 수 있다.

④ **기계효율**(機械效率, mechanical efficiency)

$$\eta_m=\frac{L_e}{L_i}$$

⑤ **유효열효율**(有效熱效率, effective thermal efficiency)

$$\eta_e=\eta_{th}\cdot\eta_g\cdot\eta_m=\frac{AL_e}{Q}$$

《주》 이 효율을 제동열효율(制動熱效率, brake thermal efficiency)이라고도 한다.

이상의 여러 효율 중 지금 여기서 가장 흥미가 깊은 것은 물론 이론열효율 η_{th}이다. 실제에 있어서는 증기 1 kg 당의 발생일 AL [kcal/kg] 대신 그 역수(逆數)

$$D=\frac{1}{AL}\ [\text{kg/kcal}] \tag{1-7}$$

을 사용하는 수가 많다. 즉 D는 열량 단위로 1 kcal의 일을 발생하는 데 요하는 증기량을 kg으로 표시한 것이며, 이를 **증기소비율**이라 한다. 다시 이 증기소비율은 마력시(馬力時, PSh)당의 것인 D_{PSh}, 또는 킬로와트시(時)당의 것인 D_{kWh}를 사용하는 수가 많다. 지금

$$1\ \text{kcal}=\frac{1}{632}\ \text{PSh}=\frac{1}{860}\ \text{kWh}$$

이므로

$$D_{PSh} = \frac{1}{AL} \cdot 632 \frac{\text{kcal}}{\text{PSh}} = \frac{632}{AL} \text{[kg/PSh]} \qquad (1\text{-}7\ a)$$

$$D_{kWh} = \frac{1}{AL} \cdot 860 \frac{\text{kcal}}{\text{kWh}} = \frac{860}{AL} \text{[kg/kWh]} \qquad (1\text{-}7\ b)$$

또한 내연기관(內燃機關) 등의 다른 열기관과의 비교를 위해 단위량의 일량당(當)의 소비열량, 즉 열소비율을 사용할 때가 있다. 이를 W로 표시하면 열효율 $\eta = \frac{AL}{Q_1}$ 이므로

$$W = \frac{Q_1}{L} = \frac{A}{\eta} \text{[kcal/kgf m]} \qquad (1\text{-}8)$$

만약 마력시(PSh) 또는 킬로와트시(kWh)를 일의 단위로 사용하면

$$W_{PSh} = \frac{632}{\eta} \text{[kcal/PSh]} \qquad (1\text{-}8\ a)$$

$$W_{kWh} = \frac{860}{\eta} \text{[kcal/kWh]} \qquad (1\text{-}8\ b)$$

여기서, η의 값을 η_{th}, η_i 및 η_e 중 어느 것을 사용하는가는 그때 그때의 필요에 따른다.

[3] 초압, 초온 및 종압이 랭킨 사이클의 열효율에 미치는 영향

열역학의 제 2 법칙에 의하면 일반적으로 열역학적 사이클로 열이 일로 전환될 때, 열이 공급될 때의 온도가 높을수록, 또 일로 전환되지 않고 방출되는 열이 보다 낮은 온도에서 방출될수록 열효율이 커진다. 이는 랭킨 사이클에도 적용되는 것이다.

따라서 증기는 복수기 안에서 되도록 낮은 온도에서 응축되어야 한다. 그러나 이 때 복수기에 공급될 냉각수 온도로 자연 이 복수기 안의 온도(또는 압력)는 한계가 있다. 비복수식(非復水式)의 원동소에서는 결국 팽창 끝의 압력이 대기압(1 atm)보다 낮을 수 없으므로, 이 때 열낙차 중의 상당히 큰 부분이 이용되지 않고 그대로 방출되는 셈이다.

그림 1-9 는 16 at, 200.4°C 의 건포화증기를 0.0433 at, 30°C 의 복수기압까지 팽창시키고 응축시킬 때의 T-s 선도이며, 굵은 선이 이 때의 일량을 표시한다. 이 때 같은 초상태의 증기를 대기압까지 팽창시켜 바로 대기로 방출시키면 그림에서 사선부(斜線部)만큼 일량

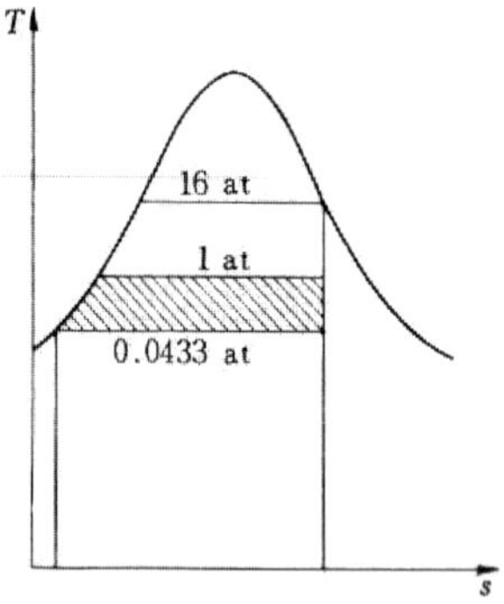

그림 1-9 배압의 영향

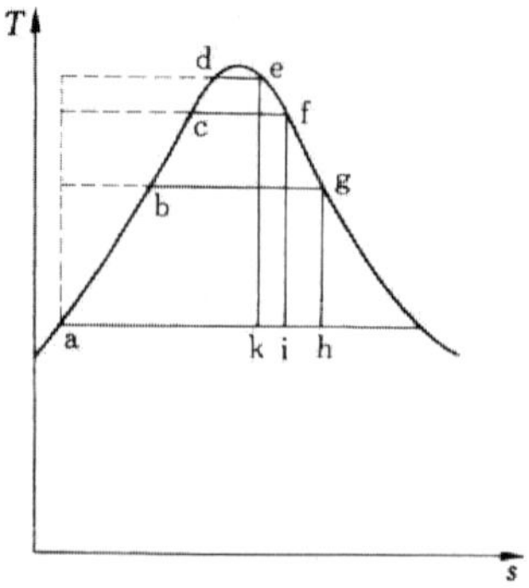

그림 1-10 압력이 다를 때 건포화증기의 일량

은 감소됨을 볼 수 있다.

다음 보일러 내의 압력과 온도를 높이면 그림 1-10에서와 같이 건포화증기일 경우 20 at, 100 at 및 220 at에 대한 일량을 표시하는 면적은 abgha, acfia 및 adeka와 같다. 이 때 압력의 증가에 따른 랭킨 사이클의 일량 증가는 카르노 사이클 때와 같이 크지 않다. 즉 랭킨 사이클 때는 카르노 사이클에 비해 포화수선 좌측(左側)의 점선부만큼 일량이 감소되는 까닭이다.

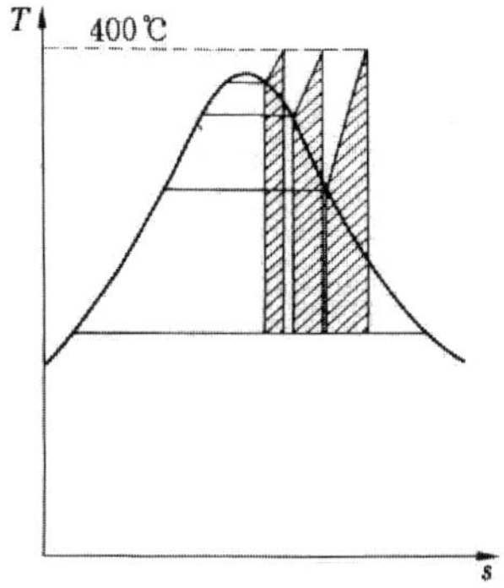

그림 1-11 과열의 영향

다음 증기를 과열할 때는 일량을 표시하는 면적은 그림 1-11에서 역시 같은 초압 20, 100 및 220 at에서(과열 온도는 400°C) 각기 사선부의 면적만큼 증가한다. 이리 하여 비록 온도가 상승하는 율(率)에 따르지는 못하나 열효율도 증가한다. 오늘날 대부분의 증기원동소에서 과열증기를 쓰는 까닭은 과열증기를 쓸 때 원동기 내의 손실들을 본질적으로 감소시킬 수 있다는 것이 가장 큰 이유이다. 결국 사이클 열효율은 증기터어빈 입구 증기의 압력과 온도를 높일수록 또 배압, 즉 복수기 압력을 낮출수록 상승한다.

그림 1-12는 열효율에 대한 입구 증기의 압력과 온도의 영향을 복수기 압력 0.05 kgf/cm²abs(진공 722 mmHg)의 경우에 대하여 표시한 것이다.

그림 1-13은 배압의 영향을 나타내며 배압을 낮춤으로써 열효율이 크게 상승함을 볼 수 있다.

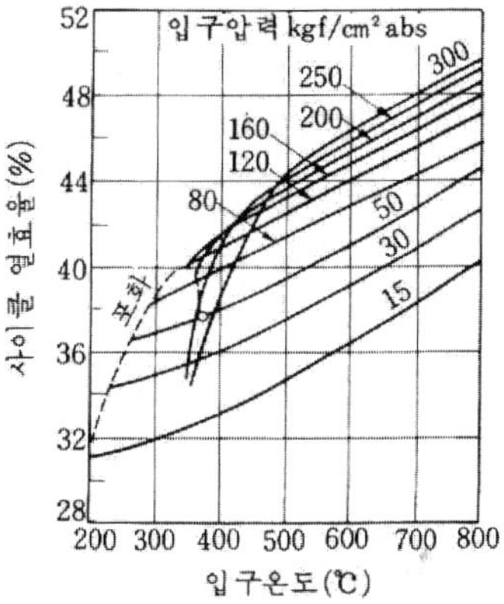

그림 1-12 랭킨 사이클 열효율
(배압 0.05 kgf/cm²abs의 경우)

그림 1-14는 배압을 0.05 kgf/cm²abs로 하였을 때의 배기의 질(건조도 또는 건도, quality)을 나타내고 있다. 배기의 건조도가 어느 한도 이하가 되면 터어빈의 저압부에 물방울에 의한 침식이 생기므로 실제로는 이 건조도를 되도록 높게 유지하는 것이 바람직하다. 이 때문에 입구 압력을 높이려면 이에 상응하게 입구 온도를 높이는 것이 필요하다. 다만 입구 온도는 보일러나 터어빈의 고온

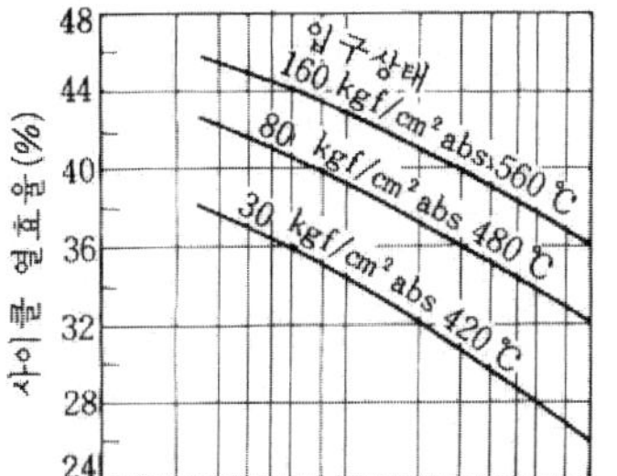

그림 1-13 랭킨 사이클 열효율

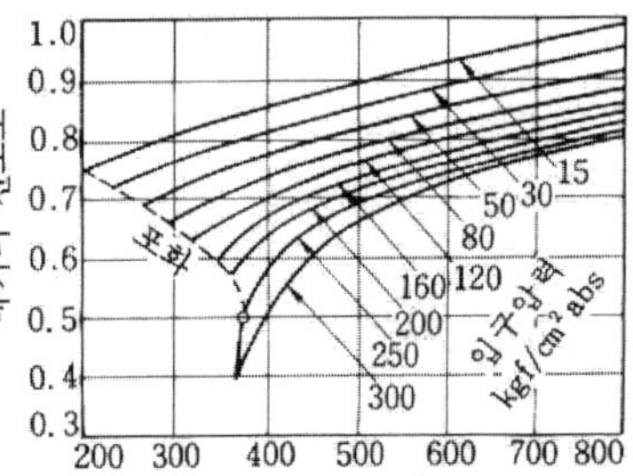

그림 1-14 랭킨 사이클에서의 배기의 건조도
(배압 0.05 kgf/cm²abs의 경우)

부에서의 내열 재료에 의하여 제한을 받는다.

현재는 경제적인 이유로 입구 증기온도를 540 °C 또는 570 °C 이하로 하는 것이 보통이다. 또 배압은 복수기 냉각수의 온도와 유량에 의하여 하한(下限)이 제한되고, 대용량 원동소에서는 배압을 0.05 kgf/cm²abs 로 하는 것이 표준으로 되어 있다.

[4] 재생(再生)사이클(regenerative cycle)

랭킨 사이클에서는 원동기에서 나온 폐기가 복수기 안에서 복수될 때 그 증발열이 무익하게 복수기 냉각수에 버려져서 큰 열손실을 초래한다. 이 열손실을 감소시키기 위하여 원동기 내에서 팽창하고 있는 증기의 일부를 팽창 도중에 원동기 밖으로 빼내어(抽出), 그 증발열의 방출로 보일러 급수를 가열한다. 즉 이러한 추기 급수가열(抽氣給水加熱, bleedsteam feedwater heating)을 행하는 것을 **재생 사이클**이라고 한다.

그림 1-15는 3단 추기의 재생사이클을 행하는 증기원동소 설비의 한 예이다. 이 사이클을 T-s 선도에 표시하면, 그림 1-16의 denmlkihgfad와 같이 된다. 여기서 1 m은 추기(抽氣)에 의한 작업 증기량의 감소를 편의상 일정량의 증기의 엔트로피 감소로 표시한 것이다. 따라서 면적 m981은 추기로 방출되는 열량을 표시하고, 이는 급수가 급수가열기(給水加熱器) f_3에서 받는 열량, 즉 T-s 선도 위에서 면적 cd43c와 같다. 증기는 원동기 내에서 초압 p에서 종압 p_0까지 팽창하는 사이에 우선 p_3에서 일부의 증기가 추출(抽出)되고, 그 증발열을 급수가열기 f_3에서 급수에 준다.

이로써 급수는 전단(前段)의 추기압력 p_2에 대응하는 포화온도에서 p_3에 대응하는 포화온도까지 가열되어 그림 1-16의 d점의 상태가 된다. 따라서 보일러가 증기 발생을 위해 급수에 공급하는 열량은 면적 den94d가 된다.

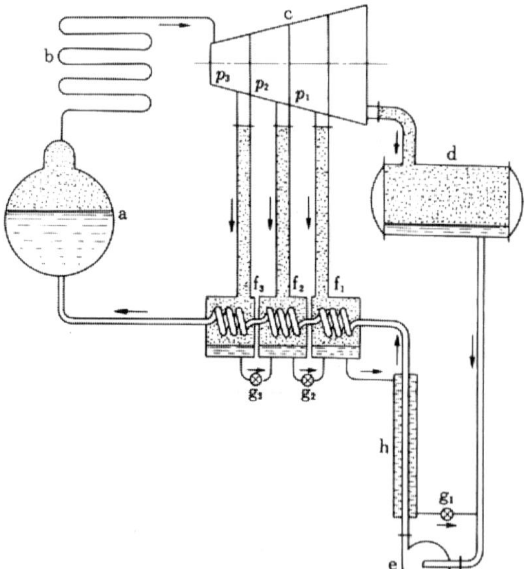

그림 1-15 재생 사이클
a : 보일러 b : 과열기 c : 터어빈 d : 복수기
e : 급수펌프 f_1, f_2, f_3 : 급수 가열기 h : 열 교환기 g_1, g_2, g_3 : 드로틀 밸브

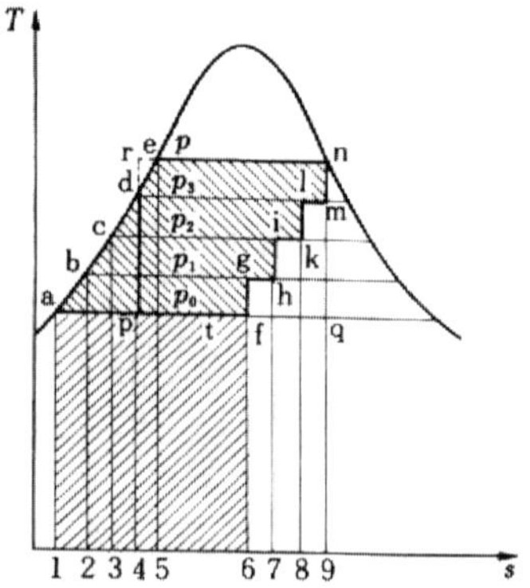

그림 1-16 계단적 급수예열(재생 사이클)

급수가 p_2에 대응하는 포화온도까지 가열되기 위해서 압력 p_2에서의 제 2 단 추기 및 압력 p_1에서의 제 3 단 추기에 의한 급수가열이 행해진다. 이들에 대해서도 제 1 단 추기의 경우와 같이 면적 ik87i = bc32b, 면적 gh76g = ab 21a 가 되게 하므로 사이클은 aenmlkihgfa 대신 denqpd 로 표시할 수가 있고, 이는 동시에 이 사이클의 일량을 표시한다. 또 보일러에서 급수에 주어지는 열량 den94d 는 그림 1-16 에서 사선부(斜線部) 면적 abcdenmlkihg61a 에 같아진다.

재생사이클을 랭킨 사이클 enqae 와 비교하면 외부일이 adpa 만큼 감소되나, 대신 공급열이 ad41a 만큼 감소된다. 이는 결국 카르노 사이클에 접근되어 감을 표시하는 것이다. 즉 대응하는 카르노 사이클은 이 때 drenqpd 이며, 재생사이클은 이보다 면적 dred 만큼 상이(相異)할 뿐이다. 재생사이클을 이상화(理想化)하여 추기 급수가열의 단수를 무수히 많이 하였다고 생각하면 추기 과정은 포화수선 ae 에 평행한 곡선 nt 로 표시되고, 따라서 재생사이클은 aenta 가 되어 카르노 사이클과 합치되게 된다.

실제의 증기원동소에서는 추기단수를 많이 할 수 없으므로 급수예열기의 설비비 등을 고려하여 보통 5 단(최대 7 ~ 8 단) 정도까지이며, 이로써 급수 온도는 180 ~ 230°C 가 된다. 또 실제로는 생증기는 포화증기가 아니고 과열증기이므로, 카르노 사이클과 랭킨 사이클의 중간의 성적을 얻게 된다.

또한 재생사이클의 한 잇점은 터어빈에서 추기를 뽑은 결과 터어빈 저압부에서 증기량이 감소되어 그 팽창 체적이 감소되므로 터어빈 제작에 있어 저압부가 과대해지는 것을 막을 수 있다. 또한 재생사이클을 채용할 때는 보일러의 연소가스로 급수를 예열하는 장치, 즉 절탄기(節炭器)는 생략할 수 있다.

지금 그림 1-17 은 2 단의 급수가열을 하는 재생사이클의 계통도이며, 그림 1-18 이 그 때의 T-s 선도라 하자. 여기서 단열팽창(斷熱膨脹) ef 의 도중의 i_1 점으로부터 빼낸 증기는 저압 급수가열기에 들어가서 급수를 가열하고 복수되어 j_1 의 상태가 되고 i_2 점에서 빼낸 증기는 고압 급수가열기에 들어가 j_2 상태가 된다.

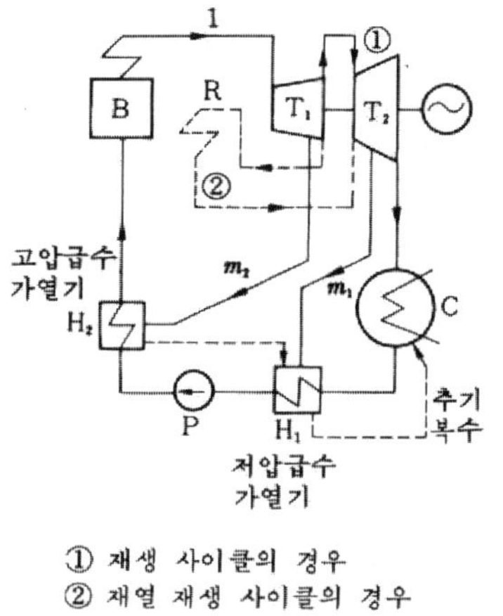

① 재생 사이클의 경우
② 재열 재생 사이클의 경우

그림 1-17 재생 및 재열재생 사이클의 계통도

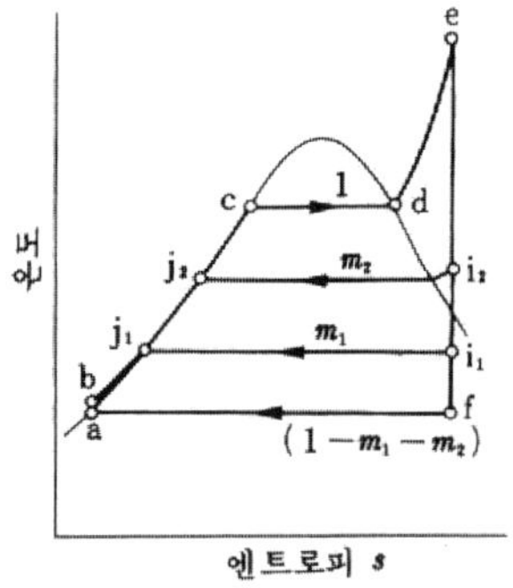

그림 1-18 재생사이클

지금 증기터어빈에 들어가는 증기 1 kg/s에 대하여 생각하여 i_1 점에서 m_1 [kg/s], i_2 점에서 m_2 [kg/s]를 빼낸다고 하자.

또 고압가열기에 들어간 증기의 복수는 다시 저압가열기를 가열하여 저압추기의 복수와 함께 복수기로 들어간다면

$$m_2 = (i_{j_2} - i_{j_1})/(i_{i_2} - i_{j_2})$$

$$m_1 = \frac{(i_{j_1} - i_b) - m_2(i_{j_2} - i_{j_1})}{i_{i_1} - i_{j_1}}$$

이며, 증기터어빈에서 복수기에 이르는 증기량은 $(1 - m_1 - m_2)$ [kg/s]이다.

이 때의 사이클 열효율은 펌프일을 무시하면

$$\eta_{reg} = \frac{(i_e - i_f) - \{m_1(i_{i_1} - i_f) + m_2(i_{i2} - i_f)\}}{i_e - i_{j_2}} \tag{1-9}$$

일반적으로 n 단 추기를 행하는 재생사이클의 열효율은

$$\eta_{reg} = \left\{(i_e - i_f) - \sum_{z=1}^{n} m_z(i_{iz} - i_f)\right\} \Big/ (i_e - i_{j_n}) \tag{1-10}$$

[5] 재열(再熱)사이클(reheat cycle)

증기의 초압을 높임으로써 포화온도, 즉 증발 중의 가열 온도는 높아지나 최고 과열온도는 재료의 성질로 제한되므로 랭킨 사이클의 등압가열 과정의 평균온도를 높이는 방법으로 그림 1-19에서와 같이 증기가 b에서 c로 팽창하여 포화상태에 가까와졌을 때 원동기 밖으로 뽑아내어 보일러의 연도(煙道) 가스 또는 생증기로 c에서 d까지 등압하에 재과열(再過熱)하고, 대략 초온도까지 높이는 방법이 고안되었다. 이를 **중간재과열**(中間再過熱, interstage re-superheating) 또는 간단히 **재열**(再熱, reheating)이라고 한다.

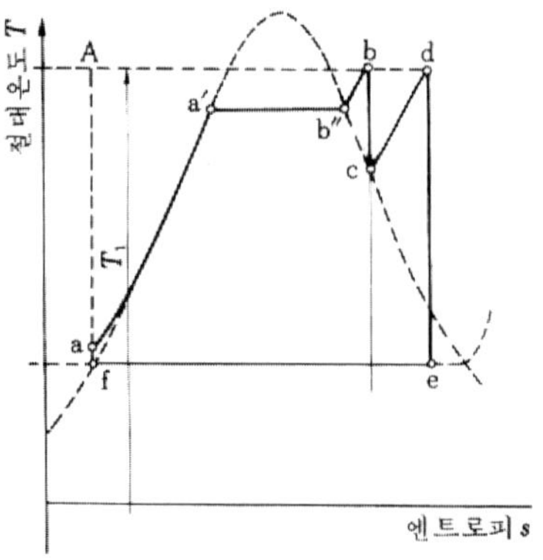

그림 1-19 재열사이클의 T-s 선도

이 때 a에서 d까지의 등압가열의 평균온도 T_m은 재열을 하지 않는 경우, 즉 순전한 랭킨 사이클의 등압가열 ab의 평균온도 T_m보다 높아지고, 그만큼 열효율이 좋아진다. 재열하기 위하여 증기를 뽑아내는 점은 전 열낙차의 약 1/3을 경과한 점이 택해진다. 초고압(超高壓)에서는 2단 재열도 행해진다.

그림 1-19의 경우 사이클 열효율은

$$\eta_{reh} = \frac{(i_b - i_c) + (i_d - i_e)}{(i_b - i_f) + (i_d - i_c)} \tag{1-11}$$

로 계산한다.

또 그림 1-19에서 보는 바와 같이 재열로 팽창 끝에서의 증기의 습분이 감소되는 잇점이 있으므로 터어빈 내에서의 실제의 증기작용이 개선되어 터어빈의 효율이 높아지고, 또 터어빈 깃(翼, blade)에 대한 침식(侵蝕)작용의 해(害)가 적어진다.

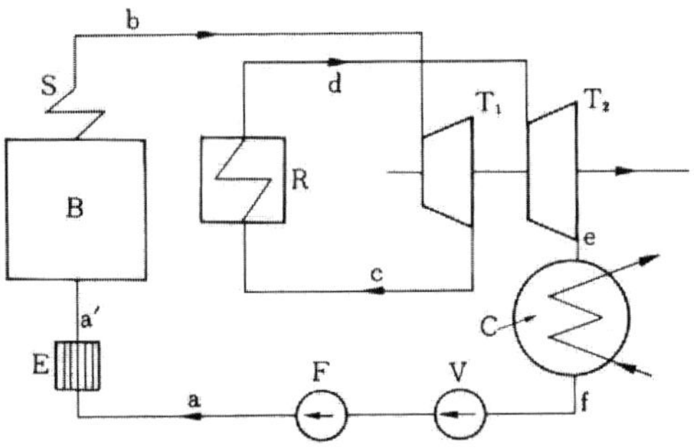

그림 1-20 재열 사이클을 행하는 증기원동소
B : 증기보일러 S : 과열기 T_1 : 고압터어빈 R : 재열기 T_2 : 저압터어빈 C : 복수기 V : 복수펌프 F : 급수펌프 E : 절탄기

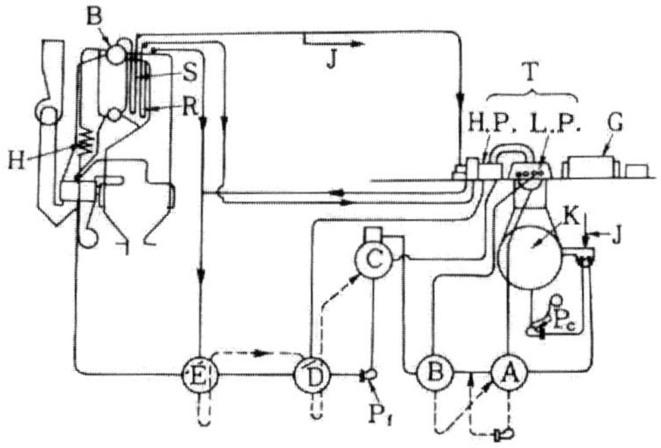

그림 1-21 재열 재생식 증기원동소의 요소 배치
A, B, C, D, E : 급수가열기 B : 보일러 S : 과열기 R : 재열기 H : 절탄기 J : 이젝터용 증기 T : (H.P. 및 L.P.)터어빈 K : 복수기 P_c : 복수펌프 P_f : 급수 펌프

따라서 재열로 터어빈 내의 증기를 과열상태, 또는 습도가 적은 상태에 두는 것은 고압증기의 열역학적 이익을 실제로 얻기 위한 방법이라고도 할 수 있겠다. 그림 1-20에서 보는 바와 같이 재열을 하려면 재열기(再熱器)와 이에 대한 증기배관(蒸氣配管)이 필요하므로, 설비가 복잡해지고 비용이 많이 든다. 따라서 소출력(小出力)의 증기원동소에서는 재열이 필요할 만큼의 고압을 사용하는 것은 경제적으로 불리해질 때가 많다. 이런 경우에는 재열을 행하지 않고, 폐기의 습분이 10～12%를 넘지 않도록 비교적 높지 않은 압력과 재료가 허용하는 최고 과열온도가 채용된다.

그림 1-21은 재열과 5단 추기 급수가열을 행하는 증기원동소(약 100,000 kW)의 설비의 개요를 보인다.

이와 같이 재열 과정을 갖는 재생사이클을 **재열재생(再熱再生) 사이클**이라고 한다.

[6] 배압 및 추기터어빈 플랜트, 복합사이클 플랜트

이미 언급한 바와 같이 동력 발생이 주목적인 플랜트에서는 증기가 받은 열량의 약 절반 정도를 복수기에 버리고 있다. 즉 증기가 증발열로 흡수하였던 열에너지의 대부분이 이용됨이 없이 버려지는 것이다. 그러나 증기를 열원으로 사용하는 경우에는 증발열을 유효하게 사용할 수 있으므로 동력과 작업용 증기의 양쪽을 모두 필요로 하는 경우에는 열병급(熱併給) 동력플랜트에 의하여 증기가 가지는 열에너지의 이용률을 크게 향상시킬 수가 있다.

동력 발생의 열효율만으로 따지자면 배압터어빈의 열효율은 그 배압이 높으므로 복수기를 가지는 원동소에 비하여 훨씬 떨어진다. 그러나 배압터어빈에서 배기가 열원으로 유효하게 이용되는 경우에는 보일러로부터의 증기가 가지는 열량의 90% 정도를 이용하는 것이 가능하며, 추기터어빈 플랜트에서도 추기량에 따라 다르지만 동력 전용 플랜트와 배합플랜트의 중간 정도의 열이용률을 얻게 된다. 이리하여 소요 증기만을 보일러로 발생시키고 동력을 발전회사로부터 공급받는 경우에 비하여 이들 열병급 플랜트는 연료 경제상 유리하다.

이 밖에 가스터어빈 배기를 보일러에 공급하여 보일러 내에서 재연소를 시키는 가스-증기 복합사이클 플랜트도 원동소 열효율 개선 방법의 하나로 실용화되고 있다.

[7] 증기동력의 장단점

증기동력의 특징은 동작유체로서 증기를 사용하여, 사이클이 기상(氣相)과 액상(液相)의 양쪽에 걸쳐 있는 것, 연료의 연소열을 전열면을 통하여 동작유체에 전하는 외연식(外燃式)인 것으로 귀결된다.

첫째 특징 때문에 복수기를 사용하여 대기 온도에 가까운 저온까지 열에너지를 일로 변환할 수 있고, 압축과정을 액상에서 행하므로 소요 동력이 적어도 되는 장점 때문에 증기플랜트에서는 고온측 증기 온도가 그다지 높지 않아도 높은 플랜트 열효율(원동소 열효율)을 얻게 된다.

그러나 외연식이며 보일러를 필요로 하므로 내연기관과 같은 소형 경량화는 곤란하다는 단점은 있지만, 다량의 연료를 처리할 수 있는 잇점이 있고 또 연료에 대한 적응성이 넓다. 즉 고체연료(석탄 등), 핵연료, 공장에서 부수적으로 생성되는 가스연료 등도 이용할 수 있고, 또 폐기물 등의 가연물을 연료로 이용할 수 있는 장점은 특히 석유에 주로 의존하는 내연기관에 비하여 유리한 점이다.

이상의 장점으로 증기동력 플랜트는 대출력 플랜트로서 널리 이용될 뿐더러, 각종 열원을 이용하는 플랜트로서 적합하다.

보일러의 개요

제 2 장

2-1 보일러의 구성 부분

증기보일러(steam boiler, steam generator, 蒸氣罐)란, 물을 가열하여 압력이 높은 증기를 발생하는 장치이며, 보일러에서 발생된 증기는 증기터어빈 또는 증기기관에서의 작업유체로서 또는 공장에서 각종의 작업용 증기로서 사용된다.

일반적으로 보일러는 그 목적에 따라 매우 많은 형식의 것이 있다. 대체로 그 발생 증기의 압력이 낮고 증기 사용량이 적으며 또한 열경제(熱經濟)를 고려하지 않아도 좋으면 보일러의 구조는 매우 간단하게 되나, 압력 및 온도가 높아지고 증기 사용량도 많으며 경제적으로 증기를 발생하기 위해서라면 보일러의 구조는 복잡해지며, 또한 여러 가지의 부속 설비(附屬設備)를 갖지 않으면 안 된다.

다음 증기보일러의 구성 부분을 간단히 살펴보면, 우선 **보일러 본체**(本體, boiler proper)와 **가열장치**(加熱裝置, heating equipment)가 필수 부분이 된다.

보일러 본체는 좁은 의미의 보일러이며, 물과 증기의 내압용기(耐壓容器)로 만든다. 가열장치는 보통은 연소로(燃燒爐)이며, 연료의 연소로 열을 발생하고, 연소장치와 노벽(爐壁)으로 만들어진 연소실(燃燒室)로 성립된다. 이들은 사용하는 연료의 종류에 따라 그에 알맞는 구조를 가져야 하며, 연소장치는 석탄과 같은 고체 연료에 대해서는 화격자(火格子), 미분탄(微粉炭)과 액체 또는 기체 연료에 대해서는 버어너(burner)를 이루고 있다. 노에서 발생된 열의 일부는 직접 복사(輻射)로 보일러 본체에 전해지고, 나머지는 연소로 생긴 연소가스의 온도를 높인다.

보일러 본체는 복사 및 고온의 연소가스와의 접촉으로 열을 받아 그 속의 물을 가열 증발시킨다. 보일러 본체는 강철(鋼鐵)제의 드럼(罐胴, drum)이거나 또는 다수의 강관(鋼管)과 드럼이 모여서 성립된다. 이 중에 물의 가열에 직접 도움이 되는 벽면(壁面)을 **전열면**(傳熱面, heating surface)이라 하며, 다시 주로 복사로 열을 받는 **복사전열면**(輻射傳熱面 또는 直接傳熱面)과 주로 연소가스와의 접촉으로 열을 받는 **접촉전열면**(接觸傳熱面 또는 間接傳熱面)으로 구별된다.

보일러 전열면으로 보통 노통(爐筒, flue tube), 연관(煙管, smoke tube) 및 수관(水管,

water tube)의 3가지가 있고 보일러 형식을 구별하는 기본이 된다. 노통은 원통형의 보일러 본체, 즉 보일러 드럼 속의 수면(水面)보다 아래에 끼운 굵은 통(筒)(지름 0.7～1 m)이며 이 안에 다시 노가 설치된다. 연관은 드럼 속의 수중(水中)에 설치한 세관(細管)(지름 30～100 mm)이며 이 관 속으로 연소가스가 흘러 가열된다. 수관은 드럼 속의 물을 밖으로 인도하는 세관(바깥지름 30～100 mm)이며, 관 밖으로부터 연소가스로 가열된다.

보일러 본체에는 또한 안전장치, 증기 밸브, 급수 송입구(給水送入口), 압력계, 수면계, 취출(吹出)밸브, 청소공(清掃孔) 등이 설치된다.

보일러 본체와 노 이외의 주요한 부속 설비를 차례로 살펴보면 다음과 같다.

① **과열기**(過熱器, superheater) : 보일러 본체에 생긴 포화증기를 그대로 꺼내서 이용할 경우도 있으나, 증기원동기에서는 과열증기로 사용하는 것이 유리하다. 이 과열증기를 만들기 위하여 설치되는 과열기는 보일러 본체의 포화증기를 도입하여 같은 압력하에 고온으로 과열하는 장치이며, 몇 개의 강관(鋼管)으로 되고 외부로부터 연소가스와의 접촉 또는 복사에 의한 열로 그 안의 증기를 가열한다.

《주》 과열기는 보일러에서 증기원동기로의 증기의 통로이므로, 이 속에서 포화증기로부터 과열증기로 증기 상태가 변할 때 물론 그 체적은 증가하나 압력은 변하지 않는다.

② **절탄기**(節炭器, economizer)와 **공기예열기**(空氣豫熱器, air preheater) : 보일러 본체와 과열기를 가열하여 온도가 낮아진 연소가스는 벽돌벽(煉瓦壁)으로 둘러싼 통로, 즉 연도(煙道, flue)를 거쳐 굴뚝(煙突, chimney)으로부터 대기(大氣)중으로 방출된다. 그러나 이렇게 되면 방출되는 연소가스의 온도가 비교적 높아서 열경제상 불리하다. 따라서 과열기 다음에 연도 속에 보일러 본체로 보낼 급수를 예열(豫熱)하는 절탄기와 노로 보낼 연소용 공기(燃燒用空氣)를 예열하는 공기예열기를 설치하여 연소열의 여열(餘熱)을 충분히 흡수시켜 보일러의 열효율을 증진시키는 수가 많다.

③ **통풍장치**(通風裝置, draft equipment) : 이것은 연소가스를 보일러 본체, 과열기, 그리고 다시 절탄기, 공기예열기 등을 거쳐 나가게 유도함과 동시에, 연소에 필요한 공기를 노에 공급하는 장치이며, 굴뚝, 송풍기(送風機), 증기분류(蒸氣噴流) 등이 사용된다.

④ **급수장치**(給水裝置, feed apparatus) : 이것은 증발에 따른 보일러수(水)의 감소를 보충하기 위한 급수펌프 등이 중심이 된다.

⑤ **급수처리장치**(給水處理裝置) : 보일러가 고온 고압이 될수록 급수로는 순수한 물을 사용하는 것이 필요해진다. 이와 같이 급수를 보일러에 넣기 전에 이를 정화하는 장치이며, 보일러 내부에서의 관석(罐石, scale)의 생성, 보일러 구성 재료의 부식(腐蝕) 등의 장해를 방지하기 위한 것이다.

이 밖에 부속 설비로는 연료 수송(輸送)장치, 고체연료를 사용할 때의 연재(燃滓) 처리장치, 집진(集塵)장치 등이 있다.

또 오늘날의 새로운 고온고압 보일러에서는 부하(負荷)의 변동에 따라 연소 상태를 적절히 조정하기 위하여 연료 공급량 및 통풍을 제어하는 자동연소 제어장치(自動燃燒制御裝置) 등의 제어장치가 절대적인 중요성을 차지하게 되었다.

보통 증기보일러와 그 부속 설비 일체를 합하여 **증기보일러 설비**(steam boiler plant)라고 한다. 즉 이것은 연료에서 증기까지의 에너지 전환을 행하는 데 필요한 전체 설비이다(그림 2-1). 이에 이어서 증기에서 동력까지의 에너지 전환을 행하는 장치가 증기원동기이다. 보일러 설비와 증기원동기로 증기원동소가 구성된다.

일반적으로 동력 발생장치의 한 요소가 되는 보일러를 **동력 보일러**(power boiler)라 하고, 이에 대하여 단독으로 난방용, 취사용 등의 열용 증기(熱用蒸氣)의 발생에 사용되는 보일러를 **열용 보일러**(heating boiler)라고 한다. 또한 증기원동기의 폐기 또는 추기(抽氣)를 가열 목적에 사용할 때가 많다. 이 때는 보일러는 동력용과 열용의 2중의 역할을 하며, 열용 증기를 주로 해서 보면 증기원동기는 일종의 감압(減壓)밸브가 된다. 이런 원동소를 **급열 원동소**(給熱原動所, heating power plant)라고 한다.

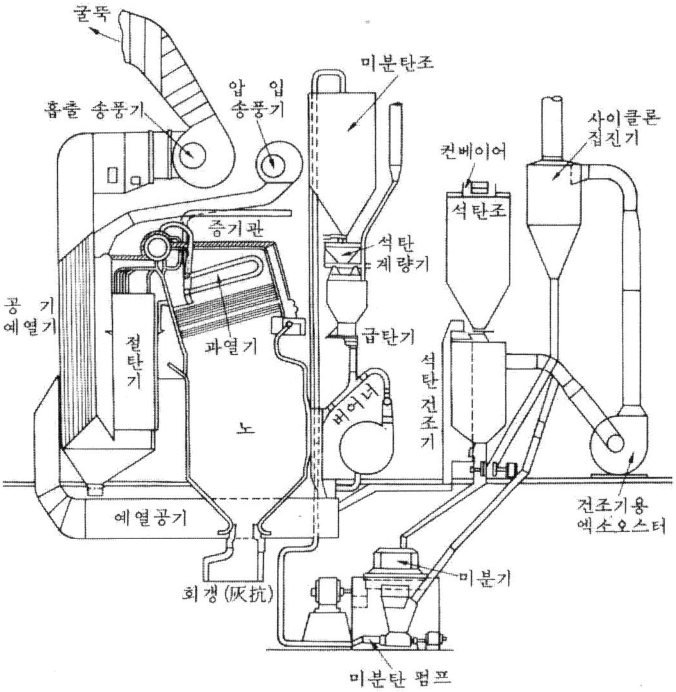

그림 2-1 수관 보일러(미분탄 연소)

2-2 보일러의 분류

보일러 본체의 내부는 그 용적의 2/3~4/5 정도가 물이고, 나머지는 이로부터 발생한 증기로 차 있으며, 이 물이 차 있는 부분을 수부(水部) 또는 **수실**(水室, water chamber), 증기가 차 있는 부분을 증기부(蒸氣部) 또는 **증기실**(蒸氣室, steam chest)이라고 한다. 이들 두 부분의 크기는 보일러의 성질에 가장 중요한 영향을 끼치며, 보일러의 가장 근본적인 분류로 수실이 큰 대수실(大水室) 보일러와 수실이 작은 소수실(小水室) 보일러로 구별한다.

수실이 큰 보일러는 그 보유 수량이 많으므로 이를 가열하기 시작해서 소요의 증기가 발생하기까지에 장시간을 요하나, 물은 같은 체적의 증기에 비하여 훨씬 다량의 열을 가지므로 연소 상태 또는 증기 사용량의 변화에 대하여 발생 증기의 압력 변화가 적다. 수면의 상한(上限, 최대 높이)과 하한(下限, 최저 높이)과의 사이의 용적을 **급수실**(給水室, feed space)이라 하고 보일러의 보유 수량에 의한 증기 발생량의 대소를 표시한다. 또한 수실의 대소는 증발수면(蒸發水面, evaporation surface)의 넓고 좁은 것과 아울러 발생되는 증기의 건조도에 큰 영향이 있다. 이들을 크게 할 수 없을 때는 건포화증기를 얻기 위해 증기실의 일부를 높게 돌출시켜 증기 도움(dome)을 두거나, 또는 보일러 드럼 위에 따로 집기동(集氣胴)을 만들 필요가 있다.

소수실 보일러는 시동하기까지 시간이 적게 걸리나, 증기 사용량의 변화에 대한 압력 변화가 크며, 따라서 연소의 조절과 급수 조정에 있어 특별히 세심한 주의를 요한다.

대수실 보일러는 구조상 원통(圓筒) 보일러가 되고 소수실 보일러는 수관 보일러가 된다.

원통보일러(cylindrical boiler)는 작은 출력인 경우에만 사용되며, 10 t/h, 10 kgf/cm² 까지가 한도이다.

원통 보일러는 다시 노통(爐筒) 보일러, 연관(煙管) 보일러 및 이들의 조합양식인 혼식 보일러가 된다.

수관 보일러(water tube boiler)는 드럼 외부에 설치한 지름이 작은 수관 내에서 물을 증발시킨다. 따라서 자유로이 수관을 증설함으로써 전열 면적을 크게 할 수 있으므로 대용량에도 적합하며 고압용으로 하는 것도 용이하다. 다만 가느다란 수관 속에서 다량의 증기가 발생하므로 증기가 멈추거나 관 내에 증기만이 충만되면 수관의 과열 손상을 초래하므로 보일러수의 확실한 운동을 보장하여 수관의 냉각을 충분히 행할 필요가 있다.

수관 보일러는 보일러수의 유동 방식에 따라서 **자연순환 보일러, 강제순환 보일러, 관류(貫流) 보일러**로 분류된다. 그림 2-2는 자연순환식의 예이다.

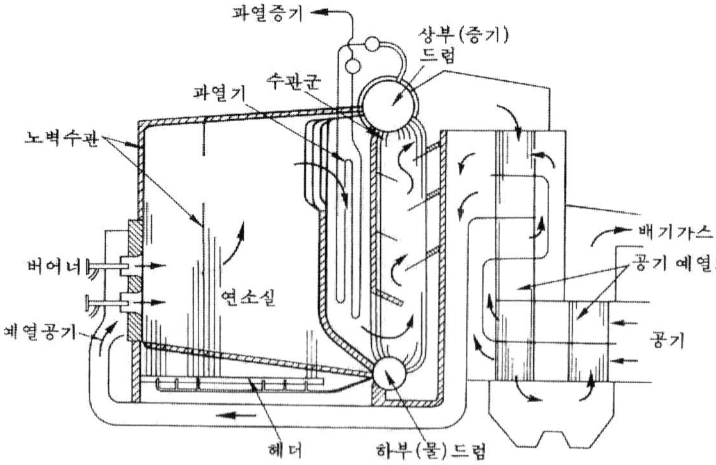

그림 2-2 석유연소 수관보일러

끝으로 보일러를 사용 상태 및 사용 목적에 따라 정치(定置)보일러와 이동(移動) 보일러로, 또는 원동소 보일러, 공장용 보일러, 기관차 보일러, 박용(舶用) 보일러 등으로 분류한다.

2-3 전열면의 배치

근년의 수관 보일러는 모두 그림 2-2의 예와 같이 노벽의 내면에 수관을 배치한 수냉 노벽이 사용된다. 노벽의 수관은 화염으로부터의 강한 복사열을 유효하게 흡수하고 높은 증발률을 가져오는 복사 전열면이 됨과 동시에 노벽재를 보호하는 데 유용하다.

보일러 본체의 전열면은 압력이 약 60 kgf/cm²g 이하의 산업용 보일러에서는 그림 2-2와 같이 노벽 수관과 대류 전열면으로 되는 수관군을 조합한 형식을 취한다. 이에 대하여 압력 80 kgf/cm²g 정도 이상의 대형 자가 발전용이나 사업용 화력 발전용의 고온고압 보일러에서는 본체 전열면은 노벽 수관만으로 되고 대류 전열면이 될 수관군이 없는 복사 보일러(radiant boiler)의 형식을 취하며, 또 일반적으로 500°C 이상의 고온 증기가 요구되므로 전열 면적이 큰 과열기를 가지고 있다.

이와 같이 보일러의 전열면 배치가 사용 목적 내지 압력 범위에 따라 다른 것은 증발 및 과열에 요하는 열량의 비율이 다르기 때문이다.

지금 그림 2-3에서 보일러 본체 및 과열기에서의 과정을 보면 *T-s* 선도상에서 저압에서는 ab 및 bc(물은 포화온도보다 30°C 낮은 온도로 보일러 본체에 공급된다고 가정함), 고압에서 고온으로 가열될 때는 a′b′ 및 b′c′와 같이 되고, 본체 및 과열기에서 흡수할 열량은 각각의 과정 밑의 면적으로 표시되어 저압에서는 Q_b, Q_s, 고압에서는 Q_b', Q_s'가 된다.

즉 저압 보일러에서는 흡수 열량 중 보일러 본체가 차지하는 비율이 매우 크나, 고온고압 보일러에서는 본체 전열면의 흡수 열량의 비율이 작아지므로 소요 열량을 노벽수관만으로 흡수하는 것이 가능하며, 반면 과열기 전열면적은 크게 증대되는 것이다.

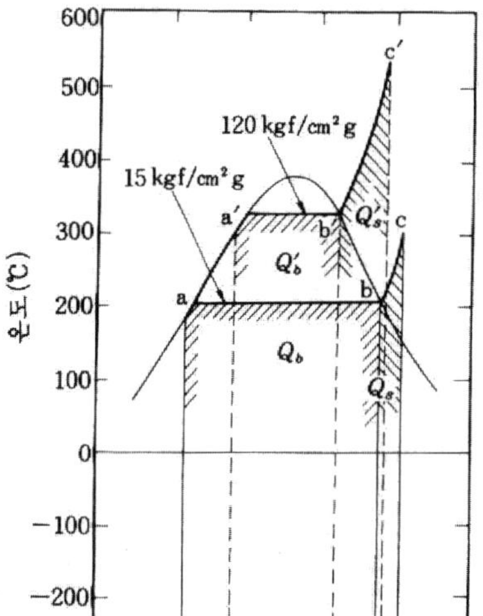

그림 2-3 보일러 본체, 과열기로의 전열량

2-4 원통(圓筒) 보일러

[1] 노통(爐筒)보일러

노통 보일러(flue tube boiler)는 그림 2-4, 2-5와 같이 원통형의 보일러 동(胴)과 그 내부를 길이로 관통하는 노통(爐筒)으로 성립된다.

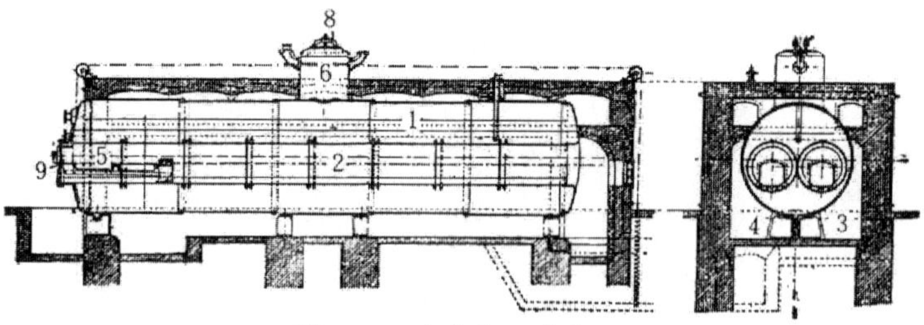

그림 2-4 랭카셔 보일러

1. 보일러통 2. 노통 3,4. 연도 5. 화격자 6. 증기도움 7. 안전판 8. 맨호울 9. 분구

노통이 1개인 것을 **코르니시 보일러**(Cornish boiler) 또는 **단(單)노통보일러**, 노통이 2개인 것을 **랭카셔 보일러**(Lancashire boiler) 또는 **복(複)노통 보일러**라고 한다.

노통 보일러의 노(爐)는 보통 노통의 전단(前端) 내에 설치된다. 연료로 석탄을 사용할 때는 노의 주요부는 화격자(火格子)이다. 따라서 노통 보일러는 노로부터의 열손실이 적어서 좋으나 노의 크기, 즉 화격자 면적 및 화격자 위의 연소실 용적이 보일러 본체의 크기에 따라 제한되는 결점이 있다.

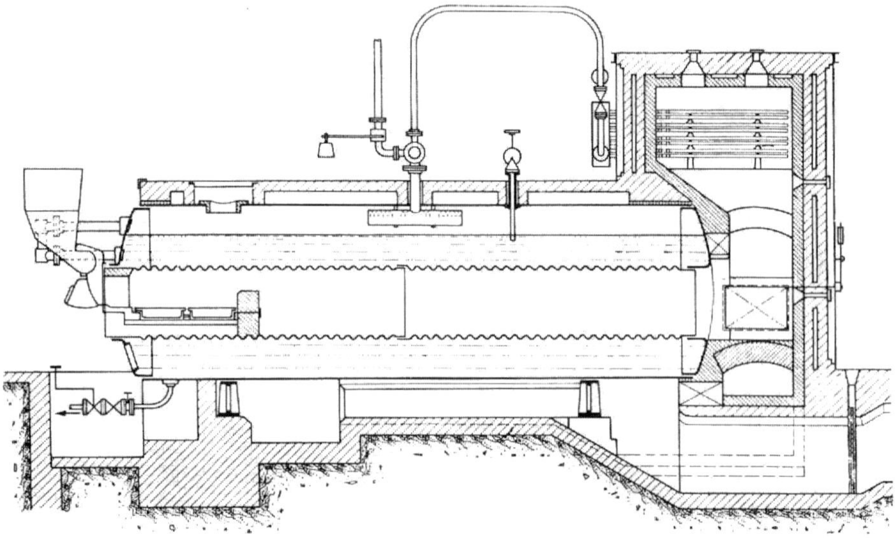

그림 2-5 노통보일러

화격자에서 발생된 연소가스는 노통 후단(後端)을 나온 다음, 벽돌벽으로 형성된 외부연도(外部煙道, external flue)를 흘러 보일러동을 밖으로부터 다시 가열한다.

외부 연도를 3개로 할 때는 노통의 후단에서 나온 연소가스를 먼저 저연도(底煙道, bottom flue)로 보내고 다시 좌우의 측연도(側煙道, side flue)로 보낸다. 측연도 2개를 설치하는 것은 독일식(獨逸式)이다. 코르니시 보일러에서는 2개의 측연도에 대하여 노통을 한쪽으로 치우치게 설치하는 것이 보일러수(水)의 순환을 위해 유리하다. 외부 연도의 설치로 보일러 동의 하반(下半)도 전열면이 되나, 주요 전열면은 노통이며 총 흡수 열량의 70~75%를 차지한다.

근래에 와서는 외부 연도를 폐지하고, 비교적 보일러 동의 길이를 짧게 하여 이에 대신하는 전열면으로 과열기 및 절탄기를 설치하고, 보일러 동을 열절연 물질(熱絕緣物質)로 싸는 경향이 있다. 이 때는 벽돌벽이 필요하지 않으므로 보일러가 차지하는 바닥(床) 면적이 감소되고, 또 벽돌벽의 틈으로 찬 공기가 들어감으로써 생기는 열손실도 없어진다.

노통 보일러의 특색은 형체가 큰 것과 구조가 간단한 점이다.

형체의 크기는 아래의 표와 같다.

	동 의 지 름	동 의 길 이	노통의 지름
코르니시 보일러	1.2 ～ 2.0 m	4 ～ 11 m	0.7 ～ 1.0 m
랭카셔 보일러	2.0 ～ 2.8 m	6 ～ 12 m	0.7 ～ 1.0 m

노통 보일러의 장점으로서는

1) 보일러 내부의 청소와 점검이 용이하고, 따라서 고장이 적고 수명(壽命)이 길다.
2) 보일러 수실이 크고, 따라서 보유 열량이 크므로 증기 수요(需要)의 변동에 대하여 압력 변동이 적다.

한편 노통 보일러의 단점으로서는

1) 구조부분이 강직(剛直)하므로 열응력(熱應力)이 발생하기 쉽다.
2) 보일러수가 많으며, 순환이 불충분하므로, 처음 불을 지필 때 많은 연료와 시간(6～8)을 요한다.
3) 만일 보일러 파열이 일어나면 위험성이 크다.
4) 상용압력을 크게 할 수 없다(최고 약 18 kgf/cm²g).
5) 증발량이 적다(최대 약 5 t/h).

다음 노통 보일러의 각부 구조의 대요(大要)는 다음과 같다(그림 2-6).

1) 동원통(胴圓筒, shell)은 연강판(軟鋼版, 두께 약 23 mm 까지)을 리벳 조인트(rivet joint) 또는 용접(熔接)으로 원통을 만들고, 이를 2개 이상 이어서 만든다.
2) 경판(鏡版, end plate)과 동원통과의 접합 및 경판과 노통과의 접합은 그림 2-6의 A, B에서와 같이 평형 경판(平形鏡版, flat end plate)과 접시형 경판(dished end plate)에서 서로 다르다. 평형경판에서는 증기 압력으로 밖으로 튕겨지는 것을 막기 위한 보강(補强)으로 거싯 스테이(gusset stay)(그림 2-7)를 둔다. 접시형 경판은 구면(球面)의 일부로 만들어지며, 내압(內壓)에 대하여 안정한 형이므로 스테이를 요하지 않는다.
3) 노통은 그 외주(外周)에 작용하는 증기 압력으로 찌그러지지 않도록 충분한 강도와 열로 인한 신축(伸縮)에 견딜 탄성(彈性)이 필요하다. 노통은 연강판으로 용접하여 만들며, 직형(直形)과 파형(波形)의 2종류가 있다.

직형 노통(straight flue tube)의 원주 접합법으로 많이 사용되고 있는 애덤슨 조인트(Adamson joint, 그림 2-6)는 노통에 강도와 탄성을 주고, 리벳의 머리가 화열(火熱)에 닿지 않는 잇점이 있다.

파형 노통(corrugated flue tube)은 그 자체로서 강도와 탄성이 충분하므로 노통 전체를 잇지 않고도 만들 수 있다.

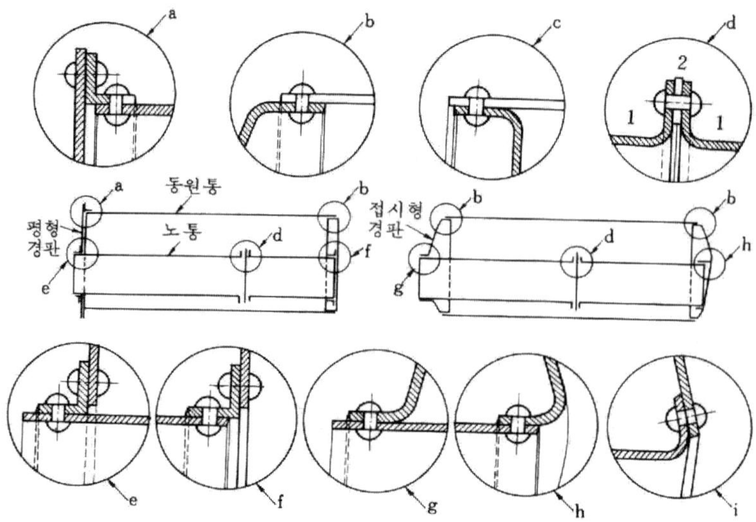

그림 2-6 노통보일러의 각부의 리벳 조인트
a∼c : 동판과 경판간의 리벳 조인트
d∼h : 경판과 노통간의 리벳 조인트
i : 노통의 애덤슨 조인트

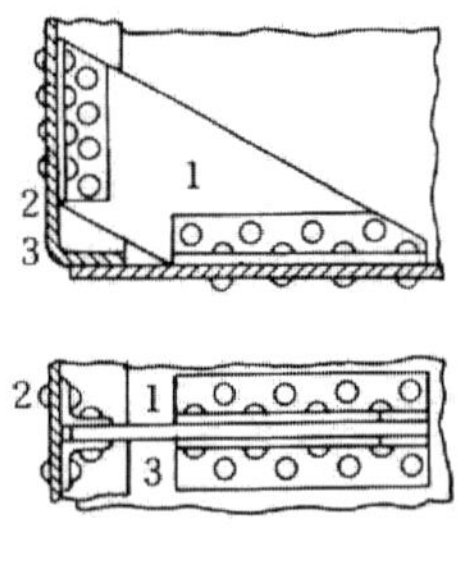

그림 2-7 거싯 스테이
1. 거싯 스테이 2. 평형경판 3. 동원통

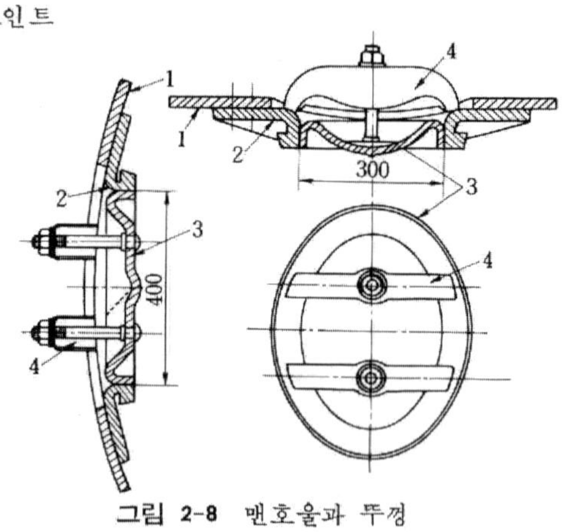

그림 2-8 맨호울과 뚜껑

4) 맨호울(man hole)은 보일러동 안으로 사람이 출입하기 위한 구멍이며 그림 2-8에서와 같이 안으로 열리는 뚜껑으로 막는다. 경판의 하단(下端)에 만들어지는 작은 구멍은 청소공(淸掃孔, hand hole)이라고 한다.

[2] 연관(煙管)보일러

연관 보일러(smoke tube boiler)의 구조 및 보통 설치하는 방법은 그림 2-9와 같다. 보일러 본체는 옆으로 놓인 큰 동체의 대략 하반부에 다수의 강관(지름 30∼100 mm)을 배열한 것이며, 이 강관은 모두 물 속에 잠겨져서 강관 속으로 연소가스가 흘러, 주요 전열면이 된다. 동(胴) 밑의 노, 즉 하설로(下設爐, under furnace)에서 발생된 연소가스가 동의 하면(下面)을 가열하고 동의 후단(後端)에서 되돌아 연관 속으로 흐른 다음, 보일러 전부(前部)의 연실(煙室, smoke box)에 모여서 굴뚝으로 빠진다.

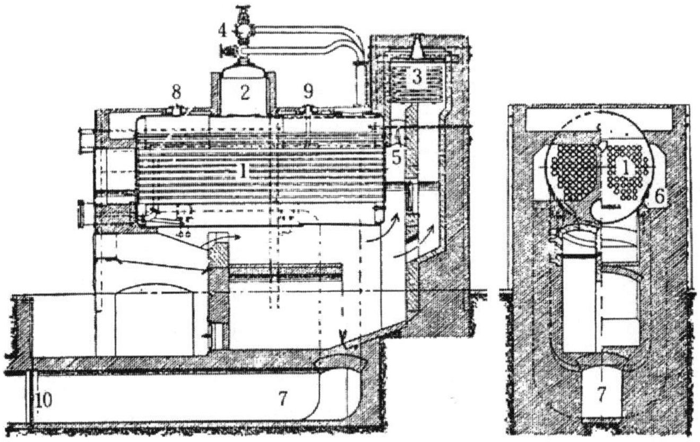

그림 2-9 연관보일러와 그 설치
1. 연관 2. 증기도움 3. 과열기 4. 증기메인벨브 5. 댐퍼
6,7. 연도 8. 안전판 장착구 9. 급수밸브장착구 10. 댐퍼

연관의 양단은 확관기(擴管器, tube expander)로 그 끝을 넓혀서 경판에 고정한다〔그림 2-10 (b)〕.

평형 경판을 내압에 대해 보강하기 위하여 각종의 스테이(stay)를 사용한다. 튜우브 스테이(tube stay)는 그림 2-10 (a)에서와 같이 비교적 두꺼운 연관의 양 끝을 경판에 나사로 붙인 것으로, 그 수는 연관 총수의 약 1/3이다.

바아 스테이(bar stay)는 긴 봉(棒)의 양 끝을 경판에 너트로 고정한 것이며, 경사(傾斜) 스테이(diagonal stay)는 경판과 동판을 비스듬히 연결하는 단봉(短棒)이다.

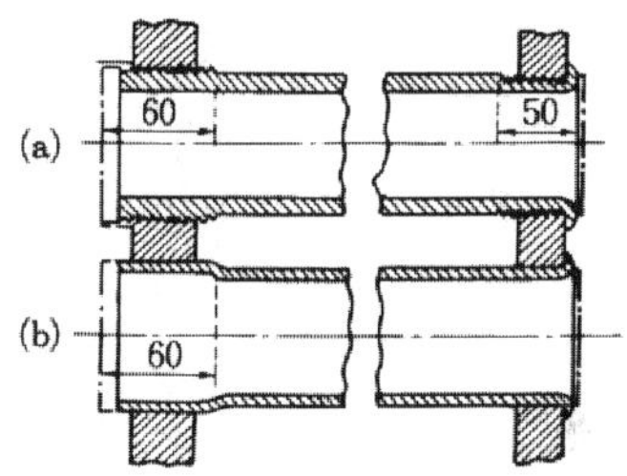

그림 2-10 연관과 스테이관
(a) 스테이관 (b) 보통 연관

연관 보일러의 크기는 대략 다음과 같다.

동		연 관		스테이 관(管)
바깥지름	길 이	바깥지름	두 께	두 께
1～2.5 m	2.5～6 m	75～100 mm	약 3.5～4 mm	7～10 mm

연관 보일러의 장점으로서는

1) 설치(設置)면적(또는 기초 면적)이 적음에 비하여 일정 체적에서 얻을 수 있는 전열면적, 즉 증발 용량(蒸發容量)이 비교적 크다.
2) 보일러를 시동시키는 데 요하는 시간이 비교적 적다(3～4 시간).
3) 외화 보일러(外火罐)이므로 외설로(外設爐, external furnace)를 연료의 성질에 맞는 크기로 취할 수 있다.

한편 연관 보일러의 단점으로서는

1) 동(胴)이 노의 불(火)에 직접 노출되므로 동판이 과열되어 손상되기 쉽고, 불균일한 가

열을 피하기 위해 비교적 엷은 동판을 사용하므로 사용 압력과 증발 용량이 제한된다(약 10~12 kgf/cm²g 까지, 증발량은 12 kg/m²h 이하).

2) 보일러 내의 청소가 곤란하므로 비교적 양질(良質)의 급수를 사용해야 한다.

이와 같은 결점이 있으므로 오늘날 이러한 연관 보일러가 단독으로 제작되는 일은 거의 없고 대개 노통 보일러와 조합된 혼식 보일러로 제작된다.

[3] 혼식(混式)보일러

혼식 보일러는 노통 보일러와 연관 보일러와를 조합하여 서로의 장점을 이용하는 것이며, 노를 보일러 본체 내에 넣어 내화 보일러로 하므로 보일러 설치가 매우 간편해지며, 또 연관을 배치함으로써 전열 면적을 증가시킬 수 있게 된다. 이는 내부 청소는 곤란하나 널리 사용되고, 그 용도에 따라 각종 형식이 있으며 대표적인 것으로는 케와니 보일러, 기관차 보일러, 선박용(船舶用) 원통보일러 및 입형(立形) 보일러 등이 있다.

① **케와니 보일러**(Kewanee boiler) : 그림 2-11과 같이 정치기관차형(定置機關車型) 보일러라고도 하며, 공장용 보일러로 많이 사용된다. 사용 압력은 10 kgf/cm²g 이하, 전열 면적은 30~200 m² 정도가 보통이며, 벽돌로 쌓는 외부 연도가 없고 설치가 간단하다.

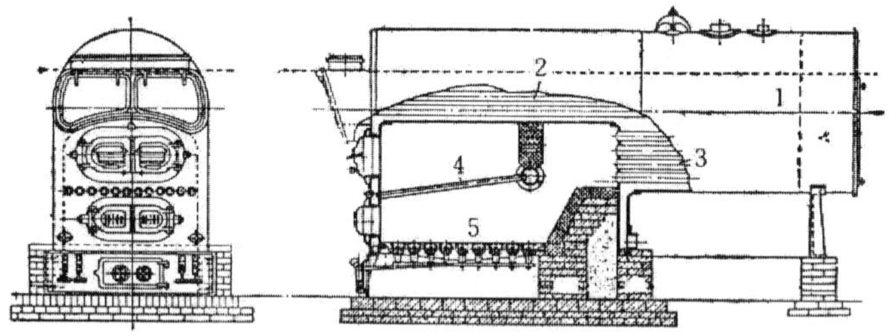

그림 2-11 케와니 보일러

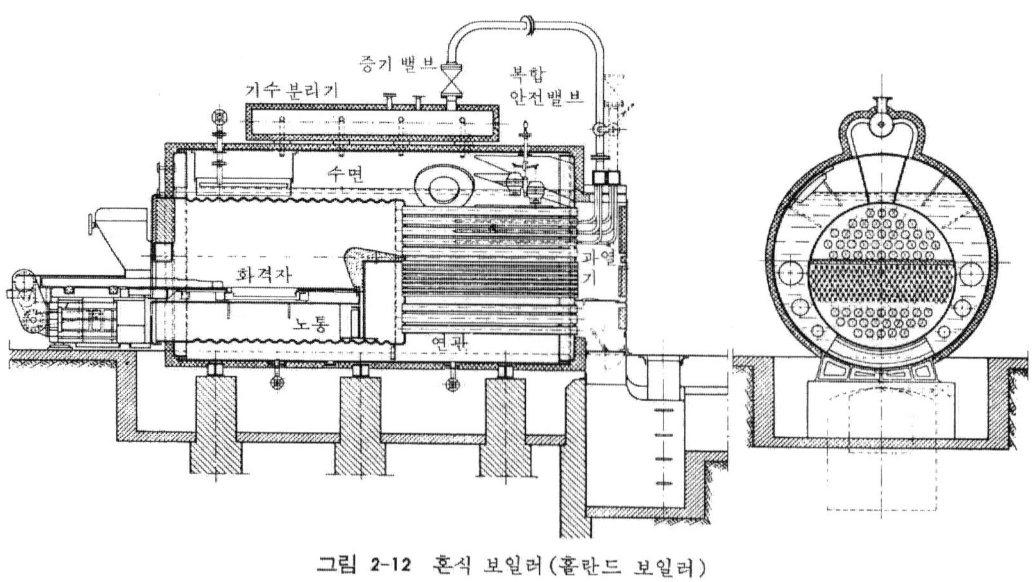

그림 2-12 혼식 보일러(홀란드 보일러)

이와 같은 종류의 보일러에 홀란드(Holland)보일러가 있으며(그림 2-12), 이것은 특히 효율이 높다(90% 이내).

② **입형(立形) 보일러**(vertical boiler) : 동의 중심선(中心線)이 수직한 보일러이며, 일반적인 장점은 보일러의 저면적(底面積)이 작고 화실을 갖고 있어 설치가 간편한 점과 증기 발생이 빠르며 설비비가 적은 것 등을 들 수 있고, 열효율이 낮으며(60% 이하), 과부하(過負荷) 능력이 적은 것 등이 단점이다.

증기압력은 10 kgf/cm²g 이하이며 전열면적은 보통 30 m² 까지이다.

그림 2-13은 평판으로 만든 노통 모양의 화실과 그 위의 연관군과를 수직하게 배치한 것이다. 화실 지름은 보통 700～850 mm, 높이는 보일러 높이의 1/4～1/3이며, 연관은 지름 65～75 mm의 것을 20～30개 둔다.

그림 2-14의 코크란 보일러(Cochran boiler)는 반구형(半球型)의 화실 위에 다수의 연관을 수평으로 배치하고, 전체 구조가 박용 원통 보일러와 비슷하다. 전열면이 전부 수면하에 있는 것이 큰 잇점이다.

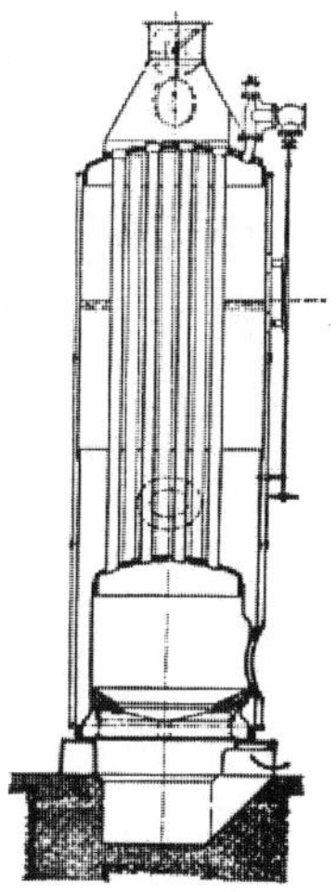

그림 2-13 입형(立形) 보일러

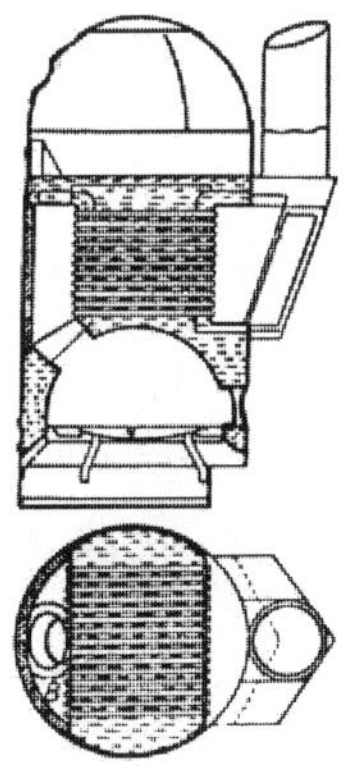

그림 2-14 코크란 보일러

2-5 자연순환 보일러

자연순환 보일러(natural circulation boiler)는 드럼과 다수의 수관으로 보일러수의 순환 회로를 구성하고 있다. 보일러수의 운동은 수관 내의 증기 발생에 의한 밀도 감소를 이용한 자연순환에 의존한다. 즉 강한 가열을 받는 수관은 기수혼합물(氣水混合物)의 상승 통로가 될 승수관(昇水管) 역할을 하고, 가열되지 않은 수관은 증발관에의 송수로가 될 강수관(降水管) 역할을 하여 그림 2-15와 같이 순환이 생긴다.

$$\Delta p = H(\rho_w - \rho)g/g_c [\text{kgf/m}^2]$$

여기서, Δp 는 순환력, H는 상하 드럼간의 높이의 차 [m], ρ_w 및 ρ는 강수관 속의 물 및 증발관 내의 기수 혼합물의 평균 밀도[kg/m^3], g_c는 중력 단위로의 환산계수 9.80 [$kgm/kgfs^2$] 이다.

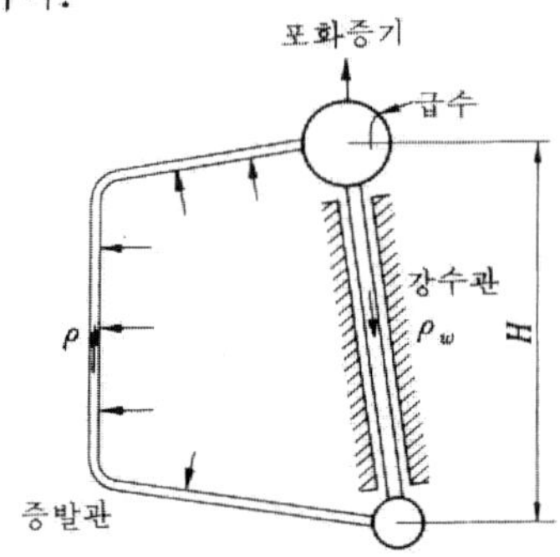

그림 2-15 보일러수의 자연순환

자연순환식은 가장 일반적인 형식이며, 산업용, 난방용에 널리 사용되는 저중압(低中壓)보일러에는 대류 전열면의 수관군도 가진 자연순환식이 주로 채용된다. 이에는 직관(直管)을 수관군에 사용하는 직관식(直管式)과 수관을 자유로이 구부려 수관 끝을 드럼의 반지름 방향으로 꽂는 곡관식(曲管式)이 있다.

직관식은 내부 청소가 편리하여 초기의 수관 보일러에 많이 사용되었다(그림 2-16). 그러나 급수처리법의 발달로 기계적인 관 내 청소의 중요성이 감소됨에 따라 열팽창에 대한 적응성이 큰 곡관식이 널리 사용되게 되었다.

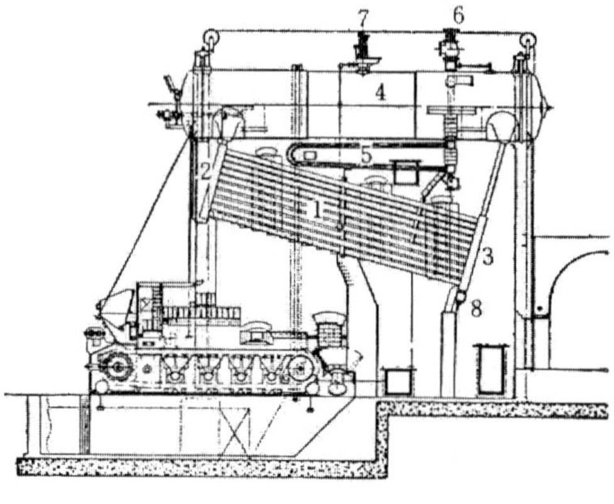

1. 수관
2. 헤더
3. 헤더
4. 기수드럼
5. 과열기
6. 증기밸브
7. 안전판
8. 흙통(머드 박스)

그림 2-16 직관식 보일러

현재 제작되고 있는 것은 거의 대부분이 노벽수관(爐壁水管)과 곡관 수관군을 조합한 형식이며, 증기(기수) 드럼과 물드럼 1개씩인 2동(胴)형과 증기 드럼 1개와 물드럼 2개의 3동형이 있으나 2동형이 많이 이용된다(그림 2-17, 2-18). 그림 2-17은 박용(舶用)의 2동 곡관 보일러이고, 그림 2-18은 3동형 곡관 보일러이며 상부에 1개의 증기 드럼, 하부에 2개의 물드럼을 배치하고 상부 드럼을 지지하여 열팽창은 아래쪽으로 발생한다. 연소실은 양측 수관군 사이에 설치된다. 증발량 20～50t/h에 사용된다.

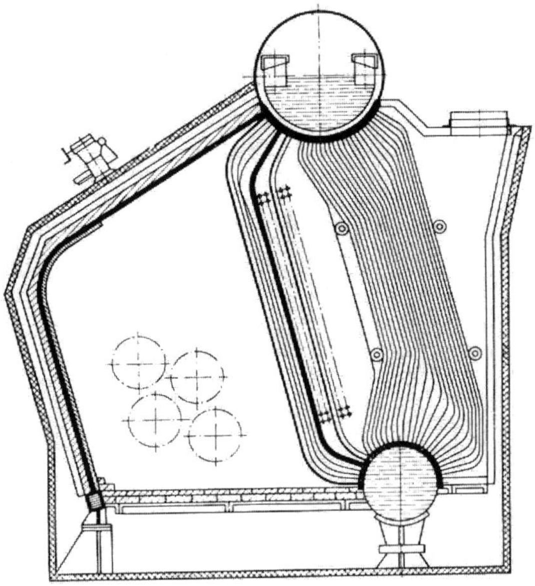

(a) 종단면

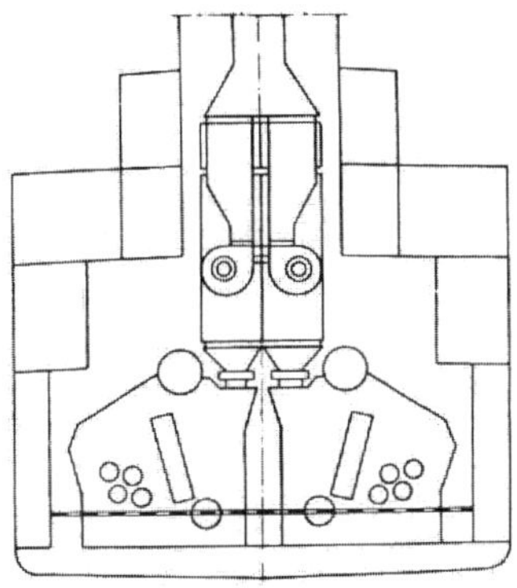

(b) 선박 내의 배치(2 개의 보일러)

그림 2-17 2 동형 곡관식 보일러

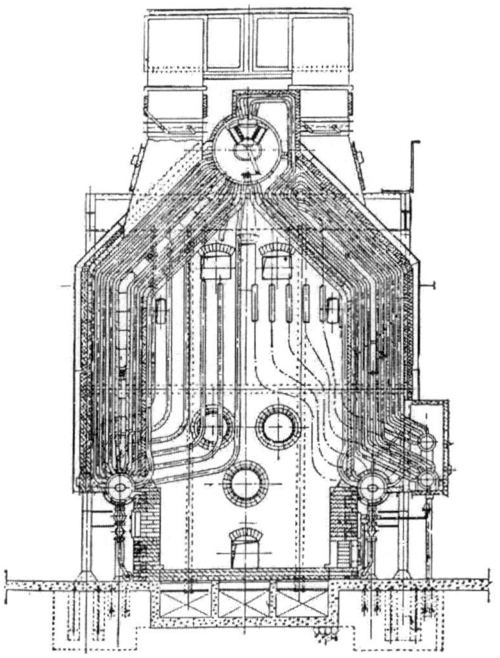

그림 2-18 3 동형 곡관식 보일러

그림 2-19 2동 곡관식 보일러의 형식

2동형 보일러 본체의 구조는 그림 2-19와 같이 대체로 3종류로 분류된다.

그림의 왼쪽의 2개는 상하의 드럼을 전후로 엇갈리게 배치한 구조이며 노저(爐底)를 변경시켜 기름, 가스 또는 석탄 등 어느 것이나 연소시킬 수 있으며 증발량 25 t/h 정도까지의 소용량 보일러로 사용된다. 가운데의 2가지는 상하의 드럼을 동일 연직면 내에 배치한 형식이며, 위의 예보다 용량이 큰 것에 이용되고 압력 60 kgf/cm²g, 증발량 100 t/h 정도까지도 있다. 오른쪽의 예는 버어너의 방향과 드럼축의 방향이 평행하게 배치한 구조이며, 가스나 기름 연소이며 압입 송풍기에 의한 가압 연소를 하는 경우가 많다. 장소를 절약한 구조이다. 연소가스는 수관군 내를 수평으로 가로질러 흐른다.

근래에 와서 특히 발전용 대형 보일러에서와 같이 증기의 온도와 압력이 더욱더 높아지고 (압력 80~175 kgf/cm²g) 또 대용량화(大容量化)함에 따라서 수관 보일러도 차차 변화하여 고온 고압용으로서 적당한 형식으로 통일되어 가고 있다.

이러한 경향에서의 가장 뚜렷한 특징으로 2가지를 들 수 있다.

그 하나는 미분탄(微粉炭) 연소의 발달로 처음에 노벽(爐壁)을 보호할 목적으로 사용되었던 **수냉노벽**(水冷爐壁)이 매우 유효한 복사 전열면이 된다는 점을 이용하여 연소실 벽을 되도록 완전히 수냉 벽관(지름 76~83 mm)으로 덮으며, 따라서 종래의 접촉 전열면이 될 수관군이 감소되고 보일러 본체의 전열면의 주요부가 이 수냉노벽으로 되는 복사 전열면으로 옮겨간다는 점이다. 복사전열은 화염가스와 수관과의 절대 온도의 4승(乘)의 차에 비례하여 행해지므로 전열면의 열부하(熱負荷), 즉 증발률은 대류전열의 경우에 비하여 매우 높아지며, 따라서 보일러는 고능력화(高能力化)된다. 또한 대류 전열면에서와 같은 통풍 손실을 가져 오지 않는다.

이와 같은 보일러를 **복사 보일러**(radiant boiler)라고 하며, 이런 보일러의 또 하나의 특징은 고압동의 제작이 매우 힘들기 때문에 동의 수가 감소된 것과 강수관(降水管)의 높이가 매우 커서(30~40 m) 충분한 수두(水頭)를 주게 하며, 또 그 수가 많거나 또는 충분히 굵고

비가열(非加熱)로 배치된다는 점이다. 강수관이 긴 것은 고압에서 물과 증기와의 밀도차가 작아짐에 따른 보일러수 순환의 감소를 보충하기 위한 충분한 순환 수두(循環水頭)를 주려는 것이며, 그 유동 저항을 적게 하기 위하여는 충분한 굵기가 필요하다.

강수관의 비가열은 기포 발생, 즉 순환에 대한 역작용을 막기 위한 필요조건이다.

고압증기의 과열(540~570°C)은 강철재(鋼鐵材)가 허용하는 한도까지 행해지므로 과열기나 터어빈 보수(保守)를 위해서는 되도록 증기온도의 변동을 적게 해야 한다.

과열기는 소요 전열 면적이 매우 커지므로 1차 과열기와 2차 과열기로 나누어 설치한다. 또 플랜트 열효율의 증대를 꾀하기 위하여 재열 사이클을 일반적으로 채용하므로 재열기도 설치된다.

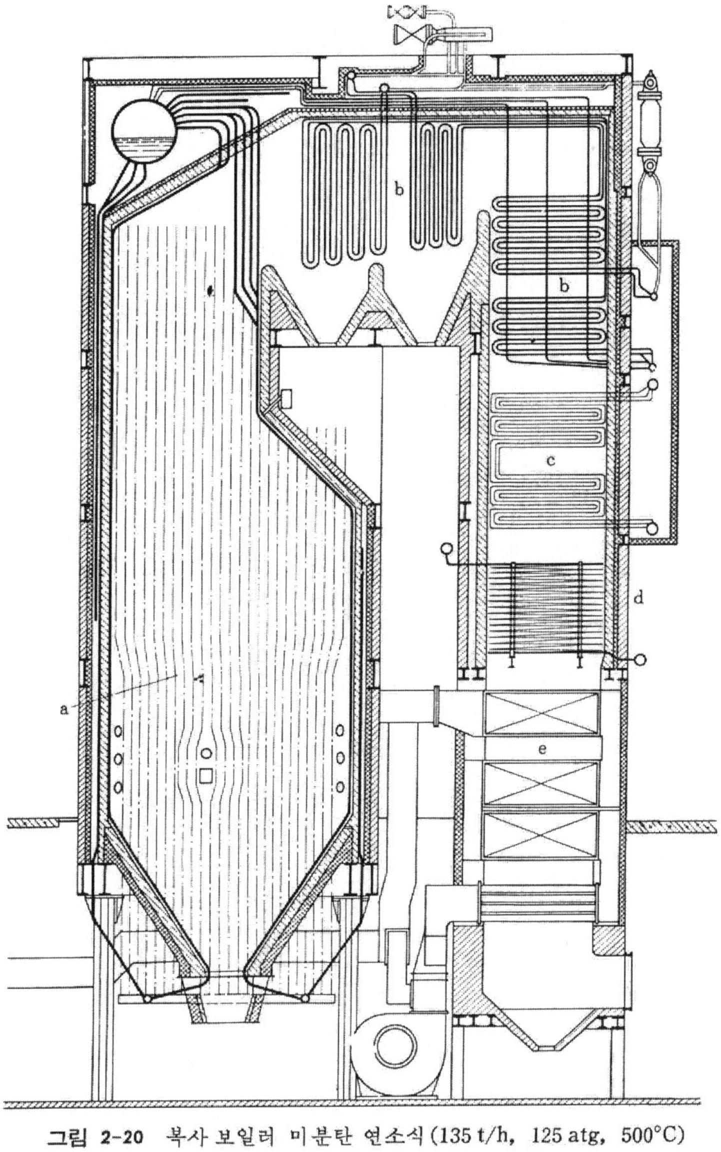

그림 2-20 복사 보일러 미분탄 연소식(135 t/h, 125 atg, 500°C)
a. 연소실 b. 과열기 c. 중간과열기 d. 절탄기 e. 공기예열기

이 목적을 위해 각종 방법으로 엄밀한 과열 온도 조정이 행해진다. 또 고압에서 증기와 물의 밀도차가 작아지므로 증기동 내의 수면에서 기포가 분리될 때 프라이밍(priming) 현상이 발생하기 쉽다. 따라서 보일러수 중의 불순물이 증기와 함께 과열기나 터어빈으로 들어가서 여기에 침적되어 여러 가지 장해를 일으키므로 보일러동 내에 증기를 정화하는 장치, 즉 증기에 대한 분리기나 증기 세척기(蒸氣洗滌器)를 사용한다.

증기 온도의 조정은 또한 노벽(爐壁)의 네 구석에 설치한 접선식(接線式) 버어너의 수평면 경사를 변경시킴으로도 어느 정도 가능해진다.

그림 2-20과 그림 2-21은 복사 보일러의 예이다.

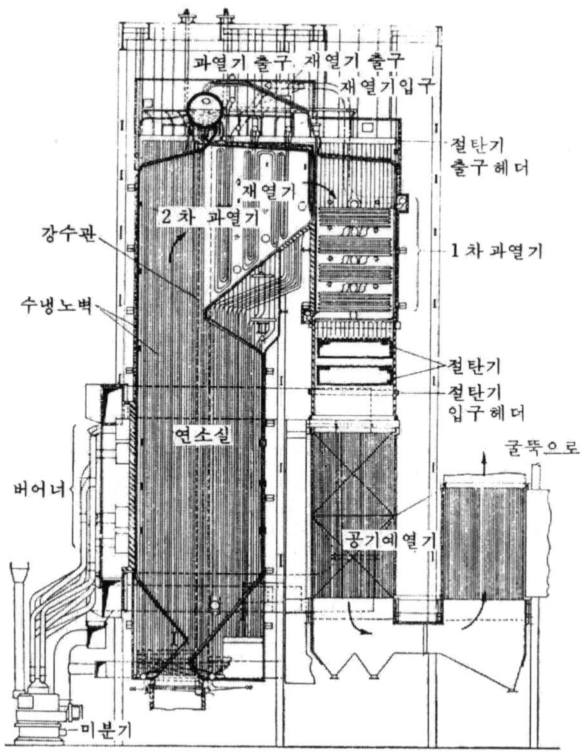

그림 2-21 복사보일러

2-6 강제순환(强制循環) 보일러

보통 수관보일러에서는 보일러수는 강수관 중의 물의 밀도와 승수관 중의 기수(氣水) 혼합물의 밀도와의 차로 자연순환(自然循環)을 행한다. 그러나 고압에서는 이 밀도차의 감소로 순환이 활발하지 않으므로 수관 배치에 적지 않은 제한을 받음은 이미 언급했거니와, 이에 대한 근본적 대책은 펌프로 보일러수를 순환시키는 것이다. 이와 같은 보일러를 **강제순환 보일러**(forced circulation boiler)라 하며, 라몽(La Mont) 보일러가 대표적인 것이다.

그림 2-22 는 이 보일러의 약도(略圖)이다. 이것은 또한 압력의 고저(高低)나 관 배치의 경사, 순서 등에 제한받지 않고 항상 확실한 순환이 행해짐을 특색으로 하며, 특히 보일러의 높이가 제한될 때는 더욱 유리한 형식이다.

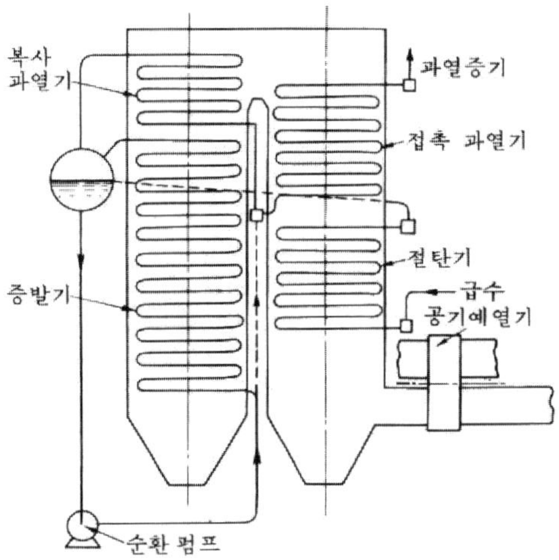

그림 2-22 라몽 보일러의 약도

라몽 보일러의 보일러수 순환펌프는 원심식 펌프를 사용하고 양정(揚程)은 보통 2.5~3 kgf/cm², 송수량은 증발량의 4~10 배로 취하며, 그 소요 동력은 보일러 출력의 1 % 이하이다. 수관은 바깥지름 26~32 mm 의 것을 사용하며, 또 각 수관에서 수열률(受熱率)이 다르므로 증발을 효과적으로 하고 수관의 과열을 막기 위하여 헤더에서 각 수관으로의 입구에 오리피스(orifice)공(孔)을 두어 각각 송수량을 조절한다. 이리하여 수관 내의 유속이 자연순환에 비하여 매우 높기 때문에 관

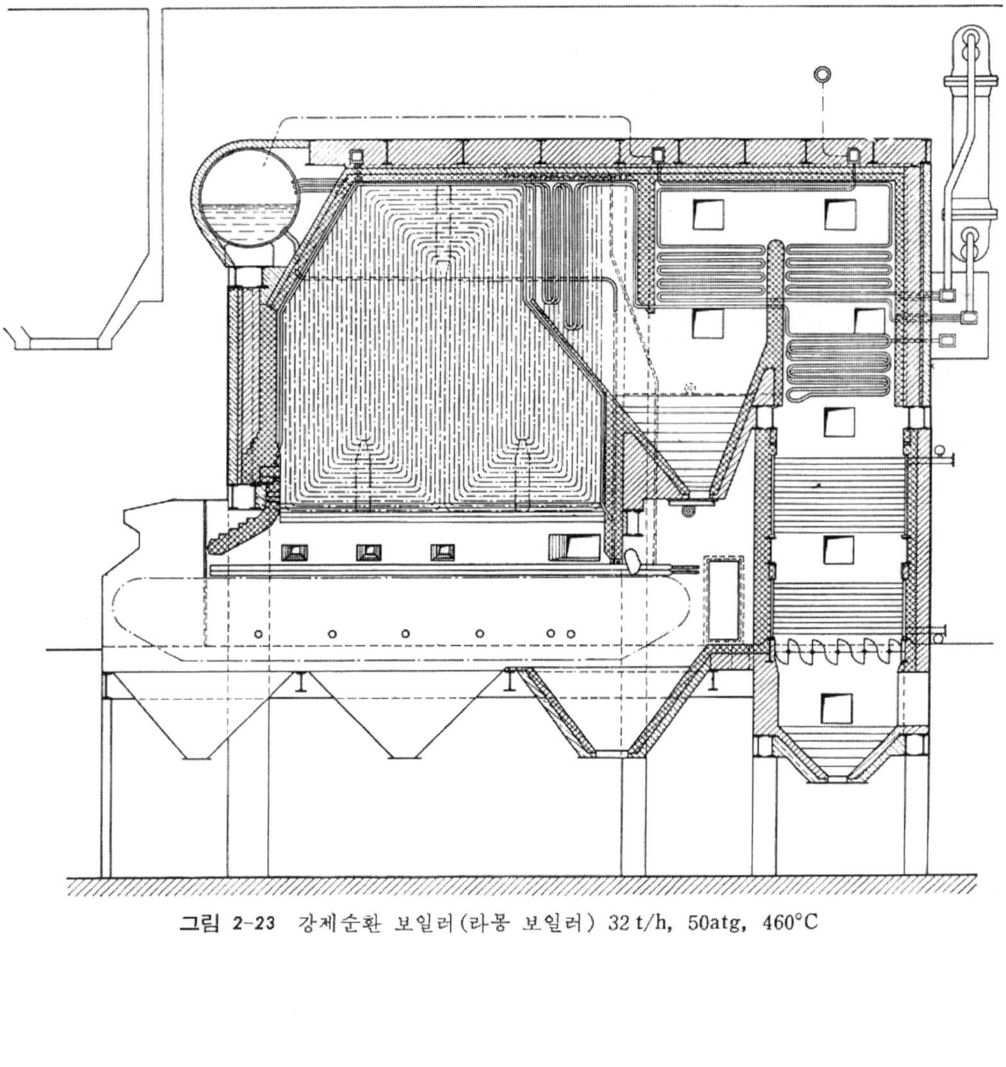

그림 2-23 강제순환 보일러(라몽 보일러) 32 t/h, 50atg, 460°C

석이 수관에 부착할 우려가 적고 또 수관을 자유로이 배치할 수 있으므로 용량에 비해 소형으로 할 수 있다. 또한 비교적 전부하(全負荷)까지에 요하는 시간도 단축되며, 보일러 각부의 열신축도 균등해진다. 이리하여 이 보일러는 고압용뿐 아니라 중압용에도 많이 제작된다. 그림 2-23은 이 보일러의 한 예이다.

그림 2-24는 압력 150~200kgf/cm²g의 발전용에 적용되는 강제순환 보일러의 예이다.

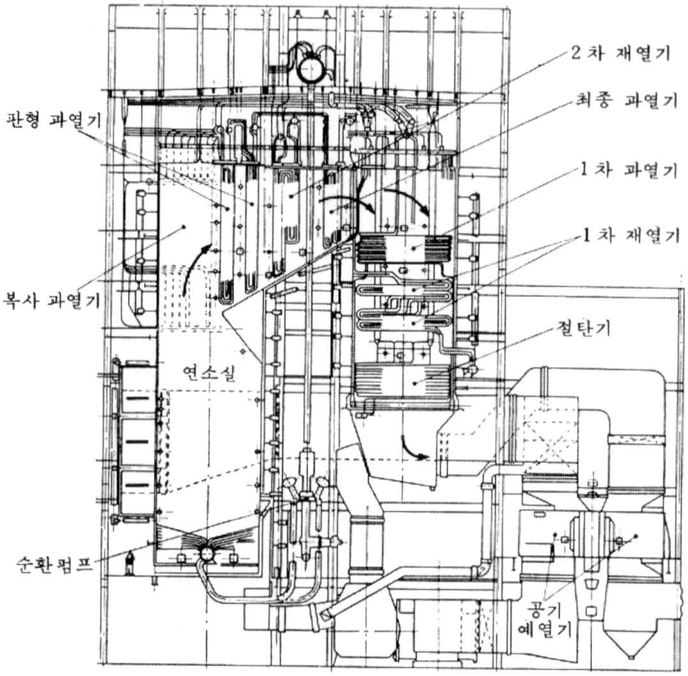

그림 2-24 강제순환 복사보일러

또 강제 순환식은 수관을 자유로이 배치하여 공간을 절약할 수 있으므로 폐열 보일러나 높이의 제한을 받는 박용 또는 산업용 보일러로서 중압·저압용에도 사용된다.

2-7 관류(貫流) 보일러 (once-through boiler)

관류 보일러(once-through boiler)는 압력의 상승에 따라 제작이 곤란해지는 증기동을 폐지하고 관의 한 끝에서 펌프로 압송된 급수(給水)가 차례로 가열, 증발, 과열되고 다른 끝으로부터 소요의 과열증기로 나오게 한 것이며, 긴 관(管)만으로 구성된다. 따라서 물의 순환도 없고 매우 간단한 고압용 보일러가 되며, 보일러 과열시 재해(災害)가 매우 적은 장점이 있으나, 급수의 성질에 대한 주의가 매우 중요하다. 또 급수는 증발하는 양만큼만 송입되므로 시동 시간은 매우 짧으나, 동시에 부하의 변동에 대한 여유도 적으므로 급수와 연료에 대한 신속하고 정확한 제어장치(制御裝置)를 절대로 필요로 한다.

관류 보일러는 이온교환수지에 의한 급수 처리와 자동제어 기술의 발달에 의하여 근래에 널리 이용되고 있다. 또 초임계압(超臨界壓) 보일러(super-critical boiler)가 사업용 화력발전용으로 많이 채용되고 있으나, 이 경우에는 드럼을 사용하여 기수분리(氣水分離)할 필요가 없으므로 보일러는 필연적으로 관류 형식이 된다.

관류 보일러에서는 관의 입구와 출구간의 큰 압력차로 물의 유동을 일으키므로 관의 자유로운 배치가 가능하다. 노벽 수관(爐壁水管)에는 그림 2-25와 같이 노벽 내면에 연한 수직 또는 수평의 굴곡관군이나 상승관군과 노의 강수관을 조합한 송수관-강수관계가 사용된다.

이러한 보일러로는 벤슨 보일러, 술처어(Sulzer) 보일러 등이 유명하다.

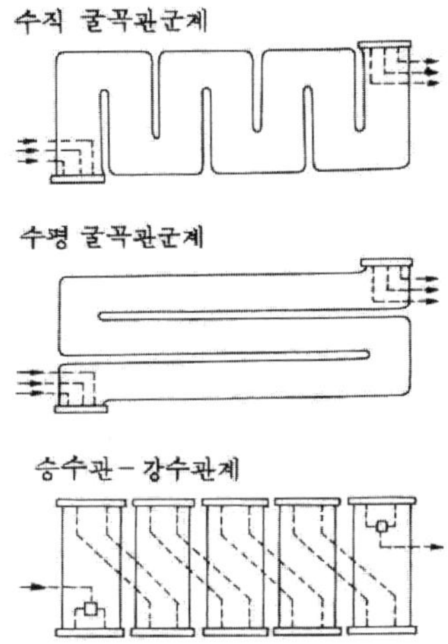

그림 2-25 관류보일러의 노벽수관 배치

[1] 벤슨 보일러(Benson boiler)

벤슨 보일러는 처음 영국에서 임계압력(225 kgf/cm²g) 이상의 고압 보일러로 시작(試作)되었다. 임계압력을 사용하는 근본 원인은 이 압력하에서는 포화수 및 이로부터 발생되는 건포화증기는 동일한 비체적을 갖고($v' = v'' = 3.1\ dm^3/kg$), 따라서 체적이 증가됨이 없이 물은 그대로 증기로 되는 사실을 이용하기 위한 것이다. 따라서 임계압력을 사용할 때는 물과 증기를 분리하기 위한 보통의 증기동이 필요 없고, 단지 코일로 되는 증발기를 사용하면 충분하다는 결론이 나온다.

그 후 독일(獨逸)의 지이멘스 회사가 이 보일러를 실용화하여 운전 경험에 따라 임계압력 이하에서도 지장 없이 증발이 행해짐을 확인하여 50~180 kgf/cm²g 에서도 사용

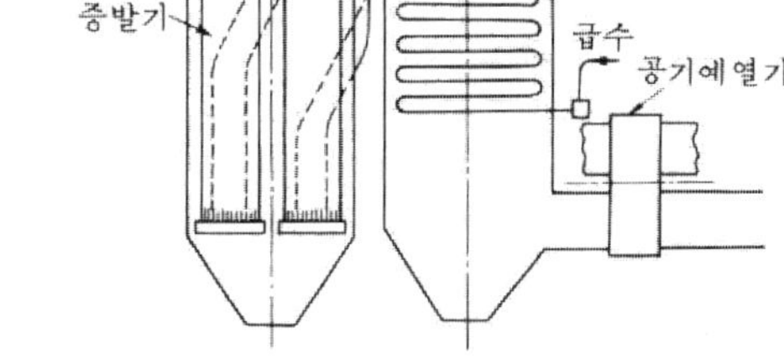

그림 2-26 벤슨 보일러의 약도

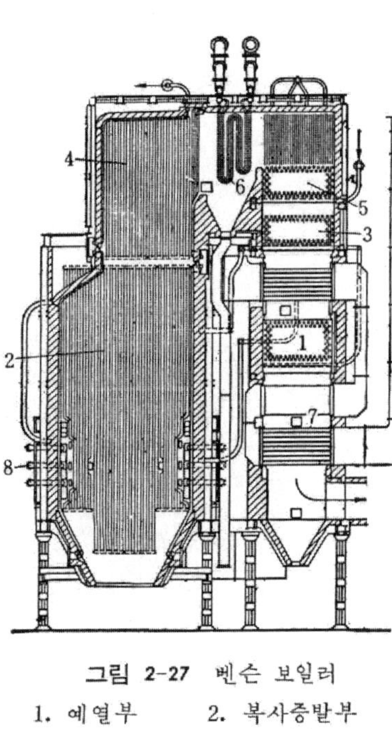

그림 2-27 벤슨 보일러

1. 예열부 2. 복사증발부
3. 증발종단 및 과열시작부
4. 복사과열기 5. 접촉과열기
6. 재열기 7. 공기예열기
8. 미분탄버어너

하게 되었다. 또한 보일러와 터어빈 사이의 감압(減壓)밸브를 폐지하고 터어빈 부하의 변동에 대응하는 변동 압력으로 운전하도록 특수한 압력조정법을 채용하였고, 이는 급수펌프의 소요 동력을 최소로 하고, 또 보일러 및 터어빈을 합한 전 설비에 대하여 가장 경제적인 운전인 까닭으로 이 개량법이 실현된 후로 이 보일러는 널리 채용되었다.

그림 2-26은 벤슨 보일러의 설명도이며, 그림 2-27은 실제의 한 예이다.

여기서 보일러는 수십 개의 긴 수관을 병렬(並列)로 배치하고, 그 도중에 둔 헤더로 물의 합류 및 분류(分流)를 반복하는 구조로 되어 있다. 관석이 가장 부착하기 쉬운 건조도 $x=0.7\sim1.0$의 구역의 수관을 연소가스 온도가 낮은 연도 속에 두게 한다.

[2] 술처어 보일러(single or monotube boiler)

술처어 보일러는 벤슨 보일러와 원리적으로 같고 관류 보일러의 일종이나, 원칙으로 하나의 긴 연속관(길이 1500 m까지에 달함)을 전열면으로 하며, 도중에 헤더를 두지 않는 것과(그러나 대형에서는 수개의 관을 병렬로 배치하는 것도 있다) 증발부의 끝에서 수분리기(水分離器, water separator) 별명 염분(鹽分)분리기(salt separator)를 두어 급수 염분의 대부분을 잔존 수분과 함께 배제하는것과 과열증기 온도를 주수(注水)로 조절하는 점 등이 다르다. 그림 2-28은 술처어 보일러의 설명도이며, 그림 2-29는 그 한 예이다.

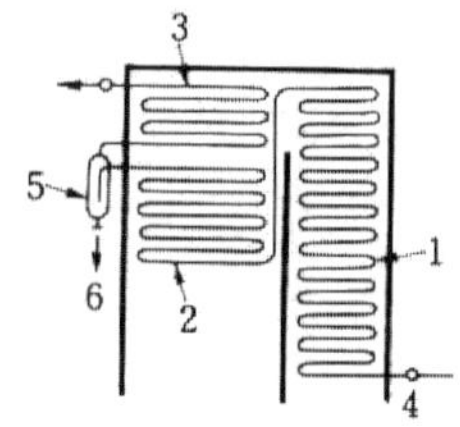

그림 2-28 술처어 단관 보일러의 약도
1. 물가열관, 2. 증발관, 3. 과열관, 4. 급수펌프, 5. 수분리기, 6. 토출구

그림 2-30은 대용량 초임계압 보일러의 한 예이며 증발량 1780 t/h, 과열기 출구의 압력 269 kgf/cm²g, 온도 541°C, 2단 재열식이며, 재열온도가 1단은 554°C, 2단은 568°C의 것

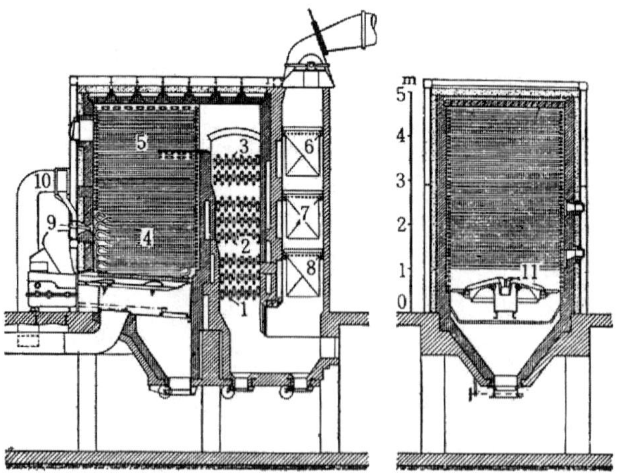

그림 2-29 술처어 보일러
1, 2, 3. 예열면 4. 증발면 5. 과열면
6, 7, 8. 절탄기 9. 버어너 10. 송풍구
11. 하입식 급탄기

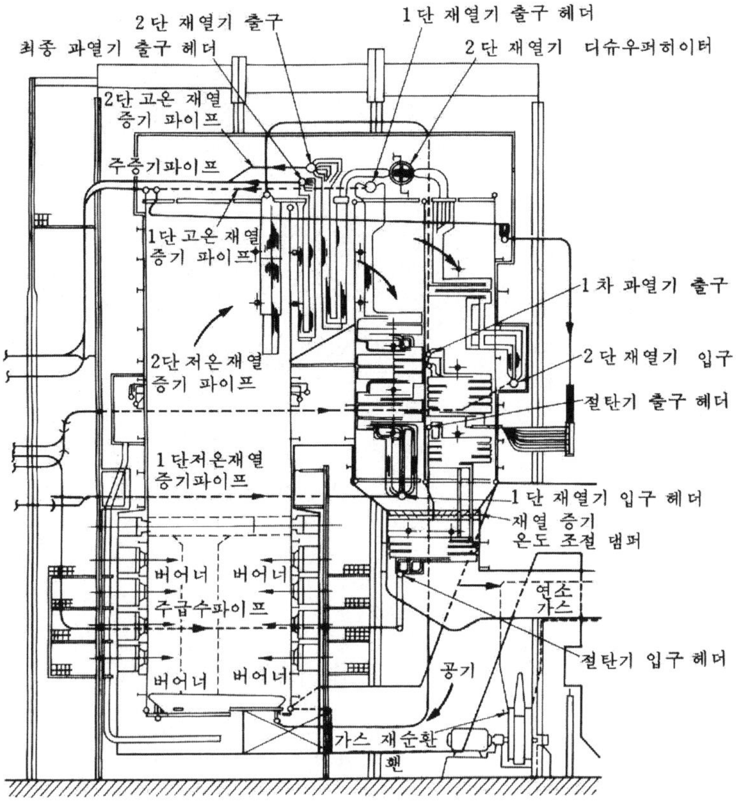

그림 2-30 초임계압 보일러

이다. 노벽수관(爐壁水管)은 바깥지름 38 mm, 후부 전열부 주벽수관은 바깥지름 57 mm 이며 초임계압에서는 액체 온도가 높으므로 관벽 온도가 아임계압(亞臨界壓)에 비하여 높아지므로 관재료에는 Cr 0.5%, Mo 0.5 % 의 저합금강이 사용된다. 또 최근의 대형 보일러에서는 연소가스 중의 질소산화물 생성량의 저감을 꾀하기 위하여 그림의 예에서와 같이 연소용 공기 중에 배기가스의 일부를 혼입하기 위한 가스 재순환 팬(fan)을 가지며, 또 버어너군의 상부 노벽에 연소용 공기의 공급구를 두어 2 단 연소를 시키고 있다.

관류보일러는 수관을 자유로이 배치할 수 있으므로 소형이 되고 또 시동 시간이 짧아진다.

이런 잇점 때문에 난방용 등 주로 포화증기 발생을 목적으로 하는 소형 저압 보일러에도 관류 형식의 것이 사용된다. 모든 수관을 코일상으로 감은 석유 연소식이며, 그림 2-31은 그 한 예이다.

급수는 혼합실로부터 단관(單管)을 코일상으로 감은 수관을 거쳐 기수분리기로 나온다. 여기서 분리된 물을 순환펌프를 거쳐 급수와 혼합되어 다시 수관으로 보내진다. 수중의 불순물에 의한 관석 부착이 생기기 쉬운 높은 건조도의 영역을 피하기 위하여 강제순환식을 가미하고 있으나 수관에의 송수량은 보통의 강제순환식보다 적고 증발량의 1.5~3배 정도이다.

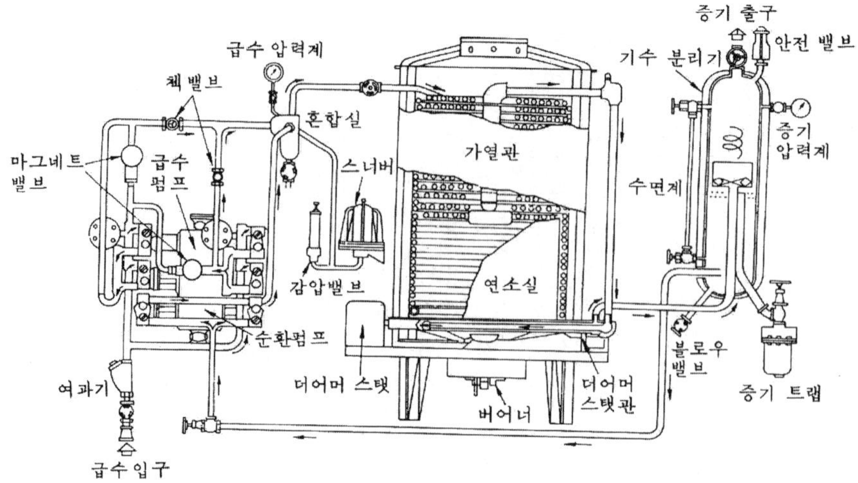

그림 2-31 소형 관류보일러

2-8 그 밖의 보일러

이상의 보일러 외에 주철(鑄鐵) 보일러, 폐열이나 특수 연료를 이용하는 보일러, 물 이외의 유체를 가열하는 보일러 등이 있고 각각 다른 용도에 사용되고 있다.

주철 보일러는 난방용으로 포화증기 또는 온수의 저압 보일러로서 가장 널리 사용되고 있다. 그림 2-32와 같이 일체로 만든 속이 빈 주철제·단면(section)을 전후로 조합하여 구성하는 조립식 보일러이며, 용량은 3 t/h 정도까지가 많다. 좁은 장소로의 반입이 용이하고 부식에 강한 장점이 있다.

그러나 지역 냉난방이나 공장의 중앙 급열방식의 열원으로 사용되는 대용량의 고온의 온수 보일러로는 주철 보일러 대신 관류형 고온수 보일러(수관식 보일러)가 사용된다. 이러한 경우에는 온수 온도 150～200°C, 압력 10～20 kgf/cm²g 가 보통이다.

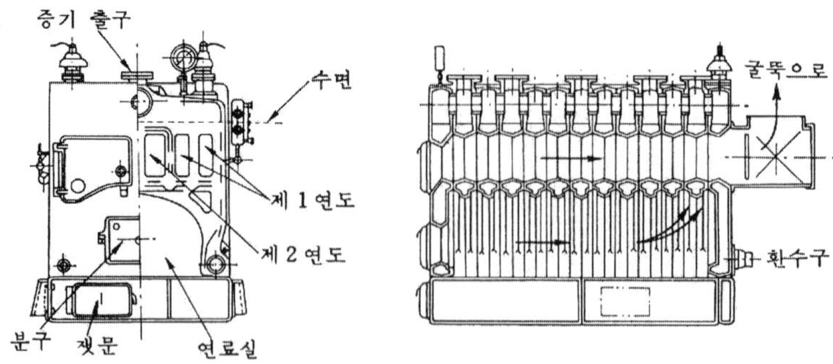

그림 2-32 주철 보일러

폐열 보일러에는 시멘트 킬른(kiln)이나 각종의 노로부터의 폐가스를 열원으로 하는 것이 있다. 또 디이젤 엔진이나 가스 터어빈의 폐가스가 가지는 여열을 열원으로 하는 것도 있다. 또 보통의 연료 이외의 것을 연료로 사용하는 특수 연료 보일러도 여러 가지가 있다. 펄프공장에서 원목의 껍질을 벗긴 수피(樹皮)나 펄프 폐액을 연료로 하는 것이 있고, 합판공장, 제재공장에서 발생하는 톱밥 등을 소각 처리함과 동시에 그 열을 이용하는 보일러 등이 그것이다.

폐기물을 이용하는 보일러 중에 최근에 주목을 끄는 것으로 도시 쓰레기를 연소시키는 소각 보일러도 있다. 또 화학공업에서는 200~400°C 정도의 고온에서 가열, 증류, 건조 등의 조작을 행할 때 열원으로서 고온도에서도 포화압력이 낮은 유기매체를 이용하는 경우가 많으며 이 특수 유체의 가열을 위한 보일러도 사용된다. 화학공장 등에서는 사용한 증기를 순수한 복수로 보일러에 되돌려 보낼 수가 없고 항상 새로운 물을 급수로서 보일러에 보내야 하나 급수 처리에는 많은 비용이 들으므로 처리가 그다지 완벽하지 않은 물을 급수로 사용하면서도 지장이 없도록 하기 위하여 2중 증발 보일러 (간접가열 보일러라고도 한다)가 고안되었다. 슈미트(Schmidt) 보일러가 그 예이며, 이것은 노에서 발생된 열을 직접 급수에 전달하지 않고 그림 2-33과 같이 먼저 순수한 물만으로 되는 1차 회로에 전달하여 이 회로에서 발생된 증기를 상부동 내의 열교환기로 보내서 이 동

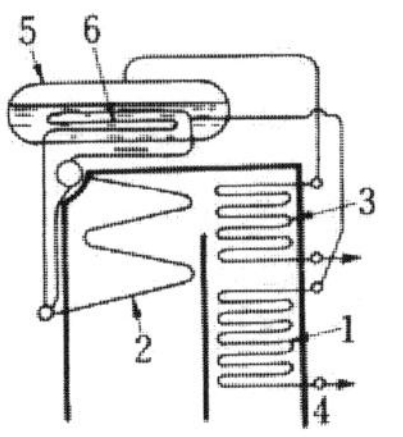

그림 2-33 슈미트 보일러의 약도

1. 물가열관 2. 증발관
3. 과열관 4. 급수펌프
5. 증기동
6. 가열관(1차보일러)

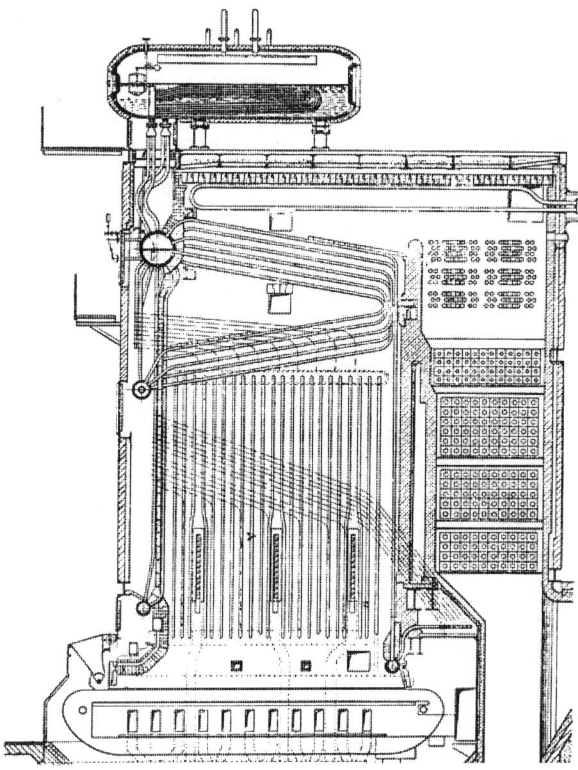

그림 2-34 슈미트 보일러

에 들어오는 급수를 가열 증발시킨다. 이리하여 급수에 함유되는 불순물의 해를 피할 수 있다. 1차 회로의 유체로 물을 사용하면 그 압력을 급수의 압력보다도 높여야 하며, 고압 보일러에서는 이 압력차가 20～40 kgf/cm²g 정도나 된다. 그러나 이는 포화증기 압력이 낮은 유체를 사용하면 피할 수 있다.

2-9 보일러의 용량과 효율

[1] 증발량(蒸發量)

보일러는 연료의 연소열을 물에 주어 증기를 발생하는 장치이며 보일러의 용량(capacity), 즉 크기(size)는 보통 정규부하(正規負荷) 상태에 있어서 단위 시간의 증발량(蒸發量, quantity of evaporation)을 가지고 표시하게 된다. 여기에는 2가지가 있다.

(1) 총체 증발량(total or gross evaporation) : D_h [kg/h]

총체 증발량이란 보일러에서 매시간 나오는 증기의 양이다. 증기 1 kg의 발생에 요하는 열량, 즉 발생열(發生熱)을 Q 라고 하면 연소열 중 증기 발생에 이용된 열량은 $D_h \cdot Q$ [kcal/h]가 된다.

i_2, i_1을 발생 증기(과열기가 있는 경우는 그 출구에서의) 및 급수(절탄기가 있는 경우는 그 입구에서의)의 엔탈피 [kcal/kg] 라고 하면

$$Q = i_2 - i_1 \tag{2-1}$$

(2) 환산 증발량(換算蒸發量 또는 相當蒸發量, equivalent evaporation) : D_o [kg/h]

보일러에 따라 발생증기는 온도, 압력이 다르고 이에 따라 그 엔탈피도 달라진다. 따라서 다른 보일러와의 비교를 위해서 다음과 같은 환산증발량을 사용하는 것이 편리하다.

$$D_o = \frac{D_h Q}{539} = \frac{D_h(i_2 - i_1)}{539} \text{ [kg/h]} \tag{2-2}$$

즉 이것은 보일러에서 물 및 증기에 가해진 열량을 100°C의 포화수에서 같은 온도의 건포화증기를 발생시키는 데 요하는 열량 539 kcal/kg로 나눈 것이다. 이 때 100°C의 건포화증기를 **기준증기**(基準蒸氣) 또는 **표준증기**(標準蒸氣, standard steam)라고 한다. 결국 환산 증발량이란 실제 증발량을 이 표준증기의 증발력으로 환산한 것이다.

표준증기의 발생열을 539 kcal/kg(＝970 Btu/lb)로 위에서 취한 것은 영미식(英美式)이며, 독일에서는 그 발생열을 0°C에서부터 계산하여 639 kcal/kg로 취한다. 전자는 결국 증발열 $(i'' - i')$과 동일하다.

보일러의 용량을 표시하는 다른 방법으로 보일러 본체의 전열면적, 화격자 면적 또는 연소실 용적을 표시할 때도 있다. 이들은 모두 보일러에서 매우 중요한 값이며, 다음에서 보는 바와 같이 전열면적은 증발량과 화격자 면적, 또는 연소실 용적은 연료 소비량 및 열발생량과 관련된다.

[2] **증발률**(蒸發率) **및 증발계수**(蒸發係數)

(1) **증발률**(rate of evaporation)

보일러 본체 전열면의 단위면적당 단위시간에 발생하는 증기량을 **증발률** 또는 **전열면 증기 부하**(傳熱面 蒸氣負荷)라고 한다. 전열면의 위치에 따라 증발률은 국부적인 차이가 있으며, 증발률은 보일러 전체에서의 평균값이다.

결국 증발률은 증발량과 전열면과의 관계, 즉 전열면의 증발 성능(性能) 또는 전열면 부하를 표시하는 것이며, 증발률이 거의 같다고 볼 수 있을 때는 전열면적으로 보일러의 크기를 비교할 수 있다.

보일러 본체 접촉 전열면적을 F_c [m²], 복사전열면적을 F_r [m²] 라고 하면 증발률 d_k 는

$$d_k = D_h/(F_c + F_r) \ [\mathrm{kg/m^2h}] \qquad (2\text{-}3)$$

F_c 및 F_r 는 연소가스측의 표면적을 취한다. 윗식에서 D_h 대신 D_0 를 쓰면 환산증발률이 된다.

증발률에 증발열(蒸發熱)을 곱한 것을 **전열면 열부하**(傳熱面 熱負荷, heat absorption rate of heating surface) q_k [kcal/m²h] 라고 한다.

$$q_k = \frac{D_h(i_s - i_w)}{(F_c + F_r)} \ [\mathrm{kcal/m^2h}] \qquad (2\text{-}4)$$

여기서, i_s : 보일러 본체 발생포화증기의 엔탈피 [kcal/kg]

i_w : 보일러 본체에의 급수의 엔탈피 [kcal/kg]

증발률의 값은 연료의 연소 상태에 따라 변동되나, 정규부하에서는 보일러의 종류에 따라 대체로 그 값이 어떤 범위 내에 있다(표 2-1 참조).

최근의 수관보일러에서는 수관의 전열면 배치와 보일러 본체에 유기적(有機的)으로 결합된 고온로(高溫爐)에 의하여 높은 열효율을 유지하면서 높은 증발률을 발휘할 수 있게 되었다. 이것이 고능력 보일러이다. 고능력 보일러 중 통풍 손실이 따르는 대류(對流)전열을 줄이고 연소실의 고온가스로부터의 복사(輻射)전열에 중점을 둔 것이 복사 보일러이다.

(2) **증발계수**(evaporation factor)

다음 증발계수라 함은 보일러가 연료 1 kg 당에 발생하는 증기량이며 증발력(蒸發力, evaporative power or value)이라고도 하며 증발량과 마찬가지로 2 가지가 있다.

1) 총체 증발계수 : D_h/B_h [kg/kg]

2) 환산 증발계수 : D_0/B_h [kg/kg]

여기서, B_h : 단위시간의 연료 소비량 [kg/h], [Nm³/h]

증발계수는 또한 연료 연소열 중에서 실제로 증기가 흡수한 열량 $H_l \cdot \eta_B$ 와 증기 발생열과의 비로써 계산할 수도 있다. 즉

$$D_h/B_h = H_l \cdot \eta_B/Q \ [\mathrm{kg/kg}] \qquad (2\text{-}5)$$

$$D_0/B_h = H_l \cdot \eta_B/539 \ [\mathrm{kg/kg}] \qquad (2\text{-}5\,a)$$

여기서, H_l : 연료의 저발열량(低發熱量), η_B : 보일러의 열효율

어떤 특정한 한 보일러에서는 H_l 과 Q 는 일정하므로 증발계수 D_h/B_h 는 보일러의 열효율

표 2-1 증발률

보일러의 종류	환산증발률 [kg/m²h]
노통연관보일러	40～70
입형보일러	40～75
수관보일러 소형	35～70
수관보일러 중·대형	50～400
주철보일러	30～55

표 2-2 증발계수

연료의 종류	증발계수 [kg/kg]
갈 탄(褐炭)	2～4
석탄	5～10
중유	9～12
코우크스로 가스	4～5 [kg/Nm³]
용광로 가스	0.7～0.9

《주》 Nm^3은 0°C, 760 mmHg에서의 체적이다.

η_B에 비례하게 되므로 보일러의 운전 상태 판단의 근거가 된다. 또한 서로 다른 보일러에서도 동일 연료를 사용할 때 증발계수는 이 보일러의 성능을 평가하는 데 매우 편리한 요소가 된다. 증발계수의 평균값은 표 2-2와 같다.

[3] 연소율(燃燒率)과 열발생률(熱發生率)

화격자의 단위면적에서 단위시간에 연소하는 연료의 양을 **연소율**(rate of combustion)이라 하고, 또 연료의 연소로 단위시간에 화격자의 단위면적당 또는 연소실의 단위체적당에 발생하는 열량을 **열발생률**이라고 한다.

이들은 연료 소비량 및 열발생량과 노와의 관계, 즉 노의 연소 성능 또는 연소 부하(燃燒負荷)를 표시하는 것이며 아래와 같이 구한다. 열발생률을 구할 때 연소용 공기가 예열(豫熱)되었을 때의 열량도 가산한다.

화격자 연소율 $b = B_h/A$ [kg/m²h] (2-6)

화격자 열발생률 $q_a = B_h\{H_l + Lc_a(t_a - t_0)\}/\ A$ [kcal/m²h] (2-7)

연소실 열발생률 $q_v = B_h\{H_l + Lc_a(t_a - t_0)\}/V$ [kcal/m³h] (2-8)

여기서, A : 화격자 면적 [m²]

V : 연소실 용적 [m³]

L : 연료 1 kg 또는 1 Nm³ 당의 공기량 [kg/kg, kg/Nm³]

c_a : 공기의 정압비열(定壓比熱) [kcal/kg(Nm³)°C]

t_a, t_0 : 공기의 예열온도 및 대기 온도 [°C]

또한 이상의 관계로부터 연료 소비량과 연소율 또는 열발생률이 규정되면 화격자 면적 또는 연소실 용적을 구할 수 있다. 이들은 통풍의 정도에 따라 변화하나, 사용 연료 및 노의 종류에 따라 대략 일정한 범위의 값을 갖는다.

표 2-3은 자연통풍을 행하는 보일러의 화격자 연소율과 열발생률의 범위를 표시한다. 강

표 2-3 화격자 연소율, 화격자 열발생률

연료의 종류	화격자 연소율 [kg/m²h]	화격자 열발생률 [kcal/m³h]
무연탄, 코우크스	65～90	0.5～0.7×10⁶
유연탄	75～130	0.5～0.9×10⁶
갈탄	120～250	0.5～0.9×10⁶

제 통풍을 행하면 이들 값을 1.5～2.0배만큼 높일 수 있다.

다음 보통 경우의 연소실 열발생률을 표시하면 표 2-4와 같다. 이는 주로 중형(中型) 이상의 보일러에서 문제가 되는 것이며, 노벽(爐壁)을 수냉벽(水冷壁)으로 하면 매우 높은 열발생률을 얻을 수 있다.

표 2-4 연소실 열발생률

노 의 종 류		연소실 열발생률 [kcal/m³h]
화격자 연소로		$0.15 \sim 0.35 \times 10^6$
미분탄 연소로(건식)		$0.1 \sim 0.25 \times 10^6$
중유 연소로	소형 수관	$0.2 \sim 1.5 \times 10^6$
	중·대형 수관	$0.15 \sim 0.4 \times 10^6$
가스 연소로		$0.15 \sim 0.4 \times 10^6$

또한 중유 및 가스 연소로에서는 연료의 연소 시간이 고체 연료에 비해서 매우 짧은 까닭에 위의 값보다 매우 높은 값(약 10배까지)을 취할 수 있다.

끝으로 보일러의 용량을 표시하는 방법에 보일러 마력(馬力, boiler horsepower)이란 단위가 있다. 이는 주로 영국과 미국에서 사용되며, 1876년 미국 필라델피아에서 각국의 보일러 위원이 모여 정한 것으로, "급수온도가 100°F이며 계기압력 70 lb/in²(약 4.9 kgf/cm²g)의 증기를 매시간 30 lb(약 13.6 kg) 발생하는 능력을 1마력으로 정한다"고 정의하였다. 이것은 당시의 증기기관을 운전하는 데 1마력당 대략 상기의 증기를 필요로 한 것에 기인되나 현재에 와서는 별로 의미가 없다. 이 1마력은 34.5 lb(약 15.6 kg)의 환산 증발량에 상당한다.

또한 당시의 보일러는 1마력당에 약 10 ft²의 전열면을 필요로 하였으므로 전열면 성능을 표시하는 방법으로 1 ft²당의 환산 증발량 3.45 lb를 기준으로 하여 이를 100 % 레이팅(rating)으로 정했다. 그러나 현재의 보일러에서는 보통 150～500 % 레이팅이 된다.

[4] 보일러의 효율

보일러의 효율은 보일러에서 급수로 전달되어 증기를 발생하는 데 이용된 열량과 노에 공급된 연료가 완전 연소를 할 때 발생될 열량과의 비(比)로 표시된다.

그리고 이 효율을 노에서의 효율, 즉 **연소효율**(燃燒效率, 爐效率, efficiency of combustion or furnace) η_c와 전열면에서의 효율, 즉 **전열면 효율**(傳熱面效率, efficiency of heating surface) η_h로 나눌 수 있다.

따라서 보일러 효율 η_B는

$$\eta_B = \frac{D_h \cdot Q}{B_h \cdot H_l} = \eta_c \cdot \eta_h \tag{2-9}$$

여기서, D_h : 증발량 [kg/h], B_h : 연료소비량 [kg/h, Nm³/h],

H_l : 연료의 저발열량 [kcal/kg, kcal/Nm³],

Q : 증기의 발생열 $i_2 - i_1$(i_2, i_1은 발생증기 및 급수의 엔탈피)

또 η_c는 노에서 발생된 열량과 완전연소를 하였을 때 발생될 열량과의 비이며, η_h는 증기발생에 이용된 열량과 노에서의 발생 열량과의 비이다.

노에서 연료는 완전 연소하지는 못하고, 연료의 가연성(可燃性) 물질의 일부가 전연 타지 않거나 연소가스 중의 탄소(炭素)가 되고, 또 타더라도 불완전연소를 하므로 손실이 생긴다. 따라서 정규부하 상태에서의 연소효율은 노의 구조에 따라 다르나 대체로 다음과 같은 값을 갖는다. 일반적으로 기름이나 가스 연료에서 높은 값을 가진다.

$$\eta_c = 0.90 \sim 0.99$$

노에서 발생된 열량의 일부는 복사 및 전도로 보일러 밖으로 새어 나가서 손실이 된다. 또 가장 큰 손실로는 굴뚝에서 나가는 연소가스, 즉 배기(排氣)가 가지고 나가는 열량이 있다.

이 배기 온도는 절탄기 및 공기예열기의 유무(有無)에 따라 많이 다르나, 대략 120 ~ 350°C 이다. 이리하여 전열효율은

$$\eta_h = 0.7 \sim 0.95$$

의 값이 된다.

따라서 보일러 효율은 대략 다음의 범위 내에 있게 된다.

$$\eta_B = 0.60 \sim 0.90$$

그러나 구식(舊式) 보일러에서는 이보다 낮은 효율의 것도 있고 또 최근의 대형 보일러에서는 효율이 90 %를 넘는 것도 있다.

표 2-5는 보일러의 종류에 따른 효율의 정규부하 상태에서의 대략값이다.

또한 식 (2-9)에서 η_B를 추정하면

$$B_h = \frac{D_h \cdot Q}{\eta_B \cdot H_l} \qquad (2\text{-}10)$$

로서 연료 소비량의 추정값을 구할 수 있다.

표 2-5 보일러 효율

보일러 종류	보일러 효율
코르니시 보일러	0.50~0.65
랭카셔 보일러	0.55~0.75
연관 보일러	0.60~0.75
혼식(노통, 연관) 보일러	0.65~0.85
입형 보일러	0.40~0.75
수관 보일러(소형)	0.75~0.88
수관 보일러(대형)	0.85~0.92

2-10 보일러의 선택

증기보일러 설비의 건설은 여러 가지 종류의 조건으로 결정된다. 압력, 증기 온도, 급수 온도, 연료의 종류, 용량 및 효율 등의 기본적인 조건 외에 다음과 같은 점을 고려해야 할 것이다.

1) 설치 장소의 허용될 크기(길이, 폭, 높이)

2) 보일러 설비 사용의 목적

3) 주문자의 희망

먼저 주어진 크기와 형상의 공간 장소 내에서 얼마의 용량의 보일러를 설치할 수 있는가가 문제가 될 것이다. 그러나 흔히 일어나는 이 문제는 간단히 결정할 수 없는 일이기도 하다.

왜냐 하면 그 용량이 연료와 재(灰, 연재)의 성질, 요망되는 효율 및 운전상 요구 조건 등에 크게 의존되기 때문이다.

허용될 장소의 형상에 관한 한 대수실관은 매우 적응성이 적으나, 수관 보일러는 반면 훨씬 적응성이 크다. 이런 문제를 기술적으로 해결하는 것은 보일러 건설자의 능력에 따른다.

증기보일러를 일반적으로 표준화하려는 여러 가지의 시도(試圖)는 이와 같은 이유로 별로 큰 성과를 거두지 못한다. 연소 방법의 다양성과 특히 공업용 설비에서는 특수한 운전 조건과 장소 관계에 적응되어야 하는 것도 이에 대한 또 하나의 원인이다. 이미 중용량 정도의 보일러만 되어도 그 설비의 내용이 광범위해지며 비용도 상당한 액수가 되므로 각개의 특정한 경우에 대하여 가장 기술적으로 우수하며 가장 경제적인 해결을 모색해야 한다.

보일러의 사용 목적은 보일러 건설에 있어서 흔히 절대적인 의의를 갖는다. 이 때 특히 보일러의 급수 능력과 연소 조절 능력에 주의하여야 한다. 증기 공급을 받고 구동(驅動)되는 기계들이 간헐적(間歇的)으로 증기를 공급받을 때는 보일러는 수부가 매우 큰 것이어야 한다.

운반기, 압연기(壓延機) 등의 운전에도 급수 능력이 큰 보일러를 필요로 한다. 발전용 보일러로는 첨두부하(尖頭負荷)용 보일러와 기저부하(基底負荷)용 보일러를 구별한다. 또한 감시원(監視員)에게 기대할 수 있는 운전상 역할이 흔히 연소장치와 보일러 건조 양식을 결정한다. 전자동식 조정 방식에는 어떤 한 특정한 건설 양식이 다른 것보다 적합할 수가 있다. 요컨대 적절한 보일러의 선택이란 여러 가지의 관련되는 조건들을 되도록 유리하게 만족시켜야 하므로 그리 간단한 문제가 아니다.

따라서 한 보일러에서 그 모든 구성 부분이 각기 모두 전형적이라고 볼 수 있는 그러한 보일러 설비란 생각하기 어려운 것이다. 즉 거의 모든 보일러 설비는 어떤 점에서든가 각기 특수 사정에 맞추어져 있는 것이며, 이를 일반화하는 것은 흔히 잘못되기 쉽다.

《주》 보일러를 제작자에게 주문할 때 보통 다음의 항목들을 지시하여야 한다.

1) 사용 연료의 종류
2) 노(爐) 또는 연소장치의 형식
3) 증기 압력과 과열 온도
4) 증발량
5) 통풍의 성질과 세기
6) 급수의 질
7) 구득할 수 있는 노동력의 성질
8) 원동소의 부하 특성(負荷特性)

연료와 연소

제 3 장

3-1 보일러용 연료

보일러에서는 어떤 종류의 연료라도 원칙적으로 사용이 가능하다. 그러나 보일러는 많은 전열면을 가지며 그 건설비가 많이 들므로, 열효율을 높임과 동시에 값싼 연료를 사용하는 것이 요망된다. 일반적으로 액체 연료가 많이 사용되나, 석탄 산지에서는 고체 연료도 또 특수한 경우에는 기체 연료도 사용된다.

[1] 고체연료(固體燃料)

(1) 석 탄(石炭, coal)

보일러용 연료로서 가장 널리 사용되는 것은 석탄 및 석탄을 미분화한 미분탄(微粉炭, pulverized coal)이며, 특수한 경우에는 코우크스(coke), 연탄(煉炭) 등도 사용된다.

석탄은 그 성분이 매우 광범위하게 변화되고 있으므로 이를 명확하게 구별하기가 어려우나 현재는 주로 공업분석(工業分析)의 결과로써 그 연료비(燃料比, fuel ratio ; 고정탄소/휘발분)로 분류하는 방법이 취해지고 있다.

표 3-1은 이러한 방법에 의한 석탄의 분류이다.

표 3-1 석탄의 분류

명 칭	연 료 비	고정 탄소 (중량 %)	휘 발 분 (중 량 %)	연소 상태	점 결 성
1. 무 연 탄	12 이상	92.3 이상	7.7 이하	청 색 단 염 (短焰)	비점결
2. 반 무 연 탄	7~12	87.5~92.3	7.7~12.5	매연이 적은 단염	비점결
3. 반 역 청 탄	4~7	75.0~87.5	12.5~25	광(光)이 있는 단염	점결~비점결
4. 고 도(高度) 역 청 탄	1.8~4	67.7~75.0	25~34.3	매연 있는 장염 (長焰)	대개는 점결
5. 저 도 (低度) 역 청 탄	1~1.8	50.0~65.7	34.3~50	매연 있는 장염	점결~비점결
6. 흑 색 갈 탄(3)	1 이하	50 이하	50 이상	—	비점결
7. 갈 색 갈 탄(4)	1 이하	50 이하	50 이상	—	비점결

《주》 1) 보통 상품으로는 1~2를 무연탄, 3~5를 역청탄, 6을 갈탄, 7을 아탄(亞炭), 3~6을 유연탄(有煙炭)이라 한다.

2) 고정탄소 및 휘발분의 %는 회분(灰分) 및 수분(水分)을 제외한 석탄, 즉 순탄(純炭, pure coal)에 대한 수치(數値)이다.

3) 수분 6 % 이하

4) 수분 6 % 이상

1. anthracite 2. semianthracite coal 3. semibituminous coal 4. high grade bituminous coal 5. low grade bituminous coal 6. black lignite 7. brown lignite

5) 여기서 1, 2, 3, ……의 순서는 곧 석탄의 탄화도(炭化度)의 순서이며, 따라서 무연탄이 가장 탄화도가 높다.

석탄의 성질은 그 종류, 산지에 따라 크게 다르고, 또한 저장(貯藏) 중에도 변화하는 것이므로 사용 석탄의 성질을 잘 알고 그에 적응되는 연소 장치 및 연소 방법을 채용해야 한다.

보일러용 연료로서의 석탄의 성질은 일반적으로 원소분석(元素分析), 공업분석 및 점화(點火) 온도, 발열량(發熱量), 점결성(粘結性), 재(灰)의 연화(軟化) 및 용융(熔融) 온도 등으로 표시된다.

(2) 원소분석(elementary analysis)

고체연료의 조성(組成)은 항상 원소분석을 기초로 하여 각 원소의 중량비(%)로 표시된다. 연료의 유효한 성분으로는 발열량의 대부분을 주는 탄소(C)와 주로 점화성 및 연소성의 양부(良否)를 결정하는 수소(H)를 들 수 있다.

이에 대하여 불필요한 성분으로는 연소에 사용되는 공기량의 손실을 초래하는 산소(O), 보일러의 노(爐) 내의 연소 온도가 낮을 때 산소와 결합하지 않고 따라서 연소열을 발생하지 않는 질소(N) 및 회분과 연료의 수분이다. 황(S)은 물론 연소될 때 열을 발생하나, 이 때 생기는 이산화황(二酸化黃, SO_2)은 전열면의 부식(腐蝕)의 원인이 된다. 원소분석은 각종의 열계산을 하는 데도 필요하다.

표 3-2는 연료의 원소 조성의 개략값이다.

(3) 공업분석(proximate analysis)

석탄 등의 고체연료에서는 원소분석과 별도로 습분(濕分, 즉 附着水分, wetness, superficial moisture), 수분(固有水分, moisture, inherent moisture), 휘발분(揮發分, volatile matter), 고정탄소(固定炭素, fixed carbon) 및 회분(灰分, ash content)의 비율을 정하는 공업분석〔또는 별명으로 간이분석(簡易分析)〕이 행해진다.

공업분석은 연료를 노 내에 던졌을 때 화열(火熱)로 차례로 석출되는 성분을 표시함으로써 연소 때 일어나는 현상을 편이적으로 검정할 수 있고, 또 보일러 작업원이 실행할 수 있는 간편성이 있다.

석탄에는 상당한 물이 부착하고 있으며, 이 중에서 대기 건조로 감소되는 양을 **습분**, 이것을 다시 105 ~ 110°C에서 1시간 건조시켰을 때의 감소량을 **수분**이라 하며, 또 다시 이 시료(試料) 연료를 공기와 차단하여 950(± 20)°C에서 7분간 가열했을 때의 감소량(중량)을 그 성분에 관계 없이 **휘발분**이라고 한다. 이것은 즉 건류(乾溜)가스가 될 성분이다. 그리고 이 때의 나머지를 **코우크스**라 하며 이 중의 가연성분(可燃成分)을 **고정탄소**라고 한다. 또 석탄을 서서히 가열하여 750(±25)°C에서 연소시켰을 때의 남은 양을 **회분**이라고 한다.

또한 코우크스가 덩어리 상태이면 점결성, 분말 상태이면 비점결성으로 구별한다.

(4) 미 분 탄(微粉炭)

미분탄은 대규모의 증기원동소에서 많이 사용된다. 이것은 석탄을 파쇄(破碎), 미분화한 것이며, 이와 같이 하면 효율이 좋게 연소시킬 수 있을뿐더러, 석탄 그대로는 연소되기가 힘들 만큼 회분이 많은 것이라도 충분히 그리고 유리하게 버어너 장치로 연소시킬 수 있다.

(5) 코우크스(coke)

코우크스는 석탄의 건류(乾溜)로 얻게 되며, 한 예로 고온 건류의 주산물(主產物)로 만들어지는 코우크스로(爐)코우크스 및 석탄가스의 부산물로서 얻게 되는 가스 코우크스의 대략의 성분을 표시하면 표 3-2와 같다.

표 3-2 고체연료의 성분(원소 분석값)(중량 %)

종 류	탄소 (C)	수 소 (H)	황 (S)	산 소 (O)	질 소 (N)	회 분 (A)	전수분 (W)
1. 무 연 탄	80~90	2~4	0.5~1	1~4	약 1	2~10	1~4
2. 역 청 탄	65~80	4~5	약 1	5~10	1~2	4~12	2~10
3. 갈 탄	45~65	4~6.5	0.5~2	12~20	1~2	5~15	10~25
4. 코우크스로 코우크스	80~85	~0.5	0.5~1	~1	—	10~18	~3
5. 가스 코우크스	약 75	~0.5	약 1	0.5~1	—	15~20	2~5
6. 장작(공기건조)	40	8.8	—	33.6	0.8	0.8~5	12.5~1.4
7. 이탄(泥炭)(공기건조)	30~45	4~6	0.~0.5	18~25	1~1.5	10~20	20~30

6. wood 7. peat

인공(人工) 연료로서 보일러용으로 또한 연탄(煉炭)이 있다. 이는 주로 무연탄에 양질의 역청탄을 배합한 것이며 매연(煤煙)방지 및 강한 화력을 요할 때 사용되는 수가 있다.

신재(薪材, 장작)는 발열량이 적어서 보일러용 연료로는 적당하지 않다.

이탄(泥炭)도 신재와 마찬가지로 거의 사용되지 않는다. 이것도 발열량이 낮고 비중이 작아 큰 용적을 차지하며 운반비가 많이 든다.

《주》 역청(瀝靑, bitumen)이란 식물(植物)의 탄화작용으로 석탄이 생성되는 과정 중 목재(木材)의 함유수지(含有樹脂) 또는 기름을 갖는 과실(果實) 및 동물성 지방(動物性脂肪) 등이 석탄에 끼어들어 생긴 물질을 말한다.

(6) 고체연료의 불연성 잔재(不燃性殘滓)

일부는 식물이 그 구성상 대지(大地)에서 흡수한 무기화합물(칼슘염, 나트륨염 등) 때문이며, 일부는 분해될 때 이에 인접되는 지층에서 침입한 광물질에 기인된다. 연료의 이들 불연성 성분은 연소 과정에서 그 용융 온도에 도달되지 못할 때는 거친 혹은 분말 상태의 재(灰)로 남게 된다. 이에 대하여 용융 온도에 도달될 때는 화로에서 다소라도 유동성을 갖게 되며, 따라서 이것이 냉각될 때는 전자보다도 덩어리가 큰 재로 남거나 또는 점결상(粘結狀)의 연재(燃滓)를 남기게 된다. 이 연재 및 재의 문제는 보일러에서 연소 및 연소장치에 직접

적인 영향을 미치게 된다.

[2] 액체연료(液體燃料)

액체연료 중 보일러용 연료로 가장 중요한 것은 중유(重油)이다. 이것은 원유(原油)로부터 증류(蒸溜)로 휘발유, 등유(燈油), 경유(輕油)를 뽑아낸 나머지인 벙커어 중유와 이에서 다시 피치를 제거한 디이젤 중유로 나뉘어진다. 디이젤 중유는 내연기관용으로 이용되며, 보일러용으로는 일반적으로 염가(廉價)인 벙커어 중유가 이용된다. 때로는 경유, 등유 또는 원유를 그대로 태울 때도 있다.

이 밖에 보일러용으로 사용되는 것에 타아르유(tar oil)가 있다. 이는 석탄건류에 있어 부산물로 얻게 되며 그대로 사용될 때도 있으나, 대개 이를 증류하여 경유와 피치를 추출한 나머지의 타아르유가 사용된다. 이들 액체연료의 평균적 성분의 개략치는 표 3-3과 같다.

표 3-3 액체연료의 성분(중량 %)

종 류	탄 소	수 소	황	산 소	질 소	회 분	수 분
원 유	84～87	11～13	～2.5	～3	～0.5	—	～0.2
중 유	85～87	10～12	1～3.5	1～2	0.3～1	～0.1	～0.5
경 유	85～86	12～14	～1	～2	～0.5	—	—
등 유	85～86	14	—	～1	—	—	—

중유는 1종 (A 중유), 2종 (B 중유) 및 3종 (C 중유)으로 분류되며, 각각 그 성질은 표 3-4와 같다. 대형 보일러에서는 C 중유가 주로 사용된다. 연료 중의 황분은 연소하여 아황산가스(SO_2)가 되어 배기가스와 더불어 대기 중에 방출되어 대기 오염의 원인이 된다.

또 SO_2의 일부는 SO_3가 되어 보일러 저온부의 부식을 가져온다. 따라서 황분이 되도록 적은 것이 바람직하다. 그러나 저황원유는 산출이 한정되어 있으므로 중유 중의 황분을 제거하는 탈황(脫黃) 방법이 시도된다. 중유 중의 회분은 미량이나 바나듐 등의 금속을 함유하여 고온 전열면의 부식에 관련된다. C 중유의 바나듐 함유량은 ～100 ppm 정도, 회분은 0.01～0.05 % 정도이다.

표 3-4 중유의 성질

분	류	반응	인화점 (°C)	동점도 (50°C) cSt	유동점 (°C)	잔류탄소 (중량%)	수 분 (체적%)	회 분 (중량%)	황 분 (중량%)
1종	1 호	중 성	>60	<20	< 5	～4	～0.3	～0.05	～0.5
	2 호	중 성	>60	<20	< 5	～4	～0.3	～0.05	～2.0
2	종	중 성	>60	<50	<10	～5	～0.4	～0.05	～3.0
2종	1 호	중 성	>70	50～150	—	—	～0.5	～0.1	～1.5
	2 호	중 성	>70	50～150	—	—	～0.5	～0.1	～3.5
	3 호	중 성	>70	150～400	—	—	～0.6	～0.1	～1.5
	4 호	중 성	>70	<400	—	—	～2.0	—	—

[3] 기체연료(氣體燃料)

기체연료에는 천연가스와 인공가스가 있고, 인공가스에는 석탄의 고온 건류에서의 주산물인 석탄가스, 고온 고체연료에 수증기를 작용시켜 제조되는 수성(水成)가스, 석탄이나 코우크스의 불완전연소로 생기는 발생로(發生爐)가스, 용광로에서 부산물로 생기는 고로(高爐)가스, 석유를 분해하여 각종 제조 방법으로 가스화한 오일가스 등이 있다. 표 3-5는 이들의 성분 예이다.

천연가스를 냉매(冷媒)를 사용하여 액화한 것을 **액화천연가스**(liquid natural gas, LNG)라 한다. 천연가스는 황분을 거의 함유하지 않으므로 공해 대책상 보일러 연료로도 많이 사용하게 되었다. 또 **도시(都市)가스**에는 오일가스, 석탄가스 등의 단독 또는 혼합된 것이 많다. **액화석유가스**(liquid petroleum gas, LPG)는 천연가스 또는 석유 정제공정의 부산물 가스로 얻게 되고 가압으로 용이하게 액화하는 석유계 탄화수소가스이다.

표 3-5 기체연료의 성분(체적 %) 예

종류		CO,	H_2	CH_4,	C_2H_6,	C_3H_8,	C_4H_{10}	C_2H_4,	C_3H_6,	C_4H_8	CO_2,	O_2,	N_2
석탄가스		9	51	29	—			3	—		2.5	0.5	5
수성가스		38	50	1				—			6	—	5
발생로가스		24	13	3				—			5	—	55
고로가스		27	2	—				—			11	—	60
오일가스	열분해	6	18	33	2	—		22	8	—	4	1	6
	접촉분해	15	56	11	1	—	—	6	1	—	9	—	1
	수증기 개질	21	66	1.5	—	—		—	—		10.5	—	1
천연가스	건성	—	—	94	—	—		—	—		4	—	2
	습성	—	—	85	7.5	5	2	—	—		0.5	—	—
액화석유가스	공업용	—	—		—	1	92	—	1	6	—	—	—
	가정용	—	—		—	64	15	6	15	—	—	—	—

3-2 연소와 발열량

연료 중의 가연 원소는 탄소, 수소 및 황이다. 연료는 각기 일정 온도, 즉 점화 온도까지 가열하면 연소를 일으키고, 연료 중의 탄소, 수소, 황은 공기 중의 산소와 화합하여 동시에 다량의 열량을 발생한다. 이 발생 열량은 연료의 종류에 의존됨은 물론이나, 연소의 완전도에 따라서도 다르며 불완전할수록 발생 열량이 감소된다. 충분한 공기를 공급하고 또한 이 공기가 연료와 충분히 접촉하면 완전연소를 하나, 충분하지 못하면 불완전연소가 된다.

《주》 1) 연소(combustion)라 함은 점화 온도 이상에서 물질이 외부로부터의 가열 없이 급속히 산소와 결합하여 발열하는 현상이다.

2) 연소에 의하여 생긴 가스 중에 가연물(CO, H_3, C, CH_4 등)이 포함되지 않을 때를 **완전 연소**(complete combustion), 포함될 때를 **불완전 연소**(incomplete combustion)라고 한다.

[1] 연료 성분의 연소

(1) 탄소(炭素)

완전연소할 때 탄산가스를 발생한다.

$$\underset{12\text{kg}}{C} + \underset{32\text{kg}}{O_2} = \underset{44\text{kg}}{CO_2} + 97,200\,[\text{kcal}]$$

불완전 연소 때는 일산화탄소를 발생하고 발생 열량이 매우 감소된다.

$$\underset{12\text{kg}}{C} + \underset{16\text{kg}}{\frac{1}{2}O_2} = \underset{28\text{kg}}{CO} + 29,200\,[\text{kcal}]$$

일산화탄소에 충분한 공기를 공급하여 연소시키면,

$$\underset{28\text{kg}}{CO} + \underset{16\text{kg}}{\frac{1}{2}O_2} = \underset{44\text{kg}}{CO_2} + 68,000\,[\text{kcal}]$$

(2) 수소(水素)

연소되면 증기를 발생한다.

$$\underset{2\text{kg}}{H_2} + \underset{16\text{kg}}{\frac{1}{2}O_2} = \underset{18\text{kg}}{H_2O} + 57,600\,[\text{kcal}]$$

이 증기를 복수(復水)시키면 증발열(약 600 kcal/kg)을 발생하므로, 이 연소에 의한 발생 열량은 68,400 kcal 가 된다.

(3) 황(黃)

연소로 아황산(亞黃酸)가스를 발생한다.

$$\underset{32\text{kg}}{S} + \underset{32\text{kg}}{O_2} = \underset{64\text{kg}}{SO_2} + 80,000\,[\text{kcal}]$$

황은 연소로 열량을 발생하나, 이 때 발생하는 SO_2가 보일러 전열면을 부식시키므로 해가 된다.

다음 기체 연료에서는 탄소와 수소가 화합하여 메탄(CH_4), 에틸렌(C_2H_4) 등과 같은 탄화수소로 존재한다. 따라서 이들 성분의 연소시의 발생 열량은 탄소 및 수소가 별개로 연소되었을 때 얻게 되는 발생 열량에 그 화합 생성열(化合生成熱)을 고려한 것이 되어야 한다.

즉 메탄, 에틸렌에서

$$CH_4 + 2\,O_2 = CO_2 + 2\,H_2O + 191,900\,[\text{kcal}]$$

$$C_2H_4 + 3\,O_2 = 2\,CO_2 + 2\,H_2O + 312,400\,[\text{kcal}]$$

이다.

모두 탄산가스와 증기를 발생하나, 만일 증기가 복수된다면 그 발생 열량은 각각 $2 \times 18 \times 600 = 21,600$ [kcal]를 가산해야 한다.

기체 연료에는 위의 성분 외에 에탄(C_2H_6), 벤졸(C_6H_6) 등의 탄화수소의 성분이 포함된다. 그러나 이들은 모두 함유량이 적고, 또 따로 검출하기가 곤란하므로 보통 메탄 이외의 탄화수소를 통틀어 에틸렌으로 생각하여 취급하는 경우가 있다.

이들 가연성분의 연소 반응식은 표 3-6 과 같다.

표 3-6 기체연료의 가연성분의 연소반응식

연료성분	반응식	kcal/kmol 저발열량	kcal/kmol 고발열량	kcal/Nm³ 저발열량	kcal/Nm³ 고발열량
일산화탄소	$CO+0.5\,O_2=CO_2$	68,000	68,000	3,030	3,030
수소	$H_2+0.5\,O_2=H_2O$	57,600	68,400	2,570	3,050
메탄	$CH_4+2\,O_2=CO_2+2\,H_2O$	191,600	213,200	8,550	9,520
에탄	$C_2H_6+3.5O_2=2CO_2+3H_2O$	344,000	376,000	15,400	16,800
프로판	$C_3H_8+5O_2=3CO_2+4H_2O$	498,000	541,000	22,200	24,200
부탄	$C_4H_{10}+6.5O_2=4CO_2+5H_2O$	658,000	712,000	29,400	31,800
에틸렌	$C_2H_4+3O_2=2CO_2+2H_2O$	318,000	339,000	14,200	15,200
프로필렌	$C_3H_6+4.5O_2=3CO_2+3H_2O$	468,000	501,000	20,900	22,400
부틸렌	$C_4H_8+6O_2=4CO_2+4H_2O$	624,000	667,000	27,900	29,800

이상의 성분에 대하여 연료 중의 산소, 질소, 회분 및 수분은 연소에 있어서 불필요한 성분들이다.

[2] 발 열 량

연료의 단위량(1 kg 또는 1 m³)이 완전연소를 할 때 발생되는 열량을 그 연료의 **발열량**(發熱量, heating value, calorific value)이라고 한다. 고체 및 액체 연료에서의 단위는 [kcal/kg], 기체 연료에서는 [kcal/Nm³] 로 표시된다.

발열량에는 고발열량(高發熱量, higher heating value)과 저발열량(低發熱量, lower heating value)이 있다.

고발열량은 연소가스가 실온(室温)까지 냉각되어 가스 중의 수증기가 복수(復水)됨으로써 증발열을 방출할 때의 발열량이며, 연료 열량계(燃料熱量計, fuel calorimeter)로 실측된다.

저발열량은 보일러 등의 실제의 가열장치에서 연소가스가 200～300°C 이상의 온도로 수증기를 포함한 채로 배출될 때의 발열량이다.

따라서 두 발열량의 차이는 연소가스 속에 존재하는 수증기의 증발열로 정해진다. 보일러에서는 일반적으로 저발열량을 기준으로 사용한다.

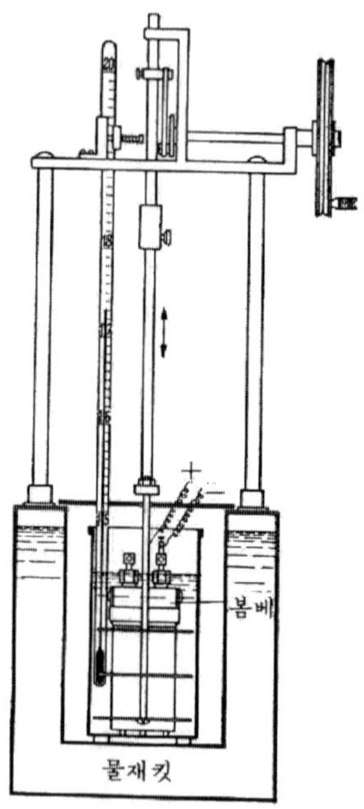

그림 3-1 봄베 칼로리미터 (열량계)

연소가스가 실온까지 냉각될 때 복수되는 수증기 양은 연소가스 중의 수증기의 체적 비율과 실온에서의 포화증기

압력의 영향을 받으므로 각개의 경우에 따라 차이가 있으나, 고체 및 액체 연료에서는 보통 다음의 개산식(概算式)이 사용된다.

$$H_l = H_h - 600(9h + w) \tag{3-1}$$

여기서, H_l : 저발열량[kcal/kg]

H_h : 고발열량[kcal/kg]

h : 연료 1 kg 중의 수소량[kg]

w : 연료 1 kg 중의 수분[kg]

고체 연료 및 점도(粘度)가 큰 액체 연료의 발열량 측정에는 봄베 열량계(bomb calorimeter)를 사용한다(그림 3-1). 이것은 봄베라고 하는 밀폐된 철통(내용 ; 약 280 cm³)과 이를 포위하는 수조(水槽)로 성립되며, 봄베 속에 약 1 g의 연료 시료의 미분(微粉)을 약 20 kgf/cm²의 산소와 함께 봉입(封入)하여 백금, 철과 같은 전열선으로 점화하여 등적 완전연소를 시켜 발생 열량은 봄베를 둘러싸는 물의 온도 상승으로 산출한다. 고체 연료에서는 대기건조로 표면 수분을 제거한 시료에 대하여 발열량을 측정한다.

기체 연료 및 기화하기 쉬운 액체 연료의 발열량 측정에는 융커스(Junkers)식 가스 열량계(gas calorimeter)가 널리 사용된다. 이것은 가스 유량계(流量計)로 측정한 건조가스를 분젠식 버어너로 공기 중에서 등압 연소시키고 연소열을 냉각수에 흡수시켜, 그 유량과 온도 상승으로 계산하는 장치이다.

발열량은 또한 연료의 원소분석(元素分析)의 결과로부터 각 성분 비율을 알면 이들 각 성분의 발생 열량의 합계로써 근사적으로 구할 수 있다.

즉 고체 및 액체 연료 1 kg 중의 탄소, 수소, 황, 산소, 질소, 회분 및 수분의 양을 각각 c, h, s, o, n, a 및 w kg이라 하면, 저발열량 H_l 및 고발열량 H_h는

$$H_l = 8100c + 28800\left(h - \frac{o}{8}\right) + 2200s - 600\left(w + \frac{9}{8}o\right)\text{[kcal/kg]} \tag{3-2}$$

$$\begin{aligned} H_h &= H_l + 600(w + 9h) \\ &= 8100c + 34200\left(h - \frac{o}{8}\right) + 2200s\ \text{[kcal/kg]} \end{aligned} \tag{3-3}$$

단, 연료 중의 n, a는 발열량에 무관계하다.

여기서 8100과 2200은 탄소와 황의 발열량이고 28800, 34200은 수소의 저발열량과 고발열량이다.

이 식에서 연료 중의 산소는 수소와 화합하여 물의 상태로 있고, 남은 수소 및 탄소, 황은 유리(遊離)상태에 있을 때와 같은 발생 열량을 갖는다고 가정한 것이다. $\left(h - \frac{o}{8}\right)$는 **유효수소**(有效水素, available hydrogen) 또는 **자유수소**(自由水素, free hydrogen)라고 한다.

연료 중의 가연 성분은 실제로는 복잡한 화합물로 존재한다. 원소들이 화합물을 생성할 때는 보통 열발생이 따르고 반대로 분해할 때는 열흡수가 따르므로, 이런 점을 무시한 윗식은 근사값을 주는 것에 지나지 않고, 그 값은 일반적으로 열량계가 나타내는 발열량보다 적어진다.

기체 연료에서는 각 성분이 체적비로 주어진다. 이 때 연료 1 Nm³ 중의 일산화탄소, 수소,

메탄, 에탄, 프로판, 부탄, 에틸렌, 프로필렌 및 부틸렌을 각각 (CO), (H_2), (CH_4), (C_2H_6) (C_3H_8), (C_4H_{10}), (C_2H_4), (C_3H_6) 및 (C_4H_8) Nm^3 이라 하면, 1 kmol 의 기체의 체적은 22.4 Nm^3 이므로

$$H_l = 3030(CO) + 2570(H_2) + 8550(CH_4) + 15400(C_2H_6) + 22200(C_3H_8) + 29400(C_4H_{10}) + 14200(C_2H_4) + 20900(C_3H_6) + 27900(C_4H_8)\ [\mathrm{kcal/Nm^3}] \tag{3-4}$$

$$H_h = H_l + 480\{(H_2) + 2(CH_4) + 3(C_2H_6) + 4(C_3H_8) + 5(C_4H_{10}) + 2(C_2H_4) + 3(C_3H_6) + 4(C_4H_8)\}\ [\mathrm{kcal/Nm^3}] \tag{3-5}$$

열량계에 의한 연료 발열량의 측정은 연료분석보다 신속하고도 정확하게 할 수 있으므로 이들 발열량 계산식의 실용성은 감소되었다.

3-3 소요 공기량과 연소가스량

연료가 연소하려면 산소가 필요하고, 이는 체적으로 약 21.0 %(중량으로 약 23.2 %)의 산소를 갖는 공기로써 공급된다. 연료의 성분을 알면 연료가 완전 연소하는 데 이론상 필요한 공기량, 즉 이론 공기량(理論空氣量, theoretical quantity of air)을 연료 성분의 반응식으로부터 계산할 수 있다. 또한 공기 중의 산소 이외의 성분은 전부 질소라고 볼 수 있으므로, 연소가스(combustion gas)의 양도 계산할 수 있다.

[1] 소요 공기량

먼저 고체 및 액체 연료의 1 kg 이 완전 연소하는 데 필요한 최소 산소량 $O_{\min}$ 은(여기서 각 성분량에 대하여 3-2절과 동일한 기호를 사용한다) 1 kmol 의 기체의 체적이 22.4 Nm^3 이므로

$$\begin{aligned} O_{\min} &= \left[\frac{22.4}{12}c + \frac{11.2}{2}\left(h - \frac{o}{8}\right) + \frac{22.4}{32}s\right] \\ &= \left[1.867c + 5.6\left(h - \frac{o}{8}\right) + 0.7s\right] \\ &= (1.867c + 5.6h + 0.7s - 0.7o)\ [\mathrm{Nm^3/kg}] \end{aligned} \tag{3-6}$$

산소량을 중량으로 표시하면

$$\begin{aligned} O_{\min} &= \left[\frac{32}{12}c + \frac{16}{2}\left(h - \frac{o}{8}\right) + \frac{32}{32}s\right] \\ &= (2.67c + 8h - o + s)\ [\mathrm{kg/kg}] \end{aligned} \tag{3-7}$$

따라서 이론공기량, 즉 완전 연소를 위한 최소 공기량 L_t 는

$$L_t = \frac{1}{0.21}(1.867c + 5.6h + 0.7s - 0.7o)\ [\mathrm{Nm^3/kg}] \tag{3-8}$$

또는

$$L_t = \frac{1}{0.232}(2.67\,c + 8\,h - o + s)\ [\text{kg/kg}] \tag{3-9}$$

《주》 Nm^3/kg 로 표시된 L_t 는 공기의 비중 r_L 을 사용해서도 바로 kg/kg 으로 환산할 수 있다. 물리적 표준상태, 즉 0°C, 760 mm Hg 에서 r_L 은 1.29 이다. 따라서

$$L_t = \frac{1.29}{0.21}(1.867\,c + 5.6\,h + 0.7\,s - 0.7\,o)$$

기체 연료에 대해서도 같은 방법으로

$$L_t = \frac{1}{0.21}\left[\frac{1}{2}(CO) + \frac{1}{2}(H_2) + \Sigma\left(x + \frac{y}{4}\right)(C_xH_y) - (O_2)\right][\text{N m}^3/\text{Nm}^3] \tag{3-10}$$

단, $\Sigma\left(x + \frac{y}{4}\right)(C_xH_y) = 2(CH_4) + 3.5(C_2H_6) + \cdots + 3(C_2H_4) + 4.5(C_3H_6) + \cdots$

주요 연료의 저발열량과 이론 공기량은 표 3-7 과 같다.

표 3-7 연료의 저발열량과 이론 공기량

종 류	저 발 열 량 [kcal/kg]	이 론 공 기 량 [Nm³/kg]
원 유	10,000～10,500	11.5～12.0
중 유	9,800～10,200	10.5～11.0
경 유	10,300	12.1
등 유	10,400	12.2
타 아 르 유	9,100	9.8
무 연 탄	6,800～7,600	7.5～8.5
역 청 탄	5,200～7,300	6.0～8.0
갈 탄	3,500～5,500	4.5～6.0
코 우 크 스	6,000～7,200	7.0～8.0
	[kcal/Nm³]	[Nm³/Nm³]
석 탄 가 스	4,000～5,000	4.0～5.5
수 성 가 스	2,500～3,200	2.2～3.0
발 생 로 가 스	1,100～1,500	1.0～1.4
고 로 가 스	700～800	0.7
오 일 가 스(열분해)	8,500～10,000	10.0～11.5
오 일 가 스	4,000～5,000	4.0～5.5
천 연 가 스 건 성	8,000～8,500	8.8～10.0
천 연 가 스 습 성	9,800～11,500	11.0～12.0
액 화 석 유 가 스	22,000～28,000	24～30

이상과 같이 이론 공기량을 구할 수 있으나, 실제로 노(爐) 내에서의 연소에 대해서는 이론 공기량보다 더 많은 과잉 공기(過剩空氣, excess air)를 공급하지 않으면 완전연소가 되지 않는다.

지금 연료 1 kg 에 대하여 공급된 실제 공기량을 L [Nm³]이라 하면

과잉 공기는

$$L - L_t = (m-1)L_t \tag{3-11}$$

여기서,

$$m = L/L_t \tag{3-12}$$

을 **공기과잉계수**(空氣過剩係數, excess air coefficient) 또는 **공기비**(空氣比, air ratio)라 하고, $(m-1)$을 **과잉공기비**(過剩空氣比, excess air ratio)라고 한다.

일반적으로 연료를 완전연소시킨다는 점에서는 공기량이 많을수록 좋으나, 반면 공기량이 과대하면 연소온도의 저하와 연소가스의 증대로 소요 전열면의 증가와 배기 손실이 증대한다. 따라서 공기비는 되도록 1에 가까운 것이 좋다. 실제의 공기비는 연료의 종류와 연소법에 따라 다르고, 연료의 공기에 접하는 접촉면 비율이 적을수록 큰 수치를 취하게 된다. 경험상 버어너 연소, 즉 미분탄, 유류 및 가스연소에서는 m을 화격자 연소에 비하여 현저히 적게 취할 수 있다. 표 3-8은 공기비의 대략값이다.

표 3-8

연 소 법		공 기 비
화 격 자 연 소	수 분 식(手焚式)	1.5 ~ 1.8
	기계급탄식(給炭式)	1.4 ~ 1.7
버 어 너 연 소	미 분 탄	1.2 ~ 1.4
	액 체 연 료	1.1 ~ 1.3
	기 체 연 료	1.1 ~ 1.3

[2] 연소가스량

연료의 연소로 생기는 가스량은 그 공기량 및 연소의 완전도에 따라 다르나, 먼저 기준으로 완전연소의 경우를 생각한다.

(1) 고체 및 액체

고체 및 액체 연료가 완전연소할 때 발생하는 연소가스는 탄산가스, 증기, 아황산가스, 산소 및 질소로 성립된다. 지금 연료 1 kg에서 발생되는 연소가스 중의 이들 성분 가스를 각각 (CO_2), (H_2O), (SO_2), (O_2) 및 (N_2) [Nm³]라 하고, 연소가스량을 V_g [Nm³]라 하면

탄산가스 : $(CO_2) = 1.867\,c\,[\mathrm{Nm^3}] = \left(22.4\,\frac{c}{12}\right)[\mathrm{Nm^3}]$

증기 : 연료 중의 수소의 연소로 생긴 것과 연료 중의 수분의 증발로 생긴 것과의 합이다.

$$(H_2O) = 11.2\,h + 1.24\,w\,[\mathrm{Nm^3}] = \left(22.4\,\frac{h}{2} + 22.4\,\frac{w}{18}\right)$$

아황산가스 : $(SO_2) = 0.7\,s\,[\mathrm{Nm^3}] = \frac{22.4}{32}\,s\,[\mathrm{Nm^3}]$

산소 : 이는 공급된 공기에서 이론 공기량을 뺀 나머지, 즉 과잉 공기에 함유된 산소이다.

$$(O_2) = 0.21(m-1)\,L_t\,[\mathrm{Nm^3}]$$

질소 : 이는 연소에 관계되지 않으며 공급된 공기 중의 질소와 연료 중의 질소와의 합이나, 일반적으로 연료 중의 양은 적으므로 무시된다.

$$(N_2) = 0.79\,m\,L_t + \frac{22.4}{28}\,n \fallingdotseq 0.79\,m\,L_t\,[\mathrm{Nm^3}]$$

따라서 연료 1 kg 의 완전연소로 생기는 연소가스량은 이들의 합이며

$$V_g = 22.4\left(\frac{c}{12} + \frac{s}{32} + \frac{h}{2} + \frac{w}{18}\right) + 0.21(m-1)L_t + 0.79\,mL_t\,[\mathrm{Nm^3/kg}]$$

$$= 1.867\,c + 0.7\,s + (11.2\,h + 1.24\,w) + (m - 0.21)L_t \qquad (3\text{-}13)$$

보통 연소가스의 조성, 즉 위의 각 성분 비율을 구하는 가스 분석에서는 연소가스로부터 증기 성분을 제한 건(乾)연소가스, 즉

$$V_g' = 1.867\,c + 0.7\,s + (m - 0.21)L_t\,[\mathrm{Nm^2/kg}] \qquad (3\text{-}14)$$

에 대한 값이 구해진다.

따라서

$$V_g = V_g' + (11.2\,h + 1.24\,w)\,[\mathrm{Nm^3/kg}] \qquad (3\text{-}15)$$

건연소가스에 대하여 증기를 포함한 전 연소가스를 특히 습(濕)연소가스라고 할 때가 있다. 또한 1 kg 의 연료가 완전연소할 때 생기는 연소가스의 중량은

$$G_g = m\,L_t + 1 - a\,[\mathrm{kg/kg}] \qquad (3\text{-}16)$$

로 구할 수 있다. 단, a는 회분을 표시한다. 이 식은 연료가 완전 연소를 할 때, 즉 화로의 잔재 중에 가연성 고형분(固形分)이 전혀 없음을 전제로 한 것이다.

(2) 기체 연료

다음 기체 연료가 완전연소할 때를 생각하면 연료 1 Nm³ 당의 생성가스량은 표 3-6 을 이용하여 구할 수 있다. 이리하여 연소가스량 V_g와 건연소가스 V_g'는

$$V_g = V_g' + (H_2) + \Sigma\,0.5\,y(C_xH_y)\,[\mathrm{Nm^3/Nm^3}] \qquad (3\text{-}17)$$

$$V_g' = (m - 0.21)L_t + (CO) + \Sigma\,x(C_xH_y) + (CO_2) + (N_2)\,[\mathrm{Nm^3/Nm^3}] \qquad (3\text{-}18)$$

연료 중의 산소량은 적으므로 무시하였다.

다음 과잉공기가 없이 완전 연소가 행해진다고 가정할 때 발생되는 연소가스량은 이를 $(V_g)_{\min}$으로 표시하면, 이것은 윗식 (3-13), (3-14) 및 식 (3-18) 등에서 $m = 1$로 취하면 자연 구해진다.

일반적으로 모든 종류의 연료에 대하여 다음의 관계가 적용된다.

$$V_g = (V_g)_{\min} + (m - 1)\,L_t\,[\mathrm{Nm^3/kg}] \qquad (3\text{-}19)$$

이 관계는 습연소가스에 대하여나 건연소가스에 대하여 다 같이 성립된다.

이상과 같이 이론 공기량, 연소 가스량을 구하려면 연료의 성분을 알아야 하며, 먼저 원소분석을 행해야 한다. 따라서 간단히 이론공기량 및 연소 가스량을 구할 수 있으면 공업상 매우 편리하다. Rosin-Fehling 은 연료의 저발열량에 따라 이들 값을 근사적으로 그림 3-2 와 같이 주고 있다.

끝으로 위에서 구한 이론 공기량이나 연소 가스량은 모두 [Nm³] 단위로 표시되어 있으므로 실제로 이들의 체적은 만약 그 온도가 t [°C], 압력이 p [mmHg]라고 하면

$$V_g\,\frac{273 + t}{273} \cdot \frac{760}{p}\,[\mathrm{m^3/kg\ (Nm^3)}]$$

으로 주어진다.

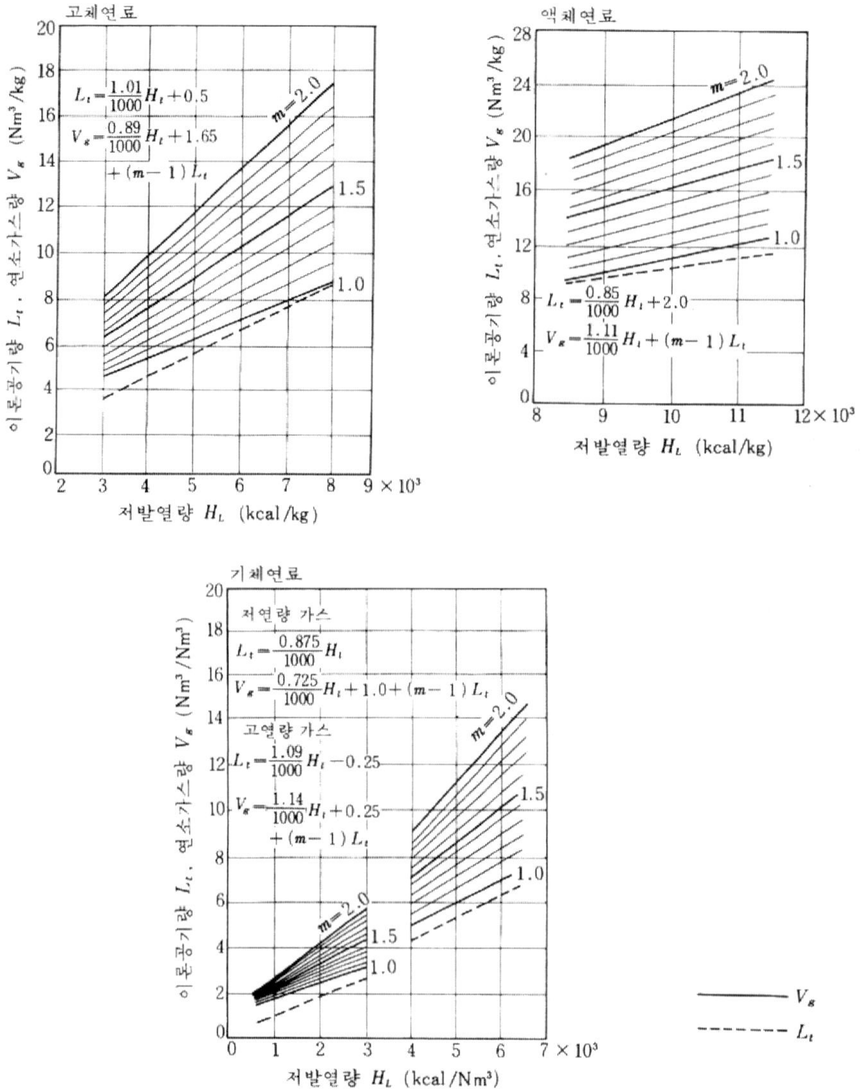

그림 3-2 이론공기량과 연소가스량

3-4 연소가스 조성과 공기비와의 관계

보일러로 및 기타 일반 연소장치에서 연소가스의 성분을 음미하면 연소 상태의 양부(良否)를 판단할 수 있다. 연소가스 성분의 분석은 보통 연도(煙道)가스 분석이라고도 하며, 냉각으로 수증기를 제외한 건연소가스에 대하여 행하게 된다.

연소가스의 성분 중 가장 중요한 것은 CO_2이다. 또한 SO_2는 보통 CO_2와 함께 합하여 CO_2로서 측정된다.

《주》 연료의 성분 비율이 알려져 있을 때는 3-3절의 V_g 또는 V_g'에 관한 식을 사용하여 모든 종류의 연료에 대하여 그 연소가스의 조성을 알 수 있다.

지금 V_g'를 연료 1 kg에서 발생되는 건연소가스의 실제량[m^3]이라 하고, $(CO_2)'$를 연도가스 분석으로 측정된 CO_2의 체적비율(실제는 $CO_2 + SO_2$의 비율)[%]이라 하면

$$(CO_2)' = \frac{1.867\,c + 0.7\,s}{V_g'} \times 100\,[\%] \tag{3-20}$$

한 연료에 대하여 c, s 및 L_t가 일정한 값을 가진다면, V_g'는 공기비 m에 따라 정해지므로 식 (3-20)은 $(CO_2)'$와 m 사이의 관계를 표시하게 된다. 따라서 가스 분석으로 (CO_2)[%]가 알려지면 m을 계산할 수 있다. 그러나 이 식을 사용하려면 연료의 원소 성분을 알아야 함은 물론이다.

연료의 조성을 떠나 직접 연소가스의 $(CO_2)'$[%]와 m과의 관계를 생각해 보기로 하자.

고체 및 액체 연료가 과잉공기를 사용하여 완전연소하였을 때 연료 중의 질소분을 무시하면 다음의 관계가 있다.

$$\begin{aligned} \text{실제 공기량} &= \text{소비 산소량} + \text{잔존 산소량} + \text{질소량} \\ &= 0.21 \times \text{이론공기량} + \text{가스 중의 산소량 및 질소량} \end{aligned}$$

따라서 공기비는

$$m = \frac{\text{실제 공기량}}{\text{이론 공기량}} = 0.21 + \frac{\text{가스 중의 산소량 및 질소량}}{\text{이론 공기량}}$$

이 된다. 여기서

① 가스 중의 산소량 및 질소량은 건가스체적을 100이라 하면 $100 - (CO_2)'$로 표시된다.

② 이론공기량은 이론-건가스체적을 100이라 하면 $[100 - (CO_2)'_{max}] \div 0.79$로 표시된다.

단, $(CO_2)'_{max}$는 $(CO_2)'$의 최대값이며, 과잉공기 없이 이론 공기량만으로 완전연소했을 때의 CO_2의 함유율이다.

③ 이 이론공기량을 ①과 같이 실제-건가스체적을 100으로 하는 경우의 비율로 환산하면

$$\frac{100 - (CO_2)'_{max}}{0.79} \times \frac{(CO_2)'}{(CO_2)'_{max}}$$

가 된다.

따라서 결국

$$\begin{aligned} m &= 0.21 + \frac{100 - (CO_2)'}{\dfrac{100 - (CO_2)'_{max}}{0.79} \cdot \dfrac{(CO_2)'}{(CO_2)'_{max}}} \\ &= 0.21 + \frac{0.79(CO_2)'_{max}}{100 - (CO_2)'_{max}} \cdot \frac{100 - (CO_2)'}{(CO_2)'} \end{aligned} \tag{3-21}$$

가 되어 이 식으로 연료에 특유한 $(CO_2)'_{max}$의 값만 알면 원소 조성을 몰라도 $(CO_2)'$[%]로부터 m을 계산할 수 있다. 그리고, $(CO_2)'_{max}$는 식 (3-20)에서 V_g' 대신 $m = 1$로 하였을 때의 건가스량, 즉 이론-건가스량 V_{g0}'를 사용함으로써 연료의 원소 조성으로부터 계산할 수 있다.

《주》 V_{go}'는 식 (3-14)에서 $m=1$로 하면

$V_{go}' = 1.867c + 0.7s + 0.79L_t$ 가 된다. 식 (3-20)으로부터

$$(CO_2)'_{max} = \frac{1.867c + 0.7s}{V_{go}'} \times 100\,[\%]$$

따라서 다음과 같이 된다.

$$\frac{(CO_2)'}{(CO_2)'_{max}} = \frac{1.867c + 0.7s}{V_g'} \times \frac{V_{go}'}{1.867c + 0.7s} = \frac{V_{go}'}{V_g'}$$

또한 실제 공기량 $V_g'\dfrac{(N_2)'}{79}$와 이론 공기량 $V_g'\left[\dfrac{(N_2)'}{79} - \dfrac{(O_2)'}{21}\right]$로부터 공기비를

$$m = \frac{21(N_2)'}{21(N_2)' - 79(O_2)'} = \frac{(N_2)'}{(N_2)' - 3.76(O_2)'} \tag{3-22}$$

로 표시할 수 있다. 단, $(N_2)'$, $(O_2)'$는 연도가스 중의 이들 가스의 체적비율[%]이다.

다시 불완전연소로

$(CO_2)' + (CO)' + (O_2)' + (N_2)' = 100$이 되는 경우에는

$$m = \frac{21}{21 - \dfrac{79}{(N_2)'}\left[(O_2)' - \dfrac{(CO)'}{2}\right]}$$

$$= \frac{(N_2)'}{(N_2)' - 3.76\left[(O_2)' - \dfrac{(CO)'}{2}\right]} \tag{3-23}$$

로 표시될 수 있다.

즉 이 식으로 연료의 원소 분석값을 몰라도 단지 연도가스 분석만으로 성분가스의 체적비만 알면 m을 계산할 수 있다. 수소분이 적은 연료에서 완전연소의 경우 $(CO_2)'_{max} \doteqdot 21$ [%]로 보면 식 (3-21)의 변형, 즉

$$m = [21 - (CO_2)'_{max} + 79(CO_2)'_{max}/(CO_2)']/[100 - (CO_2)'_{max}]$$

로부터

$$m \doteqdot \frac{(CO_2)'_{max}}{(CO_2)'} \tag{3-24}$$

가 되며, 또 $(N_2)' \doteqdot 79$ [%]로 보면 식 (3-22)으로부터 개산(槪算)식으로

$$m \doteqdot \frac{21}{21 - (O_2)'} \tag{3-25}$$

식 (3-24)에 의하면, $(CO_2)'$로부터 m을 계산하려면 연료 고유의 $(CO_2)'_{max}$의 값이 영향을 주는 것을 알 수 있고, 식 (3-25)에 의하면 모든 고체 연료에서 $(O_2)'$의 측정만으로 m을 계산할 수 있음을 알 수 있다.

그림 3-3은 각종 연료의 $(CO_2)'$와 m과의 관계이다.

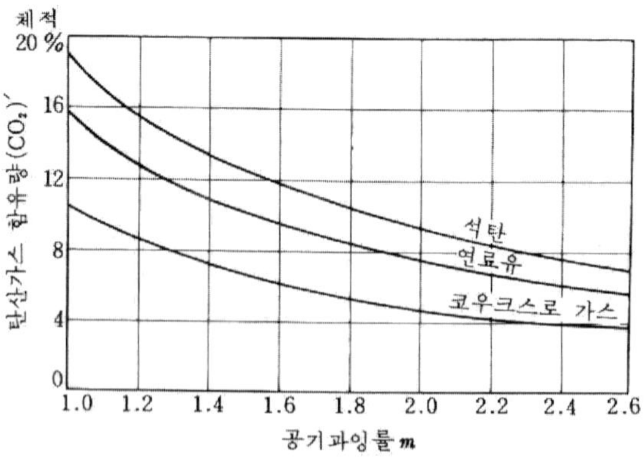

그림 3-3 석탄, 연료유 및 코우크스로 가스의 연소 생성 가스 중에 함유되는 CO_2의 체적과 공기 과잉률 m과의 관계

3-5 연도가스 분석(flue gas analysis)

연도가스 분석이란 보통 보일러의 출구 또는 굴뚝의 저부(底部)에서 취한 연도가스의 시료에 대하여 그 수증기를 제거한 건연소가스에서 가스성분 CO_2, CO, O_2, N_2를 측정하는 것이다. 또한 연도가스에는 이들 성분 외에도 소량의 H_2, CH_4 등의 가연가스 및 매(煤)를 함유함이 보통이므로, 필요시에는 이들의 측정도 행하게 된다.

가스 중의 CO 등의 가연성 가스성분의 존재는 연소 상태의 불완전함을 가리키며, O_2성분은 과잉공기가 가열됨을 의미하므로, 결국 연소온도가 과잉공기 없이 완전연소될 때보다 낮아짐을 알 수 있고, 보통의 연소가스 분석 예와 대조하여 연소 상태의 개선에 대한 여지를 판단하게 한다. 또 CO_2, CO, O_2 및 N_2의 함유율로부터 3-4절의 식들로써 m을 계산하는 것도 이러한 연소 상태 추정의 한 방법이다.

이러한 연도가스 분석장치로는 가스 시료의 채취로부터 약제(藥劑)에의 흡수 및 검량(檢量)까지를 수동으로 하는 오르자트(Orsat)식, 헴펠(Hempel)식, 할데인(Haldane)식 등의 수동분석기가 있고, 자동분석기로는 이와 같은 화학식(Mono 식 등) 외에 전기적인 것(Siemens 식) 및 밀도차에 의한 것(Ranarex 식) 등이 있다. 자동분석기는 분석 결과를 지침으로 표시하거나, 종이 위에 기록해 나가게 되어 있다. 대개는 연소가스 성분 중 가장 중요한 CO_2의 분석만을 행하므로, CO_2 계(CO_2-meter) 또는 CO_2 기록기(CO_2-recorder)라고 한다.

일반적으로 오르자트 분석기 등을 사용하는 수동식의 화학적 연도가스 분석은 시간과 노력이 많이 들고 또 연속적인 측정이 불가능하나, 반면 비교적 정확한 측정 결과를 얻게 되므로 자동분석기에 대한 검정용으로 사용될 수 있다. 특히 오르자트 분석기는 휴대할 수 있으므로 편리하다.

일반적으로 연도가스 분석에 있어 가장 어려운 문제는 가장 정확한 평균적 시료를 가스 시

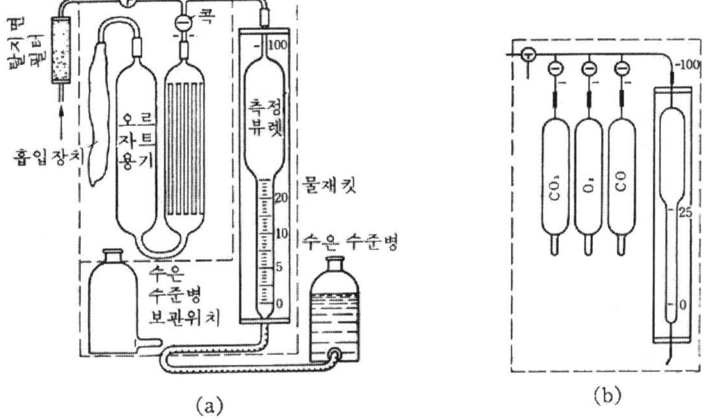

(a) (b)

그림 3-4 오르자트 분석기

료로 채취하는 것이다. 따라서 보일러 연도와 같이 가스 통로가 넓을 때에는, 통로의 같은 단면적상에서 몇 곳에서 시료를 취해야 하며 공기의 누입(漏入)을 주의해야 한다.

《주》 **오르자트 분석기**…이 분석장치는 그림 3-4와 같이 가스 시료의 검량(檢量) 채취장치로서 뷰렛(burette)과 이에 부속된 수은병(水銀瓶), 3개의 흡수 피펫(pipette) 등으로 성립된다.

피펫에는 CO_2, O_2, CO의 3성분의 흡수제로서 각기 가성칼륨 수용액, 초성(焦性) 몰식자산(沒食子酸)의 알칼리성 용액, 염화(鹽化)제일구리(Cu_2Cl)의 암모니아 수용액을 넣고 있다. 가성칼리액은 SO_2도 흡수한다. 헴펠 및 할데인식은 흡수 피펫이 하나씩 분리하여 뷰렛과 조합되어 있다.

이 오르자트 분석기를 사용하여 연도가스를 분석할 때는 먼저 수은병을 올려서 뷰렛 내의 공기를 빼내고 수은병을 아래로 내려 시료가스(보통 100 cm³)를 빨아들인다. 다음 수은병을 올려 시료가스 전부를 가성칼리 피펫에 밀어넣고, 다음 수은병을 내려 가스를 뷰렛으로 다시 모은다. 이와 같이 몇 번 되풀이하면 충분히 CO_2가 흡수되고, 남은 가스를 뷰렛으로 모았을 때 체적 감소량으로 CO_2성분이 알려진다. 다음 같은 조작을 초성 몰식자산 용액의 피펫에 대하여 하면 O_2성분이 정해지고, 다시 염화 제일구리 피펫으로 CO성분이 정해지며 끝으로 남는 가스 전부를 N_2로 보는 것이다. 따라서 N_2성분의 값은 모든 측정 오차를 포함하게 된다. 염화 제일구리액의 CO흡수작용은 느리고, 흡수 능력도 적으므로 측정 오차를 가져오기 쉽다.

3-6 연소가스의 엔탈피-온도선도

연소실 온도 및 보일러의 전열면에서의 연소가스의 온도 변화와 전열량과의 관계 등을 구하려면 연소가스의 엔탈피-온도(I-t) 선도를 사용하는 것이 편리하다.

이는 물론 각종의 단위로 구할 수 있으나 여기서는 연료 1 kg 또는 1 Nm³로부터 발생하는 연소 가스의 엔탈피 I[kcal]와 온도 t[°C]와의 관계를 표시하는 것에 대하여 생각한다.

표 3-7 성분가스와 공기의 엔탈피 (kcal/Nm³)

온 도 t[°C]	i_{CO} (i_{SO_2})*	i_{H_2O}	i_{O_2}	i_{N_2} (i_{CO})*	전 공 기 i_L
0	0	0	0	0	0
100	41.2	34.4	31.5	31.0	31.1
200	86.2	69.6	64.0	62.4	62.4
300	135.0	105.6	97.5	93.9	94.5
400	186.4	142.8	132.0	126.4	127.2
500	240.0	181.5	167.0	159.5	160.5
600	295.8	221.4	203.4	192.6	194.4
700	352.8	262.5	240.1	227.5	229.6
800	412.0	304.8	277.6	263.2	264.8
900	470.7	348.3	315.9	297.9	300.6
1000	532	393	354	334	338
1100	594	440	392	372	374
1200	656	487	431	408	412
1300	719	534	471	445	449
1400	783	585	510	483	487
1500	848	635	549	521	525

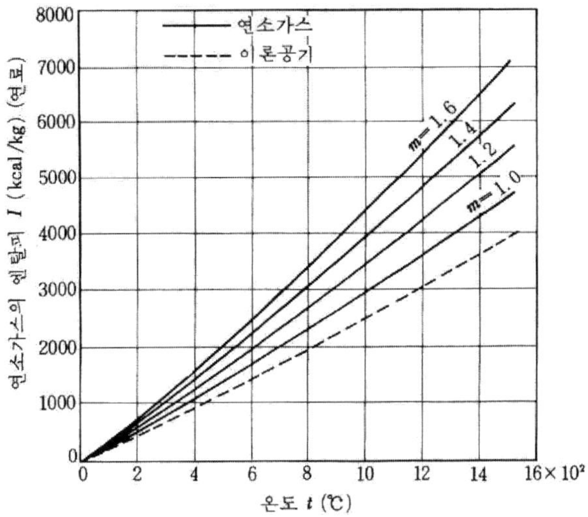

단, 연료성분(중량 %)

$c=72, h=5, s=1, o=7, n=1, a=8, w=6$

그림 3-5 연소가스의 I-t 선도

따라서 엔탈피 I는 이 연소가스의 각 성분이 각각 온도 t에서 갖는 엔탈피의 총합계가 된다.

지금 기준으로 연료가 완전연소를 할 때를 생각하고 연소가스의 성분 가스, 즉 탄산가스, 증기, 아황산가스, 산소, 질소의 엔탈피를 각각 i_{CO_2}, i_{H_2O}, i_{SO_2}, i_{O_2}, i_{N_2}[kcal/Nm]라 하면 연소가스의 엔탈피 I는 다음 식으로 표시된다.

고체 및 액체 연료의 경우

$$I = 1.867\,c \cdot i_{CO_2} + (11.2\,h + 1.24\,w)i_{H_2O} + 0.7\,s \cdot i_{SO_2} + 0.21(m-1)L_t \cdot i_{O_2} + 0.79\,m\,L_t \cdot i_{N_2}\,[\text{kcal/kg}] \qquad (3\text{-}25)$$

기체연료의 경우

$$I = [(CO) + \Sigma\, x(C_xH_y) + (CO_2)]i_{CO_2} + [(H_2) + \Sigma\, 0.5\,y(C_xH_y)]i_{H_2O} + 0.21(m-1)L_t\, i_{O_2} + [0.79\,m\,L_t + (N_2)]i_{N_2}\,[\text{kcal/Nm}^3] \qquad (3\text{-}27)$$

각 성분 가스 및 건공기의 엔탈피는 각 온도에 대하여 표 3-7 로부터 구해진다.

《주》 근사적으로 $i_{CO_2} \fallingdotseq i_{SO_2}$, $i_{N_2} \fallingdotseq i_{CO}$로 해도 무방하다.

온도 및 m의 어떤 값에 대하여 I를 계산하고, 이를 도시하면 I-t 선도를 얻는다. 그림 3-5는 석탄(역청탄)의 한 예에 대하여 각 공기비에 대한 연소가스의 I-t 선도를 구한 것이며, 아래의 점선으로 된 곡선은 이론공기량에 대한 I-t 선도이다.

1500°C 이상의 고온도에서 정확한 I-t 선도를 구하려면 연소가스 중의 탄산가스의 분해(열해리—熱解離, 즉 $CO_2 = CO + \frac{1}{2}O_2$) 및 수증기의 분해($H_2O = H_2 + \frac{1}{2}O_2$)를 고려해야 한다. 그러나 실제의 보일러에서 연소실의 온도는 일반적으로 1500°C 이하가 되므로 이러한 열해리의 영향은 무시하여도 무방하다.

제 4 장

연소장치는 보일러에 있어서 가장 중요한 부분의 하나이며, 보일러의 만족할 만한 작용과 높은 효율을 기대하기 위해서는 우선 각개의 경우에 가장 적합하고도 효과적인 연소장치를 필요로 한다. 연소장치는 무엇보다도 먼저 사용 연료의 종류 및 형태에 따라 결정된다. 즉 보통의 고체 연료에서는 화격자 연소장치가 되며, 미분탄과 액체 및 기체 연료에 대하여는 버어너 연소장치가 사용된다. 그러나 각 경우에 있어 다시 연료의 발열량, 휘발분 및 수분의 양 또는 연료의 덩어리(粒)의 크기, 연소 후의 재(灰)의 성질 등에 따라 연소장치는 그 연료에 적합한 것이어야 한다. 요컨대 연소장치는 되도록 적은 과잉 공기로 완전연소를 얻도록 함이 이상적이며, 따라서 사용 연료의 연소 과정에 관한 지식이 매우 중요하게 된다.

과거에 있어 모든 연료에 다 같이 적합되는 하나의 만능화로(萬能火爐)를 고안하려는 노력이 번번이 실패하였음은 당연하다 하겠으나, 근래의 경향은 연소장치 전체로의 설계에 신축성(伸縮性)을 주어 두 가지의 다른 연료, 예컨대 석탄과 석유에 대하여 또는 품질이 다른 석탄들에 대하여 다 같이 적용될 수 있는 능력을 주려는 데 있다. 또한 최초의 시설비는 고가(高價)이더라도 되도록 품질이 낮고 저렴한 연료를 사용하는 연소장치를 갖는 것이 결국 가장 경제적이라는 것도 널리 인식되고 있다.

4-1 화격자 연소장치

[1] 개 설

이는 노 내에 설치한 화격자(火格子, fire grate) 위에 연료를 공급하여 연소시키는 것이고 화격자의 위쪽은 연소실(combustion chamber)을 형성하며 화격자의 아래는 재가 떨어져 모이게 된다. 화격자 위의 연료는 화격자 아래로부터 그 틈으로 보내지는 1차공기(一次空氣, primary air, 이는 동시에 화격자의 냉각작용도 겸한다)로 연소되고 동시에 가연성가스를 발생하며, 이 가스는 연소실에서 1차공기의 나머지와 다시 따로 공급되는 2차공기(二次空氣, secondary air)에 의하여 연소된다. 즉 연소는 화격자 위에서와 연소실의 양쪽에서 행해진다.

화격자 연소장치에 사용되는 연료는 거의 석탄이고, 용량이 작은 것은 연료를 인력으로 공급하는 수분식(手焚式)을, 큰 용량의 것에서는 모두 기계적으로 연료를 공급하는 기계급탄기(機械給炭機, mechanical stoker)를 사용한다.

화격자에서의 사용 연료가 정해지면 그 소비량을 보일러의 효율로부터 추정할 수 있고, 또 제 2 장에서 말한 화격자 연소율 및 열발생률로부터 통풍을 고려하여 화격자 면적을 추정할 수 있다. 따라서 연소장치는 이들 값으로부터 적당한 형식을 선택함과 아울러 연료의 여러 성질을 고려하여 가장 적당한 구조로 결정해야 한다. 예컨대 연료의 점화성을 고려하여 새로운 연료의 공급 방법이나 연소실의 구조를 결정하고 화격자의 냉각을 고려해야 하며, 연료의 덩어리의 크기에 따라 덜 탄 연료가 화격자 아래로 떨어지지 않도록 화격자의 틈새를 정하며 반면 점결성(粘結性) 연료에서는 이 틈새가 막히기 쉬우므로 틈새를 비점결성의 경우보다 크게 하는 것 등이 그것이다. 또한 연소실에서는 가연가스를 완전연소시키기 위하여 2차공기의 공급 방법을 고려해야 하며, 휘발분이 많은 연료에서는 긴 화염(火焰)을 발생하므로 연소실을 크게 해야 한다. 화로(火爐)의 위치로 생각하면 일반적으로 내화로는 그 용적이 제한되므로 항상 양질(良質)의 연료가 요구되고, 외화로에서는 양질의 연료나 조악(粗惡)한 연료를 다 같이 사용할 수 있다.

다음 연소장치의 운전에 있어서 가장 중요한 점은 연료가 자연적으로 연소를 계속하도록 하는 것이다. 이러기 위하여는 이미 연소되고 있는 부분으로부터의 열(점화열)이 자동적으로, 되도록 속히 새 연료에 전달되어 그 점화 온도까지 도달되어야 한다. 이는 연료가 그 점화 온도에 도달되어야 비로소 점화되며 그 자신의 연소를 계속할 수 있는 까닭이다. 따라서 연소실의 구조와 아울러 새 연료의 공급 방법이 극히 중요해지며, 연소 장치의 구조도 이에 따라 크게 좌우된다. 즉 연료의 공급 방법에 따라 화격자 연소장치는 대략 다음과 같은 몇 가지로 분류된다.

1) 수평화격자(水平火格子, horizontal grate)……손 또는 기계장치로 고정된 화격자 위로 석탄을 던져 공급한다.

2) 계단화격자(階段火格子, stepped grate)……고정한 경사된 화격자 위를 연료가 중력으로 미끌어져 내리면서 공급된다.

3) 요동화격자(搖動火格子, shaking or rocking grate)……수평 또는 경사 화격자에서 중력의 도움을 빌리거나 빌리지 않고 화격자 봉의 요동운동으로 기계적으로 연료가 공급된다.

4) 상입(上入) 및 하입(下入)식 화격자(overfeed, underfeed stoker) ……수평 또는 경사 화격자 위에 연료를 피스턴, 나선형 수송기(螺旋形輸送機) 등의 기계장치로 공급한다.

5) 이동화격자(移動火格子, travelling grate stoker)……무한궤도(無限軌道)의 원리로 화격자의 균일하고 계속적인 이동으로 연료를 공급한다.

이상의 각 화격자 양식에서 연료가 공급되는 방식을 대별하면 다음 2가지로 볼 수 있다.

《주》 1. 위에서 1), 2)는 고정 화자격임에 비하여 3), 4), 5)는 가동(可動) 화격자이며, 이들은 보통 스토우커라고 한다.
2. 석탄의 경우 연료 및 이에 필요한 연소용 공기를 점화 온도까지 가열하는 데 요하는 열량은 그 발열량의 15 ~ 30 %이다.

① 새 연료가 이미 연소되고 있는 연료층 위로 공급되는 경우

이 경우에는 점화 조건이 매우 좋으며 점화열은 용이하게 밑의 연료층으로부터 얻게 된다.

이러기 위하여는 보통 새 연료와 타고 있는 연료층과를 되도록 밀접하게 접촉시키기만 하면 된다. 따라서 이 방법은 수분이 많고 휘발분이 적은, 즉 점화되기 어려운 연료에 대하여도 널리 사용될 수 있다. 또한 이 방법에서 다시 고온 연소가스가 새 연료 위를 흐르는 구조로 만들어 위로부터 점화열을 주면 매우 점화되기 어려운 연료라도 사용할 수 있다.

② 새 연료가 화격자 위로 차례로 계속하여 공급되는 경우

이 경우는 새 연료와 연소하고 있는 연료와의 접촉이 거의 없으므로 점화 조건은 양호하지 못하다. 즉 점화열은 연료 또는 화염으로부터의 복사 및 고온 연소가스와의 접촉으로 새 연료에 위로부터 주어져야 하며, 이러기 위하여는 항상 화격자 위를 덮듯이 뻗쳐나온 노벽(爐壁), 즉 점화 아아치를 두게 된다. 그리고 일반적으로 특히 점화성이 나쁜 연료에 대하여는 특별한 점화 촉진(促進)방법을 취하지 않으면 사용이 어렵게 된다.

이하 각종의 화격자 연소장치를 화격자가 운동하는 것과 그렇지 않는 것으로 나누어 간단히 설명하기로 한다.

[2] 고정화격자 연소장치

(1) 수평화격자(水平火格子)

이는 주로 소형 보일러에서 내화식 노(爐)에 사용되나, 외화식 노에도 사용될 때가 있다. 이는 구조가 매우 간단하여 화격자 봉(火格子棒, grate bar)이라는 철편(鐵片)을 배열하여 구성하며, 화격자 표면은 평탄하고 후방으로 약 10° 정도로 기울게 한다. 공기는 보통 자연통풍으로 재를 꺼내기 위하여 노의 전면에 설치한 재문(灰坑門, ash pit door)으로부터 들어가서 화격자의 밑으로부터 연료에 공급된다. 석탄의 공급은 소형에서는 주로 인력에 의지한다.

그림 4-1은 노통보일러에 설치한 수평화격자의 한 예이다. 화격자 전면(前面)에는 노판(爐板)이 있고 그 상부에 분구(焚口, fire door), 하부에 재문(灰坑門)이 있다. 분구로부터 연료가 공급된다. 또 분구의 창(窓)을 통하여 2차공기가 공급된다. 재문은 위에서 말한 대로, 재를 끌어낼 뿐 아니라 1차공기의 통로가 되고, 그 공기량은 이 문의 개폐로 조정할 수 있다. 화격자 뒤의 화언(火堰, fire bridge)은 연소가스를 교란시켜 가연가스의 연소를 촉진시키고 따라서 노통벽의 열전달을 향상시킨다.

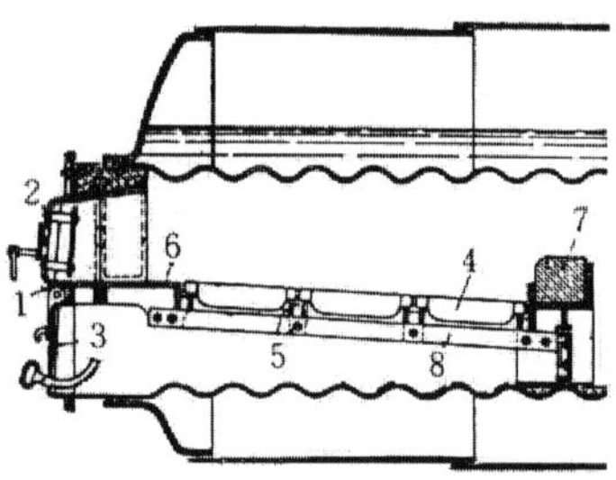

그림 4-1 수평화격자

1. 쇠틀 2. 분구 3. 재문 4. 화격자 봉 5. 화격자 봉받이 6. 노판 7. 화언 8. 화격자 앵커

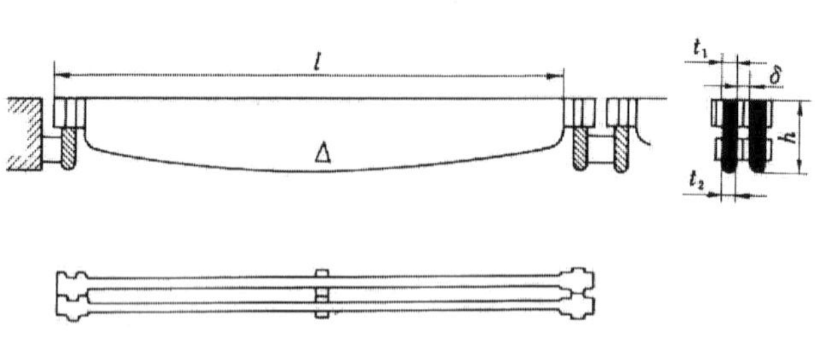

그림 4-2 화격자 봉

그림 4-2는 가장 흔히 사용되는 화격자 봉의 예이다. 화격자 봉은 주로 주철 또는 주강으로 만든다. 화격자 봉은 연소 중 그 위에 연료를 싣고 있어야 하므로 그 냉각이 특히 중요한 문제이다.

이 냉각은 주로 1차공기로 이루어지며, 화격자 봉은 그 높이 h를 크게 하고, 그 단면을 아래로 갈수록 얇게($t_2 < t_1$) 하면 냉각효과가 크다. 화격자 봉의 대략의 크기는 다음과 같다.

$$l = 500 \sim 900\ [\text{mm}]$$

$$h = 60 \sim 150\ [\text{mm}]$$

$$t_1 = 5 \sim 20\ [\text{mm}] > t_2$$

화격자 봉 간격(grate opening) δ는 연료의 덩어리가 클수록 또 점결성이 큰 석탄일수록 크게 취하며, 분탄에서 $\delta = 3 \sim 5$ mm, 갈탄 및 비점결성의 역청탄에서 $\delta = 4 \sim 8$ mm, 점결성의 역청탄에서 $\delta = 8 \sim 12$ mm 정도이다.

극히 세분(細粉)의 연료에 대하여는 화격자로부터 연료가 떨어짐을 감소시키기 위하여 δ를 2 mm 이하로 한다. 이 때 특수한 화격자 봉(그림 4-3)을 사용하거나, 노즐 화격자(그림 4-4)를 택하는 것이 좋다. 후자는 화격자 봉 대신 공기 노즐을 갖는 판(板)으로 된다. 이 때는 작은 노즐(지름 2 ~ 4 mm의 구멍)을 지나 들어가는 연소용 공기의 압력손실이 커지므로 반드시 압입통풍(押入通風)을 취해야 한다. 그러나 연소실 내의 압력이 너무 높아지지 않도록 해야 한다.

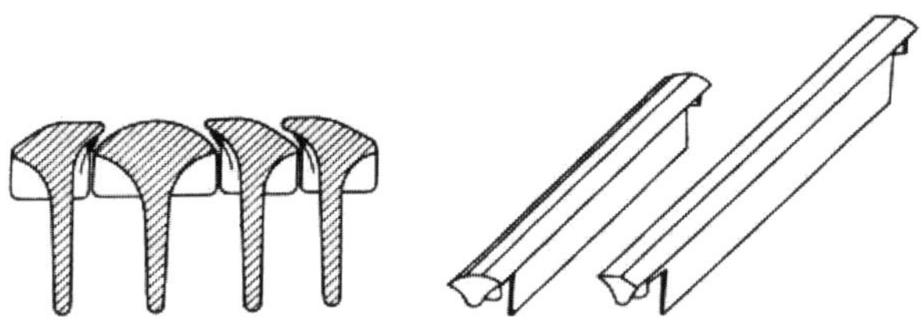

그림 4-3 분탄용 특수 화격자

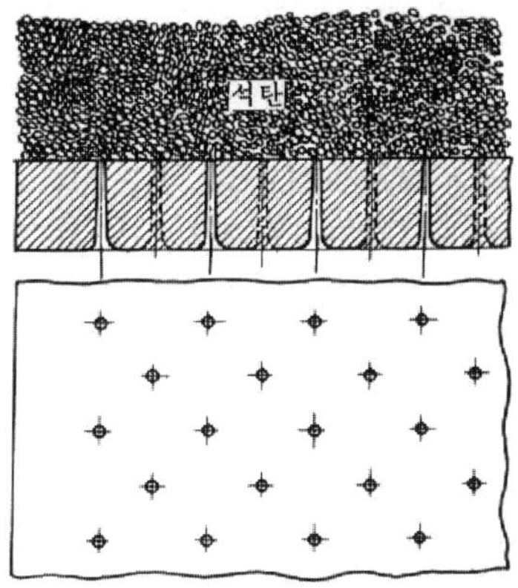

그림 4-4 노즐 화격자

일반적으로 수평 화격자에서는 새 연료가 이미 연소하고 있는 연료층 위로 공급되므로 점화조건이 매우 좋고, 따라서 어떠한 연료든지 수분을 20 % 이상 함유하지 않으면 사용할 수가 있다. 그러나 내화식 노(爐)로 사용할 때는 연소실의 크기가 제한되므로 휘발분이 많은 연료에는 약간 부적당하다.

자연통풍에서 수평 화격자의 연소율은 60 ~ 100 kg/m^{2}h가 적당하고 열발생률은 약 0.8 × 10^6 kcal/m^{2}h 정도이다. 인력으로 연료를 공급할 때는 급탄할 수 있는 범위가 대략 정해지므로 화격자는 폭 1.5 m, 길이 2 m 정도까지가 적당하다.

표 4-1은 화격자 면적(total grate area)에 대한 화격자 간격 면적(즉 1차공기의 통과면적, free grate area)의 비율을 %로 표시한 것이다.

또한 수평화격자로서 쇼블 급탄기(그림 4-5 참조)를 분구에 설치한 살포식(撒布式)의 것이 때때로 사용된다.

표 4-1 수평화격자의 화격자 간격 면적

화격자 봉 간격 두께 [mm]		화격자 간격 면적 [%], 화격자 봉 길이 [mm]			
		400	500	600	700
12	3.5	19.0	19.7	20.2	20.6
12	7	33.9	34.5	34.9	53.2
15	3	14.0	14.5	14.9	15.2
15	6	26.3	26.7	27.1	27.3
18	4.5	16.8	17.4	17.9	18.2
18	9	30.7	31.2	31.6	31.9

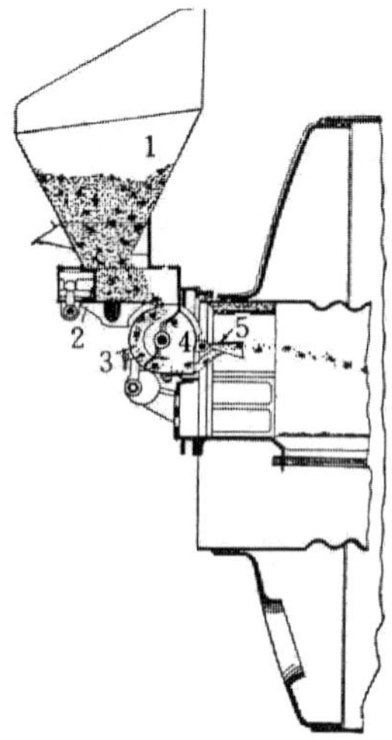

그림 4-5 쇼블 급탄기

이 때 화격자 면적을 크게 취할 수 있으며 화부(火夫)의 급탄 노력을 줄이고, 또한 손으로 연료 공급할 때 분구로부터 들어오는 불필요한 찬 공기의 악영향을 방지할 수 있다.

(2) 경사화격자(傾斜火格子, inclined grate)

이는 주로 외화식 노(爐)에 사용하며, 그림 4-6 에서와 같이 화격자 봉을 20° ~ 40° 의 경사로 설치한 것이며, 비점결성 또는 매우 적은 점결성의 석탄을 연료를 채워둔 호퍼(hopper)로부터 화격자 위에 낙하시켜 연소시키는 장치이다. 그러나 오늘날 보일러에는 거의 사용되지 않는다.

장점은 사용 연료의 종류에 따라 경사를 적당히 취하면 호퍼에서 연료는 자중으로 연소에 따라 화격자 위로 낙하하여 차차 아래로 미끄러져 가므로 항상 연료가 화격자 위를 덮게 된다. 따라서 급탄이 매우 간단하다. 여기서 연료의 타지 않은 부분이 통풍의 틈으로 낙하함을 방지하기 위하여 보통 화격자 상부의 통풍의 틈에 적은 수평돌기(水平突起)를 붙인다.

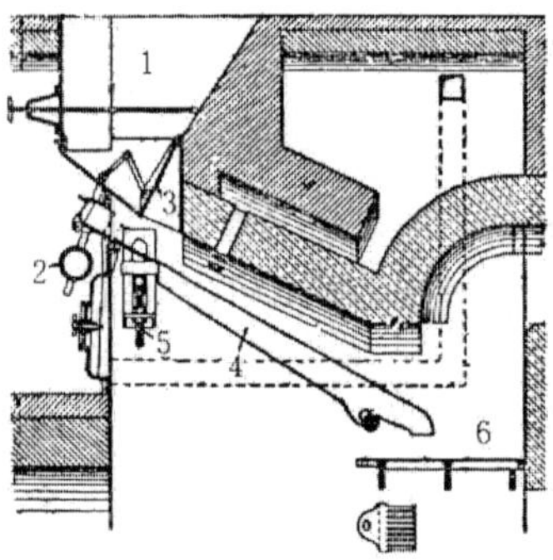

그림 4-6 경사화격자로
1. 호퍼 2. 핸들 3. 밸브
4. 화격자 5. 경사조정나사
6. 보조 화격자

그러나 반면에 새 연료가 화격자 위에 차례로 공급되어 가므로 점화 조건이 좋지 못하다. 따라서 충분한 점화열을 주기 위하여는 노의 전후에 큰 아아치(arch)를 두어야 한다. 따라서 이 화격자에는 점결성이 적은 역청탄 및 갈탄이 적당하고, 점화가 용이한 휘발분이 많은 것이 좋다.

화격자 열발생률은 0.8×10^6 kcal/m²h 정도이다.

(3) 계단화격자(階段火格子)

이것은 그림 4-7 과 같이 화격자 판(板)이 계단 모양으로 배치된 것이며 외화식 노(爐)에 사용된다. 화격자의 경사는 30 ~ 40° 이며 경사 화격자보다 약간 적다. 화격자는 연료가 바꾸어졌을 때에 이에 적응하기 위하여 약 ± 5° 만큼 경사가 변할 수 있도록 해 둔다. 연료는 경사화격자에서와 같이 상방의 연료 호퍼로부터 자중으로 공급된다. 또한 이 계단화격자 아래에 이와 접속하여 짧은 보조 수평화격자를 설치하여 여기에 도달한 연료 중 덜 탄 가연 물질을 연소시킨다.

이와 같은 계단화격자에서는 화격자 판은 가로 놓이고, 1차공기는 대체로 수평방향으로 들어온다(그림 4-8). 따라서 극히 세분의 분탄(粉炭)에서도 연료가 화격자로부터 떨어지지 않는다.

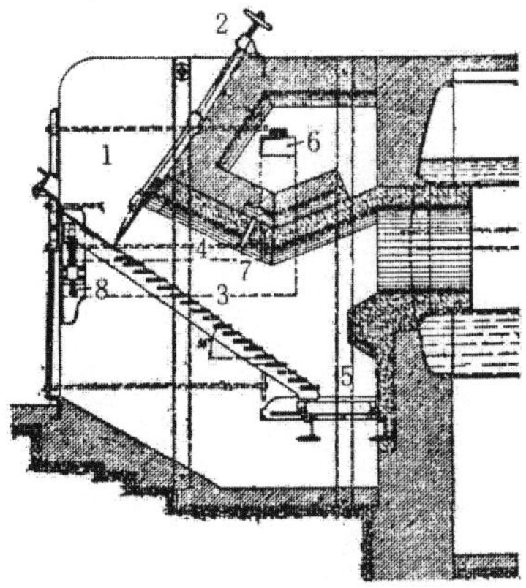

그림 4-7 계단화격자
1. 석탄호퍼 2. 핸들 3. 화격자 4. 반사아아치 5. 보조화격자 6. 이차공기로 7. 이차공기출구 8. 조절나사

계단화격자의 특색은 그림 4-8에서와 같이 연소하고 있는 연료가 항상 새 연료 밑에 남아서 점화층을 형성하므로 점화 조건이 좋아지는 점에 있고, 이에 다시 연소실의 벽돌벽으로 적절한 반사(反射) 아아치를 마련하면 화염을 역류시켜 수분이 많은 연료도 연소시킬 수가 있다. 한편 이 화격자는 화격자 판의 냉각면이 적으므로 발열량이 높은 연료에는 부적당하고 또 화격자의 통풍의 틈이 막히기 쉬우므로 점결성 연료에도 부적당하다. 따라서 이 화격자는 갈탄, 토탄, 장작 등의 저급 연료에 적합하며, 갈탄을 사용할 때 화격자 열발생률은 $\sim 0.5 \times 10^6$ kcal/m²h 정도이다. 보통 사용되는 화격자 크기는 길이 2.5 m, 폭 2 m 까지이다.

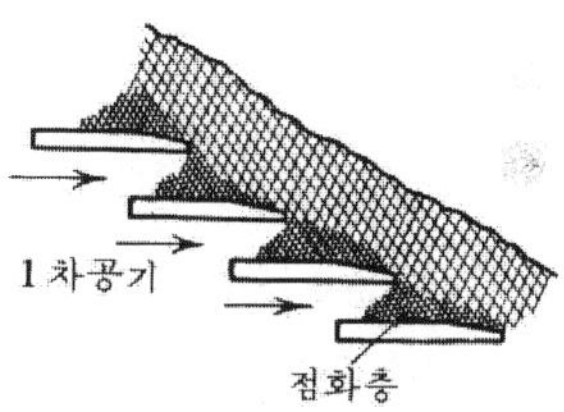

그림 4-8 계단화격자의 장점

또한 계단화격자에서 그 상방에 보다 경사가 큰 예열화격자를 두고 여기서 새 연료를 가열 건조하여 어느 정도 건류까지 하는 것이 있다. 이를 반(半)**가스연소법**이라 하고, 수분이 특히 많은 갈탄 등의 연소에 적합하다(그림 4-9).

[3] 가동(可動)화격자 연소장치

(1) 이동화격자(移動火格子)

이것은 연쇄화격자 급탄기(連鎖火格子給炭機, conveyor stoker)라고 하며 중형 또는 대형 보일러에 많이 이용되고, 화격자 연소장치 중 가장 중요하다. 이는 그림 4-10에서와 같이 다수의 화격자편(火格子片)과 핀으로 성립되는 화격자는 하나의 폭이 넓은 윤쇄(輪鎖)이며, 노의 전후에 설치된 쇄치차(鎖齒車)에 벨트 모양으로 걸쳐져서, 앞의 쇄치차의 회전으로 노의 안으로 움직이게 된다.

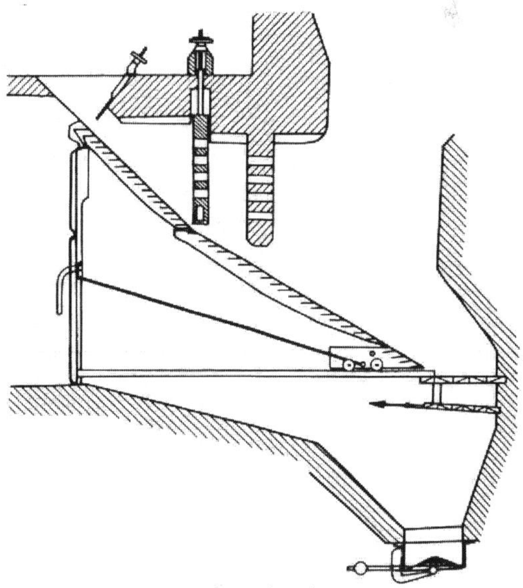

그림 4-9 반가스 연소장치

쇄치차는 작은 전동기(電動機)로 구동

된다. 뒤의 쇄치차는 안내 역할을 한다.

화격자의 형식으로는 화격자편 자체를 연쇄로 조립하여 화격자를 만들고, 이를 직접 쇄치차에 걸친 것과 전후의 쇄치차 사이에 운동을 전달하기 위한 연쇄를 걸치고 이 양측의 연쇄 위에 지지대(支持臺)를 가로 걸치고, 이 지지대에 화격자편을 끼워서 조립하는 것이 있다. 전자는 용량이 적은 것에 사용되고 후자는 구조가 복잡하나 화격자편을 교환하기가 간편하고, 또 열을 받는 화격자편 자체

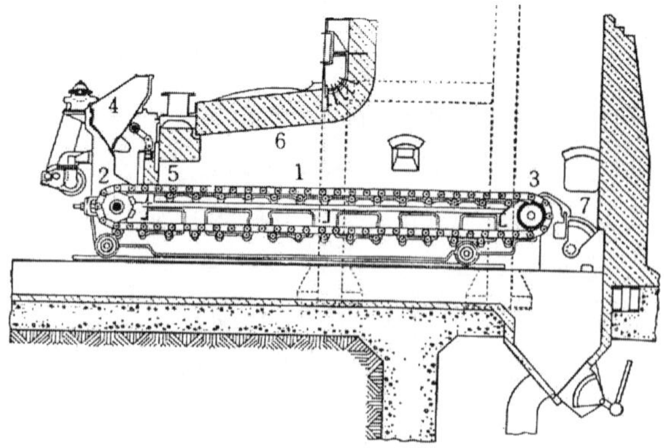

그림 4-10 쇄상 화격자 급탄기

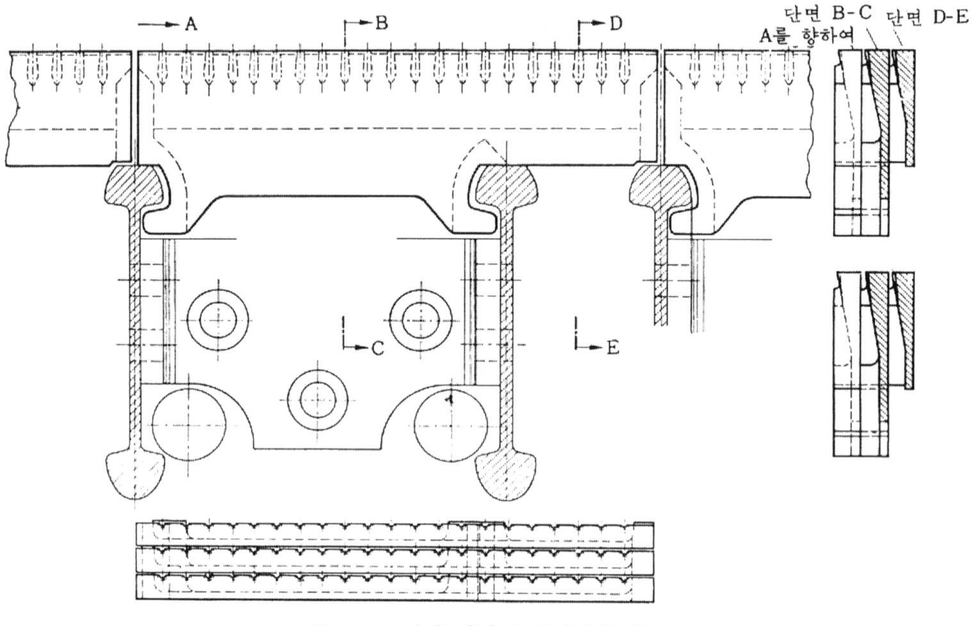

그림 4-11 연쇄 화격자 급탄기의 구조

에는 쇄치차(鎖齒車)에 의한 구동력이 걸리지 않으므로 화격자 온도를 높일 수 있고 주로 대용량의 것에 적합하다(그림 4-11 참조).

이 두 형식을 구별하여 전자를 특히 **쇄상(鎖床) 급탄기**(chain grate stoker), 후자를 **이상(移床) 급탄기**(traveling grate stoker)(그림 4-12)라고 한다.

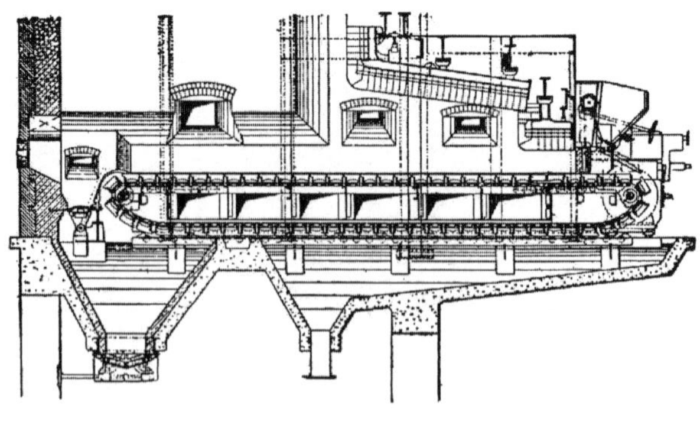

그림 4-12 이상 화격자 급탄기

연료는 호퍼로부터 화격자의 운동에 의한 마찰로 끌려 나와 점화되어 연소하는 사이에 노의 안으로 운반된다. 따라서 화격자는 불에 닿는 시간이 짧고 또한 되돌아오는 길에 냉각되므로 화격자의 냉각에 관하여는 유리하다. 또 연료 공급량의 조절은 탄층(炭層)의 높이를 조절하거나 또는 화격자의 속도를 변화시킴으로써 용이하게 이루어진다.

자연통풍의 경우 탄층의 높이는 70 ~ 120 mm, 화격자 속도는 2 ~ 10 m/h, 화격자 연소율은 100 ~ 150 kg/m²h 정도이며, 강제통풍이면 탄층의 높이 70 ~ 150 mm, 화격자 속도 ~ 20 m/h, 화격자 연소율은 100 ~ 200 kg/m²h, 최대 250 kg/m²h 까지 된다.

1차공기는 화격자 밑으로부터 공급되며, 소형의 급탄기에서는 자연통풍을 하나, 중형 이상에서는 강제통풍을 하는 것이 많다. 이 때 화격자의 상부와 하부 사이를 몇 개로 나누어 공기실을 설치하고, 각 공기실에 필요한 공기량을 강제로 공급하도록 한 구획형(區劃形) 강제통풍을 행하면 연소상태가 좋아지고 연소율을 높일 수 있으며 또한 열등탄(劣等炭)도 사용할 수 있다. 강제통풍에서는 약 20 ~ 40 mmAq(수주)의 압입통풍을 행함이 보통이다. 또한 화격자 열발생률은

자연통풍 $\sim 0.9 \times 10^6$ kcal/m²h
강제통풍 $\sim 1.1 \times 10^6$ kcal/m²h
구획형 강제통풍 $\sim 1.5 \times 10^6$ kcal/m²h

이며, 화격자 면적은 ~ 40 m² 이 보통이고 60 m² 까지도 있다.

연쇄화격자 급탄기의 점화 조건은 경사화격자에서와 같이 좋지 못하다. 이 때는 새 연료가 화격자에 의해 차례로 공급되므로 점화열은 연료의 위로부터 공급되어야 하고, 따라서 점화 아아치를 두어야 한다. 이는 화상(火床)의 중앙부에 열을 반사하여 점화를 도우며, 또한 연소가스를 혼화(混和)시켜 연소를 돕기도 한다. 따라서 이 화격자에 대한 연료는 보통 역청탄이다. 갈탄과 같이 수분이 많거나(20% 이상) 또는 무연탄과 같이 휘발분이 적은(약 10% 이하) 연료를 사용할 때는 점화에 특별히 주의할 필요가 있고, 점화하기 쉬운 보조 연료를 사용하는 방법도 고려된다. 점화 아아치는 여러 가지 형이 있으나, 비교적 점화하기 쉬운 연료를 사용할 때 또는 연소실이 높고 화염으로부터의 복사열을 충분히 얻을 수 있을 때는 연료 보급부 위에 그림 4-13 (a)와 같은 비교적 짧고 높은 점화 아아치를 두는 수가 많다. 수분이 많은 열등탄에서는 그림 4-13 (b)와 같은 긴 점화 아아치를 설치함이 필요하고, 여기에는 연료로부터의 복사열이 새 연료 위에 모이도록 호상(弧狀) 아아치로 한 것, 연료보급부터의 온도를 높이기 위하여 아아치의 뒤끝을 낮게 한 것 등이 있다.

또한 휘발분이 적은 무연탄이나 코우크스를 사용할 때는 고온 연소가스는 주로 화격자의 후반부에서 나오므로 그림 4-13 (c)와 같이 긴 후부(後部) 아아치(reverse or rear arch)를 두어 고온가스를 연료 보급부에 보내도록 한다.

또한 연소용 공기를 예열하면 점화 조건은 매우 좋아진다. 따라서 용량이 큰 보일러에서는 공기예열기를 설치하여 연소용 공기를 예열하고 있다. 그러나 화격자 연소장치에서는 이 공기가 동시에 화격자의 냉각도 하게 되므로 예열온도에는 한도가 있으며 일반적으로 200°C

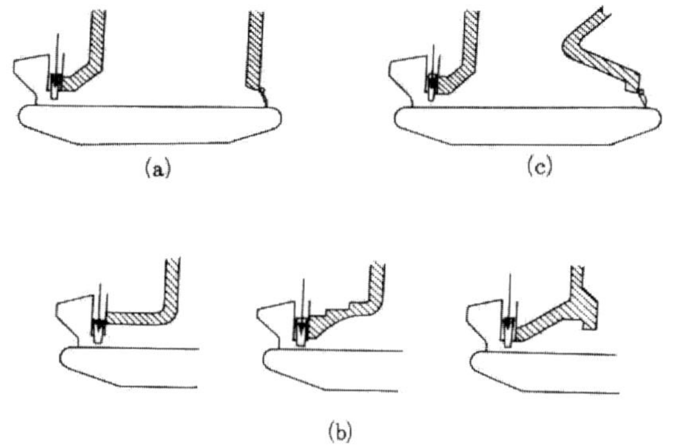

그림 4-13 점화 아아치

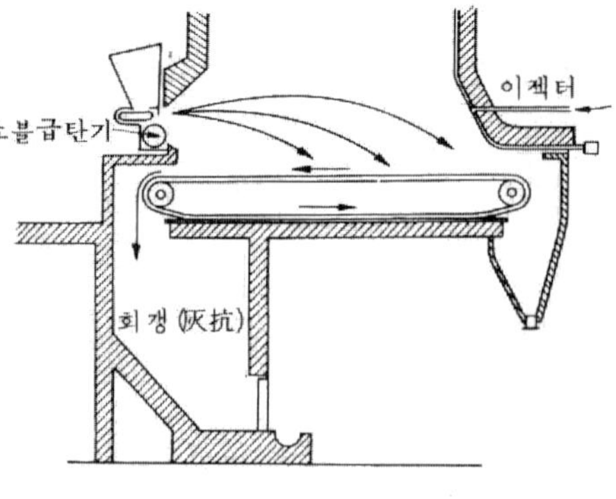

그림 4-14 살포식 스토우커

이하이다.

연쇄식 화격자 급탄기의 일종으로 살포식 급탄기(撒布式給炭機, spreader stoker)가 있다. 그림 4-14에서와 같이 이는 연쇄화격자 급탄기와 쇼블 급탄기를 조합시킨 것이다. 여기서 쇼블로 연료가 뿌려지며, 연소 시간이 긴 큰 덩어리는 멀리 떨어지고 작은 것은 가까운 데 떨어진다. 따라서 화격자는 종래의 연쇄화격자와 반대로 노의 전면을 향해 움직인다. 연료는 화염 속을 지나 화격자 위로 보내지므로 점화하기 쉽고 점화 아아치가 필요 없으며, 또 연료에 대한 적응성이 연쇄화격자 급탄기보다 넓어진다. 또한 여기서 연료 중 상당한 부분이 부유 상태(浮遊狀態)로 연소되며, 비산된 덜 탄 연료 세분(細粉)은 연도 내의 포켓 속에서 분리되어 이젝터(ejector)로 다시 연소실에 불려들어가 연소된다. 연료 덩어리의 크기는 20 mm 정도가 가장 취급하기 좋고, 화격자 열발생률은 1.5×10^6 kcal/m²h 까지 얻게 된다. 연쇄식 화격자 급탄기를 사용할 때 보일러 증발량의 한도는 약 60 ~ 70 ton/h 이며, 이보다 큰 증발량에서는 보통 미분탄 연소장치가 사용되나, 이 살포식 급탄기에서는 100 ton/h 정도까지도 얻을 수 있다고 한다.

(2) 요동화격자(搖動火格子)

이는 이동화격자가 일정방향으로 운동하는 데 대하여 일정한 거리를 왕복운동함으로써 연료를 공급함이 특징이다. 이 화격자는 화격자의 특유한 운동으로 회분이 많은 연료에 대해서도 재를 잘 긁어 처리할 수 있는 장점이 있다. 요동화격자를 그 급탄 또는 송탄(送炭)운동에 따라, 상입(上入) 또는 전입(前入)식(overfeed stoker)과 하입(下入)식(underfeed stoker)으로 대별할 수 있다.

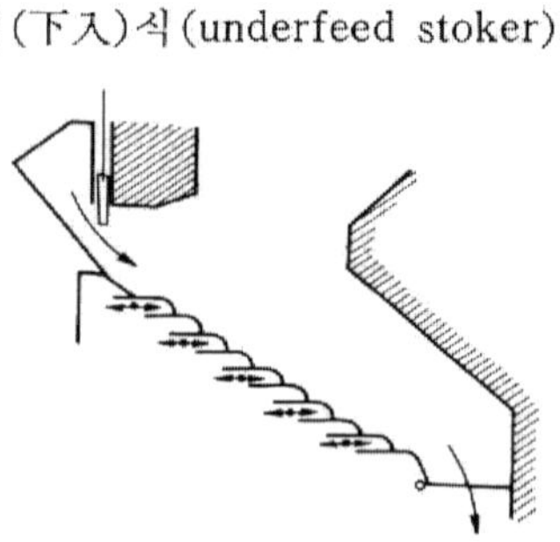

그림 4-15 전입식 급탄기

전입식 급탄기로서 가장 흔한 것은 앞에서 말한 경사화격자 또는 계단화격자의 화격자 운동에 요동운동을 준 것들이고, 이리하면 송탄(送炭)이 확실해진다. 그림 4-15는 그 예이다. 연료에 대한 점화열은 상방에서부터만 아니라, 화격자 운동으로 인한 연료층의 붕괴에 따라 연소 연료와의 접촉으로도 얻게 된다. 따라서 점화성이 다소 떨어지는 연료에 대하여도 유효하며, 화격자 열발생률은 갈탄을 사용할 때 자연통풍에서 약 $\sim 0.6 \times 10^6$ kcal/m²h, 강제통풍에서 $\sim 0.8 \times 10^6$ kcal/m²h 이다.

전입식 급탄기의 특수한 것으로 마르틴(Martin)식이 있고 독일에서 많이 사용된다. 이는 그림 4-16 과 같은 역송식(逆送式) 계단화격자이며, 하나의 리토오트(retort, 給炭溝)를 형성하며, 화격자 봉은 연료를 앞으로 밀어올리는 요동운동을 한다. 이것은 재가 몹시 많은 저발열량의 연료에 대하여 고안된 것이지만, 보통의 갈탄이나 역청탄에 대하여도 사용할 수 있고 점결성 연료에 대하여 유효하다. 이 화격자의 요동운동은 상당히 격렬하여 연료의 하층은 이로써 앞으로 밀려올라가고, 동시에 불안정해진 연료의 상층이 뒤로 미끄러져 떨어진다. 이와 같은 과정을 반복하는 동안에 연소하여 클링커(clinker) 덩치로 된 것은 상층에 떠서 뒤의 보조 화격자로부터 잿더미로 떨어지고, 덜 탄 탄립(炭粒)은 하층으로 들어갔다가 다시 전방으로 밀려 올가가며 순환된다. 이와 같이 열등탄의 경우에도 연료가 다 연소될 때까지 장시간 화격자 위에 머물게 할 수 있으며, 또 새 연료에의 점화는 연소하며 순환하는 연료와의 접촉으로 이루어지므로 매우 양호하여 점화 아아치가 필요 없다. 또 연료층을 두껍게 할 수 있으므로 화격자 열발생률은 저발열량의 연료에서도 2.0×10^6 kcal/m²h 정도의 높은 값에 도달된다. 연료층의 높이는 약 300 ~ 400 mm 이고 항상 강제통풍을 하며 120 mmAq 정도의 압입통풍을 한다.

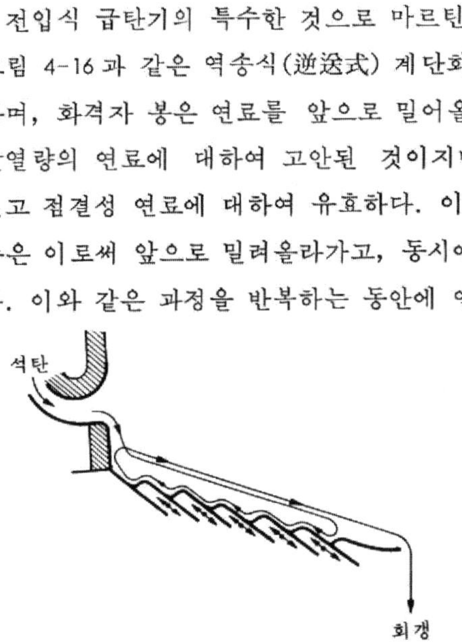

그림 4-16 마르틴식 역송 스토우커의 원리

다음 하입식 급탄기는 화격자의 리토오트 내에 설치된 송탄 피스턴 혹은 수송 나사(輸送螺絲)로 새 연료를 연료층의 밑으로 밀어넣는 방식의 것이다. 따라서 새 연료는 상층에 밀려 올라갈 때까지에 상층의 연소되고 있는 연료로부터 열을 받아 건류되어 점화된다. 또한 이 방식에서는 하층에서 발생하는 휘발분이 공기와 잘 혼화된 다음 고온의 상층을 통과하므로 연소 과정이 양호해진다.

그림 4-17 은 단(單) 리토오트(single retort)형 하입식 급탄기의 한 예이다. 이 때 송탄 나사와 압입통풍용 선풍기와를 하나의 전동기로 운전하는, 하나의 완비된 연소장치로 판매되는 것이 있다. 여기서 화격자 위로 밀려올라간 연료는 리토오트와 직각방향으로 좌우로 갈려 이

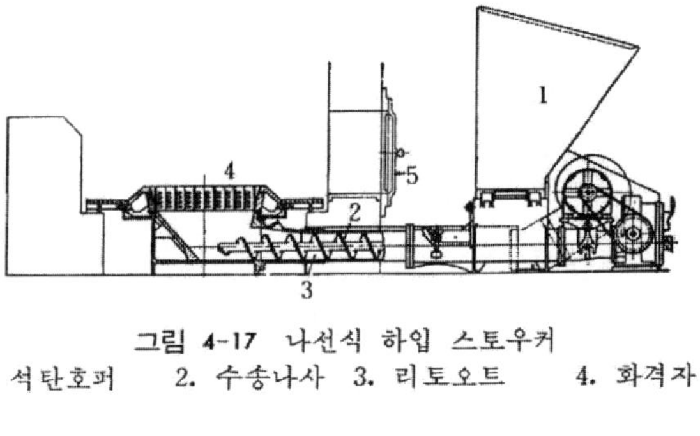

그림 4-17 나선식 하입 스토우커
1. 석탄호퍼 2. 수송나사 3. 리토오트 4. 화격자

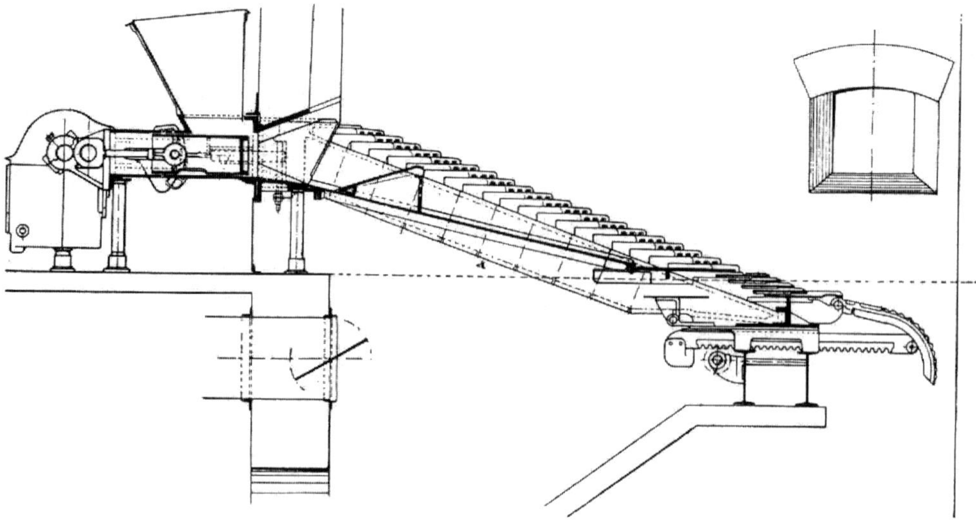

그림 4-18 59개의 공기실을 가진 라일리 스토우커

동하는 구조로 되어 있다.

대형의 하입식 급탄기는 미국에서 가장 많이 사용되며, 이들은 다(多)리토오트(multiple retort)형으로 제작되고, 그 중 테일러(Taylor)식과 라일리(Riley)식이 가장 유명하다. 그림 4-18은 이 라일리식의 모양이다. 다수의 병렬로 배치된 폭이 좁은 계단화격자(경사각 20～25°)와 그들 사이에 낀 경사된 폭 500～600 mm, 깊이 5 m 이하의 리토오트와 리토오트 내의 램, 기타의 급탄장치로 구성된다. 연료는 리토오트의 양측의 화격자 위로 밀려올라가고, 연소하면서 화격자 위를 리토오트 방향으로 이동한다. 또한 계단화격자 아래에 상입식의 왕복화격자와 재를 떨어뜨리는 판(板) 또는 깊은 잿더미가 있어 석탄 잔재의 완전연소를 기한다.

이러한 하입식 급탄기의 공통된 특징은 탄층의 두께가 매우 큰 것이며, 따라서 항상 강제통풍을 해야 하고 급탄기의 구조도 연쇄화격자 급탄기와 같은 구획식 공기실의 구조가 있다.

화격자 밑의 압입통풍실을 여러 개로 구획하여 각 실마다 그 위에 있는 연료층 부분의 연소상태에 대응하는 통풍 조절을 하여 연소율을 높일 수 있고, 고발열량의 연료에서는 2.0×10^6 kcal/m²h 또는 그 이상의 화격자 열발생률을 얻게 된다. 또한 탄립(炭粒)의 크기는 별로 문제가 안 되고 연료가 충분히 점결성이며, 과히 단단하지 않을 때는 휘발분이 적은 연료라도 사용할 수 있다. 그러나 다만 연료층이 고온이 되므로 재가 많고 또 그 융점이 낮은 연료에는 부적당하다.

4-2 버어너 연소장치

[1] 미분탄 연소장치(微粉炭燃燒裝置)

이는 석탄을 분말(지름 약 0.05～0.15 mm의 입자)상태로 만들어, 즉 미분탄으로 하여 연소시키는 것으로 연소 시간이 매우 단축되며(약 2초 이내) 버어너 연소장치를 사용할 수 있다. 따라서 미분탄은 연소용 공기와 함께 버어너로부터 연소실로 분출시키고 부유 상태로 연소된다.

<미분탄 연소의 장점>

1) 연료의 표면적이 증대하므로 연소가 용이하고도 양호해지며 20～40 %의 적은 과잉공기비로 연소시킬 수 있다.

2) 따라서 열등탄, 즉 회분이 40 % 이상인 것이라도 연소시킬 수 있다.

3) 부하의 변동에 대한 순응성(順應性)이 크며, 자동연소제어(自動燃燒制御)를 유효하게 이용할 수 있다.

<미분탄 연소의 단점>

1) 석탄을 미분화하기 위한 설비를 요하며 또한 소요 동력과 유지비가 크다.

2) 연소실을 크게 해야 한다.

3) 타고 남은 연재(煙滓)의 처분에 특별한 장치를 요한다.

이상과 같은 이유로 미분탄 연소는 연료가 전체의 비용에 대하여 큰 비율을 차지하는 대형 보일러에 대하여 유리한 것이며, 보통 증발량 100 t/h 이상의 석탄연소식 보일러에서 채용된다.

(1) 미분탄 설비

원료탄을 미분탄으로 버어너에 공급하는 데는 대략 다음과 같은 경로를 밟는다.

즉 먼저 전자석(電磁石)으로 원료탄에 섞여 있는 철분을 제거하고, 다음 연소가스 혹은 예열공기로 건조시킨다. 이 건조 과정은 다음의 미분화 과정을 쉽게 하기 위한 것이지만, 동시에 미분탄의 부착을 방지하여 수송을 용이하게 하고 또 버어너를 나온 미분탄의 분리를 양호하게 한다. 일반적으로 건조는 역청탄에서는 수분이 약 1～2 %가 될 때까지, 수분이 많고 점화가 용이한 갈탄에서는 수분이 약 15 % 정도가 될 때까지 행한다. 다만 이 때 고온도로 하면 연료 중의 휘발분이 상실될 뿐더러 발화(發火)할 염려가 있으므로 100～120°C 이상의 온도가 되지 않도록 한다. 또한 원료탄이 200 mm 정도 이상의 큰 덩어리이면 건조 과정에 앞서 우선 원료탄을 파쇄기(破碎機)로 대략 작은 덩어리로 파쇄해 둔다.

표 4-2 미분기 소요동력의 한 예
(배브콕식 고정환식 미분기)

성 능 [t/h]	소요 동력 [kW]	회 전 수 [rpm]	미분기 중량
0.5～0.55	3～5	300	0.5
0.7～1.1	6～11	210	1.5
1.0～1.7	9～15	190	3.0
1.6～2.6	15～25	170	4.0
2.5～4.0	20～35	155	8.0
4.0～6.0	35～50	140	13.0
8.0～10.0	60～90	110	30.0

표 4-3 미분탄의 입도

종 류	200 [mesh] 잔량(殘量)[%]
무연탄	15～20
역청탄(탄소가 많은 것)	25～35
역청탄(탄소가 적은 것)	35～45
갈 탄	55～60

《주》 메시(mesh)는 체의 번호이며, 1 in² 에 n^2 개의 체구멍이 있는 것을 n 메시라고 한다.

이상과 같이 하여 건조된 원료탄은 이 설비 중 가장 중요한 미분기(微粉機, pulverizer)로 가서 소요의 세분(細粉)으로 분쇄된다. 또한 위에서 말한 건조 과정을 미분기 내에서 동시에 행하고 건조기를 별도로 두지 않을 때도 많다.

미분탄은 그 입자의 크기가 적을수록 연소에 대하여 유리하나, 미분기의 소요 마력과 유지비가 급격히 증가한다(표 4-2 참조). 따라서 경제적인 입도(粒度)가 있으며 표 4-3과 같이 휘발분이 적고 연소하기 어려운 것일수록 높아진다. 미분기의 소요 동력은 미분탄 설비 중 가장 크고 여러 조건, 특히 원료탄의 수분에 따라 다르나 대략 1 ton 당 10～20 kWh이다.

미분기의 구조는 여러 가지가 있고, 각각 다른 원리로 석탄을 분쇄한다.

그림 4-19는 관형 미분기(管型微粉機)라고 하여, 다수의 강구(鋼球)를 넣은 원통에 석탄을 보내서 원통을 회전시킴으로써 분쇄한다. 즉 이는 강구와 석탄의 낙하하는 충격을 이용하는 중력식이다. 구형(球型) 미분기(ball & race mill) 또는 로울러형 미분기(centrifugal roller mill)라는 것은 큰 강구 또는 로울러를 주위의 고정환(固定環)의 안쪽에서 회전시키는 것이며, 이 때 생기는 원심력으로 강구 또는 로울러를 고정환에 밀어 눌러 그 틈으로 들어오는 석탄을 파쇄한다.

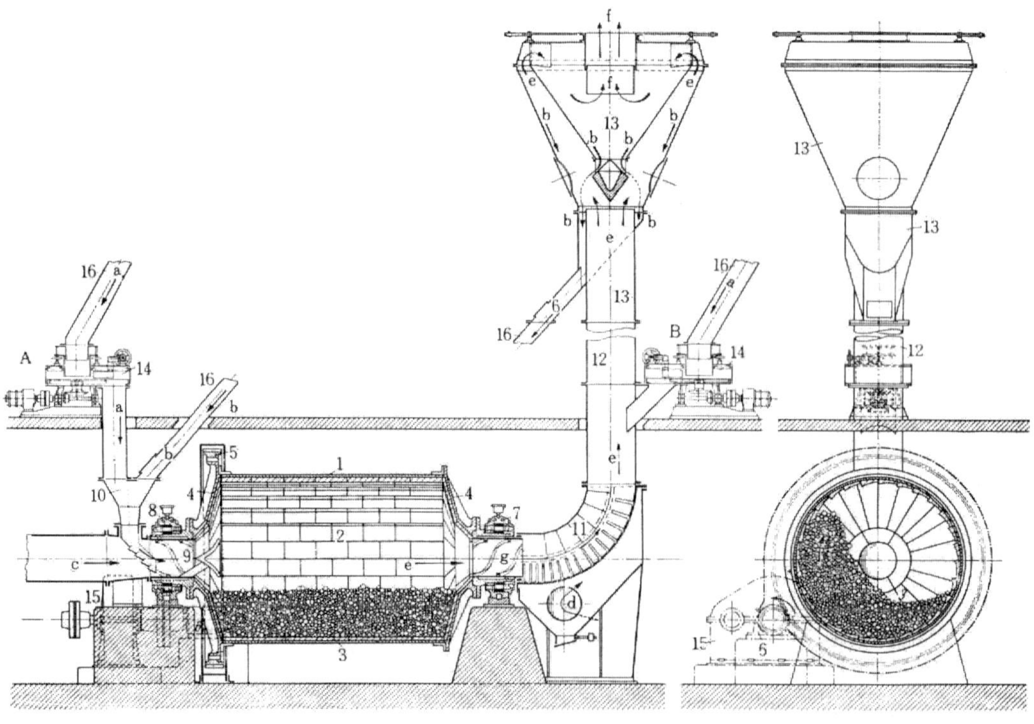

그림 4-19 관형 미분기(Babcock) A. 보통 장진(裝塡), B. 습한 석탄의 장진
1. 원통 2. 장갑(裝甲) 3. 볼 4. 정면벽 5. 기어 7, 8. 베어링 9. 파쇄관 10. 송입관 11. 송출관 12. 상승관 13. 체 14. 접시부분 15. 구동장치 16. 활로(滑路) a. 원료탄 b. 되돌아오는 석탄 c. 수송용 공기 d. 추가공기 f. 미분탄과 공기의 혼합물

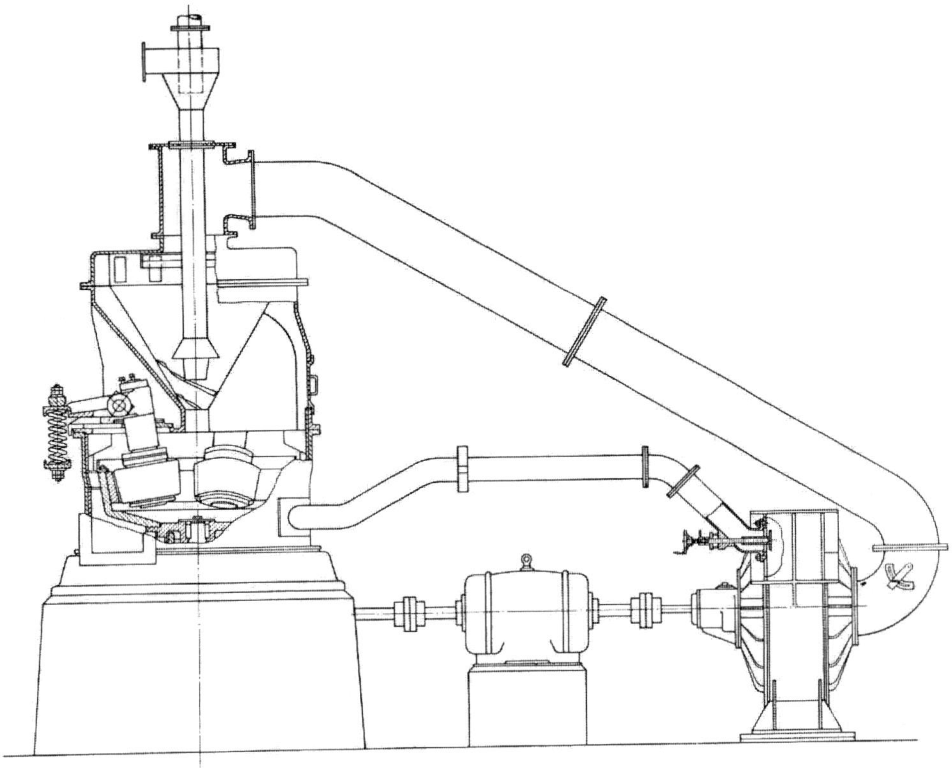

그림 4-20 레이몬드식 접시형 미분기

그림 4-20 은 원심력 대신 스프링으로 로울러를 접시 모양의 지지대(支持臺)에 누르고, 이 지지대를 회전시켜 석탄을 분쇄하는 테이블형 미분기이다. 또한 고속 회전하는 것으로 석탄을 분쇄하는 충격식 미분기도 있다.

미분기를 지나 적당한 입도를 얻은 미분은 미분 선풍기의 흡출(吸出)작용으로 기류선별(氣流選別, air seperation)이 되어 충분히 적은 세분만이 수송용 공기를 따라 미분기 밖으로 나간다.

다시 이 미분탄은 사이클론형 분리기에서 선회(旋回)운동에 따르는 원심력으로 공기로부터 분리되어 저탄조(貯炭槽)에 낙하하고 공기는 미분기로 되돌아간다(그림 4-21 참조).

이상과 같은 미분탄 설비에서 미분탄 1 ton 당에 요하는 전 소요 동력은 전 부하시에 약 15 ~ 25 kWh 이다.

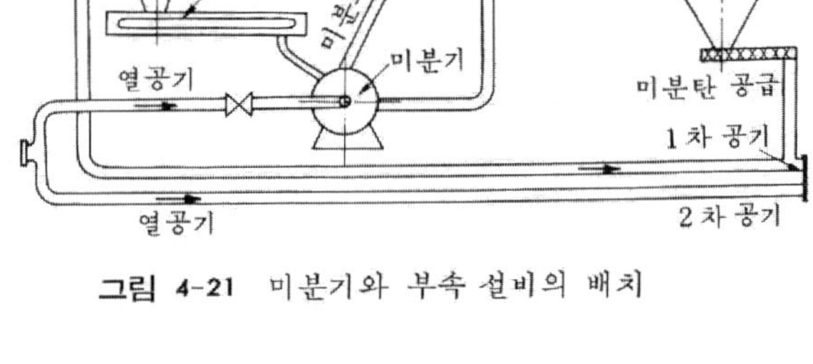

그림 4-21 미분기와 부속 설비의 배치

다음 미분탄을 버어너에 공급하는 방식에 따라서 미분탄 연소 설비를 저장식(貯藏式, storage system)과 직접 연소식(直接燃燒式, direct system)으로 나눈다.

저장식은 미분기로부터의 미분탄을 우선 미분탄조(微粉炭槽)에 저장하는 것이며, 보일러 부하에 따라 필요량만큼 1차공기로 버어너에 보내서 연소시킨다. 한편 직접 연소식에서는 미분기로부터의 미분탄을 직접 버어너에 공급하는 것이다.

또한 미분탄 설비를 그 배치에 따라 분류하면, 이 설비를 한 곳에 집중하여 필요에 따라 각 보일러에 미분탄을 공급하는 중앙식(中央式, central system)과 각 보일러마다 미분탄 설비를 갖는 단위식(單位式, unit system)이 있다. 중앙식은 항상 저장식이며, 단위식은 일반적으로 직접 연소식이지만 때로 소형의 미분탄조를 가질 때도 있다.

중앙식과 단위 직접 연소식의 장단점을 비교하면 다음과 같다.

중앙식은 설비가 복잡해지나 보일러의 미분탄 연소량과 미분기의 용량과는 직접 관계가 없으므로 미분기는 항상 최고 효율의 상태로 운전될 수 있고, 또 보일러는 부하의 변동에 순응하기가 쉽다. 미분기의 일부가 고장이 나도 보일러 부하에 직접 영향이 없으므로 예비의 미분기가 적어도 된다.

반면 직접연소식은 보일러의 부하변동에 따라 미분기의 조작을 조절해야 하며 또 그 고장은 직접 보일러의 부하에 영향을 주므로 보일러마다 각각 예비로 미분기를 두어야 하는 결점이 있다. 그러나 장점으로는 설비가 간단하여 설비비가 적고 취급이 간편하며 미분기 내에서 건조 과정을 동시에 행할 수 있고, 건조기를 따로 필요로 하지 않으며 미분탄 저장에 있어 자연발화의 위험이 없다.

이 2가지 형식은 다 같이 많이 사용되나, 단위 직접 연소식이 더 많이 사용된다. 그림 4-22는 단위 직접연소식의 약도이다.

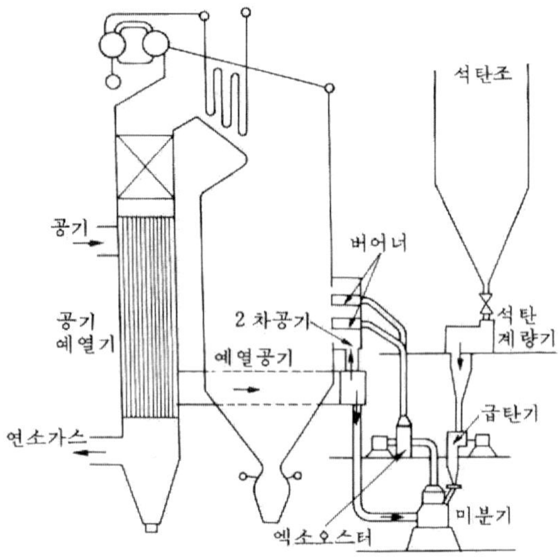

그림 4-22 단위 직접 연소식

(2) 미분탄 버어너

미분탄 버어너는 미분탄과 공기의 분출 상태에 따라 직류형(直流型), 교류형(交流型) 및 선회류형(旋回流型)으로 구별된다.

《주》 직류형을 유선형(流線型, stream line type)이라 하고 교류형과 선회류형을 난류형(亂流型, turbulent type)이라고도 한다.

그림 4-23은 직류형에 속하는 **로펄커 버어너**(Lopulco burner)이며, 미분탄과 1차공기는 편평한 기류가 되어 선형(扇形)의 분구로부터 연소실로 들어가고, 2차공기는 그 주위로부터 분출된다. 그림 4-24는 교류형에 속하는 **캘루밋 버어너**(Calumet burner)이다. 이는 미분탄과 1차공기가 중심의 가늘고 긴 홈으로부터 분출되고, 2차공기는 그 양측에 교대로 마련된 구멍으로부터 서로 교차하도록 보내지는 구조를 갖는다. 따라서 미분탄과 공기의 혼합이 잘 행

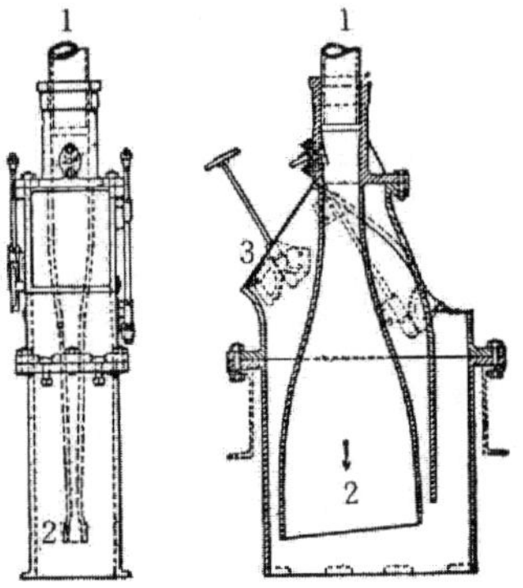

그림 4-23 Lopulco 버어너

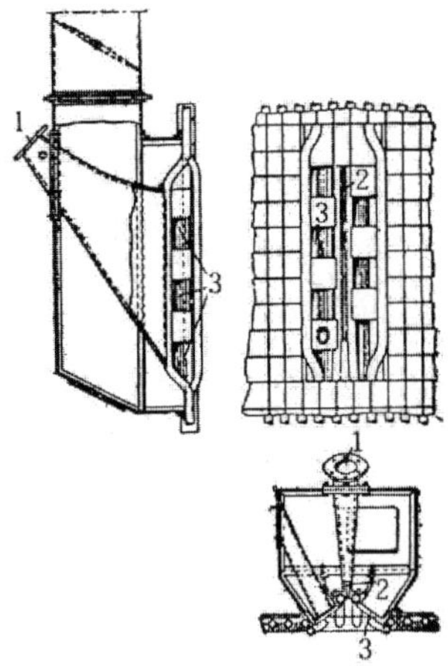

그림 4-24 Calumet 버어너

해지고 화염, 즉 연소 시간을 비교적 짧게 할 수 있다. 그림 4-25는 선회류형에 속하는 로디 버어너(Lodi burner)이며, 미분탄과 1차공기는 선단에 마련된 안내(案內)깃으로 선회류가 되는 것이며 주위에서 보내지는 2차공기로 잘 혼합되는 구조이다. 버어너 출구에서 미분탄과 1차공기의 혼합물의 분출 속도는 화염의 전파 속도(傳播速度)보다 커야 하며, 보통 20 ~ 35 m/s 정도로 한다. 이것이 화염의 전파 속도보다 적으면 버어너에서 연소를 일으키게 되고 위험하다. 또 1차공기량은 연료의 종류에 따라 다르나 전 소요 공기량의 30 ~ 35 %로 하는 것이 보통이다.

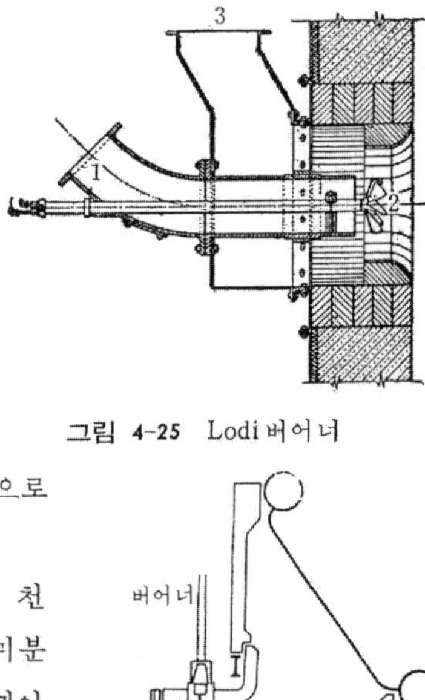

그림 4-25 Lodi 버어너

(3) 버어너의 배치

미분탄과 1차공기의 분출 방향에 따라 버어너 배치에는 수직형, 횡형(橫型) 및 접선형(接線型)의 3가지 방식으로 분류된다.

① **수직배치** : 그림 4-26과 같이 직류형 버어너를 연소실 천정에 아래를 향하여 분출하도록 설치하는 것이다. 분출된 미분탄과 공기의 혼합물은 연소하면서, 도중에서 그 방향이 바뀌어 위를 향하게 되어 U자형의 경로를 거쳐 연도로 들어가고, 연재는 노저(爐底) 아래에 떨어진다. 이 배치에서는 연소 경로를 연소실 높이의 2배로 취할 수 있고, 연소하기 어려운 연료에 적합하다. 이 때 1차공기량은 전 연소 공기량의 약 15 % 정도로 하고, 2차공기 외에 다시 노의 전면벽(前面壁)으로부터 3차공기를 보낼 경우가 많다. 미분탄 연소에서는 연소실 온도가 매우 고온이 되므로 노벽을 보호하기 위하여 수냉(水冷)하는

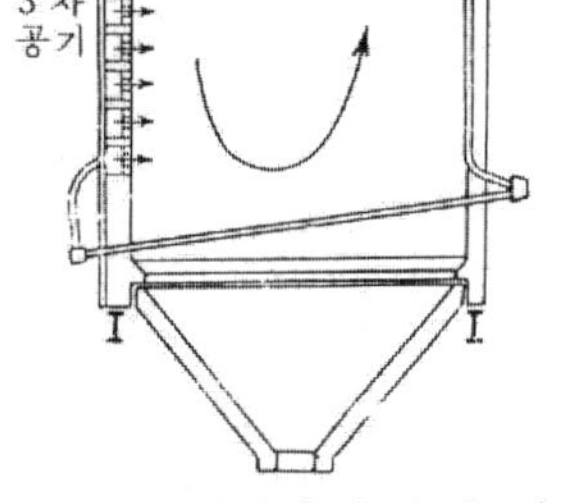

그림 4-26 버어너의 수직 배치

것이 보통이다. 수직배치의 경우는 점화를 확실히 하기 위하여 버어너 근처의 노벽에는 수냉관(水冷管)을 두지 않고 공기냉각만을 하여 고온으로 유지하는 것이 보통이다. 이런 배치에서 연소실 열발생률은 $\sim 0.2 \times 10^6$ kcal/m³h 이고, 휘발분이 적은 또는 회분이 많은 연료를 사용할 때는 연소 시간이 길어지므로 위의 수치보다 적게 보아야 한다.

② **횡배치** : 그림 4-27 과 같이 버어너를 노의 전면(前面) 노벽에 설치한 것이며, 버어너는 교류형과 선회류형이 사용된다. 이들 버어너는 1 차공기와 2 차공기만으로 작동하며, 미분탄과 공기와의 혼합이 양호하므로 화염은 직류버어너 때보다 짧아지고 ⅃형이 된다. 대형 보일러에서는 선회류 버어너를 사용하며, 이를 노벽의 전면과 후면에 반수씩 설치하고 ⊥형의 화염을 발생하게 하고, 화염 충돌로 연소의 촉진을 꾀하는 것도 있다. 이 횡배치에서의 연소실 열발생률은 전 수냉벽에서 휘발분이 많은 역청탄을 사용할 때 0.3×10^6 kcal/m³h 까지 올릴 수 있다.

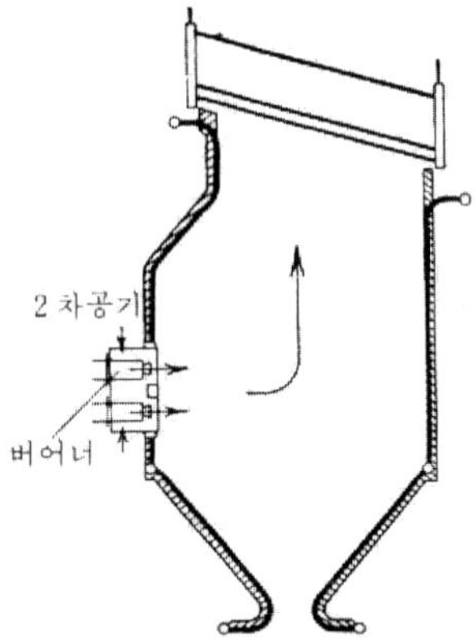

그림 4-27 버어너의 횡배치

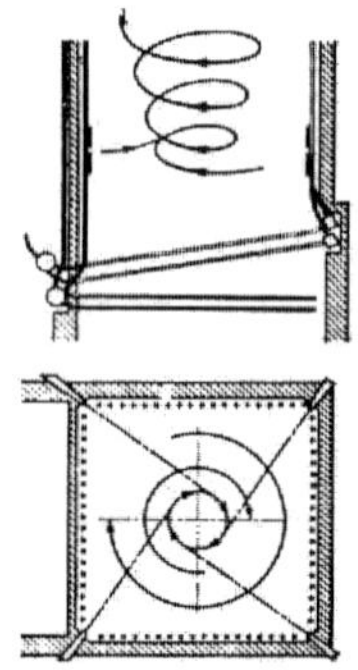

그림 4-28 버어너의 접선 배치

③ **접선 배치** : 이는 그림 4-28 과 같이 연소실의 수평 단면을 대략 정방형으로 만들고 그 네모에서 같은 높이의 위치에 버어너를 배치한 구조이다. 그리고 미분탄과 공기의 혼합물은 노의 중심을 중심으로 한 상상원(想像圓, 이 원의 지름은 노의 한 변의 1/4 ~ 1/2)에 접하도록 분출시키는 것이며, 이 때 화염의 큰 선회운동으로 연소가 촉진된다. 이 때의 연소실 열발생률은 횡배치에서와 같은 정도이고, 0.3×10^6 kcal/m³h 까지 올릴 수 있다.

[2] 특수 미분탄 연소장치

(1) 크레머(Krämer)식 미분탄 연소장치

이것은 Krämer-Zschornewitz 에 의하여 고안되어 독일에서 발달한 것으로, 단위식 미분탄 연소장치를 극도로 간단화한 것이다. 이는 또한 열등탄에도 유효하게 사용될 수 있다. 그림 4-29 에서와 같이 석탄은 바로 노의 전실(前室)로 보내져 여기서 예열공기 또는 연소가스로 건조되면서 저부에 있는 충격식 미분기로 미분화된다. 이 미분탄의 입자는 조금 커서 1 mm 정도의 탄립을 갖고 있으나 이들은 그대로 공기류에 의해 위로 불려올라간다. 그러나 지나치게 큰 입자는 자연 떨어져서 분리되고 다시 미분기로 들어간다. 위로 올라간 미분탄은 공기와 함께 상방의 분구로부터 3~4 m/s 정도의 저속으로 연소실로 들어간다. 이 중에 미분은

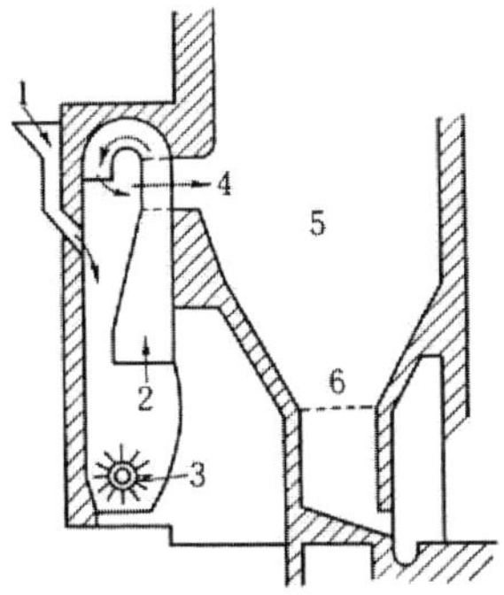

그림 4-29 크레머식 연소장치

1. 석탄공급구 2. 건조 및 분쇄실
3. 충격식 분쇄기 4. 미분탄 공급구
5. 연소실 6. 보조화격자

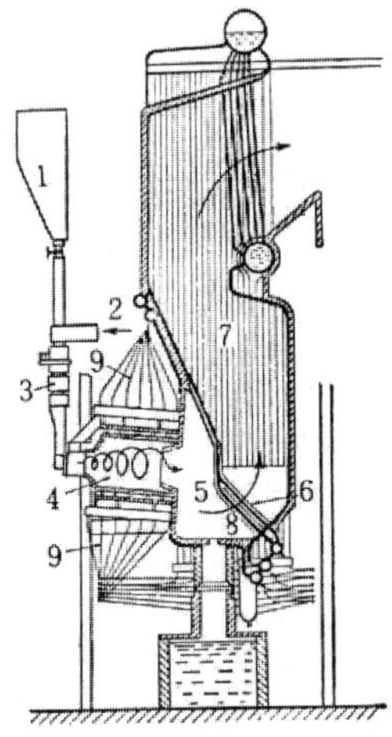

그림 4-30 사이클론 버어너 연소장치

1. 석탄호퍼 2. 1차공기 3. 분쇄기 4. 사이클론 연소실 5. 2차연소실 6. 슬러그 스크린 7. 3차실 8. 슬러그 유출구 9. 냉각관

부유 상태로 연소하고 좀 거친 것은 분리되고, 노저에 둔 화격자에 모여 다시 공기를 공급받아서 완전 연소한다.

이와 같이 미분탄 설비가 매우 간단하고 보통 장치에 비해 소요 동력도 1/2 정도이며 고장 부분이 적으므로, 용량이 크지 않은 보일러에서도 유효하게 이용될 수 있으며, 수분이나 회분이 많은 연료도 상당히 효율이 좋게 연소시킬 수 있다.

(2) 사이클론(cyclone) 버어너 연소장치

이는 재의 용융 온도가 비교적 낮은 석탄을 유효하게 사용하기 위하여 고안된 것으로 재를 확실하게 용융 상태에서 꺼내는 연소장치이며, 한편 미분탄의 미분화를 간단히 한 장치라고도 볼 수 있다.

이는 주로 대형의 원동소 보일러에 채용되며 버어너는 수냉관(水冷管)으로 구성되는 안지름 2.5 m, 길이 약 3.5 m의 원통형이며 중심선은 수평에 대하여 5°의 경사를 이룬다. 석탄은 5 mm 정도의 탄립으로 분쇄되어 1차공기와 함께 사이클론식으로 버어너의 전단에서 접선 방향으로 들어간다. 이 1차공기량은 전 소요 공기의 약 15 %이며 나머지의 대부분은 2차공기로서 버어너 측면으로부터 역시 접선 방향으로 100 ~ 150 m/s의 고속으로 송입되고 나머지는 3차공기로 버어너 전단에 송입된다.

버어너는 이 때 1차 연소실이 되며 이 속에서 고온의 연소가 이루어지고 연소가스는 버어너 분구로부터 분출되고, 재는 용융 상태로 노저로 흘러내린다. 연소가스는 노저와 전면에서 연재를 분리한 다음 깨끗해져서 연소실 내에서 더욱 연소한다. 이 연소장치는 미분화가 간단하여 그로 인한 동력 소비는 적으나 송풍기에 많은 동력을 요하므로 종래의 미분탄 설비보다도 오히려 소요 동력이 증대하나 간단하여 장소를 절약할 수 있고, 또 광범위하게 여러 가지 석탄을 이용할 수 있으며 증발량 100 ton/h에 대하여 하나의 버어너로 족하다고 한다.

[3] 미분탄 연소의 연소 과정

연소실에 불어넣어진 미분탄립은 이미 타고 있는 부분으로부터의 전열로 착화된다. 미분탄은 이미 말한 바와 같이 연소용 공기 및 연소가스 중에 떠 있는 상태로 연소한다. 따라서 화격자 연소에 비하여 연료에 대한 공기의 공급이 매우 양호하다. 그러나 연료의 단위 중량의 표면적이 매우 크고 또 연소실 온도가 높으므로 연소의 반응 속도가 매우 커서 이 때 부분적으로 산소의 부족이 생기고, 환원반응에 의한 CO, H_2의 발생도 있는 것으로 생각된다.

또 휘발분 및 가연가스의 연소뿐만 아니라 동시에 코우크스도 함께 연소실 내에서 연소되므로 그 연소 과정은 매우 복잡하고 이를 정량적(定量的)으로 해석하기가 곤란하다. 그러나 모든 점을 고려하면 미분탄 연소에서의 연소 과정은 미분탄의 입도(粒度), 미분탄과 공기의 혼합상태, 연소실 온도, 회(灰)의 함유량 등의 영향을 받는다.

일반적으로 연소실 열발생률을 높이기 위하여 신속한 연소를 이룩하게 하여 연소 시간을 단축시킴이 요망된다.

이러기 위하여 되도록 탄립을 적게 하고, 버어너의 구조 및 공기의 공급 방법을 적절히 하여 탄립과 공기를 충분히 혼합시킴과 아울러, 탄립 주위의 연소가스를 되도록 빨리 제거하는 것이 필요하다.

또 연소실 온도가 높을수록 연소의 반응 속도가 커지며, 한편 회의 함유량이 클수록 반응 속도를 심히 저해(沮害)한다.

그림 4-31은 연소용 공기의 공급 방법이 화염의 위치와 연소실 온도 분포상태에 미치는 영향을 표시한다. 여기서 그림 (a)는 1차공기를 전 공기량의 56 %로 하여 미분탄과 함께 23 m/s의 속도로 분출시킬 때이고, 그림 (b)는 1차공기를 35 %로 하여 15.1 m/s의 속도로 분출할 때이며, 2차 공기는 모두 연소실의 측면 및 후면으로부터 공급된다.

미분탄 연소에서도 연소는 연소실 내에서 완료되어야 한다. 그러나 미분탄은 반드시 그 탄립의 크기가 고르지 않으므로 연소 시간이 긴 입자 때문에 전체의 연소 시간이 길어진다. 따라서 연소실 내에서 연소를 완료시키려면 용적이 매우 큰 연소실을 요하게 되며 연소실 열발

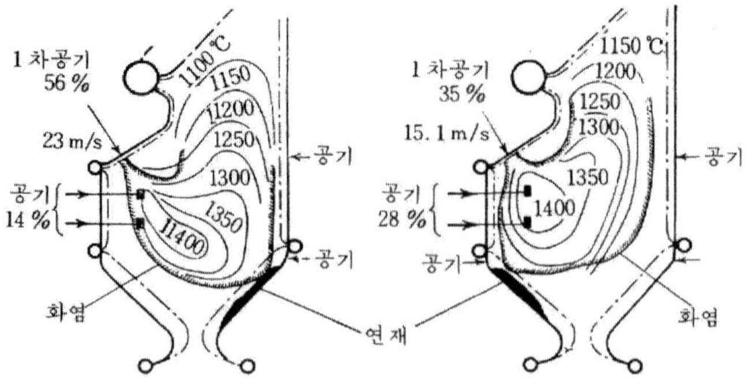

그림 4-31 연소 실내 온도 분포도(Münzinger에 의함)

생률이 저하된다.

따라서 연소실 열발생률을 높이려면 미분탄의 입도를 매우 높게 하는 것보다도 오히려 그 입도를 균일하게 하는 것이 중요하다.

점화 시간과 연소 시간은 그 연소실 열생발률에 관계되는 것이며, 이것의 허용값(許容値), 즉 일반적 경우에서의 최고 열생발률에 대하여 Rosin 은 다음의 중요한 식을 주었다.

$$q_v = \frac{3600\,H_l}{z\,V_g}\ [\mathrm{kcal/m^3h}] \tag{4-1}$$

여기서, H_l은 연료의 저발열량[kcal/kg], V_g는 연료 1 kg에서 발생되는 연소가스의 연소실 온도, 압력에서의 체적[m^3/kg]이다. 또 z는 미분탄이 연소실로 들어가서 나갈 때까지의 시간[sec]이며, z는 점화시간과 연소시간의 합과 같다.

이 식은 연소에 관계된 연소실의 용적 1 m^3가 전 연소 시간 z 사이에 H_l/V_g[kcal]의 열량을 발생함을 기초로 유도한 것이다.

Rosin 은 다시 미분탄의 탄립의 전 연소 시간 z에 대하여 다음 식을 제시했다.

$$z = \frac{1000}{(F/G)^{1.8}}\ [\mathrm{sec}] \tag{4-2}$$

여기서, F 및 G는 탄립의 최초 상태에서의 표면적[mm^2] 및 중량[mg]이다.

따라서 탄립을 구(球)로 가정하여 그 최초의 반지름을 r_0[mm]라 하면

$$z = 239\,r_0^{1.8}\ [\mathrm{sec}] \tag{4-3}$$

가 된다.

실제의 미분탄 연소에서 연소실 열생발률의 허용값은 휘발분이 적은 연료에서 0.15 ~ 0.2 × 10^6 kcal/m^3h, 휘발분이 많은 연료에서 0.2 ~ 0.3 × 10^6 kcal/m^3h 이다. 이들을 가지고 식 (4-1)로 전 연소 시간을 거꾸로 구하면, 휘발분이 적은 연료에서 2.5 sec, 휘발분이 많은 연료에서 1.5 sec 정도라고 추측된다.

[4] 액체연료 연소장치

액체 연료 중 보일러에 주로 사용되는 것은 중유이며, 석유가 귀한 나라에서는 중유에 미분탄을 섞은 혼탄유(混炭油), 별명 교질연료(膠質燃料)도 사용된다.

중유 연소는 화격자 연소에 비하여 다음의 잇점이 있다.

1) 적은 과잉공기로 양호한 연소 상태를 얻을 수 있고,

2) 부하 변동에 대한 적응성이 큰 것과 같은 버어너 연소의 잇점을 갖는 외에도

3) 매연이 적고, 재가 생기지 않으며

4) 중유는 발열량이 동일 중량당 석탄의 약 1.3 배이며, 수송 및 저장이 용이하다.

많은 미분탄 연소의 보일러는 시동시와 저부하시에 중유를 사용하며, 미분탄 연소와 중유 연소를 병용할 수 있게 마련되어 있다.

중유 연소장치에서는 중유를 되도록 미세하게 분무하여 공기와 잘 혼합시키는 것이 필요하다. 이에 따라 연소장치는 압력분사식 버어너(pressure atomizing burner), 공기 또는 증기

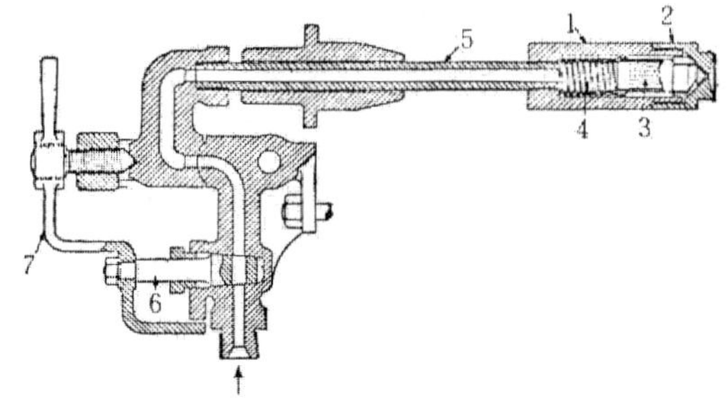

그림 4-32 압력분사식 버어너
1. 실린더 2. 분구부시 3. 스트레이너
4. 스프링 5. 도유관 6. 기름콕
7. 핸들

분사식 버어너(air atomizing or steam atomizing burner), 회전식 버어너(rotary atomizing burner)의 세 가지로 분류한다. 압력분사식 버어너는 중유를 펌프로 10 ～ 60 kgf/cm²g 으로 가압하여 가열기(加熱器)를 거쳐 버어너로 보내지며, 그림 4-32의 예에서와 같이 예열된 기름이 화살표 방향으로 보내져서 기름 스트레이너 3을 거쳐 선단의 노즐로부터 분출된다. 3의 선단은 원추형을 이루고 그 외면에는 경사된 홈이 있어 기름은 여기를 지날 때 선회운동을 받으며 노즐로부터 분출하면 선회하면서 원추형으로 확산된다. 가열기에서는 보통 55 ～ 80°C 로 가열되어 중유의 점성이 저하되어 무화가 용이해진다. 이 버어너는 분무에 있어 공기가 필요 없으므로 연소용 공기의 공급 설비를 때로 필요로 하게 된다. 그러나 분무가 확실하고 선박용 보일러의 연소장치로 특히 많이 사용된다. 또한 중유량의 조절은 중유 압력의 조절 또는 분구의 교체(交替)로 행해진다. 그림 4-33은 이 버어너의 각종 형식이다. 그리고 그림 4-34는 이 버어너를 실제로 설치한 모양을 표시한 것이다.

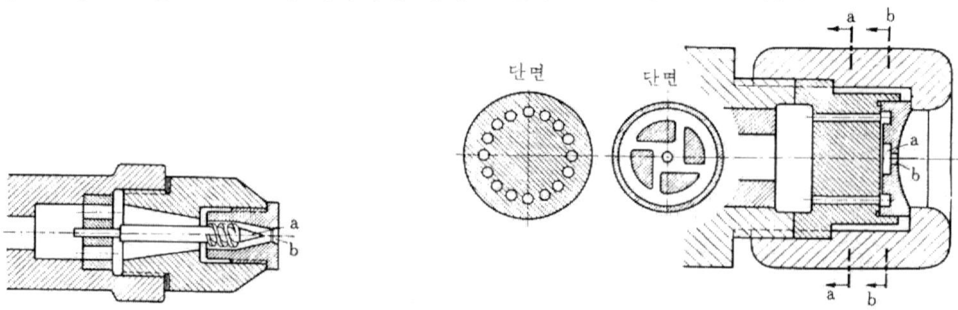

그림 4-33 압력유의 분무(噴霧)구조 양식 a. 와류실 b. 노즐

공기분사식 버어너는 압축기로부터의 공기류로, 증기분사식 버어너는 보일러로부터의 증기류로 중유를 분무화하는 것이며, 이에는 버어너의 출구에서 유출하는 중유에 2 ～ 3 kgf/cm³g 정도의 공기 또는 증기를 충돌시켜 무화하는 직접식과 공기 또는 증기의 분류로 중유를 유인하여 분무하는 인젝터식이 있다.

공기분사식에서는 연료와 공기가 동시에 분출되므로 혼합이 잘 되나 공기압축 설비가 필요하다. 증기분무식은 설비가 매우 간단하여 소형 보일러에 이용되며, 버어너에서의 증기 소비량은 발생 증기량의 2 ～ 5 %이다. 그림 4-35는 이 버어너의 한 예이다.

회전식 버어너는 3600 ～ 10000 회전의 고속도로 회전하는 원통 또는 원추형의 회전체 내로 유인되는 중유를 원심력으로 비산(飛散)시켜 동시에 그 주위로 보내지는 공기류로 무화시키는 것이며, 중유와 공기의 혼합이 양호하게 이루어진다. 소형의 것에서는 전동기와 일체로

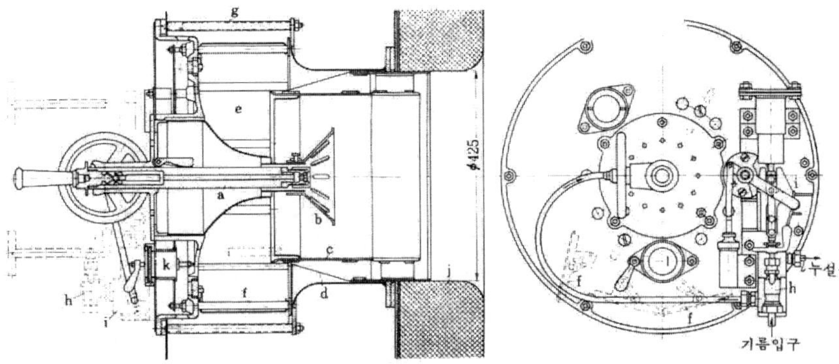

그림 4-34 압력분사식 버어너의 설치 예
a. 버어너 b. 임펠러 c. 내통 d. 외측공기로 e. 공기 공급로 f. 공기 차단구 g. 공기 입구 h. 기름 밸브 i. 연소용 공기자동 차단장치 j. 노즐형의 라이닝 k. 투시구멍

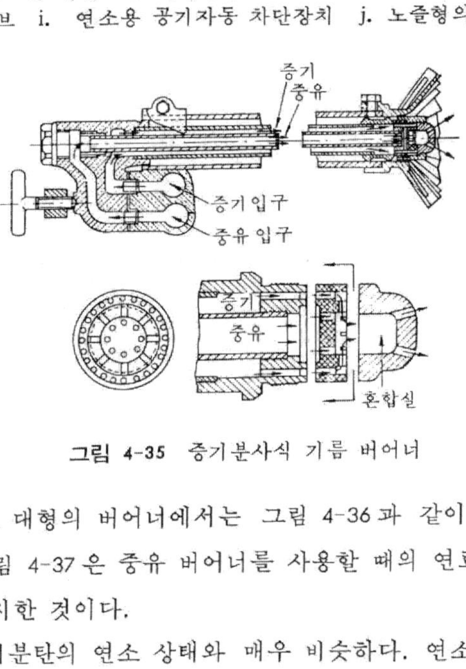

그림 4-35 증기분사식 기름 버어너

만들어질 때가 많고, 또 대형의 버어너에서는 그림 4-36 과 같이 회전체를 공기터어빈으로 구동하는 것도 있다. 그림 4-37 은 중유 버어너를 사용할 때의 연료유 계통에 관련되는 보조 장치들을 선도적으로 표시한 것이다.

중유의 연소 상태는 미분탄의 연소 상태와 매우 비슷하다. 연소실에 들어간 무상(霧狀)의 중유에 대한 점화열은 미분탄 연소에서와 같이 복사와 이미 연소되고 있는 부분으로부터의 대류전열로 얻게 되며 이 때도 연소용 공기의 예열은 점화 열량을 많이 감소시킨다. 점화열을 받은 중유는 증발하여 가연가스를 발생하고, 점화는 이 가연가스에 대하여 이루어진다.

연소 과정에서는 중유의 미립은 급속히 증발하여 가연가스로 연소하고, 그 나머지의 증발되지 못하는 부분은 미분탄에서와 같은 과정으로 연소된다. 이와 같은 연소 과정에 대한 소요 시간은 중유의 입자의 크기에 의존되며 입자가 적을수록 단축된다. 식 (4-1)이 그대로 적용되고 또한 중유 연소에서 열생발률의 허용값은 대략 3×10^6 kcal/m³h 이다. 따라서 중유

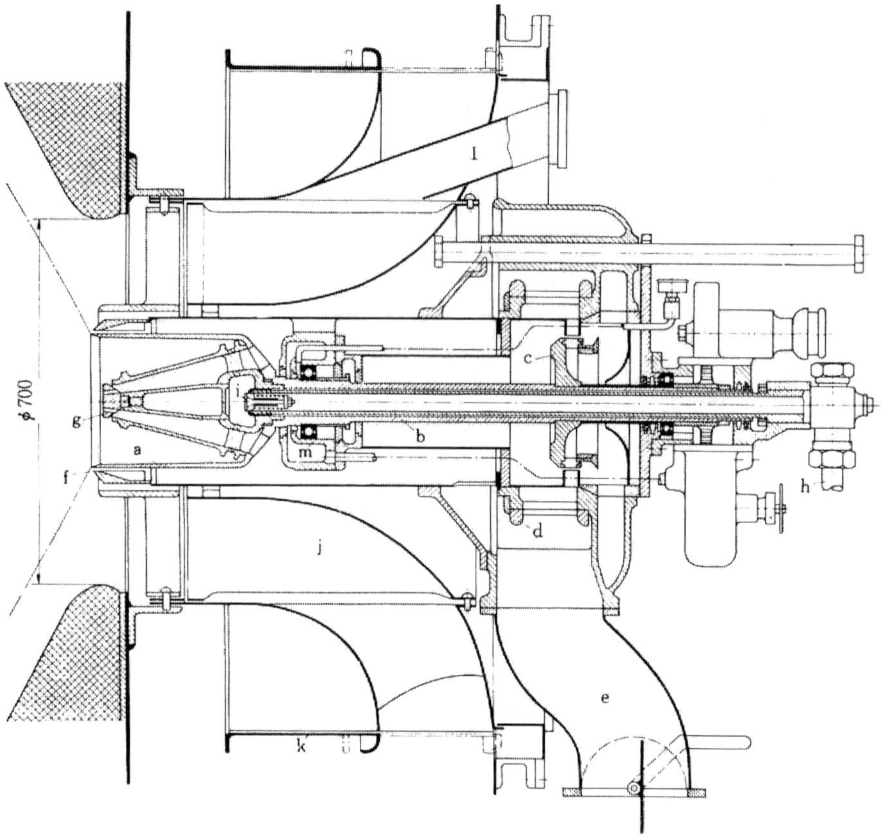

그림 4-36 회전식 버어너
a. 외통 b. 축 c. 구동용 공기 터어빈 d. 공기 터어빈 조정장치 e. 분사용 공기로 f. 분사용 공기 출구 g. 내측 공기 출구 h. 급유구멍 i. 역류 저지밸브 j. 2차공기로 k. 2차공기 조절통 l. 점화 및 투시구멍 m. 외통 베어링(내측)

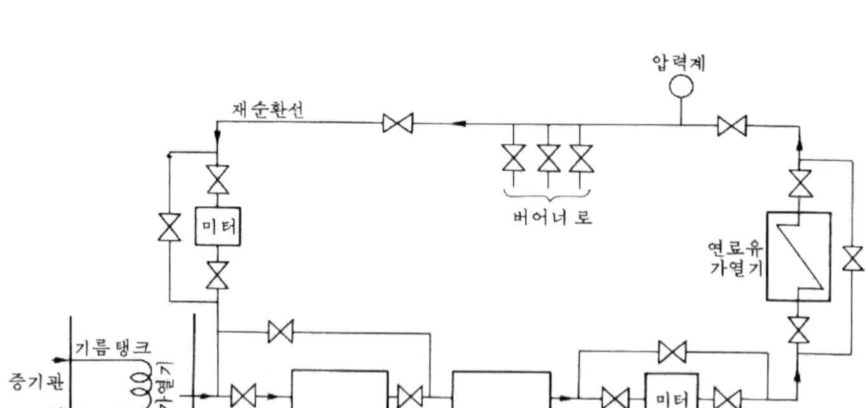

그림 4-37 연료유 계통도

의 연소시간은 약 1/6~1/7 sec 정도라고 추정된다.

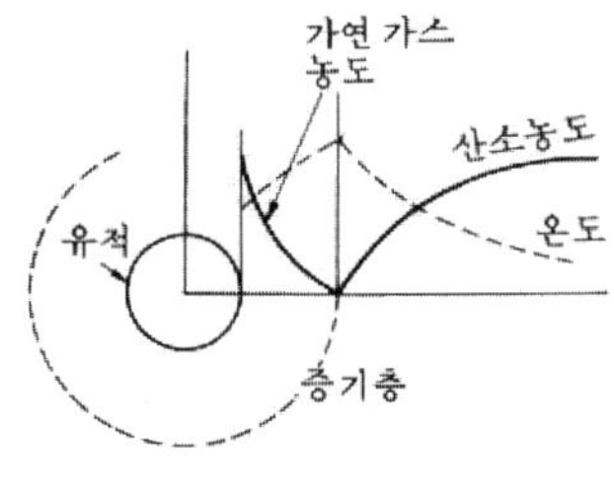

그림 4-38 유적의 증발 연소

유적(油滴) 주위의 가연가스 농도 및 온도 분포는 모형적으로 그림 4-38과 같이 되고, 증기층의 외주에 가연가스 농도가 0이 되는 위치의 온도가 가장 높다. 중유에서는 유적 표면이나 증기층 내에서의 열분해로 생기는 유리탄소 때문에 일반적으로 휘염(輝焰)의 상태가 되지만, 대부분은 증발한 가연가스의 연소라고 생각할 수가 있다.

유적 지름 d는 시간 t와 함께 대략 다음과 같이 변화한다.

$$d^2 = d_0^2 - Kt \tag{4-4}$$

단, d_0는 초기 지름, K는 연소 속도계수이다.

보일러에서의 중유 연소에서는 초기 유적지름은 평균 0.05~0.1 mm 정도이며 유적군을 형성하나, 연소 시간은 각 유적에의 공기의 확산 속도에 크게 영향을 받는다. 따라서 연소 시간은 유적과 공기의 혼합 상태에 관계된다.

또한 유적지름이 작은 경우나 경질유(輕質油)의 경우는 노 내의 고온 때문에 유적의 증발이 선행하고 다음에 말하는 기체 연료의 확산 화염에 가까운 연소 상태가 된다.

[5] 기체연료 연소장치

보일러용 연료로 기체 연료가 사용될 때는 부하에 대한 순응성이 용이하고, 또 적은 과잉공기로 완전연소를 할 수 있으며 회분은 남기지 않는 잇점이 있다.

기체 연료 연소장치에도 각종 형식이 있으나 결국 연료와 1차공기를 혼합하여 가스 버어너로 분출시키는 것이며, 2차공기는 이 버어너로부터의 분출로 인한 흡인작용(吸引作用)으로 공급되거나(예 ; 혼합연소) 또는 일정 압력하에 연소실로 공급한다(확산염 연소). 그림 4-39는 가스 버어너의 한 예이다. 기체 연료에서의 점화열은 거의 연료와 공기와의 혼합류에서 이미 연소되고 있는 부분으로부터의 열전도로 주어지며, 기체 자체의 성질상 복사열은 별로

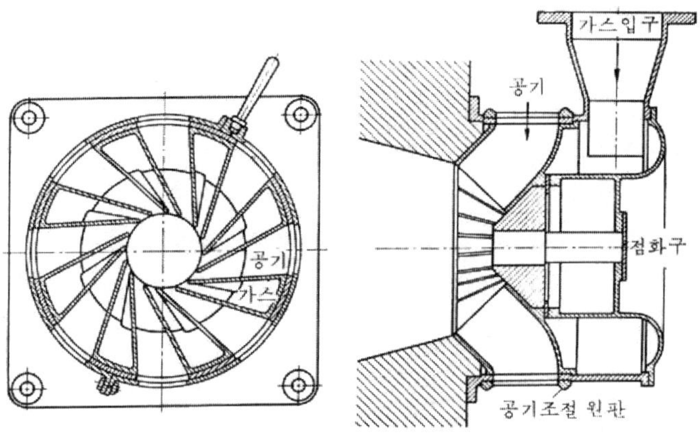

그림 4-39 가스 버어너

유효하게 작용하지 못한다. 또 연소용 공기를 예열하는 것은 점화 조건을 향상시킨다.

기체 연료와 공기와의 혼합체에서 가연성 성분이 너무 적거나 너무 많으면 점화가 안 된다. 이 두 점화한계(點火限界) 사이의 구역(폭발 범위)에서만 혼합체에 점화할 수 있고, 이는 액체연료와 공기와의 혼합체에서도 비슷한 성질이 있다. 그림 4-40은 각 성분가스에 대한 폭발 범위 내의 각 혼합 비율에 대한 점화 속도를 표시한다.

기체연료에서는 가연가스만의 연소이므로 이에 요하는 전 연소 시간은 짧아지며, 연소실 열생발률의 허용치는 $3 \sim 4 \times 10^5$ kcal/m³h 정도이다. 따라서 식 (4-1)로 생각하면 전 연소 시간은 1/8 sec 정도라고 생각된다.

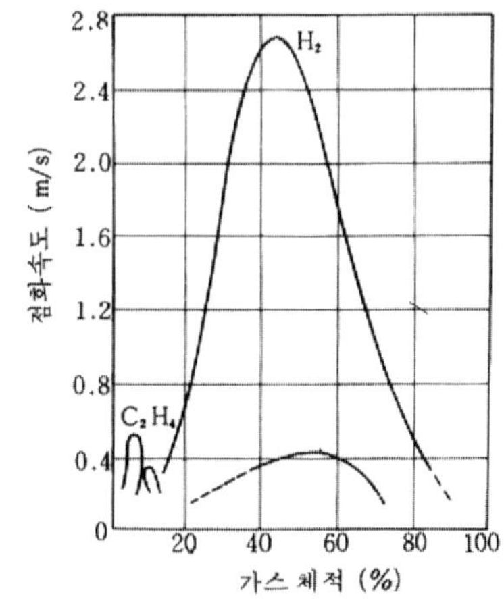

그림 4-40 폭발 한계와 점화 속도

4-3 연 소 실(燃燒室)

연소실에서의 연소 과정의 개요는 이미 설명한 바이나 연소를 완전히 수행하려면 그 연소 과정을 완결함에 충분한 크기와 적당한 형상의 연소실이 필요해진다. 연소실의 크기는 연료의 종류 및 연소 방식, 노벽의 구조, 특히 그 냉각법 등에 따라 다르며 대체로 제 2 장 2-9 절에서와 같은 연소실 열생발률을 기초로 설계된다. 또 연소실 형상에 대하여는 화격자면에서 연소실 출구까지의 거리 또는 버어너에서 연소실 출구까지의 거리가 가장 중요해지며, 이는 연료의 전 연소 시간과 통풍의 상태를 생각하여 결정된다.

다음 연소실 온도는 보일러에서의 전열현상과 관련되므로 매우 중요하다. 이 때 너무 고온이 되면 노벽을 보호하기 위한 냉각이 필요해진다. 또 석탄과 같은 회분을 갖는 연료를 그 재의 연화온도(軟化溫度) 이하로 냉각해야 한다. 이것은 연소실 출구에 위치하는 보일러 수관에 재가 용착(熔着)함을 방지하고 전열 및 통풍을 항상 양호하게 유지하기 위하여 매우 중요한 것이다.

[1] 노벽의 냉각

노통보일러와 같은 내화식 보일러에서는 연소실이 보일러 본체 내에 설치되어 연소실로부터의 열손실이 적고 벽돌벽의 노벽이 필요 없으나, 연관보일러나 수관보일러와 같은 외화식 보일러에서는 보일러 본체 밖에 연소실이 설치되므로 연소실부터의 열손실을 적게 하고, 연소가스의 누출(漏出)이나 불필요한 공기의 누입을 방지하기 위하여(중유나 기체 연료를 사용할 때는 압입송풍기로 연소실을 대기압 이상으로 유지하는 가압연소가 보통이다) 벽돌(또는 보온재)로 쌓은 노벽이 필요해진다.

보통 사용되는 노벽으로는 고온측의 내면을 내화벽돌, 외면을 보통 벽돌로 쌓은 것, 내화벽돌과 보통 벽돌 사이에 석면(石綿), 마그네시아, 규조토(珪藻土) 등의 단열층을 둔 것, 다시 외면을 얇은 강판(鋼板)으로 싼 것 등이 있다. 연관보일러나 중형 이하의 수관보일러에서는 이러한 노벽으로 충분하다. 그러나 대형 수관보일러, 특히 미분탄 연소를 행하는 경우에는 연소실 온도가 매우 고온이 되므로 그 노벽을 냉각하여 보호하는 것이 장시간 운전을 위하여 절대적으로 필요해진다.

냉각 방법으로는 수냉각(水冷却), 공기냉각 또는 증기냉각 등이 있다.

《주》 미분탄로에서는 보통 1800 ~ 1900°C의 연소 온도에 달하므로 노벽의 내화벽돌에 용회침식(熔灰侵蝕, slag erosion), 박리(剝離, spalling) 등의 손상이 일어난다. 전자는 화염 중의 용회가 노벽에 부착하여 내화벽돌과 융합함으로써 그 표면이 떨어져 나가는 것이다. 보통의 내화벽돌의 용융 온도는 1500~1800°C이므로 다소의 용융은 피치 못한다. 후자는 벽돌 재질의 열신축의 불균등으로 표면이 얇은 판(板)상으로 벗겨져 나가는 것이며, 국부적인 온도차나 급격한 온도변화로 발생한다.

① **공기냉각** : 이는 노벽을 이중으로 하고 그 사이에 공기를 통하게 하는 것이며, 이 공기는 노벽을 냉각함과 동시에 예열공기가 되어 2차공기 또는 3차공기로 노 내로 보내져서 연소에 이용된다. 노벽 전부를 공기로 냉각하려면 과대한 공기량을 요하며 또 그 냉각 효과가 크지 못하여 미분탄 연소의 점화를 돕기 위한 고온 노벽과 같은 특수한 경우에 부분적으로 사용됨에 불과하다.

② **수냉각** : 이는 노벽의 냉각법으로 가장 중요하고 또한 널리 사용되는 방법이며, 노벽의 내측에 수관을 배열하여 이 속으로 보일러수를 순환시켜 냉각하는 방법이다. 그 냉각 효과는 매우 크고 동시에 수관은 매우 유효한 복사전열면이 된다. 오늘날 이는 모든 연소 방법에 있어서의 노벽의 냉각에 사용되고, 최근의 대형 원동소 보일러에서는 노벽 전면을 수냉벽으로 한 복사보일러가 널리 사용된다. 노벽에 대한 수냉각의 배치에는 각종 형식이 있다.

그림 4-41은 화염에 직면하는 나수냉관(裸水冷管, bare water tube)을 사용하는 경우이며, 이 중 그림 (c)는 휜(fin)을 붙인 수관이며 흔히 머레이관(Murray tube, 이런 노벽을 membrane wall 이라 함)이라 한다. 이들 나수냉관의 냉각 효과는 가장 크고 그 수관의 피치(간격)는 노벽의 냉각 정도에 따라 정할 것이다. 그림 4-42는 이 냉각 효과를 조절하기 위하여 수냉관에 피복(被覆)을 붙인 것이고 그림 (a)는 화염에 면하는 쪽에 주철(鑄鐵) 블록, 그림 (b)는 다시 내화재료를 바른 블록을 붙인 것이며 이들을 베일리 블록(Bailey block)이라 한다. 블록과 수관 사이에 열전도율이 좋은 접착제를 넣는다. 그림 (c)는 이를 간단화한 것이며 스터드 튜우브(stud tube)라 하며 수냉관에 돌기(突起)를 용접하고 이 주위에 내화재료를 붙인 것이다.

이러한 피복들은 냉각 정도에 따라 적당히 결정된다. 이러한 피복 수냉노벽에서는 피복으로 전면이 덮이므로 그 외측의 노벽은 기타 경우의 노벽보다 얇게 할 수 있다.

이 중 종전에는 베일리 노벽이 많이 사용되었으나 최근에는 나수냉관을 사용하는 노벽이 많아지고, 원동소 보일러에서는 수관의 바깥지름 3 inch 정도, 선박용 보일러에서는 바깥지름 2 inch 정도의 강관이 사용된다.

또한 노벽의 냉각 효과를 극도로 높이고 복사전열을 유효하게 이용하기 위한 최근의 대형 원동소 보일러에서 나수냉관을 그림 4-43과 같이 3 ~ 4 mm 정도의 좁은 간격으로 밀접하여 배열한 **탄젠셜 튜우브**(tangential tube)라는 배치가 잘 이용된다.

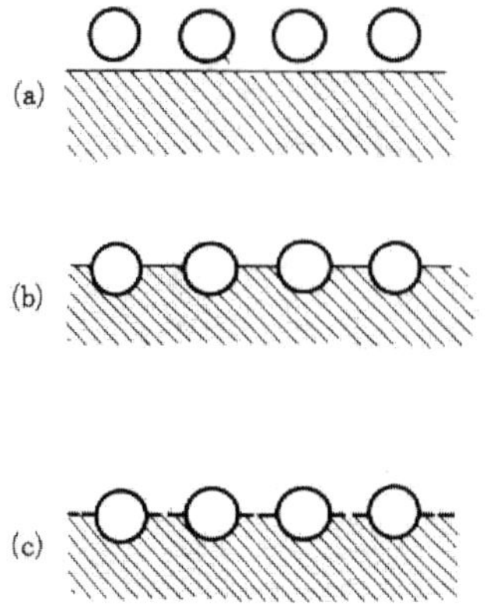

그림 4-41 나수냉관

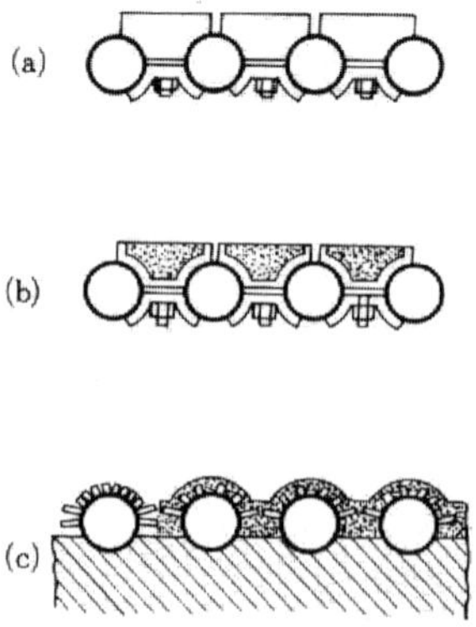

그림 4-42 피복수냉관

이에 대하여 그림 4-41 (a)(b) 등을 **스페이스드 튜우브**(spaced tube) **배치**라 한다.

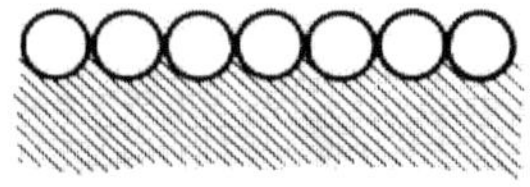

그림 4-43 탄젠셜 튜우브

③ **증기냉각** : 이는 과열기를 노벽에 배치하여 복사과열기로 한 것이며, 이로서 노벽의 냉각이 동시에 이루어진다. 이 냉각 효과는 수냉관과 같이 크지는 못하며 또한 노벽의 일부에 대해서만 행해진다.

연소실에서 연재를 제거하는 방법에 따라 노저(爐底)의 구조가 달라진다. 즉 연재를 고형상태(固形狀態)로 제거할 때는 호퍼식(hopper) 노저가 되고, 연재를 용회로서 용융상태로 흘러 내게 할 때는 노저를 평면으로 한 슬랩 탑(slap tap)식 노저로 한다. 그림 4-44는 호퍼식 노저이며 연재를 냉각하기 위하여 노저는 항상 수냉벽으로 한다. 그림 4-45는 슬랙 탭식 노저이며 이는 재의 용융 온도가 낮은 연료를 사용할 때 사용된다. 이 때 연재의 취급은 간단하나 연소실 온도를 언제나 재의 용융 온도 이상으로 유지해야 하므로, 부하가 적은 상태에서는 운전할 수 없는 결점이 있다.

재는 여러 가지 성분의 혼합물이며 명확한 용융점이 없으나 석탄의 재의 용융 온도는 약 1100 ~ 1500°C 이다.

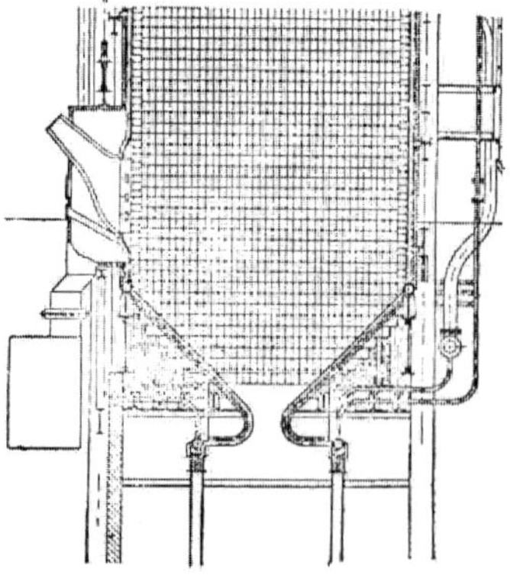

그림 4-44 호퍼식 노저

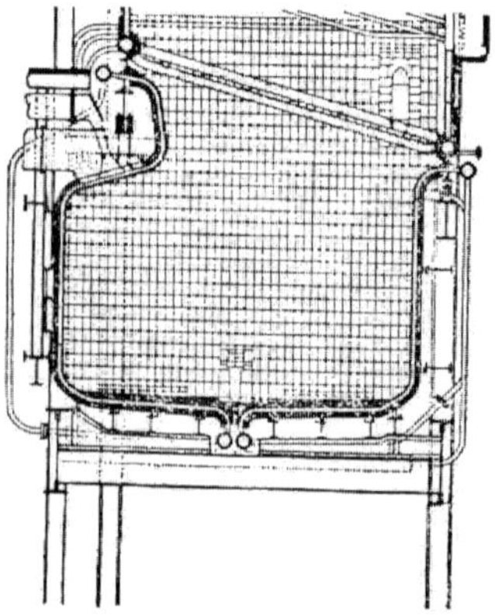

그림 4-45 슬랙 탭식 노저

[2] 연소실 온도

연소로 생기는 연소가스의 온도, 즉 연소 온도는 연료의 발열량, 공급 공기량, 복사전열량 등에 따라 변화한다.

여기서,

B_h : 연료 소비량[kg/h, Nm³/h]

H_l : 연료의 저발열량[kcal/kg, kcal/Nm³]

η_c : 연소 효율, L_t : 연소에 요하는 이론 공기량[Nm³/kg, Nm³/Nm³]

m : 공기비, V_g : 연소가스량[Nm³/kg, Nm³/Nm³]

c_a, c_g : 공기 및 연소가스의 정압비열[kcal/Nm³°C]

c_f : 연료의 비열[kcal/kg°C, kcal/Nm³°C]

t_a : 연소용 공기 온도(예열하지 않을 때는 대기 온도 t_o와 같다.)[°C]

t_f : 연료의 온도(예열하지 않을 때는 t_o)[°C]

라고 하면, 연소실의 열량 평형을 생각하여 지금 노벽이 단열되어 열흡수가 없다면 연소 온도 t_{go}[°C]는 다음의 관계로 구할 수 있다.

$$\eta_c B_h H_l + B_h c_f t_f + m L_t B_h c_a t_a = V_g B_h c_g t_{go} \quad (4\text{-}5)$$

단, c_a, c_g는 각각 $0 \sim t_a$, $0 \sim t_{go}$ 간의 평균 비열의 값을 취해야 하며, 대략 $c_a = 0.31$ kcal/Nm³°C, c_g는 연료의 종류나 t_{go}에 따라 변하나 대략 $c_g = 0.37 \sim 0.42$ kcal/Nm³°C이다. 또 c_f는 석탄이면 약 0.31 kcal/kg°C, 중유이면 0.45 kcal/kg°C이다. 또 $\eta_c = 1$일 때의 t_{go}를 일반적으로 이론 연소온도라고 한다.

그러나 이 연소 온도는 최고 연소실 온도를 주는 것이며 실제의 연소실 온도는 연소와 동시에 행해지는 복사전열로서 이보다 훨씬 낮은 값이 된다. 따라서 연소가 끝난 상태에서의 연소실 출구 온도를 생각하고 또 연소실에서의 복사 전열량을 $\sigma B_h H_l$[kcal/h]로 생각하면 연소실 출구 온도 t_g[°C]는

$$(\eta_c - \sigma) B_h H_l + B_h c_f t_f + m L_t B_h c_a t_a = B_h I_g = V_g B_h c_g t_g \quad (4\text{-}6)$$

로부터 구해진다. 단, I_g는 출구 가스의 엔탈피[kcal/kg(Nm³)]이며, 식 (3-25)나 식 (3-26)으로 구해지는 값, c_g는 $0 \sim t_g$ 간의 평균 가스비열이다.

연소실에서의 복사전열량과 전 발열량과의 비 σ는 보일러의 구조에 따라 크게 좌우되나 대략 다음과 같다.

$$\text{내화식 보일러 } \sigma = 0.25 \sim 0.30,$$

$$\text{외화식 보일러 } \sigma = 0.15 \sim 0.25$$

원동소 보일러에 사용되는 수냉노벽을 갖는 복사보일러에서는 σ의 값이 $0.4 \sim 0.5$까지 달할 수 있다.

식 (4-5), (4-6)의 계산에 있어 이미 앞서 말한 연소가스의 I-t (엔탈피-온도)선도를 작성해 두면 편리하다.

즉 연소실 출구에서의 연소가스의 엔탈피를 I_g[kcal/kg]라 하면

$$I_g = (\eta_c - \sigma)H_l + c_f t_f + mL_t c_a t_a \tag{4-7}$$

가 되어 t_g를 바로 구할 수 있다.

실제의 연소실 온도는 연소 온도보다 낮고, 또 연소실 출구 온도보다는 약간 높다고 생각된다. 그리고 연소실 각부에서도 상당히 차이가 있다. 따라서 실용상은 연소실 출구 온도로 근사적인 연소실 평균 온도로 생각할 때가 많다.

연소실 출구가스 온도는 보일러 설계상 중요한 값이며, 특히 대용량 보일러에서는 연소실 출구에 증기 온도를 540 ~ 570°C까지 높이는 고온의 과열기관군이 설치되어, 이로부터 출구가스온도의 상한(上限)이 정해진다. 중유 연소에서는 회분은 미량이지만 바나듐의 산화물(V_2O_5)이나 염화물 등 융점이 낮은 물질을 함유하며, 고온 전열면에 부착하면 산화피막을 용해하여 금속면을 심하게 산화시키는 이른바 고온부식을 가져온다. 따라서 과열기관 금속온도를 650°C 정도 이하로 하는 것이 요구되며, 이로부터 연소실 출구 가스 온도를 1200 ~ 1300°C 이하로 낮추는 것이 필요하게 된다. 미분탄 연소에서는 과열기관군에 재(灰)의 부착이 문제가 된다. 이 경우는 재의 대부분이 가스에 묻혀 과열기관군을 통과하므로 장기 연속운전을 행하려면 출구가스 온도를 재의 연화(軟化)온도 이하로 하여, 관군에서 재의 부착과 그로 인한 가스 통로의 막힘을 방지해야 한다. 따라서 재의 성질에 따라 출구가스 온도를 950 ~ 1100°C 이하로 유지하도록 한다.

식 (4-6)에서 보듯이 연소실 출구가스 온도 t_g는 노벽수관에 의한 흡수열 $\sigma B_h H_l$에 따라서 변하나, t_g값을 위에서 말한 것과 같이 낮추려면 $\sigma B_h H_l$을 발생열 $B_h H_l$의 약 50 %에 달하는 큰 값으로 해야 하며, 따라서 연소실에서의 복사전열이 보일러의 전열 과정에서 매우 중요함을 알 수가 있다.

제 5 장 전 열

보일러에서 가장 중요한 과정은 연료의 연소와 이 연소로 발생한 열이 보일러 각 부분에 전달되는 전열 과정이다. 따라서 전열의 양부(良否)는 곧 그 보일러의 성능에 직접 관련된다. 이 장에서는 특히 보일러에서의 전열 현상에 관하여 그 기초적인 이론을 설명한다.

일반적으로 잘 알려진 바와 같이 열이 고온 물체에서 저온 물체로 전달되는 데는 전도(傳導, conduction), 대류(對流, convection) 및 복사(輻射, radiation)의 세 가지 방식이 있다. 실제의 전열 과정은 이 중 한 가지 또는 이들의 결합된 작용이다. 물론 보일러 각부에서 그 전열 과정은 각기 다르다. 예컨대 연도 내에 놓인 급수예열기(給水豫熱器)에서는 전도와 대류로 연소가스로부터 열을 받으며, 수관보일러에서 보일러 본체의 수관들은 주로 대부분의 열을 복사로 얻게 됨과 같은 것이다.

5-1 전 도

열이 물체의 내부를 지나 한쪽에서 다른 쪽으로 흐르는 작용을 열전도라고 한다. 열전도에 대하여는 다음의 푸리에(Fourier)의 기본식이 적용된다.

$$Q = -\lambda F \frac{dt}{dl} \tag{5-1}$$

단, Q : 전열량[kcal/h], F : 열의 흐름에 수직한 단면적[m^2]

t : 온도[°C], l : 열의 흐름에 연한 물체의 두께[m]

λ : 물체에 따라 일정한 비례상수[kcal/mh°C], 이를 열전도율(熱傳導率, thermal conductivity)이라 한다(표 5-1 참조).

식 (5-1)에서 (−)부호는 열이 온도가 감소되는 방향으로 흐름을 명백히 한 것이다.

《주》 고체의 열전도율은 온도에 따른 변화가 적으나 액체 및 기체에서는 온도가 열전도율에 끼치는 영향이 크다. 예컨대 공기에서는 $\lambda = 0.0189(1 + 0.00228\,t)$에 따라 온도와 함께 λ도 증가한다. 표 5-1은 보통 온도에서의 값이다.

지금 열이 단일한 방향으로만 흐르며 물체의 각 점에서의 온도는 시간에 따라 변화하지 않고 물체는 균질한 물질이며 더욱 λ가 온도와 무관하다고 가정할 때는 식 (5-1)을 다음과 같이 적분할 수 있다.

표 5-1 물질의 열전도율

물 질	λ[kcal/mh°C]	물 질	λ[kcal/mh°C]
주 철(鑄鐵)	45	보 통 벽 돌	0.5~1.2
강 철(鋼鐵)	30~45	석 면(石綿)	0.13~0.25
황 동(黃銅)	70~90	콘 크 리 이 트	0.6~0.7
알 루 미 늄	175	코 르 크	0.036~0.048
매 (煤)	0.06~0.1	물	0.52
관 석(罐石)	0.07~2	공 기	0.019
기름의 부착층 (附着層)	0.1~0.2	탄 산 가 스	0.012
		산 소	0.021
내 화 벽 돌	0.4~1.4	질 소	0.019

$$\int_o^l dl = -\int_{t1}^{t2} \frac{\lambda F dt}{Q}$$

$$l = -\frac{\lambda F(t_2 - t_1)}{Q}$$

따라서

$$Q = \frac{\lambda F(t_1 - t_2)}{l} \tag{5-2}$$

단, t_1 : 최초 온도, t_2 : 최종 온도

식 (5-2)로 서로 거리가 l 만큼 떨어지고 단면적이 F 이며, 각각 온도가 t_1 및 t_2 인 두 개의 평행한 단면간에 매시간 전도로 전달되는 열량을 계산할 수 있다.

흔히 공학상 문제에서 2개 이상의 평행한 층이 결합된 다층벽(多層壁)을 열이 흐르게 되는 경우가 많다.

예컨대 그림 5-1과 같은 3중벽(三重壁)에 대해 전도로 흐르는 열량을 생각하면, 지금 이 합성벽의 각 층을 단위시간에 흐르는 열량은 모두 같으므로 이를 Q 라 하면 각 층에 식 (5-2)를 적용하여

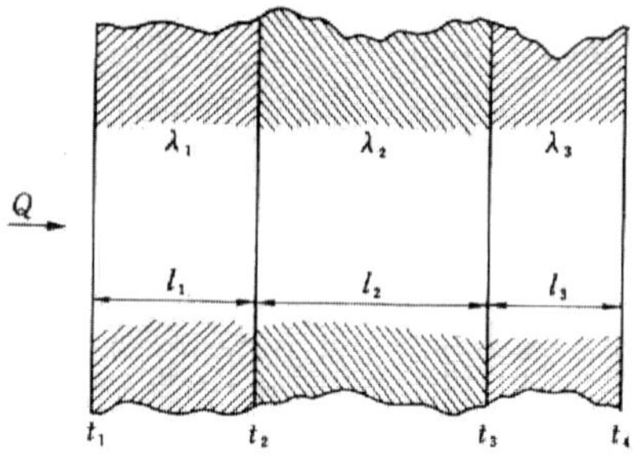

그림 5-1

$$\left.\begin{aligned} t_1 - t_2 &= \frac{Ql_1}{\lambda_1 F} \\ t_2 - t_3 &= \frac{Ql_2}{\lambda_2 F} \\ t_3 - t_4 &= \frac{Ql_3}{\lambda_3 F} \end{aligned}\right\}$$

이들을 합하면

$$t_1 - t_4 = \frac{Q}{F}\left[\frac{l_1}{\lambda_1} + \frac{l_2}{\lambda_2} + \frac{l_3}{\lambda_3}\right]$$

$$Q = \frac{F(t_1 - t_4)}{\frac{l_1}{\lambda_1} + \frac{l_2}{\lambda_2} + \frac{l_3}{\lambda_3}} = \frac{t_1 - t_4}{R_1 + R_2 + R_3} \tag{5-3}$$

단,

$$R = \frac{l}{\lambda F} \text{ (각 층에서)} = \text{열저항}\left[\frac{\mathrm{h°C}}{\mathrm{kcal}}\right]$$

식 (5-3)은 전기에 관한 오옴(Ohm)의 법칙과 흡사하다. 즉 Q는 전류에, 온도차$(t_1 - t_4)$는 전압에, R는 전기저항에 대응됨을 볼 것이다.

다음 관(管)에서의 전도에서는 열이 흐르는 단면이 평면이 아니고 원주면(圓柱面)이며 이상에서 말할 원리는 근본적으로 그대로 적용된다. 이 때 열류(熱流)가 통과하는 경로는 방사선 방향(반지름 방향)이 된다. 지금 그림 5-2에서 식 (5-1)은

$$Q = -\lambda 2\pi r L \frac{dt}{dr}$$

가 된다. 이를 적분하여

$$\int_{t_1}^{t_2} dt = -\int_{r_i}^{r_a} \frac{Q dr}{\lambda 2\pi r L}$$

따라서

$$Q = \frac{2\pi\lambda L(t_1 - t_2)}{\ln\left(\frac{r_a}{r_i}\right)} \tag{5-4}$$

관의 단위길이에 대하여는

$$Q = \frac{2\pi\lambda(t_1 - t_2)}{\ln\left(\frac{r_a}{r_i}\right)} \tag{5-4 a}$$

단, r_a : 관의 바깥지름 [m], r_i : 관의 안지름 [m], L : 관의 길이 [m]

t_1 및 t_2는 열이 관 내에서 밖으로 흐를 때는 각각 관의 내표면(內表面) 및 외표면의 온도이며, 반대로 관의 밖으로부터 관 내로 열이 흐를 때는 각각 정반대가 된다.

이 때 다층관(多層管)에 대하여, 평면층의 다층벽에 대하여 식 (5-3)을 유도한 것과 같은 방법으로, 예컨대 그림 5-3과 같은 2중관에서는 관의 단위길이에 대하여

$$Q = \frac{2\pi(t_1 - t_3)}{\frac{1}{\lambda_1}\ln\frac{r_2}{r_i} + \frac{1}{\lambda_2}\ln\frac{r_a}{r_2}} \tag{5-5}$$

와 같이 된다.

여기서 기호는 식 (5-3), (5-4) 및 그림 5-3에서와 같다.

열이 밖에서 안으로 흐를 때는 t_1을 외표면, t_3를 내표면의 온도로 취하면 Q는 양호(陽號)의 양이 될 것이다.

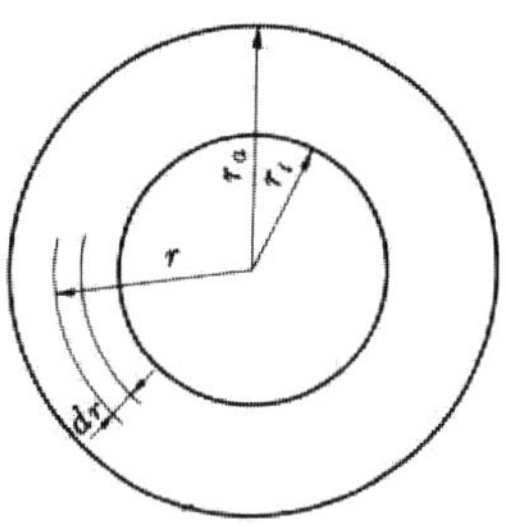

그림 5-2

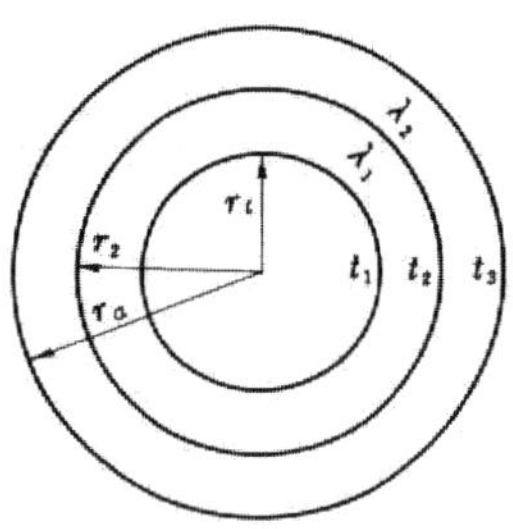

그림 5-3

5-2 대 류

기체 또는 액체는 전도에 의하여 열이 전달될 뿐 아니라 그 자체의 유동에 의해서도 열이 전달된다. 예컨대 물을 용기에 넣어 가열할 때 물의 각 부분은 가열에 의한 팽창도의 차이로 밀도차가 생겨 그 자체의 유동을 갖게 되고, 이러한 순환운동으로 물은 더욱 빨리 가열된다. 이 현상은 공기와 같은 기체에서도 마찬가지이며 이를 **열대류**(heat convection)라 한다.

유체의 전도율은 일반적으로 적고, 따라서 전도에 의한 것보다도 주로 대류로 열이 전달된다. 열전달을 빠르게 하기 위하여 기계적으로 유체에 유동을 일으키는 것을 **강제대류**(强制對流, forced convection)라 하고, 밀도차로 자연히 발생되는 대류를 **자연대류** 또는 **자유대류**(自然對流, 自由對流, natural convection, free convection)라고 한다.

5-3 유체와 고체와의 접촉에 의한 열전달

고체에서 유체(즉 기체 또는 액체)로 열이 전달될 때, 또는 그 반대로 유체에서 고체로 열이 전달될 때는 그 접촉면에서 온도강하가 있다. 즉 어떤 저항이 존재하게 된다. 이는 유체가 상당히 큰 속도로 움직일 때라도 고체와 유체의 경계면에 어떤 두께를 갖고 고체벽에 대하여 상대속도가 없거나 극히 적은 매우 얇은 유체층이 존재하는 까닭이다. 이 유체층을 유체역학상으로는 **경계층**(境界層, boundary layer)이라 하며, 열전달에서는 **정체층**(停滯層 stagnant film)이라고 한다. 그림 5-4는 이러한 정체층으로 인한 고체벽 근처에서의 온도강하를 표시한다.

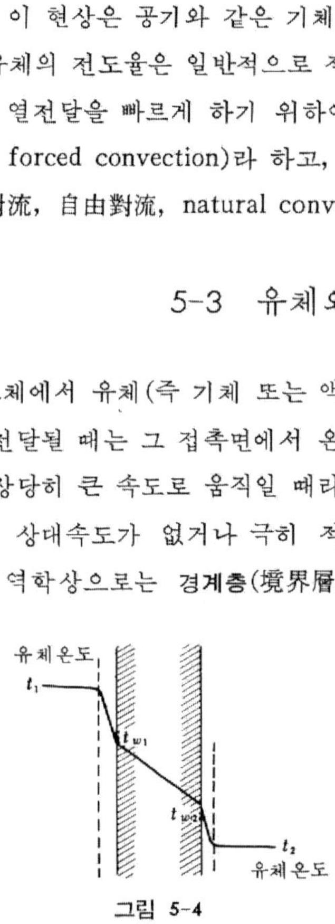

그림 5-4

따라서 고체와 유체 사이에 열이 흐를 때 이 얇은 정체층을 흐를 때의 전열 과정은 결국 열전도 과정이며, 유체의 열전도율은 고체에 비하여 매우 적으므로 결국 열저항이 되는 것이다. 이 정체층의 두께는 고체 표면의 성질과 유체의 유동상태 등과 같은 많은 인자의 영향을 받는다.

그러나 이 미소하고 변동되는 정체층의 두께로 말미암아 일반적으로 유체에서 고체로의 열전달을 유체 주류(主流)의 대류와 이 정체층에서의 열전도로 나누어 생각하지 않고, 하나의 계수를 가지고 하는 것이 편리하다. 즉 지금 유체의 온도를 t_1, 이에 접촉하는 고체 표면의 온도를 t_2, 접촉 면적을 $F[\mathrm{m^2}]$라고 하면 유체에서 고체로 전달되는 열량 Q는 다음 식으로 표시된다.

$$Q = \alpha F(t_1 - t_2)\ [\mathrm{kcal/h}] \tag{5-6}$$

이 때 계수 α를 **열전달률**(熱傳達率, coefficient of surface heat transfer) 또는 **열전달계수** 또는 **막계수**(膜係數, film coefficient)라고 한다. α의 단위는 [kcal/m²h°C]이며 고체와 유체간의 전열량을 구하려면 결국 이 α의 적당한 값을 각 경우에 대해 알아야 한다. α는 유체

의 성질, 속도, 접촉면의 상태 등 여러 가지 인자에 따라 변동되며, 위에서 말한 대류와 밀접한 관계가 있다. 이에 대하여 더 상세한 것은 다음 절에서 설명한다.

보일러에서 전열의 목적은 연소가스로부터 전열면을 통과하여 물, 증기와 같은 수열(受熱) 유체에 열을 전하는 데 있다. 이와 같이 고온 유체에서 전열면을 거쳐 저온 유체로 열이 흐를 때 이를 **열관류(熱貫流)**라고 한다. 지금 연소가스, 즉 방열유체 및 수열유체의 온도를 t_1, t_2[°C], 전열면 면적을 F[m²]라 하면, 단위시간당의 관류 열량은 다음과 같이 표시된다.

$$Q = k \cdot F(t_1 - t_2) \text{ [kcal/h]} \tag{5-7}$$

여기서, k를 **열관류율**(熱貫流率, over-all heat transfer coefficient)이라 하며 단위는 [kcal/m²h°C]이다. 열관류율은 전열면에서의 열전도와 그 양면에서의 접촉에 의한 전열로 정해진다. 이제 전열면이 평면일 때와 원관(圓管)일 때의 열관류율을 생각해 보기로 한다.

[1] 전열면이 평면일 때

그림 5-5와 같은 평면의 전열면에서 방열유체측 및 수열유체측의 전열면 표면 온도를 각각 t_{w_1}, t_{w_2}[°C], 관류열량을 Q[kcal/h]라 하면 다음의 관계가 있다.

$$Q = \alpha_1 F(t_1 - t_{w_1}) = \frac{\lambda}{l} F(t_{w_1} - t_{w_2})$$
$$= \alpha_2 F(t_{w_2} - t_2) = kF(t_1 - t_2) \text{ [kcal/h]} \tag{5-8}$$

단, α_1 : 방열유체와 전열면간의 열전달률, α_2 : 수열유체와 전열면간의 열전달률, λ : 전열면의 열전도율, l : 전열면 두께이다.

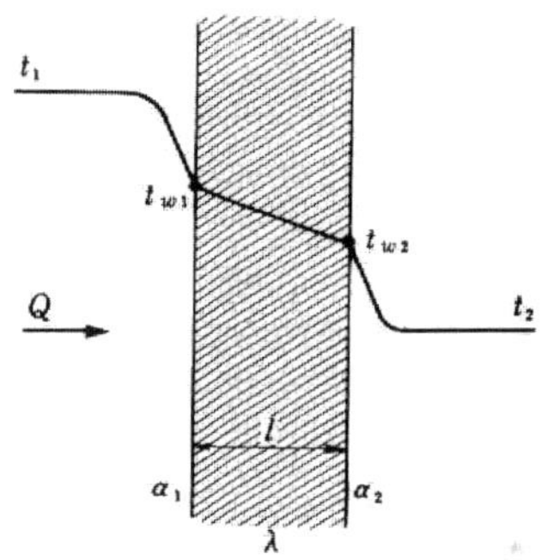

그림 5-5

지금 식 (5-8)로부터 각 온도차는 다음과 같이 표시된다.

$$t_1 - t_{w_1} = \frac{Q}{F\alpha_1}$$

$$t_{w_1} - t_{w_2} = \frac{Ql}{F\lambda}$$

$$t_{w_2} - t_2 = \frac{Q}{F\alpha_2}$$

이들을 합하면

$$t_1 - t_2 = \frac{Q}{F}\left[\frac{1}{\alpha_1} + \frac{l}{\lambda} + \frac{1}{\alpha_2}\right] = \frac{Q}{Fk}$$

$$\therefore \frac{1}{k} = \frac{1}{\alpha_1} + \frac{l}{\lambda} + \frac{1}{\alpha_2} \tag{5-9}$$

또는

$$k = \frac{1}{\dfrac{1}{\alpha_1} + \dfrac{l}{\lambda} + \dfrac{1}{\alpha_2}} \tag{5-9 a}$$

전열면이 두께 l_1, l_2, l_3, ··· 인 여러 층으로 구성되며 그 열전도율이 각각 λ_1, λ_2, λ_3, ··· 이면

$$\frac{1}{k}=\frac{1}{\alpha_1}+\frac{1}{\alpha_2}+\frac{l_1}{\lambda_1}+\frac{l_2}{\lambda_2}+\frac{l_3}{\lambda_3}+\cdots$$

또는 $$\frac{1}{k}=\frac{1}{\alpha_1}+\Sigma\left(\frac{l}{\lambda}\right)+\frac{1}{\alpha_2} \tag{5-10}$$

보일러에서 전열면상에 매, 회진(灰塵) 또는 관석 등의 부착물의 층이 생기면 전열이 저해된다. 이 때의 열관류율도 식 (5-10)으로 계산할 수 있다.

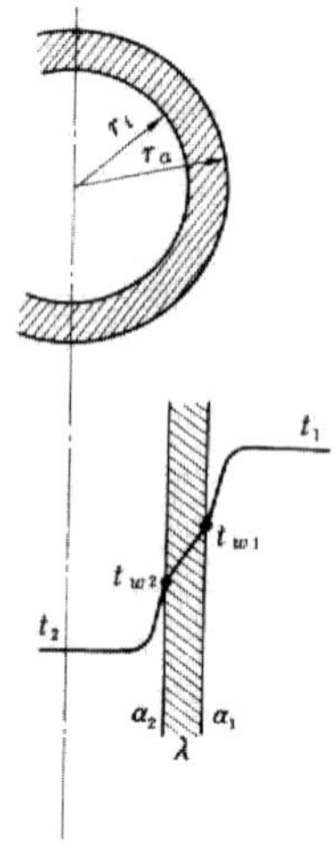

그림 5-6

[2] 전열면이 원관(圓管)일 때

그림 5-6에서 그 안지름, 바깥지름을 r_i, r_a[m], 방열 및 수열유체 온도를 t_1, t_2[°C], 방열 및 수열유체측의 전열면 표면온도를 t_{w_1}, t_{w_2}[°C], 방열 및 수열유체측의 열전달률을 α_1, α_2라 하면, 원관 단위길이 [m]에 대한 전열량 Q는

$$Q=k_a\cdot 2\pi r_a(t_1-t_2)=k_i\cdot 2\pi r_i(t_1-t_2)$$

단, k_a 및 k_i는 원관의 외면 또는 내면에 대하여 생각한 열관류율[kcal/m²h°C]이다.

또한 이 전열량은 평면의 경우와 같은 방법으로

$$Q=\alpha_1\cdot 2\pi r_a(t_1-t_{w_1})=\frac{2\pi\lambda}{\ln\frac{r_a}{r_i}}(t_{w_1}-t_{w_2})=\alpha_2\cdot 2\pi r_i\cdot(t_{w_2}-t_2)$$

따라서 온도차별로 표시하여

$$t_1-t_{w_1}=\frac{Q}{\alpha_1\cdot 2\pi r_a}$$

$$t_{w_1}-t_{w_2}=\frac{Q}{\dfrac{2\pi\lambda}{\ln\frac{r_a}{r_i}}}$$

$$t_{w_2}-t_2=\frac{Q}{\alpha_2\cdot 2\pi r_i}$$

이들을 합하면

$$t_1-t_2=Q\left[\frac{1}{\alpha_1\cdot 2\pi r_a}+\frac{1}{\dfrac{2\pi\lambda}{\ln\frac{r_a}{r_i}}}+\frac{1}{\alpha_2 2\pi r_i}\right]$$

$$Q=2\pi(t_1-t_2)\Big/\left(\frac{1}{\alpha_1\cdot r_a}+\frac{1}{\lambda}\ln\frac{r_a}{r_i}+\frac{1}{\alpha_2\cdot r_i}\right) \tag{5-11}$$

열관류율은

$$\frac{1}{k_a r_a}=\frac{1}{k_i r_i}=\frac{1}{\alpha_1\cdot r_a}+\frac{1}{\lambda}\ln\frac{r_a}{r_i}+\frac{1}{\alpha_2\cdot r_i} \tag{5-12}$$

만약 전열벽이 여러 층으로 구성되었거나 혹은 부착물의 층이 있으면

$$\frac{1}{k_a r_a}=\frac{1}{k_i r_i}=\frac{1}{\alpha_1\cdot r_a}+\Sigma\left(\frac{1}{\lambda}\ln\frac{r_a}{r_i}\right)+\frac{1}{\alpha_2\cdot r_i} \tag{5-13}$$

이 된다.

단, 이 때 r_a, r_i는 관 및 부착물층의 각각 외측 및 내측 반지름이다. 관벽의 두께가 r_a, r_i에 비하여 작을 때는 이들 원관에 대한 식은 평면 전열면에 대한 식 (5-9), (5-10)으로 대용할 수 있다.

5-4 열 전 달 률

보일러에서 주로 문제가 되는 접촉에 의한 전열에서 연소가스로부터 물, 증기 또는 공기로의 열관류와 같이 유체에 상(相, phase)변화가 없는 경우와 전열면에서 비등하는 물로의 전열과 같이 상변화가 따르는 경우가 있다. 상변화가 없는 접촉전열 중 보일러에서 중요한 것은 흐르는 방열유체가 관 내를 흐를 때와 관 밖을 흐를 때의 2가지이다.

열전달률은 실험적으로 혹은 이론적으로 구할 수 있으나, 이에 영향을 주는 인자가 매우 많으므로 이들 인자에 대한 차원해석(次元解析, dimensional analysis)으로 구해지는 몇 개의 무차원수(無次元數, dimensionless number)간의 관계식으로 표시되는 것이 보통이다. 이러한 무차원수로는 여러 가지가 있으나 가장 흔한 것은 다음과 같다.

$N_u = \alpha d/\lambda$ 눗셀(Nusselt)수　　$R_e = wd/\nu$ 레이놀즈(Reynolds)수

$P_r = \nu/a$ 프란틀(Prandtl)수　　$P_e = wd/a = R_e \cdot P_r$: 페클레(Peclet)수

여기서, α : 열전달률 [kcal/m²h°C]

λ : 유체의 열전도율 [kcal/mh°C]

ν : 유체의 동점성계수 $= \mu/\rho = \mu g/\gamma$ [m²/s]

a : 유체의 온도 전도율 $= \dfrac{1}{3600} \cdot \dfrac{\lambda}{c_p \gamma}$ [m²s]

w : 유체의 평균유속 [m/s]

d : 전열면의 대표(代表) 길이(원관 내 유동이면 관의 안지름, 원관 외 유동이면 관의 바깥지름) [m]

또 μ, ρ, γ, c_p는 각각 유체의 점성계수 [kgf·s/m²], 밀도 [kg·s²/m⁴], 비중량 [kgf/m³] 및 정압비열 [kcal/kg°C]이며, g는 중력 가속도 [m/s²]이다.

[1] 관내 유동에서의 전열

관 내 유동에서 R_e수가 임계값(臨界值, 약 $R_e = 2000 \sim 3500$) 이상이면 난류(亂流), 그 이하이면 층류(層流)가 된다. 또 전열 상태, 따라서 열전달률도 층류와 난류에서는 많이 달라진다. 그러나 보일러에서 문제가 되는 것은 거의 모두 난류이므로 이것만을 생각하기로 한다.

(1) 직선상의 원관내 유동

관의 안지름을 대표 길이로 취하면 이 때의 열전달률은 다음 식으로 주어진다.

$$N_u = 0.023\, R_e^{0.8} \cdot P_r^{0.4} \tag{5-14}$$

즉 $$\alpha = 0.023\frac{\lambda}{d}\left(\frac{wd\rho}{\mu}\right)^{0.8}\left(\frac{3600\,\mu\cdot gc_p}{\lambda}\right)^{0.4}\ [\text{kcal/m}^2\text{h}^\circ\text{C}] \tag{5-14 a}$$

이 식은 액체나 가스에 다 같이 사용될 수 있다. 이 식은 엄격히는 원관길이 l이 관지름 d에 대한 비가 $l/d > 50$이고, $R_e > 10000$, $P_r = 0.7 \sim 2500$, 또 벽면 온도가 유체의 비등점 이하일 때에 적용된다. 보다 짧은 관에 대하여는 보다 큰 α의 평균값을 얻게 되나, $l/d = 30 \sim 40$의 범위에서는 이러한 증가는 $2 \sim 7\,\%$ 이내이다.

식 (5-14)에서 λ, ν, a와 같은 물질상수는 유체의 혼합 평균 온도에서의 값이고, 관의 전 길이에 대하여 생각할 때는 다음의 평균 온도 $t_m = (t_2 - t_1)/\ln(t_2/t_1)$에서의 값을 취하면 된다. 또 t_2, t_1은 관의 입구와 출구에서의 유체의 혼합 평균 온도이다.

이들의 계산에 필요한 물질상수의 수치를 표 5-2, 표 5-3에 표시한다.

연소가스의 물질상수의 값은 그 가스의 성분에 따라 변화하며 공기에 상당히 가까우므로 접촉 전열에 있어 연소가스를 공기로 대치하여 생각하는 근사적 방법도 흔히 행해지나, 좀더 정확히 하려면 다음을 기억해 두면 좋을 것이다. 즉 보일러의 접촉전열면에서 중요한 온도 범위에서 연소가스의 열전도율 λ는 공기에 비하여 대략 $0 \sim 5\,\%$ 크며, 점성계수 μ는 공기에 비하여 약 $5\,\%$ 적은 값을 갖는다. 한편 연소가스의 P_r는 공기와 근사적으로 같다고 볼 수 있다.

이 절에서 열거하는 열전달의 여러 공식은 원칙적으로 유체가 가열될 때나 냉각될 때 다 같이 적용된다. 그러나 식 (5-14)에 대하여 W.N. Timofejew는 가열과 냉각시의 물질상수의 변화가 각기 다른 점을 강조하여 다음 공식을 제안하였다.

$$N_u = A\cdot R_e^{0.8}\cdot P_r^{n} \tag{5-15}$$

단, 유체의 가열시 $A = 0.021$, $n = 0.45$, 유체의 냉각시 $A = 0.026$, $n = 0.35$이다.

그러나 공업상 계산에는 식 (5-14)가 주로 이용된다. 또한 기체의 경우, 표 5-2에서 P_r의 값은 온도 및 압력에 대하여 근사적으로 일정하므로 다음과 같이 간단화할 수 있다. 즉

$P_r = 0.65 \sim 0.75$(공기, 산소, 질소, 수소, 연소가스)의 경우는

$$\alpha = 0.02\frac{\lambda}{d}R_e^{0.8} = 0.026\frac{\lambda}{d}P_e^{0.8} \tag{5-16}$$

$P_r = 0.75 \sim 0.95$(탄산가스, 과열증기)의 경우는

$$\alpha = (0.021 \sim 0.022)\frac{\lambda}{d}R_e^{0.8} = (0.024 \sim 0.025)\frac{\lambda}{d}P_e^{0.8} \tag{5-17}$$

또한 나선관(螺旋管)에서의 열전달률은 직관(直管)의 경우보다 크며 다음 식으로 주어진다.

$$\alpha_h = [1 + 3.5(d/d_h)]\alpha \tag{5-18}$$

단, α : 직관의 열전달률, d : 관의 안지름, d_h : 나선의 지름

(2) 원형 단면이 아닌 임의의 통로 내의 열전달률

이 경우에는 다음의 등가지름(等價直徑) d_e와 같은 지름을 갖는 원관으로 보고, 식 (5-14)로 계산된다.

$$d_e = 4F/U \tag{5-19}$$

단, F는 관(또는 통로)의 단면적 [m^2], U는 단면에서 전열에 관계 되는 길이 [m]이다. 예컨대 a, b를 두 변으로 하는 직 4 각형 단면에서 전면이 열교환을 할 때는 $d_e = 2ab/(a+b)$이고, 또 그림 5-7과 같이 관군(管群)에 나란하게 관 밖을 유체가 흐를 때는 $d_e = 4F/\pi d$가 된다.

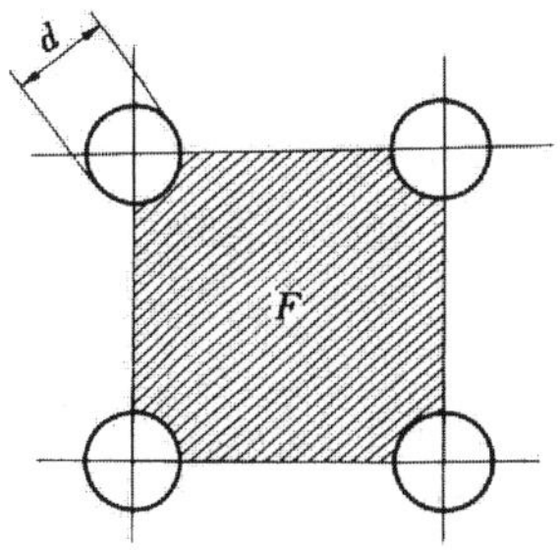

그림 5-7

[2] 관 외 유동에서의 전열

이 때도 유동은 난류 상태에 한하여 생각한다.

(1) 유동방향에 직각인 단일 원관의 경우

이 때 전열면의 대표 길이로 관의 바깥지름을 취하고, 이를 d [m], 관의 길이를 l [m], 전열량을 Q [kcal/h], 전열면에서 떨어져 있는 위치의 유체 온도 및 관의 외표면 온도를 각각 t_o, t_w [°C]라 하면, 열전달률 $\alpha = Q/\pi dl(t_o - t_w)$는 $R_e = 10^3 \sim 5 \times 10^4$에서

표 5-2 기체의 물질상수 (압력 1 kgf/cm^2)

물 질	온 도 [C°]	비 중 량 γ [kgf/m^3]	정압비열 c_p [kcal/kg°C]	열전도율 λ [kcal/mh°C]	동점성계수 ν [m^2/s]	온도전도율 a [m^2/s]	프란틀수 P_r
공 기	0	1.251	0.240	0.0208	0.136×10^{-4}	0.193×10^{-4}	0.71
	50	1.057	0.240	0.0239	0.185×10^{-4}	0.262×10^{-4}	0.71
	100	0.916	0.241	0.0267	0.238×10^{-4}	0.336×10^{-4}	0.71
	200	0.722	0.245	0.0316	0.359×10^{-4}	0.498×10^{-4}	0.71
	300	0.596	0.250	0.0369	0.497×10^{-4}	0.686×10^{-4}	0.72
	400	0.508	0.255	0.0417	0.648×10^{-4}	0.895×10^{-4}	0.72
	600	0.391	0.266	0.0500	0.992×10^{-4}	1.34×10^{-4}	0.74
	800	0.318	0.276	0.0575	1.39×10^{-4}	1.82×10^{-4}	0.76
	1000	0.268	0.283	0.0655	1.84×10^{-4}	2.40×10^{-4}	0.77
	1200	0.232	0.289	0.0727	2.27×10^{-4}	3.01×10^{-4}	0.76
	1400	0.204	0.294	0.080	2.78×10^{-4}	3.72×10^{-4}	0.75
	1600	0.182	0.296	0.087	3.32×10^{-4}	4.48×10^{-4}	0.74
탄산가스	0	1.912	0.198	0.0123	0.072×10^{-4}	0.090×10^{-4}	0.80
	50	1.616	0.209	0.0153	0.100×10^{-4}	0.126×10^{-4}	0.79
	100	1.40	0.221	0.0183	0.132×10^{-4}	0.164×10^{-4}	0.80
	200	1.10	0.238	0.0243	0.208×10^{-4}	0.257×10^{-4}	0.81
수증기	100	0.578	0.51	0.0208	0.221×10^{-4}	0.196×10^{-4}	1.12
	200	0.452	0.46	0.0282	0.368×10^{-4}	0.376×10^{-4}	0.98
	300	0.372	0.48	0.0367	0.541×10^{-4}	0.570×10^{-4}	0.95
	400	0.316	0.49	0.0474	0.744×10^{-4}	0.850×10^{-4}	0.88
	500	0.275	0.52	0.0647	0.975×10^{-4}	1.26×10^{-4}	0.78
수 소	0	0.0869	3.40	0.151	0.97×10^{-4}	1.42×10^{-4}	0.68
	50	0.0734	3.43	0.174	1.28×10^{-4}	1.92×10^{-4}	0.67
	100	0.0636	3.45	0.197	1.62×10^{-4}	2.50×10^{-4}	0.65
	200	0.0502	3.47	0.237	2.41×10^{-4}	3.78×10^{-4}	0.64

$$\alpha = 0.26 \frac{\lambda}{d} R_e^{0.8} \cdot P_r^{0.3} \tag{5-20}$$

단, 여기서 물질상수는 $(t_o + t_w)/2$에서의 값이다.

(2) 유동방향에 직각으로 놓인 원관군(圓管群, banks of plain tubes)의 경우

이 때의 원관군은 그림 5-8에서와 같이 그 관군에 수직한 단면상에서 각 관이 정사각형 또는 마름모꼴로 배열되어 열전달률도 이 배열의 종류에 따라, 또 s_1/d, s_2/d에 따라 달라진다. 그리고 최전열의 관의 열전달률이 가장 낮고, 6～7렬 이후에서는 거의 일정한 값이 된다.

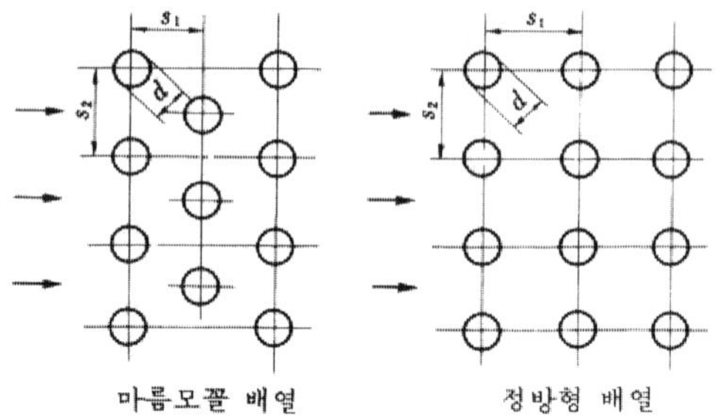

그림 5-8 원관군의 배열

대표 길이로 관의 바깥지름을 취하면 6～7렬 이상의 관군의 열전달률은 다음 식으로 계산된다.

표 5-3 물의 물질상수 (압력 : 1kgf/cm^2)

온 도 [°C]	비 중 량 γ [kgf/m^3]	정 압 비 열 c_p[kcal/kg°C]	열 전 도 율 λ [kcal/mh°C]	동 점 성 계 수 ν[m^2/s]	온 도 전 도 율 a[m^2/s]	프란틀수 P_r
20	998.2	0.999	0.518	1.007×10^{-6}	0.143×10^{-6}	7.09
40	992.3	0.998	0.543	0.668×10^{-6}	0.152×10^{-6}	4.39
60	983.2	1.000	0.562	0.480×10^{-6}	0.159×10^{-6}	3.02
80	971.8	1.003	0.578	0.368×10^{-6}	0.165×10^{-6}	2.23
100	958.4	1.007	0.586	0.297×10^{-6}	0.169×10^{-6}	1.76
160	907.3	1.037	0.585	0.186×10^{-6}	0.173×10^{-6}	1.08
200	864.7	1.075	0.568	0.155×10^{-6}	0.170×10^{-6}	0.91
240	814.0	1.136	0.537	0.139×10^{-6}	0.161×10^{-6}	0.86

표 5-4 C_h**의 값**

배	열	마름모꼴 배열				정방형 배열			
R_e	s_2/d \ s_1/d	1.25	1.5	2.0	3.0	1.25	1.5	2.0	3.0
8000	1.25	1.11	1.10	1.02	0.95	1.04	1.05	1.03	0.98
	1.5	1.10	1.06	1.00	1.96	0.96	0.96	1.01	1.01
	2.0	1.12	1.10	1.04	1.01	0.83	0.83	1.00	1.02
	3.0	1.16	1.16	1.11	1.06	0.81	0.81	1.00	1.00
20000	1.25	1.06	1.05	1.00	0.93	1.00	1.00	1.00	0.95
	1.5	1.04	1.02	0.98	0.94	0.96	0.96	1.00	0.98
	2.0	1.09	1.07	1.01	0.97	0.90	0.90	1.00	1.00
	3.0	1.14	1.13	1.10	1.02	0.91	0.91	1.02	1.00
40000	1.25	1.03	1.02	0.98	0.91	1.00	1.00	0.96	0.93
	1.5	0.99	0.98	0.94	0.91	0.96	0.96	0.98	1.00
	2.0	1.14	1.01	0.97	0.93	0.96	0.96	1.01	0.97
	3.0	1.10	1.09	1.05	1.00	1.00	1.00	1.04	0.98

$$\alpha = 0.33\, C_h \cdot \frac{\lambda}{d} R_e^{0.6} \cdot P_r^{0.3} \tag{5-21}$$

이 식에서 $\alpha = Q/\pi d l z(t_m - t_w)$, w는 관과 관 사이의 제일 좁은 곳에서의 속도[m/s], 물질상수는 $(t_m + t_w)/2$에서의 값이다.

단, Q는 관군의 전 전열량[kcal/h], z는 관의 층수, 또 t_1, t_2 및 t_w는 유체의 관군 입구, 출구온도 및 관의 외표면 온도[°C], $t_m = (t_1 + t_2)/2$이다. C_h는 R_e, s_1/d_1, s_2/d에 관계되는 무차원의 계수이며 표 5-4와 같다.

이상은 원관군이 유체 유동방향과 직각일 때, 즉 유체의 유입각도 $\Psi = 90°$일 때에 대한 것이나, $\Psi < 90°$이면 위에서 구한 열전달률 α에 수정계수 φ를 곱해야 한다. 이 φ의 값은 Lokschin, Ornatski에 의하면 다음과 같다.

$\Psi°$	90	80	70	60	50	40	30	20	10
φ	1	1	0.98	0.94	0.88	0.78	0.67	0.52	0.42

또한 원관군의 배열을 정할 때 이를 지나는 유체의 압력강하를 아울러 생각함이 보통이다. 이 압력강하는

$$h_f = 0.334\, C_f\, n\, \gamma \frac{w^2}{2g} \text{ [mmAq]} \tag{5-22}$$

로 정할 수 있다. 단, n은 유동방향으로의 관군의 열수(列數), γ는 유체의 비중량[kgf/m³], w는 최대 유속[m/s], 또 C_f는 C_h와 같이 표 5-5에 표시된 값을 갖는 하나의 저항계수이다.

(3) 유동방향에 평행한 원관 외 유동의 경우

이 때 관의 지름이 그리 크지 않으면 곡률(曲率)을 무시하여 평판으로 간주한다. 이 때의

표 5-5 C_f의 값

배 열		마름모꼴 배열				정방형 배열			
R_e	s_2/d \ s_1/d	1.25	1.5	2.0	3.0	1.25	1.5	2.0	3.0
8000	1.25	1.98	2.10	2.16	2.28	1.68	1.74	2.04	2.28
	1.5	1.44	1.50	1.56	1.56	0.83	0.96	1.20	1.56
	2.0	1.19	1.16	1.14	1.13	0.35	0.48	0.67	1.02
	3.0	1.08	1.04	0.96	0.90	0.20	0.28	0.43	0.60
20000	1.25	1.56	1.74	1.92	2.16	1.44	1.56	1.74	2.04
	1.5	1.10	1.16	1.32	1.44	0.84	0.96	1.13	1.46
	2.0	0.96	0.96	0.96	0.96	0.38	0.49	0.66	0.88
	3.0	0.86	0.84	0.78	0.74	0.22	0.30	0.42	0.55
40000	1.25	1.26	1.50	1.68	1.98	1.20	1.32	1.56	1.80
	1.5	0.88	0.96	1.08	1.20	0.74	0.85	1.02	1.27
	2.0	0.77	0.79	0.82	0.84	0.41	0.48	0.62	0.77
	3.0	0.70	0.68	0.65	0.60	0.25	0.30	0.38	0.46

평균 열전달률은 전열면의 대표 길이로 관의 길이 l[m]을 취하면 다음 식으로 구할 수 있다.

$$\alpha = 0.036 \frac{\lambda}{l} R_e^{0.8} P_r^{1/3} \tag{5-23}$$

단, 물질상수는 단일관에서와 같이 $(t_o + t_w)/2$에서의 값이고 $R_e = wl/\nu$이다.

[3] 비등하는 액체로의 전열

비등하고 있는 액체로의 전열은 매우 복잡한 현상이며, 아직까지도 충분히 해명되지 않았으나 이 때도 열전달률은

$$\alpha = Q/F(t_w - t_o) = q/(t_w - t_o) \text{ [kcal/m}^2\text{h°C]} \tag{5-24}$$

로 표시할 수 있다. 단, q는 전열면 부하, 즉 전열면의 단위면적당의 전열량[kcal/m²h], t_w 및 t_o는 전열면 표면 및 액체온도[C°]이며, t_o는 그 때의 압력에 대하여 포화온도보다 약간 높은 값을 갖는다.

열전달률 α는 액체의 성질, 전열면의 거친 정도, 전열면에서의 흡착(吸着)기체 등에 따라 변화하고, 특히 $(t_w - t_0)$에 따라 변화한다. 그림 5-9는 Farber와 Scorah에 의하여 구해진 α와 $(t_w - t_0)$와의 관계이다. 여기서 $(t_w - t_o)$가 적은 AB의 범위 내에서는 전열면에 발생하는 기포의 수도 적고, 그 열전달률도 비등이 없는 경우에 비하여 약간 큰 정도이나, BC에서와 같이 $(t_w - t_o)$가 조금 커지면 기포의 발생에 따른 액체의 심한 교란으로 열전달률은 급격히 상승되며, 이 범위에서의 비등을 **핵비등(核沸騰)**이라 한다.

그러나 $(t_w - t_o)$가 더 커지면 일부 기포는 결합하여 막(膜)상이 되어 전열면을 덮고 이로써 전열이 방해되므로 CD와 같이 열전달률이 감소되고, 드디어는 전열면 전체가 증기막으로 덮여져 막비등(膜沸騰)이 된다. DE는 $(t_w - t_o)$의 매우 큰 증가로 인한 복사전열로 열전달률이 증대하는 범위이다.

보일러에서 비등 중의 물에 대한 전열에서 이 중 중요한 것은 BC의 핵비등의 범위이다. 열부하가 높은 전열면에서는 C의 극대점(極大點)을 넘은 $(t_w - t_o)$의 범위, 즉 핵비등과 막비등이 혼재하는 범위도 문제가 된다.

핵비등에 있어 $(t_w - t_o)$의 증가에 따라 α는 다음의 경험식에 따라 증가한다.

$$\alpha = C(t_w - t_o)^{2.33}$$

단, C는 액체의 종류와 압력에 의존되는 계수이다.

그림 5-10은 압력에 따라 열전달률이 변화함을 표시한다. n의 범위는 3～4이다.

보일러의 전열면에서 막비등을 가져오면 열전달률이 감소될 뿐 아니라 $(t_w - t_o)$가 과대해져서 전열면이 과열되므로 좋지 않다. 따라서 그림 5-9에서 α의 극대점 C 또는 $q = \alpha(t_w - t_o)$와 $(t_w - t_o)$의 곡선을 구하였을 때의 q의 극대점은 중요한 의미가 있다. 이 극대점에서의 q_{max}의 값과 그 때의 $(t_w - t_o)$는 전열면의 형상, 표면상태, 액체의 성질 및 유동상태에 따라 변화하고 또 압력의 증가에 따라 $(t_w - t_o)$는 감소하나 q_{max}는 다소 증가한다고 생각되고 있다.

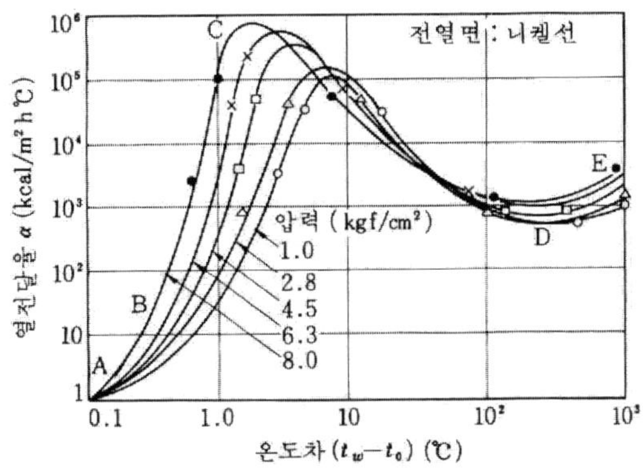

그림 5-9 비등 중의 물로의 열전달률

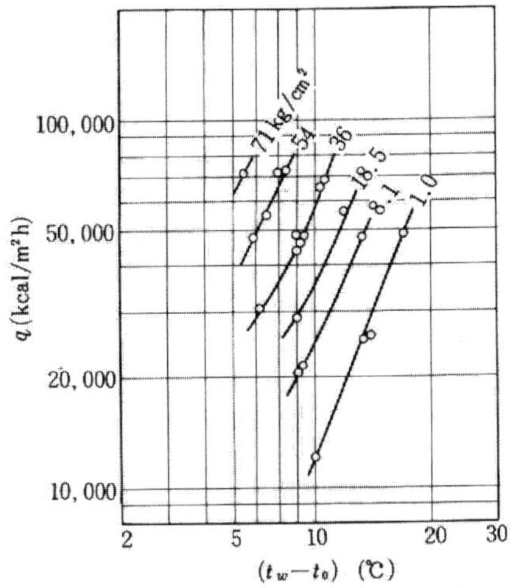

그림 5-10 비등 중의 물로의 전열

이상은 용기 내의 액체의 경우이나 보일러에서는 수관에서와 같이 관 내를 흐르며 비등하는 경우가 많다. 이때의 현상은 더욱 복잡하다. 관을 흐르는 액체의 속도에 따라 R_e가 크고 $(t_w - t_o)$가 적으면 즉 비등이 심하지 않으면, 비등하지 않을 때의 식 (5-14)와 같이 다음의 실험식으로 표시할 수가 있다.

$$N_u = C \cdot R_e{}^{0.8} \cdot P_r{}^{0.4} \qquad (5\text{-}25)$$

여기서, C의 값은 그림 5-11과 같다.

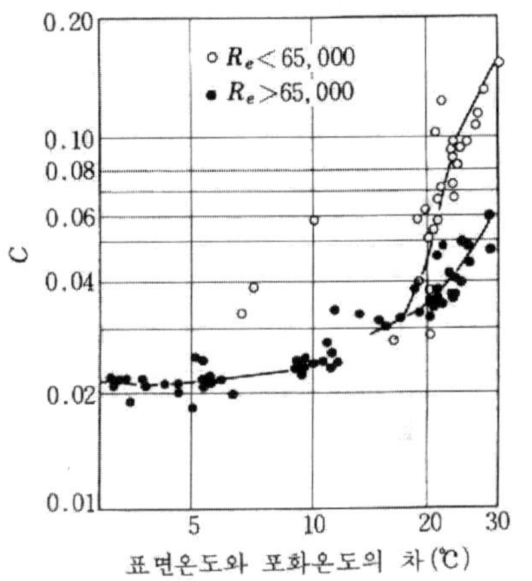

그림 5-11

Kassatkin에 의하면 물의 핵비등에 대하여 열전달률 α는 자연대류(물의)의 경우 압력 범위가 0.2 ~ 100 기압 이내이면 다음 식으로 계산된다.

$$\alpha = 2.53\, p^{0.176} q^{0.7} \ [\text{kcal/m}^2\text{h}^\circ\text{C}] \qquad (5\text{-}26)$$

또는

$$\alpha = 22\, p^{0.58} (t_w - t_o)^{2.33} \ [\text{kcal/m}^2\text{h}^\circ\text{C}] \qquad (5\text{-}27)$$

단, p는 압력 [kgf/cm²], q는 열전면 열부하 [kcal/m²h]이다.

5-5 복사에 의한 전열

태양의 열이 도중의 공기를 가열하지 않고, 지구에 도달됨과 같이 한 고온 물체에서 도중에 있는 어떤 물질을 가열하지 않고 다른 물체로 열을 전하는 것을 **열복사(熱輻射)**라고 한다.

일반적으로 물체는 그 온도가 절대영도가 아닌 이상 각종의 파장(波長)의 복사에너지를 외부로 방사(放射)한다. 그리고 물체는 그 방사한 복사에너지에 상당하는 열량을 잃고, 이 복사에너지를 받은 물체는 그 중 일부를 흡수하여 이에 상당하는 열량을 얻게 되며, 이를 복사에 의한 전열이라고 한다. 복사로 발산되는 에너지의 양은 파장에 따라서도 다르나 보일러에서는 전파장역(全波長域)에 걸친 복사, 즉 전 복사에너지를 생각함이 보통이며, 이의 단위면적 단위시간당의 양을 **복사능**(輻射能, emissive power)이라고 한다.

복사에너지가 다른 물체로 입사되면, 그 일부는 흡수되고 일부는 반사되며 나머지는 투과된다. 이들 에너지가, 입사된 복사에너지에 대한 비는 각기 흡수율(absorptivity), 반사율(reflectivity), 투과율(transmissivity)이라 하며, 이들을 각각 A, R, D로 표시하면

$$A + R + D = 1 \tag{5-28}$$

이 된다. 지금 보일러에 문제가 되는 고체 물체에서는 $D = 0$으로 생각해도 무방하다. 입사하는 복사에너지를 전부 흡수하는 것, 즉 $A = 1$, $R = D = 0$인 물체를 **완전흑체**(完全黑體, black body)라고 한다. 엄격한 의미의 완전흑체는 존재하지 않으나 복사 현상을 생각하는 기준이 되는 것이다.

증기보일러의 복사 문제에서 중요한 것은 고체복사, 기체복사 및 화염(火焰)복사의 3가지이다.

[1] 고체복사

(1) 개 설

먼저 기준이 되는 완전흑체의 복사를 생각하면, 완전흑체는 모든 파장의 복사에너지를 흡수함과 동시에 모든 파장의 복사에너지를 방사하며, Planck에 의하면 이의 각 파장 및 온도에 있어서의 복사의 세기는 다음 식으로 정해진다.

$$I_\lambda = \frac{2\pi C_1}{\lambda^5(e^{C_2/\lambda T} - 1)} \ [\text{kcal/m}^2\text{h}\,\mu] \tag{5-29}$$

단, λ : 파장 [cm],

T : 절대온도 [°K],

I_λ : 파장 λ와 온도 T인 상태에서의 복사의 세기

$C_1 = 5.04 \times 10^{-13}$ [kcal cm²/h],

$C_2 = 1.430$ [cm°K]

그림 5-12는 I_λ의 값을 표시한다.

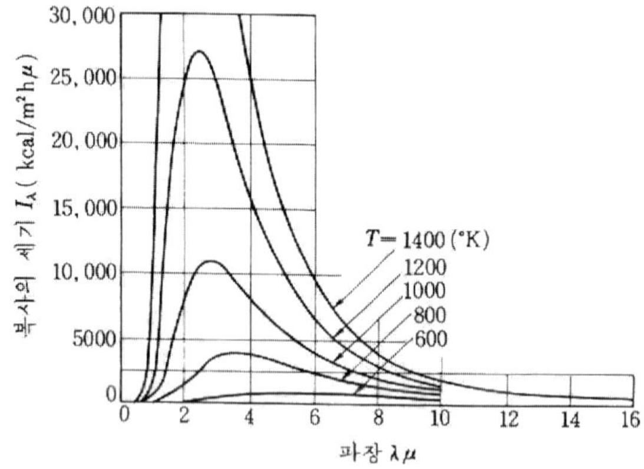

그림 5-12 완전 흑체의 복사의 세기

따라서 완전흑체의 복사능은 이 I_λ를 $\lambda = 0 \sim \infty$ 사이에서 적분한 값이며, 그림 5-12에서 곡선(일정 온도에 대응하는) 밑의 면적에 같다. 이를 E_s라 하면

$$E_s = \sigma T^4 = C_s\left(\frac{T}{100}\right)^4 \ [\text{kcal/m}^2\text{h}] \tag{5-30}$$

$$\sigma = 4.88 \times 10^{-8} \ [\text{kcal/m}^2\text{h°K}^4]$$

$$C_s = 4.88 \ [\text{kcal/m}^2\text{h(°K/100)}^4]$$

이 식은 Stefan-Boltzmann의 법칙으로 알려져 있고 σ 및 C_s는 완전흑체의 복사계수(輻射係數), 즉 **Stefan-Boltzmann 상수**라고 한다.

다음 실제의 일반적 고체의 복사에서는 그 복사의 세기는 모든 파장역에서 완전흑체의 복사의 세기보다 적고, 또 완전흑체와 같이 반드시 파장에 관하여 규칙적인 분포를 이루는 것도 아니다. 그러나 공학상 문제에서는 편의상 모든 파장에서 복사의 세기가 동일파장의 완전흑체의 복사의 세기에 대하여 항상 동일한 비율을 갖는 회색체(灰色體, gray body)라는 것을 생각하고, 고체복사를 근사적으로 이 회색체의 복사로 대체하여 생각한다.

보일러에서 취급되는 고체복사는 회색체로 보아도 충분히 정확하며 이에 대한 Stefan-Boltzmann의 법칙은 복사능을 E라고 하면

$$E = C\left(\frac{T}{100}\right)^4 = \varepsilon\sigma T^4 = \varepsilon C_s\left(\frac{T}{100}\right)^4 \text{ [kcal/m}^2\text{h]} \qquad (5\text{-}31)$$

단, $C = \varepsilon C_s$

여기서 C는 그 고체의 복사계수, ε은 흑색도(黑色度) 또는 흑도, 복사계수 또는 복사율(emissivity)이라고 한다.

흑도는 온도의 상승에 따라 약간 증가하며, 보일러의 전열면 및 벽돌벽의 대략값은 0.75~0.90, 매(그을음)가 부착된 경우는 0.85~0.95 정도라고 추정된다.

복사에너지와 흡수율과의 관계에 대하여는 Kirchhoff의 법칙이 있다. 이는 고체의 복사능과 흡수율과의 비는 일정하며, 동일 온도에서는 완전흑체의 복사능과 같다는 것이다. 즉 어떤 온도에서 임의의 고체의 복사능을 E, 흡수율을 A라 하고, 같은 온도의 완전흑체의 이 값을 E_s, $A_s(=1)$라 하면

$$\frac{E}{A} = \frac{E_s}{A_s} = E_s \qquad (5\text{-}32)$$

따라서 이 식에 식 (5-30), (5-31)을 대입하면

$$A = \frac{E}{E_s} = \frac{C}{C_s} = \varepsilon \qquad (5\text{-}33)$$

가 되어 흡수율은 흑도에 같고, 흑도가 큰 것일수록 흡수율도 크다는 것을 알 수 있다.

끝으로 고체는 그 표면에서 모든 방향으로 복사함으로써, 고체에서 방사되는 복사에너지의 양은 그 방향에 관계되며, 이 고체면의 법선(法線)방향으로 복사되는 에너지를 E_n이라 하면 이 법선과 β의 각도를 이루는 방향으로의 복사 에너지 E_β는

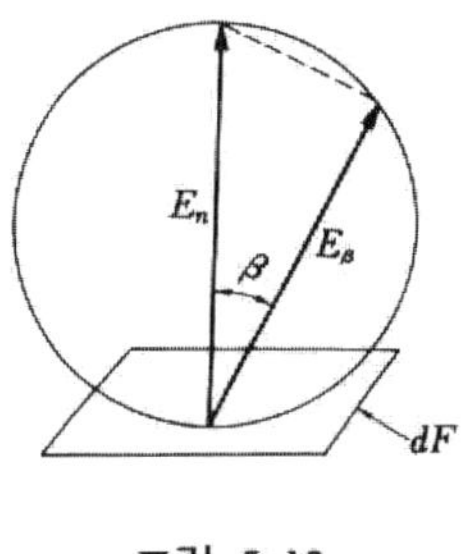

그림 5-13

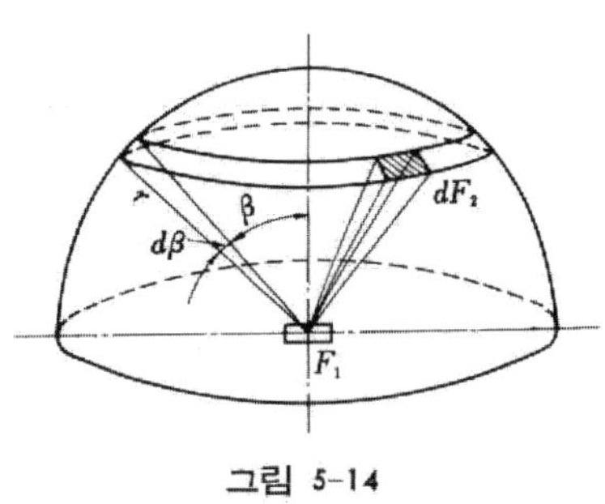

그림 5-14

$$E_\beta = E_n \cos\beta \tag{5-34}$$

가 된다(그림 5-13 참조). 이를 **Lambert의 법칙**이라 하며, 거울의 표면 같은 고운 표면에는 적용되지 않으나, 보일러에서 문제가 되는 바와 같은 거친 표면에서는 근사적으로 적용된다.

다음 복사능 E와 이 E_n 사이에는 다음의 관계가 있다.

그림 5-14와 같이 F_1인 단위면으로부터 복사된다고 하고, 이것의 중심을 중심으로 반지름 r인 반구면을 생각한다. 지금 F_1로부터의 복사에너지는 모두 이 반구면으로 입사된다. 반구면상 dF_2인 미소면적에 입사되는 복사에너지는 dF_2가 F_1의 중심에 대한 입체각(立體角)을 $d\omega$라 할 때

$$E_n \cos\beta \cdot d\omega \quad (\text{단, } d\omega = dF_2/r^2)$$

따라서 그림의 띠모양의 면적부분에 단위시간에 입사되는 에너지를 dE라 하면

$$dE = \frac{E_n \cos\beta}{r^2} \cdot 2\pi r \sin\beta \cdot r \cdot d\beta = \pi E_n \sin 2\beta \cdot d\beta$$

따라서 전 복사에너지는

$$E = \int dE = \pi E_n \int_0^{\frac{\pi}{2}} \sin 2\beta \cdot d\beta = \pi E_n$$

즉 고체면으로부터의 복사능은 법선 방향의 복사에너지의 π배이다.

따라서 식 (5-34)는 다음과 같이 된다.

$$E_\beta = \frac{E}{\pi}\cos\beta \tag{5-35}$$

(2) 전열량

고체복사에 있어서는 고온 물체에서 저온 물체로 복사에너지를 방사할 뿐 아니라 저온 물체에서도 또한 고온 물체로 복사에너지를 방사한다. 따라서 두 고체간의 복사로 인한 전달열량에 대하여 그 간단한 경우를 생각하고자 한다. 지금 고체면 I 과 II 의 표면적을 F_1, F_2 [m²], 복사에너지를 Q_1, Q_2 [kcal/h], 복사능을 E_1, E_2 [kcal/m²h], 온도를 T_1, T_2 [°K], 복사계수를 C_1, C_2 [kcal/m²h°K⁴]라고 하면

$$\left.\begin{aligned} Q_1 &= F_1E_1, \quad E_1 = C_1(T_1/100)^4 \\ Q_2 &= F_2E_2, \quad E_2 = C_2(T_2/100)^4 \end{aligned}\right\} \tag{5-36}$$

이다.

① **두 면이 무한한 넓이를 갖고 서로 평행하게 놓였을 때** : 또는 두 면의 넓이가 두 면 사이의 거리에 비하여 충분히 클 때(그림 5-15)

이 때는 복사에너지는 각 면에서 흡수 및 반사를 되풀이하여 결국 I 면에서 II 면으로 단위시간에 전달되는 열량 q_{12} [kcal/h]는 그 면적을 $F_1(\leqq F_2)$이라 하면 다음 식과 같이 된다.

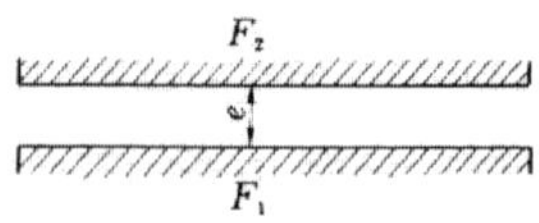

그림 5-15

$$\left.\begin{aligned} q_{12} &= C_{12}\cdot F_1\left[\left(\frac{T_1}{100}\right)^4 - \left(\frac{T_2}{100}\right)^4\right] \\ \frac{1}{C_{12}} &= \frac{1}{C_1} + \frac{1}{C_2} - \frac{1}{C_s} \end{aligned}\right| \tag{5-37}$$

여기서, C_{12}를 **유효복사계수(有效輻射係數)**라고 한다.

② **동심(同心)으로 놓인 두 구면(球面)의 경우** : 또는 면 Ⅱ 가 면 Ⅰ 을 완전히 포위할 때(그림 5-16)

이 때 면 Ⅰ 에서 면 Ⅱ 로 전달되는 열량은

$$\left.\begin{aligned} q_{12} &= C_{12}\cdot F_1\left[\left(\frac{T_1}{100}\right)^4-\left(\frac{T_2}{100}\right)^4\right] \\ \frac{1}{C_{12}} &= \frac{1}{C_1}+\frac{F_1}{F_2}\left(\frac{1}{C_2}-\frac{1}{C_s}\right) \end{aligned}\right\} \quad (5\text{-}38)$$

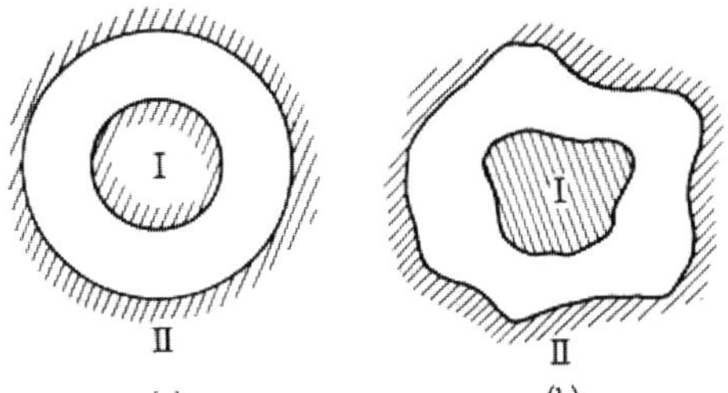

그림 5-16

한 면에서 방사되어 다른 면으로 입사한 복사에너지 중 일부는 흡수되고 일부는 반사된다. 그리고 반사된 에너지의 일부는 다시 먼저의 면으로 돌아와서 다시 흡수와 반사를 반복한다. 위의 2개의 간단한 경우는 이를 모두 고려한 것이다.

③ **임의의 위치에 놓인 두 표면간의 복사에 의한 전열량**(그림 5-17) : 그림 5-17과 같이 면 Ⅰ 위의 미소면적 dF_1, 면 Ⅱ 위의 미소면적 dF_2가 r의 거리만큼 떨어져 있고, 또 각 면에 세운 법선과 두 면을 잇는 선과의 각도를 β_1, β_2라 하면, dF_1에서 dF_2로 입사하는 에너지는 dF_2가 dF_1에 대하여 갖는 입체각을 $d\omega_1$이라 할 때

$$\frac{E_1 dF_1}{\pi}\cos\beta_1 d\omega_1 \quad \left(\text{단, } d\omega_1=\frac{\cos\beta_2 dF_2}{r^2}\right)$$

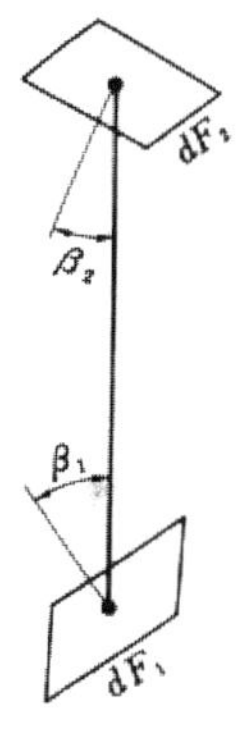

그림 5-17

이다. 따라서 dF_2의 흑도를 $\varepsilon_2=C_2/C_s$라 하면 dF_1에서 dF_2로 전달되는 단위시간당의 복사전열량은

$$\begin{aligned} dQ_{12} &= \varepsilon_2 C_1\left(\frac{T_1}{100}\right)^4\frac{\cos\beta_1\cos\beta_2}{\pi r^2}dF_1\cdot dF_2 \\ &= \frac{C_1C_2}{C_s}\left(\frac{T_1}{100}\right)^4\frac{\cos\beta_1\cos\beta_2}{\pi r^2}dF_1 dF_2 \end{aligned}$$

따라서 온도 및 복사계수가 면 Ⅰ 과 Ⅱ 에 대하여 각기 일정하면 면 Ⅰ 에서 면 Ⅱ 로 전달되는 복사전열량은 단위시간당

$$Q_{12}=\frac{C_1C_2}{C_s}\left(\frac{T_1}{100}\right)^4\int_{F1}\int_{F2}\frac{\cos\beta_1\cos\beta_2}{\pi r^2}dF_1\cdot dF_2$$

로 주어지고 이는 일반적으로 다음과 같이 표시된다.

$$Q_{12}=\varphi_{12}C_{12}\left(\frac{T_1}{100}\right)^4F_1 \quad (5\text{-}39)$$

여기서 C_{12}는 유효복사계수, φ_{12}는 각관계(角關係) 또는 형태계수(形態係數, view factor)라고 하며 양면의 상호 위치와 형상에 의존된다. 단,

$$C_{12}=\frac{C_1C_2}{C_s} \quad (5\text{-}40)$$

$$F_1\varphi_{12}=\frac{1}{\pi}\int_{F1}\int_{F2}\frac{\cos\beta_1\cos\beta_2}{r^2}dF_1\cdot dF_2 \quad (5\text{-}41)$$

또 면 Ⅱ 에서 면 Ⅰ 로 전달되는 복사전열량도

$$Q_{21} = \varphi_{21}C_{21}\left(\frac{T_2}{100}\right)^4 F_2 \tag{5-42}$$

단, $C_{21} = C_{12}, \quad F_2\varphi_{21} = F_1\varphi_{12}$

가 된다. 따라서 결국 면 I, II 간의 진정한 단위시간당의 복사전열량은

$$q_{12} = \varphi_{12}C_{12}\left[\left(\frac{T_1}{100}\right)^4 - \left(\frac{T_2}{100}\right)^4\right]\cdot F_1 \tag{5-43}$$

로 구해진다.

이와 같은 경우는 공학상의 제설비에서 흔히 경험할 수 있는 바이다. 그러나 φ_{12}의 값을 (5-41)로 구하는 것은 실제에 있어 그 계산이 매우 복잡하고 곤란하여 일반적으로 보일러 설계에서는 이보다 간단한 도식해법(圖式解法)이나 간단한 개산법을 사용한다.

[2] 기체복사

(1) 개 설

기체복사는 기체의 종류에 따라 큰 차이가 있다. 증기보일러에서 중요한 기체 중 수소, 산소, 질소 및 공기는 극히 미소한 복사능을 가지며 따라서 공학상으로는 완전한 투과체(透過體), 즉 기체복사를 하지 않는다고 볼 수 있다. 이에 반하여 탄산가스와 수증기는 흡수율이 크며 이에 상당하는 기체복사를 행하는 것이다. 따라서 보일러의 연소가스로부터의 기체복사는 그 온도가 낮지 않은 한 무시할 수 없는 양이 된다.

고체에서의 복사에너지의 방사 및 흡수는 대체로 모든 파장역에서 이루어짐에 반하여, 기체에는 일부의 제한된 파장역, 즉 흡수대(吸收帶)에서만 행해지며, 이와 같은 흡수대는 기체의 종류 및 온도에 따라 변화한다.

복사에너지가 한 기체층에 입사하면, 그 기체의 흡수대 내의 파장의 복사의 세기는 기체층을 지나감에 따라 점차로 약화된다. 지금 파장 λ의 복사의 세기가 위치 x[m]에서 $I_{\lambda x}$이고, 다시 dx의 거리만큼 진행할 때 dI_λ만큼 감소된다고 하면

$$-dI_\lambda = \alpha_\lambda I_{\lambda x}dx \tag{5-44}$$

가 된다. 단, α_λ는 그 파장에서의 흡수계수[m^{-1}]이며, 파장, 기체 종류 및 그 분압(分壓)에 따라 변화된다.

기체층의 두께를 s[m], 입사하는 위치($x=0$)에서 복사의 세기를 $I_{\lambda o}$, 기체층 통과 후($x=s$)의 복사의 세기를 $I_{\lambda s}$라 하면 윗식으로부터

$$I_{\lambda s} = I_{\lambda o}\cdot e^{-\alpha_\lambda \cdot s}$$

이고, 이 기체층을 통과함으로써 복사의 세기의 감소는

$$I_{\lambda o} - I_{\lambda s} = I_{\lambda o}(1 - e^{-\alpha_\lambda \cdot s})$$

따라서 이 기체층의 파장 λ에 대한 흡수율을 a_λ라 하면

$$a_\lambda = 1 - e^{-\alpha_\lambda \cdot s}$$

따라서 이 기체층의 흡수율은 다음 식과 같이 된다.

$$a_g = \frac{\int_0^\infty I_{\lambda o} a_\lambda d\lambda}{\int_0^\infty I_{\lambda o} d\lambda} = \frac{\int_0^\infty I_{\lambda o}(1 - e^{-a_\lambda \cdot s}) d\lambda}{\int_0^\infty I_{\lambda o} d\lambda} \tag{5-46}$$

다음 기체로부터의 복사에너지를 생각해 보자. 그림 5-18과 같이 어떤 부피를 갖는 기체의 온도를 T_g[°K], 표면적을 F_g[m²]라 하고, 이 기체 덩어리로부터 그 미소 표면적 dF_g에 도달되는 복사에너지량을 dQ_g[kcal/h]라 하면, 이는 다음 식으로 표시된다.

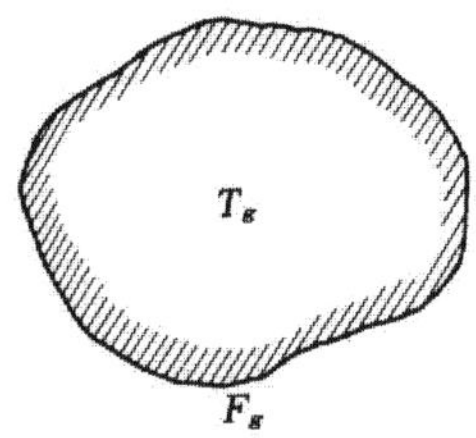

그림 5-18

$$dQ_g = \varepsilon_g E_s dF_g \tag{5-47}$$

단, ε_g는 이 기체의 흑도이며, 기체의 덩어리의 dF_g에 대한 유효 두께 s에서의 값이며, 또 $E_s = C_s\left(\frac{T_g}{100}\right)^4$이다.

따라서 이 기체 덩어리의 표면적에서 외부로 방사되는 복사에너지 Q_g[kcal/h]는 식 (5-47)을 F_g 전체에 대하여 적분한 것이며 다음 식과 같이 된다.

$$Q_g = \varepsilon_g E_s F_g \tag{5-48}$$

단, 이 ε_g는 F_g에 대한 평균 유효 두께 s에서의 값이다.

고체에서와 같이 기체에서도 그 흡수율과 흑도는 같다. 그리고 이들 값은 식 (5-46)으로 알 수 있듯이 기체의 평균 유효 두께 s와 기체의 분압에 관계되며, 또한 온도에 따라서도 변화된다.

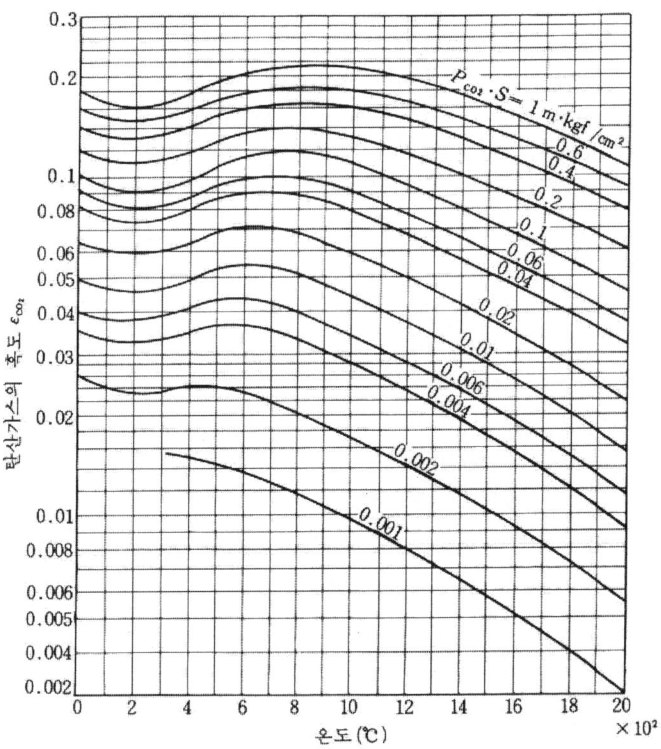

그림 5-19 탄산가스의 흑도

(2) 전열량

보일러의 기체복사에서 문제가 되는 것은 연소가스로부터의 복사이다. 따라서 이 때 연소가스 중에 포함되는 탄산가스와 수증기만을 생각하면 된다.

이들에 대한 복사에너지를 식 (5-47) 또는 식 (5-48)로 계산하려면 먼저 모든 가스의 흑도의 값을 알아야 한다.

이에 관하여는 Hottel, Schack 등의 실험 결과가 있고, 그림 5-19, 5-20은 각각 탄산가스와 수증기의 흑도 ε_{CO_2}, ε_{H_2O}를 표시한다. 단, 그림에서 p_{CO_2}, p_{H_2O}는 각각 기체 중의 이들의 분압 [kgf/cm²], s는 기체의 유효 두께 [m]이다. 여기서 ε_{H_2O}는 그림 5-20으로 구한 ε'_{H_2O}와 그림 5-21의 보정계수 C_{H_2O}로부터 $\varepsilon_{H_2O} = C_{H_2O} \cdot \varepsilon'_{H_2O}$로 구해진다.

이들 값은 기체의 전압(全壓)이 1 kgf/cm²일 때의 값이므로 일반적인 연소가스에 대하여는 그대로 사용될 수 있다.

따라서 탄산가스 및 수증기로부터의 복사에너지를 각각 Q_{CO_2}, Q_{H_2O} [kcal/h]라 하면, 식 (5-48)로

$$\left.\begin{aligned} Q_{CO_2} &= \varepsilon_{CO_2} \cdot C_s \left(\frac{T_g}{100}\right)^4 F_g \\ Q_{H_2O} &= \varepsilon_{H_2O} C_s \left(\frac{T_g}{100}\right)^4 F_g \end{aligned}\right\} \qquad (5\text{-}49)$$

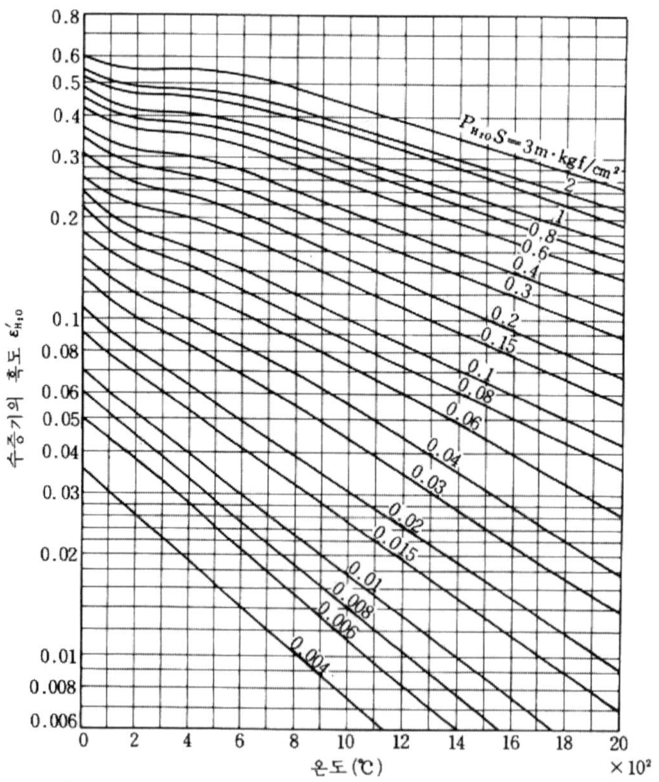

그림 5-20 수증기의 흑도

연소가스로부터의 복사에너지는 대략 이들의 합이나, 탄산가스와 수증기의 흡수대가 중복하고 있으므로 양자의 합보다 약간 적어진다. 즉 기체로부터의 복사에너지를 Q_g[kcal/h]라 하면

$$\left.\begin{aligned} Q_g &= \varepsilon_g C_s\left(\frac{T_g}{100}\right)^4 F_g \\ \varepsilon_g &= \varepsilon_{CO_2} + \varepsilon_{H_2O} - \Delta\varepsilon_g \end{aligned}\right\} \tag{5-50}$$

흑도의 감소량 $\Delta\varepsilon_g$는 ε_g의 2～5 %이다.

또한 Schack는 식 (5-48)에 대한 실험식으로 다음 식을 주었다.

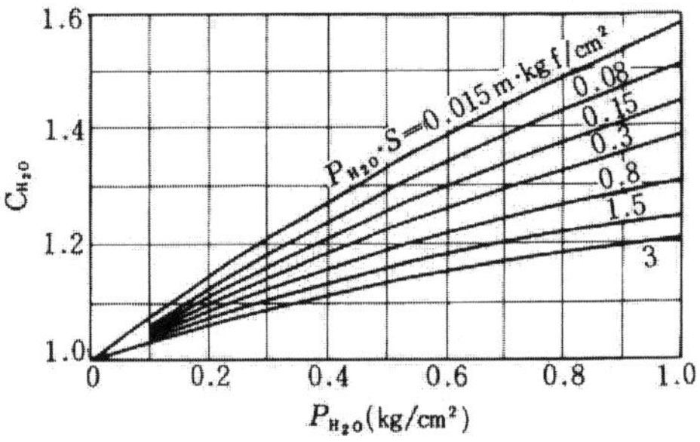

그림 5-21 H_2O에 대한 보정계수

$$\left.\begin{aligned} Q_{CO_2} &= 3.5\sqrt[3]{p_{CO_2}\cdot s}\left(\frac{T_g}{100}\right)^{3.5} F_g, \quad T_g > 450 + 273°K \\ Q_{H_2O} &= 35\, p_{H_2O}{}^{0.8}\cdot s^{0.6}\left(\frac{T_g}{100}\right)^3 F_g, \quad T_g > 400 + 273°K \end{aligned}\right\} \tag{5-51}$$

이상은 순전히 기체에서 방사되는 복사에너지에 대하여만 생각한 것이나, 수열면에 전달되는 기체의 복사전열량은 다음과 같다.

지금 가장 일반적인 경우와 같이 수열면이 기체에 접하며 그 표면적이 F[m²]라면, 그 미소면적 dF에 도달되는 복사에너지 dQ_g는 식 (5-47)에서 dF_g 대신 dF로 하면 된다. 따라서 수열면의 흑도를 ε_w라 하면 수열면에 흡수되는 복사에너지, 즉 전열량 dQ_{gw}는

$$dQ_{gw} = \varepsilon_w \varepsilon_g C_s\left(\frac{T_g}{100}\right)^4 dF \tag{5-52}$$

이를 F에 관하여 적분하면 복사전열량은

$$Q_{gw} = \varepsilon_w \varepsilon_g C_s\left(\frac{T_g}{100}\right)^4 F \tag{5-53}$$

단, ε_g는 기체층의 F에 대한 평균 유효 두께에서의 값이다.

$F = F_g$인 경우, 즉 기체가 수열면으로 포위될 때의 Q_{gw}는 기체가 방사하는 에너지에 ε_w를 곱한 것이며

$$Q_{gw} = \varepsilon_w \varepsilon_g C_s\left(\frac{T_g}{100}\right)^4 F_g \tag{5-54}$$

이 식에서의 ε_g의 평균 유효두께 s는 근사적으로 다음과 같다.

$$s = \frac{2}{3}\sqrt[3]{V_g} \tag{5-55}$$

단, V_g는 기체의 용적 [m³]이다.

또 $F = F_g$일 때 기체와 수열면 사이의 전열량 q_{gw}[kcal/h]는 수열면 온도를 T_w[°K]라 하면, 다음 식으로 표시된다.

$$q_{gw} = \varepsilon_w \varepsilon_{gm} C_s\left[\left(\frac{T_g}{100}\right)^4 - \left(\frac{T_w}{100}\right)^4\right] F \tag{5-56}$$

단, ε_{gm}은 온도 T_g에 대한 ε_g와 T_w에 대한 ε_g와의 적당한 평균값이나, 보일러 전열면에

서와 같이 T_w가 T_g에 비해 상당히 작을 때는 ε_{gm}을 T_g에 대한 ε_g로 대치해도 상관없다.

[3] 화염(火焰)복사와 미분탄염(微粉炭焰)복사

경험에 의하면 일반적인 화염 또는 증기보일러의 화로 내에서의 화염은 위에 말한 순수한 기체복사의 경우보다 훨씬 큰 복사능을 갖는다. 이는 화염에서의 탄산가스 및 수증기로부터의 기체복사 외에 화염 내에 함유된 유리된 고체탄소〔매, 비산(飛散) 코우크스, 회진(灰塵) 등〕로부터의 복사가 있기 때문이다.

또 미분탄 연소에서는 미분탄이 부유상태로 연소되므로 그 화염으로부터의 복사는 기체복사 외에 탄립(炭粒)의 고체복사가 겹쳐져 매우 커진다. 화염으로부터의 복사는 주로 화염 속의 고온의 미소고체로부터의 복사이므로 기체복사와 매우 흡사한 성질을 갖고 화염의 두께에 의존되나 본질적으로는 고체복사이며, 따라서 그림 5-22와 같이 복사에너지는 거의 모든 파장역에서 행해진다.

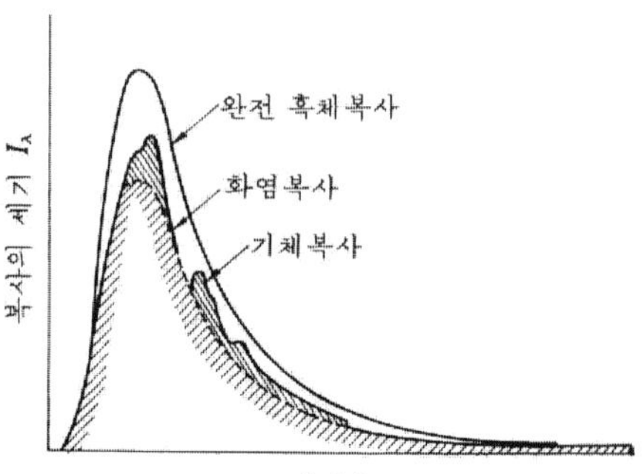

그림 5-22 화염으로부터의 복사

보통 보일러 연소실에서의 전열은 주로 화염으로부터의 복사에 의한 것이다.

(1) 화염복사

연료가 연소되면 그 휘발분은 분리되고 고체탄소는 유리되어 이것이 고온으로 가열되어 매우 큰 복사에너지를 방사함으로써 빛(光輝)을 발한다. 따라서 이러한 화염을 휘염(輝焰)이라고도 하며, 따라서 그 복사를 **휘염복사**라 한다. 휘발분의 연소에 있어 산소 공급이 충분하면 고체탄소를 유리하지 않으므로 화염은 불휘염(不輝焰)이 되어 복사에너지는 기체복사에 의한 것만이 되어 매우 감소된다. 따라서 전열의 견지(見地)로서는 연료가 완전 연소될 수 있는 정도의 속도로 연소시키도록, 1차공기량을 감소시켜 휘염 상태로 하는 것이 요망된다.

휘염의 흑도는 고체탄소의 크기와 단위체적당의 수에 따라 달라지며, 연료 중의 휘발분의 양, 1차공기량 및 공급 방법 등에 따라 변화하므로 각 경우의 흑도를 구하는 것은 매우 곤란하다. 또 고체탄소의 평균 지름은 약 0.2μ 정도이다.

그러나 휘염의 흑도는 기체복사의 경우와 같이 화염의 평균 유효두께(유효 길이라고도 함) s에 대하여 정의할 수가 있다. 또 휘염복사는 기체와 달리 거의 모든 파장에서 복사를 행하므로 파장 λ에 대한 흡수계수 α_λ의 전 파장역에서의 평균값을 생각할 수 있다. 따라서 이 평균 흡수계수를 $\alpha[\mathrm{m}^{-1}]$라 하면 휘염의 흑도는 다음 식으로 표시된다.

$$\varepsilon_f = 1 - e^{-\alpha \cdot s} \tag{5-57}$$

이 α의 값은 휘발분의 분해가 활발한, 즉 α가 큰 위치에서는 약 $1\mathrm{m}^{-1}$정도, 화염 전체로는 약 $0.3 \sim 0.7\,\mathrm{m}^{-1}$ 정도의 값을 갖는 것으로 추정되고 있다. 근사적으로는 $s \fallingdotseq 0.6\,V_f^{1/3}$이다.

단, V_f 는 화염부의 체적이다. 따라서 $s \geqq 5\,\mathrm{m}$ 의 경우는 $\varepsilon_f \fallingdotseq 1$ 이 되어 화염은 같은 온도의 흑체와 거의 같은 양의 다량의 복사에너지를 방출하게 된다.

(2) **미분탄 복사**

미분탄은 고체탄소에 비하여 매우 크나, 이도 일종의 휘염복사라고 생각된다. 미분탄의 최초의 지름은 약 $100 \sim 200\,\mu$ 이다. 미분탄의 흑도는 식 (5-57)과 동일한 식으로 표시할 수 있다. 흡수계수 α 는 연소와 함께 감소되나, 연소가 왕성한 위치에서의 값은 Wohlenberg 에 의하면

$$\left.\begin{aligned} \varepsilon_f &= 1 - e^{-\alpha s} \\ \alpha &= \frac{5.48 \times 10^4[(1-\nu)\gamma_0/\gamma_1]^{\frac{2}{3}}}{G_b \gamma_o d_o T_f} \end{aligned}\right\} \tag{5-58}$$

단, ν 는 연료 중의 휘발분과 수분의 함유율, γ_0 와 γ_1 은 탄립 및 생성 코우크스의 비중량 [kgf/m³], G_b 는 1 kg 의 연료로부터 생기는 연소가스량 [kg/kg], d_0 는 탄립의 연소 전의 평균 지름 [cm], T_f 는 화염 온도 [°K]이다.

끝으로 화염으로부터의 복사에 의한 전열량은 기체복사의 경우와 같은 방법으로 구할 수 있다. 예컨대, 화염복사의 경우 식 (5-53)에 상당하는 식은 화염으로부터의 전열량을 Q_{fw}, 화염 온도를 T_f 라 하면 다음 식으로 표시된다.

$$Q_{fw} = \varepsilon_w \varepsilon_f C_s \left(\frac{T_f}{100}\right)^4 \cdot F \tag{5-59}$$

5-6 전도, 대류 및 복사가 동시에 일어나는 경우의 열전달

이미 5-3 절에서 전도 및 대류에 의한 열관류에 대하여 설명한 바 있으나, 실제에 있어 연소가스와의 접촉에 의한 전열 외에 복사에 의한 열량까지 아울러 생각해야 할 때가 많다.

이런 경우 전관류열량 Q 는 대류로 고체벽에 전달되는 열량 Q_1 과 복사로 전달되는 열량 Q_R 와의 합이다. 즉

$$Q = Q_1 + Q_R \tag{5-60}$$

단,

$$Q_1 = \alpha_1 F(t_1 - t_{w_1}) \tag{5-8}$$

Q_1 은 방열유체에서 전열면으로 접촉으로 전해지는 열량이고, α_1 은 이 때 접촉에 의한 열전달률이며, 또

$$Q_R = \alpha_R F(t_1 - t_{w_1}) \tag{5-61}$$

Q_R 는 방열유체에서 복사로 전열면에 전달되는 열량을 접촉에 의한 전열과 같은 방식으로 표시한 것이며, α_R 는 이 때에 복사에 의한 열전달률 [kcal/m²h°C]이라 한다. 따라서

$$Q = Q_1 + Q_R = (\alpha_1 + \alpha_R) F(t_1 - t_{w_1}) \tag{5-62}$$

이고, $\alpha_1 + \alpha_R$ 는 방열유체측의 전열전달률이다.

일반적으로 Q_R 의 단독적 계산으로 α_R 를 구할 수 있고, 따라서 $\alpha_1 + \alpha_R$ 도 계산될 수 있다.

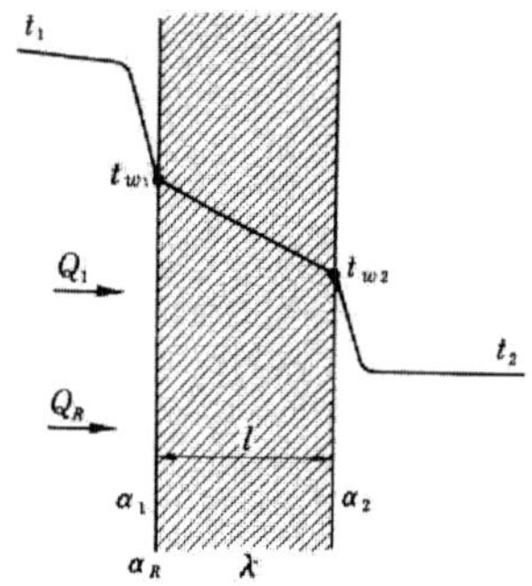

그림 5-23

지금 5-3 절의 식 (5-8)(그림 5-23 참조)은 이 때 다음과 같이 된다.

$$Q = (\alpha_1 + \alpha_R)F(t_1 - t_{w_1}) = \frac{\lambda}{l}F(t_{w_1} - t_{w_2})$$
$$= \alpha_2 F(t_{w_2} - t_2) = kF(t_1 - t_2) \qquad (5\text{-}63)$$

단, 일반적으로 수열유체측은 저온이므로 그 복사에 의한 전열은 보통 무시한다.

따라서 이와 같이 복사에 의한 전열량까지 아울러 생각할 때의 열관류율 k는 다만 5-3 절의 여러 식에서 α_1(방열유체측의 막계수) 대신 $\alpha_1 + \alpha_R$를 대입하면 된다.

예컨대 전열면이 평면일 때 식 (5-10)은

$$\frac{1}{k} = \frac{1}{\alpha_1 + \alpha_R} + \Sigma\frac{l}{\lambda} + \frac{1}{\alpha_2} \qquad (5\text{-}64)$$

로 대치되며, 원관에 대한 식 (5-13)은

$$\frac{1}{k_a r_a} = \frac{1}{k_i r_i} = \frac{1}{(\alpha_1 + \alpha_R)r_a} + \Sigma\left(\frac{\ln r_a/r_i}{\lambda}\right) + \frac{1}{\alpha_2 r_i} \qquad (5\text{-}65)$$

로 대치된다.

5-7 대수평균 온도차(對數平均溫度差)

공학상 이용되는 열전달 장치에서는 그 전열면의 양측을 방열유체와 수열유체가 각각 흐르면서 전열이 이루어지는 것이 보통이다. 이 때 양 유체의 온도는 유동이 정상 상태라고 가정하면, 전열면상의 임의의 한 점에서는 일정하다고 하겠으나, 열의 방출 및 흡수에 따라 전열면에 연한 도정에 따라 변화하게 된다. 이 때 유체가 전열면 양측을 상대적으로 유동하는 방향은 이 전열면을 통한 전열량에 큰 영향을 준다. 이 상대적 유동 방향은 기본적으로 그림 5-24 와 같이 평행류(平行流, parallel flow), 역류(逆流, counter flow) 및 직교류(直交流, cross flow)의 세 가지로 분류된다.

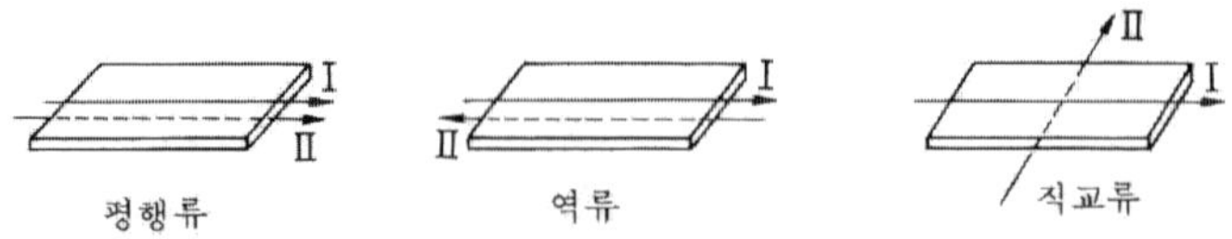

그림 5-24

지금 평행류와 역류를 생각하면, 열관류율 k가 전열면에 연하여 근사적으로 일정하다고 보면(k의 값은 많은 경우 전열면에 연하여 많은 차이가 있으나) 전열량은 매우 간단히 계산된다.

즉 그림 5-25 에서와 같이 방열유체를 I, 수열유체를 II 라 하고 각 유량을 G, G' [kg/h],

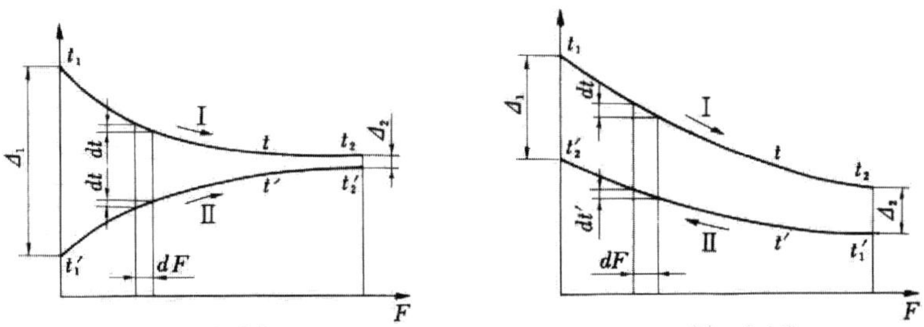

(a) 평행류 (b) 대향류

그림 5-25

비열을 c, c' [kcal/kg°C], 온도를 t, t' [°C]라고 하면 단위시간에 전열면 dF를 통한 전열량은

$$dQ = k(t - t')dF$$

한편 평행류에서 $$dQ = -cGdt = c'G'dt'$$

역류에서는 $$dQ = -cGdt = -c'G'dt'$$

$$\therefore\ dt - dt' = d(t - t') = -dQ\left(\frac{1}{cG} \pm \frac{1}{c'G'}\right)$$

$$\therefore\ dQ = -\frac{d(t - t')}{\mu} = k(t - t')dF \quad \cdots\cdots(a)$$

단, $$\mu = \frac{1}{cG} \pm \frac{1}{c'G'}$$ (+ 는 평행류, − 는 역류)

(a) 식을 전열면 전체에 대하여 적분하고 온도차 $(t - t')$의 $F = 0$, 즉 방열유체의 전열면 입구에서의 값을 Δ_1, $F = F$, 즉 방열유체의 전열면 출구에서의 값을 Δ_2라 하면

$$Q = \frac{1}{\mu}(\Delta_1 - \Delta_2) \quad \cdots\cdots(b)$$

또한 $$\frac{-d(t - t')}{t - t'} = k\mu dF \qquad \therefore\ \ln\frac{\Delta_1}{\Delta_2} = k\mu F \quad \cdots\cdots(c)$$

그러므로 (b), (c)로부터 $$Q = kF\frac{\Delta_1 - \Delta_2}{\ln \Delta_1/\Delta_2}$$

따라서 전열량은 다음과 같이 표시된다.

$$\left.\begin{aligned} Q &= kF\Delta t_m \\ \text{단,}\quad \Delta t_m &= \frac{\Delta_1 - \Delta_2}{\ln \Delta_1/\Delta_2} \end{aligned}\right\} \quad (5\text{-}66)$$

여기서, Δt_m은 **대수평균 온도차**(log mean temperature difference)라고 하며, 상대적 유동방향에 따라 변화하고 언제나 역류의 경우가 평행류보다 커진다.

직교류의 경우의 전열의 계산은 상당히 복잡하므로 보통 평행류 또는 역류로 대치하여 식 (5-66)으로 계산하는 수가 많다.

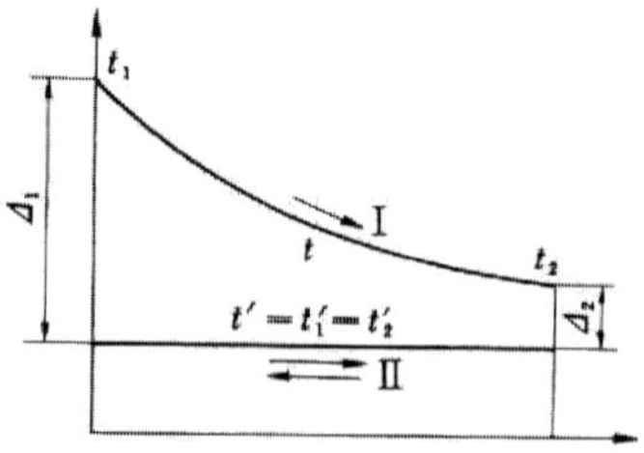

그림 5-26

또한 그림 5-26 또는 보일러 본체 전열면과 같이 어느 한쪽의 유체의 온도가 변화하지 않을 때에도 전열량은 식 (5-66)으로 계산되나, 이 때 $t_1' = t_2' = t'$ 이므로

$$\Delta t_m = (t_1 - t_2)/\ln \frac{t_1 - t'}{t_2 - t'} \tag{5-67}$$

가 된다.

제 6 장 보일러 본체의 열공학적 계산

이 장에서는 보일러 본체의 전열면의 전열 과정과 그 열공학적 계산법에 대하여 설명한다. 전열면의 소요 면적은 제 2 장에서 말한 증발률로부터 추정할 수 있으나, 이러한 추정의 옳고 그른 것을 이 장에서의 계산으로 확인할 수도 있다. 보일러 본체의 전열면을 연소실에 면(面)한 복사전열면과 연소실에 면하지 않은, 즉 주로 연소가스와의 접촉으로 열을 받는 접촉전열면으로 구별할 수 있다.

6-1 복사전열면

증기보일러에서의 열전달은 그 대부분이 연소실 내에서 행해진다. 즉 연소실에서 발생한 열량 중 상당히 큰 부분은 복사로 노벽에 설치된 수냉관 또는 수관들로 형성되는 복사전열면에 전달되며, 새로운 수관보일러에서는 더욱 이것이 가장 중요한 전열 과정이 되고 있다. 물론 복사전열면에서도 연소가스의 접촉에 의한 전열이 동시에 행해지나, 이는 복사에 의한 전열량에 비해 일반적으로 적으므로 무시하는 것이 보통이다. 또한 복사전열면에서의 전열량은 연소실 온도에 직접 영향을 주며, 다시 이 연소실 온도는 그 다음의 접촉전열면에 큰 영향을 끼친다.

[1] 전열 과정

연소실 내의 복사전열은 과거에는 화격자 위의 고온의 연료 및 주위의 노벽으로부터의 복사에 의한 것으로 생각하였으나, 가스 및 화염복사의 중요성이 알려진 후로는 주로 화염으로부터의 복사에 의한 것임이 명백해졌다. 화염은 보통 연료의 연소에서는 그 함유하는 휘발분 때문에 생기고 거의 연소실 전체에 충만된다. 화격자 연소의 경우 화염은 화격자 위의 작열(灼熱)된 연료 위를 덮는 것이며 또한 연료층보다도 고온이다. 오늘날 사용되는 높이가 큰 연소실에서는 화염이 보일러 전열면에 열을 전달하는 유일한 원인이라고 생각해도 무방하다. 화염은 전술한 바와 같이 매우 큰 복사능을 갖고 완전흑체의 복사의 약 80 %까지 도달될 경우도 있다. 다만, 코우크스나 무연탄과 같이 극히 휘발분이 적은 연료를 화격자 위에서 연소시킬 때에는 화염복사 외에 화격자 위에서 연소하는 연료의 복사까지 고려할 필요가 있다.

연소실에서의 복사전열은 화염 및 복사전열면 온도 외에 매우 여러 가지의 조건, 예컨대 연소실의 크기와 구조, 화염의 온도와 넓이와 길이, 화염의 연소가 끝나는 면의 위치, 공기비 *m*의 크기 및 그 분포, 공급되는 연소용 공기 온도, 화염의 흑도, 복사전열면의 면적과 상태 등에 관계된다. 따라서 이 복사전열량을 정확히 구하기는 매우 어려우나 다음과 같이 여러 학자들에 의하여 이를 계산하기 위한 방법이 연구되고 있다.

예컨대 Briode는 복사전열면적당의 연소실 열발생량과 복사전열량과의 관계를 제시했고, Orrok는 이에 연소용 공기량까지 고려하여 복사전열량을 구하는 실험식을 주었고, Wohlenberg는 연소실의 크기, 연소실 열발생률, 복사전열면적의 비율, 공기비, 연료의 발열량, 연소용 공기의 예열 등을 고려에 넣어 화격자 및 미분탄 연소의 경우의 복사전열량을 도식으로 구하는 방법를 제시했다. 또한 Münzinger는 Wohlenberg의 연구를 기초로 하여 매우 유리한 계산법을 제안하고 있는데, 이에 의하면 실제로 사용할 수 있는 결과를 얻을 수 있고 실용상 이를 간단히 하기 위한 선도가 주어지고 있다.

[2] 복사 전열량의 계산

연소실 온도 및 각 복사전열면, 즉 냉각면(冷却面)의 온도를 T_1, T_2라 하면, 연소실에서의 복사전열량은 Stefan-Boltzmann의 법칙에 따라 다음 식과 같이 전 냉각면에서의 총계로 표시된다.

$$Q_r = \Sigma F_r C_{1-\mathrm{II}}\left[\left(\frac{T_1}{100}\right)^4 - \left(\frac{T_2}{100}\right)^4\right] [\mathrm{kcal/h}] \quad (6\text{-}1)$$

여기서, F_r : 각 냉각면의 유효 냉각면 면적 [m²]

$C_{1-\mathrm{II}}$: 화염과 냉각면 사이의 유효 복사계수 [kcal/m²hK⁴]

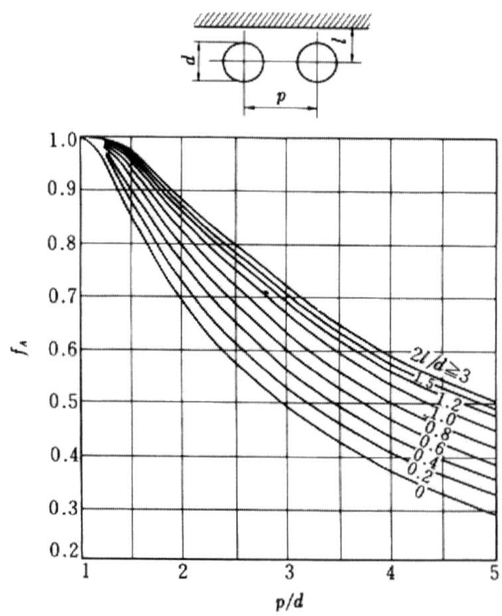

그림 6-1 f_A의 값

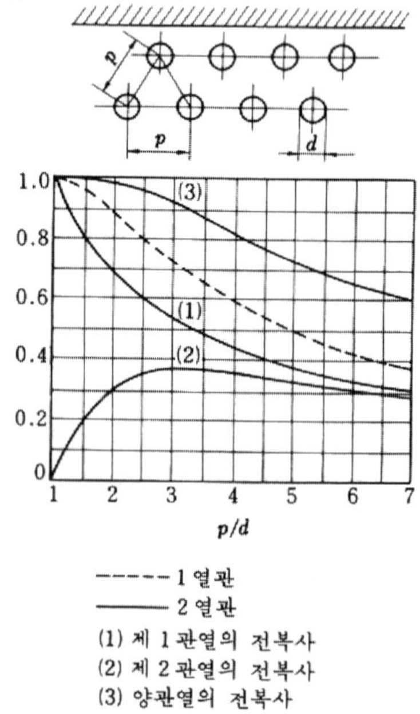

----- 1 열관
—— 2 열관
(1) 제 1 관열의 전복사
(2) 제 2 관열의 전복사
(3) 양관열의 전복사

그림 6-2 f_A의 값

T_1의 값은 연소실 출구온도를 취하고, T_2로는 증기압력에 대한 포화온도 또는 전열량에 따라 이보다 15～50°C 높은 값을 취하면 된다. 그러나 T_2의 항은 T_1의 항에 비하면 거의 무시할 수 있는 정도이다.

유효 냉각면 면적은 연소실에서 냉각면에 대한 복사상태를 고려하여 형태계수 $\varphi=1$인 등가냉각면(等價冷却面)으로 환산하여 다시 냉각면의 종류 및 그 표면에 부착한 슬랙(slag, 熔滓)에 의한 열전도의 영향을 고려하여 구해야 하며, 냉각면적을 F[m²]라 하면

$$F_r = f_A \cdot f_C \cdot f_S \cdot F \qquad (6\text{-}2)$$

여기서, f_A : 등가냉각면으로의 환산계수

f_C : 냉각면의 열전도에 대한 수정계수

f_S : 냉각면에 부착된 슬랙을 고려한 수정계수

f_A의 값은 가장 중요한 나수냉관에 대한 Ramsin, Hottel, Eckert, Yamagata 등의 연구 결과가 있고, 그림 6-1은 1열 수냉관의 각 배치에 대한 것이며 그림 6-2는 노벽에서 떨어진 위치에 있는 1열 및 2열 수냉관에 대한 Hottel의 결과이다.

단, $F=zpL$ [m²]이고, z는 관수, p는 관의 피치 [m], L은 관의 길이 [m]이다. 실제로 사용되는 나수냉관의 피치는 관의 바깥지름을 d라 하면 $p \leqq 2d$ 정도이다. 휜(fin)이 붙은 나수냉관, 주철블록 또는 이에 내화재료를 붙인 블록이 결합된 경우는 모두 $f_A=1$이다.

f_C는 Mullikin에 의하면 그 개략치는

나수냉관 $f_C = 1.00$

휜을 갖는 나수냉관 1.00

주철블록이 붙은 수냉관 0.70

내화재 블록이 붙은 수냉관 0.35

이다. 이 f_C는 냉각면의 종류에 따라 수냉벽 내의 열전도가 크게 다르고 표면 온도가 높아짐으로써 받는 영향을 고려한 것이다.

f_S는 슬랙에 의한 열전도의 영향을 고려한 것이며 f_C와 같은 의미의 계수이다. 따라서 새 수냉관에서는 $f_S=1$이나, 슬랙의 부착에 따라 적은 값을 갖는다. Mullikin은 수냉관의 반주(半周)가 배후의 노벽에 파묻힐 때에 대하여 다음 식을 주었다.

$$f_S = 1 - xk$$

단, x는 냉각면 중 슬랙이 붙은 부분의 비율이며, k는 슬랙의 두께에 대하여 그림 6-3과 같은 값을 갖는다.

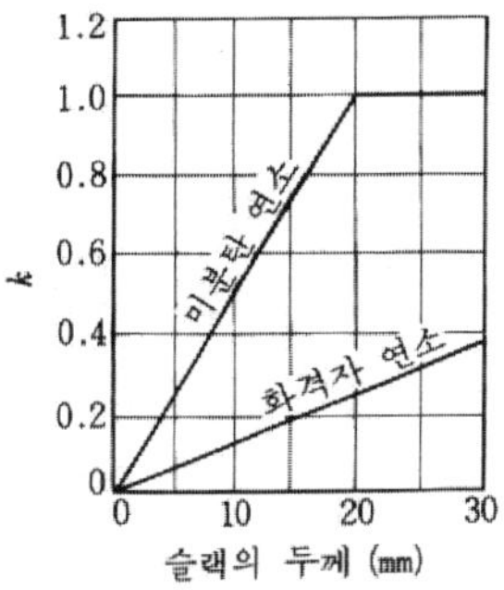

그림 6-3 k의 값

이상은 주로 수냉벽에 대한 것이지만 기타의 복사전열면, 특히 문제가 되는 연소실 출구에 실치되는 수관군에 대하여도 같은 방식으로 유효 냉각면 면적을 구할 수가 있다. 그리고 이 수관군에서는 입사하는 복사열은 반드시 어느 수관에든가 부딪치므로 $f_A=1$이며, 또 수관이 연소실 위에 있는 배치에서는 수관군의 연소실에의 투영면적을 가지고 냉각면 면적 F로 함이 합리적이다.

끝으로 유효 복사계수 $C_{\text{I-II}}$는 냉각면 및 화염의 흑도, 유효 냉각면의 연소실 전주벽면에 대한 비율, 화염의 연소실에서의 충만의 정도 등에 관계된다. 그러나 냉각면의 흑도는 그 자체로 거의 1에 가까운 값을 갖는다는 것과 T_1의 값으로 실제 화염온도보다 약간 낮은 연소실 출구온도를 사용하는 점으로 미루어, 근사적으로 1로 보아 무방하다고 볼 수 있다.

이리하여 Ishitani의 연구에 의하면

$$C_{\text{I-II}} = fC_m \tag{6-3}$$

단, f는 화염의 연소실 내에서의 충만의 정도에 대한 보정계수이고, 연소 방식과 부하에 따라 변화하며 부하가 적어질수록 적은 값을 취한다. 버어너 연소에서 $f = 1.0 \sim 0.8$, 화격자 연소에서 $f = 0.5 \sim 0.3$이다. C_m은 연소실에 화염이 충만했을 때의 유효 복사계수이다. 이는 화염의 흑도 ε_f와 유효 냉각면 면적이 연소실의 전주벽면적(화격자 연소 때는 화격자면도 포함)에 대한 비 ψ에 관계되고, 그림 6-4에서 ε_f와 ψ의 값에 따라 구해진다. 그림 6-5는 화염의 흑도이다.

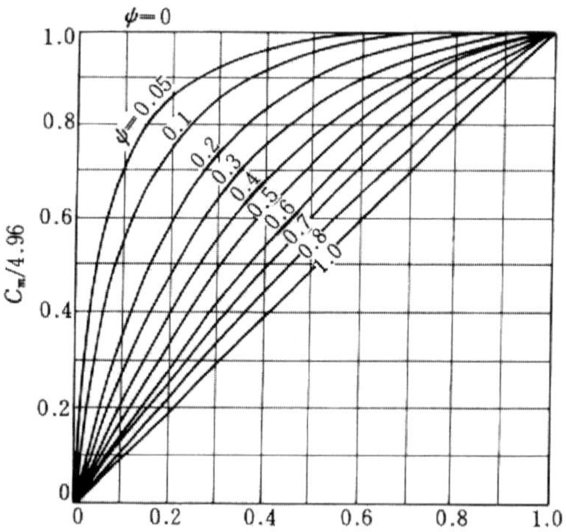

그림 6-4 C_m의 값

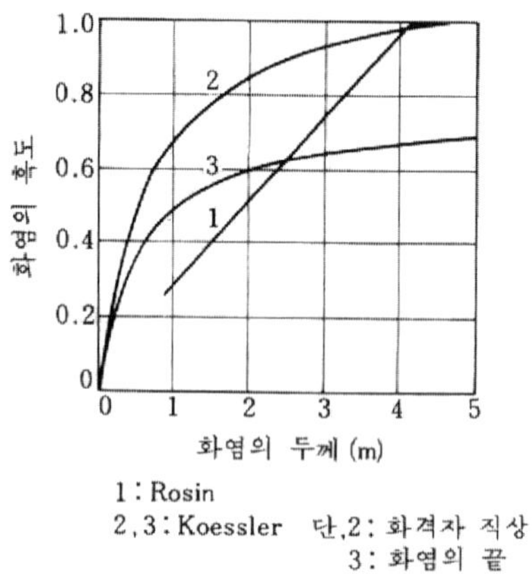

그림 6-5 화염의 흑도

6-2 연소실 온도

일반적으로 연소실 내의 위치에 따라 연소실 온도는 일정하지 않으므로 보통 연소가 끝난 위치인 연소실 출구에서의 연소가스 온도를 연소실 온도로 정하며, 이 온도 t_g[°C]는 이미 제 4 장 끝에서 나온 다음 관계로 구할 수 있다.

$$(\eta_c - \sigma)B_h H_l + B_h c_f t_f + mL_t B_h c_a t_a = V_g B_h c_g t_g \tag{6-4}$$

이 중 연소실에서의 복사전열량이 $\sigma B_h H_l$이고, 이 열량의 대부분, 즉 $(1 - \nu_g)\sigma B_h H_l$은 복사전열면에 주어지고, 남은 $\nu_g \sigma B_h H_l$은 연소실의 복사 및 전도에 의한 열손실이 된다.

따라서 식 (6-1)로

$$(1-\nu_g)\sigma B_h H_l = Q_r = \sum F_r C_{1-\mathrm{II}}\left[\left(\frac{T_1}{100}\right)^4 - \left(\frac{T_2}{100}\right)^4\right] \tag{6-5}$$

단,
$$T_1 = t_g + 273$$

또 연소실에서의 열손실은 다음 식으로 표시된다.

$$\nu_g \sigma B_h H_l = x B_h H_l \tag{6-6}$$

이 x의 값은 보일러의 용량 및 부하에 따라 다르나, 0.003 ~ 0.02 정도의 값이고 용량 및 부하가 클수록 작은 값을 갖는다.

이상의 식 (6-4) ~ 식 (6-6)의 관계로 연소실 온도 t_g를 구할 수 있다.

t_g의 계산은 결국 복사전열량의 계산과 연관되어 있으며 독립적으로 구할 수 없음을 알게 된다.

즉 [2]에서 Q_r의 계산에서 가정한 T_1값 ($T_1 = t_g + 273$)과 지금 식 (6-4) ~ 식 (6-6)을 연립시켜 푼 결과로 얻은 t_g값이 일치하면 신뢰도가 높은 옳은 t_g값을 얻은 셈이 된다, 만약 차이가 나면 이 값을 제 1 근사치로 삼아 다시 되풀이하여 계산하면 정도(精度)가 높은 t_g값을 구할 수 있고, 마찬가지로 복사전열량 Q_r값도 정도가 높은 값을 구하게 된다.

위에서 언급한 많은 학자들의 계산법도 결국 화염온도 T_f와 연소실 출구 가스 온도 t_g의 관계를 적당히 가정하여 복사전열량 Q_r의 식과 t_g에 관한 식 (6-4)를 연립시켜 Q_r와 t_g를 구하는 기본 방법에는 차이가 없다.

T_1값을 연소실 출구온도로 가정한 위의 방법은 절대적인 것은 아니며, 예컨대 Yamazaki의 계산 방법에서는 T_1은 화염의 평균온도 T_f로 보고 T_f를 이론 연소온도 t_{g0}[식 (6-4)에서 $\sigma = 0$일 때의 t_g]와 연소실 출구 가스온도 t_{go}의 산술평균

$$T_1 = T_f = 0.5(t_{go} + t_s) + 273\,[°\mathrm{K}]$$

을 사용하고 있다.

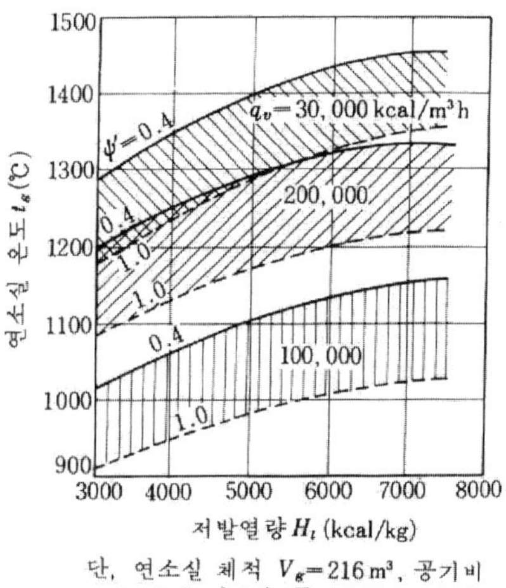

단, 연소실 체적 $V_g = 216\ \mathrm{m^3}$, 공기비 $m = 1.2$, 연소용 공기온도 $t_a = 20$℃

그림 6-6 연소실 온도

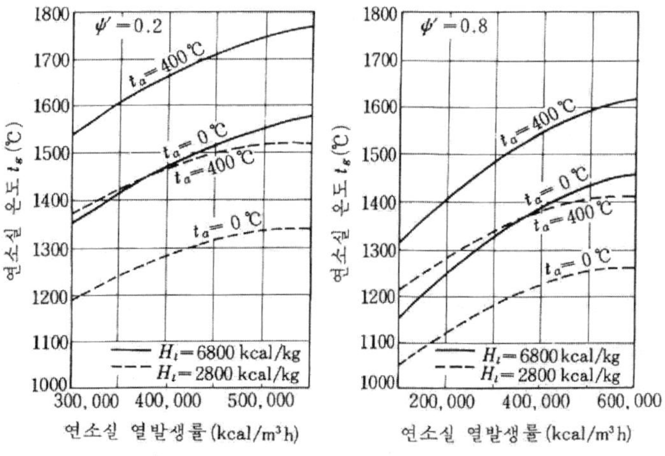

단, 연소실 체적 $V_g = 227\ \mathrm{m^3}$, 공기비 $m = 1.4$

그림 6-7 연소실 온도

여기서 t_g는 다음의 각 사항의 영향을 받음을 알 수 있다.

1) 사용 연료의 저발열량 H_l

2) 연료 소비량 B_h 또는 연소실 열발생률 q_v

3) 연소실에서의 복사전열량 Q_r 따라서 연소실에서의 복사전열면의 비율

4) 공기비 m과 연소용 공기온도 t_a 등

그림 6-6, 6-7은 이들의 연소실 온도에 끼치는 영향이다. 그림에서 냉각률 ψ'는 전 복사전열면을 등가냉각면으로 환산한 것, 즉 $\sum f_A F$가 연소실 전주벽면적에 대한 비이다.

6-3 접촉전열면

접촉전열면에서의 전열량을 Q_C[kcal/h], 보일러의 증발량을 D_h[kg/h]로 하고

i_D : 보일러 본체에서의 발생증기의 엔탈피[kcal/kg]

i_W : 보일러 본체에 공급되는 물의 엔탈피[kcal/kg]

$r = i'' - i'$: 증발열[kcal/kg]

i'', i' : 건포화증기 및 포화수의 엔탈피[kcal/kg]

x : 보일러 본체에서의 증기의 건조도, 단, x의 값은 증발량에 대하여 드럼의 증기부 체적 및 수면 면적이 작을수록 적은 값을 취하고 대략 0.95～0.99이면

$$Q_r + Q_c = D_h(i_D - i_W)$$
$$= D_h(xr + i' - i_W)\ [\text{kcal/h}] \tag{6-7}$$

즉 보일러 본체의 접촉전열면에서 식 (6-7)로 구해지는 Q_c 만큼의 열량이 전달되어야 하므로 접촉전열면은 이에 필요한 면적을 가져야 한다. 이러한 전열면은 보통 과열기의 전후(前後)로 나누어 설치될 때와 과열기 전에 통틀어 설치될 때가 있다.

[1] 전열 과정

보일러 본체의 접촉전열면에서는 연소가스 온도가 높으므로 가스와의 접촉에 의한 전열량 외에 연소가스로부터의 복사에 의한 전열량도 고려할 필요가 있다. 접촉전열에서 가스측으로부터의 열전달률은 가스의 유동 상태에 따라 다름은 이미 말한 바이며, 또한 전열량은 전열면 양측의 유체의 상대적인 유동 방향에 따라 변화함도 이미 아는 바이다. 그러나 실제에 있어 평행류, 역류 또는 직교류의 어느 하나만이 행해지는 일은 드물고 이들 3가지의 복잡한 조합 상태를 취함이 보통이다. 그러나 보일러 본체의 경우는 보일러수의 온도는 거의 일정하므로 모든 경우 대수평균 온도차를 생각함으로써 전열량을 구할 수 있다.

복사전열은 연소가스로부터의 기체복사만을 생각하면 된다. 이는 화염복사에 비하면 매우 적으나 접촉에 의한 전열량에 비할 때는 무시할 수 없는 것이 된다. 또한 수열유체측에서는 보통 비등이 일어나므로 열전달률을 정확히 구하기가 곤란하나, 연소가스측에 비하여 매우 큰 값을 가지므로 이는 열관류율, 즉 전열량 계산에 있어 큰 영향이 없게 된다.

[2] 접촉전열량의 계산

지금 접촉전열면이 과열기를 사이에 끼고 전후로 나뉘어져 설치된 경우를 생각하기로 한다. 여기서 계산에 있어 연소가스의 I-t 선도를 사용하면 편리하다. 그림 6-8에서

t_1, t_2 : 과열기 전부(前部)의 접촉전열면의 입구 및 출구의 연소가스 온도 [°C]

I_1, I_2 : 위의 전열면 입구 및 출구에서의 연소가스의 엔탈피 [kcal/kg]

t_1', t_2' : 과열기 후부(後部)의 접촉전열면 입구 및 출구의 연소가스 온도 [°C]

I_1', I_2' : 위의 전열면 입구 및 출구에서 연소가스의 엔탈피 [kcal/kg]

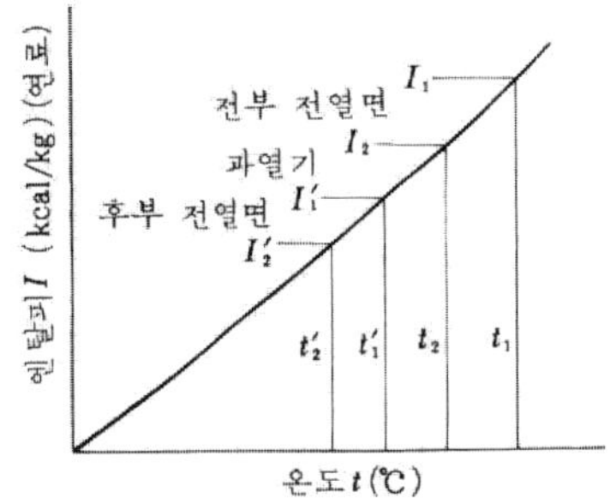

그림 6-8 연소가스의 I-t 선도

이다. 단, t_1은 연소실 출구온도 t_g와 같고, 또 t_2, t_1'는 과열기 입구 및 출구에서의 연소가스 온도와 같다.

연소가스로부터 빼앗기는 열량은 연료 소비량을 B_h [kg/h]라 하면 전부 및 후부 전열면에서 각각 다음과 같다.

$$\left.\begin{aligned} Q_g &= B_h(I_1 - I_2)\ [\text{kcal/h}] \\ Q_g' &= B_h(I_1' - I_2')\ [\text{kcal/h}] \end{aligned}\right\} \quad (6\text{-}8)$$

이 열량 중 작은 부분은 연도의 벽을 통하여 외부로 새어 나가 열손실이 되므로 보일러수에 전달된 열량은 다음과 같다.

$$\left.\begin{aligned} Q_1 &= (1 - \nu_1)Q_g\ [\text{kcal/h}] \\ Q_1' &= (1 - \nu_1')Q_g'\ [\text{kcal/h}] \end{aligned}\right\} \quad (6\text{-}9)$$

단, ν_1, ν_1'는 0.02 ~ 0.06 정도이다.

따라서 식 (6-7)로

$$Q_1 + Q_1' = D_h(i_D - i_W) - Q_r \quad (6\text{-}10)$$

다음 k_1, k_1'는 전부 및 후부전열면의 열관류율 [kcal/m²h°C] 이고, F_1, F_1'를 전부 및 후부전열면의 전열면적 [m²]이라 하면

$$\left.\begin{aligned} Q_1 &= k_1F_1(\Delta t_m)_1\ [\text{kcal/h}] \\ Q_1' &= k_1'F_1'(\Delta t_m)_1'\ [\text{kcal/h}] \end{aligned}\right\} \quad (6\text{-}11)$$

이 식에서 $(\Delta t_m)_1$, $(\Delta t_m)_1'$는 전부 및 후부전열면에서의 연소가스와 보일러수 간의 대수평균 온도차이고 보일러수의 온도를 t_W [°C]라 하면

$$\left.\begin{aligned} (\Delta t_m)_1 &= (t_1 - t_2)/\ln\frac{t_1 - t_w}{t_2 - t_w} \\ (\Delta t_m)_1' &= (t_1' - t_2')/\ln\frac{t_1' - t_w}{t_2' - t_w} \end{aligned}\right\} \quad (6\text{-}12)$$

식 (6-11)의 열관류율을 구할 때 원관의 경우라도 평면의 경우의 식으로 근사시킴이 보통이고, 실용상 이로써 충분하다. 따라서 k_1, k_1'는 다음 식으로 표시된다.

$$\left.\begin{aligned}\frac{1}{k_1} &= \frac{1}{\alpha_1 + \alpha_{r_1}} + \Sigma\left(\frac{l}{\lambda}\right) + \frac{1}{\alpha_2} \\ \frac{1}{k_1'} &= \frac{1}{\alpha_1' + \alpha_{r_1}'} + \Sigma\left(\frac{l'}{\lambda'}\right) = \frac{1}{\alpha_2'}\end{aligned}\right\} \quad (6\text{-}13)$$

단, α_1, α_1' : 연소가스측의 접촉에 의한 열전달률 [kcal/m²h°C]

α_{r_1}, α_{r_1}' : 연소가스측의 복사에 의한 열전달률 [kcal/m²h°C]

$\Sigma(\lambda/l)$, $\Sigma(\lambda'/l')$: 전열면 및 부착물층에서의 열전도율과 두께와의 비 [kcal/m²h°C]

α_2, α_2' : 보일러수측의 접촉에 의한 열전달률 [kcal/m²h°C]

식 (6-13)에서 α_2, α_2' 및 부착물층이 두껍지 않은 한 $\Sigma(\lambda/l)$, $\Sigma(\lambda'/l')$는 $(\alpha_1 + \alpha_{r_1})$, $(\alpha_1' + \alpha_{r_1}')$에 비하여 상당히 큰 값을 취하므로 실제의 계산에서는

$$\left.\begin{aligned}k_1 &\fallingdotseq \alpha_1 + \alpha_{r_1} \\ k_1' &\fallingdotseq \alpha_1' + \alpha_{r_1}'\end{aligned}\right\} \quad (6\text{-}14)$$

로 하여도 무방하다.

α_1, α_1' 의 계산은 이미 제 5 장에서 설명하였고 연소가스의 유속이 큰 영향을 준다. 이 유속은 보통의 수관보일러에서 6 m/s 이하, 대형 또는 고부하의 수관보일러에서 7 ~ 10 m/s 정도로 한다. α_1, α_1' 의 값은 보통 가스가 전열면을 횡단할 때 20 ~ 40 kcal/m²h°C, 전열면에 연하여 흐를 때 8 ~ 20 kcal/m²h°C 이다. 가스의 유속을 계산하려면 전열면 입구와 출구의 평균온도에 대한 연소가스의 체적을 생각하면 된다. α_{r_1}, α_{r_1}' 는 탄산가스와 수증기의 양자에 대하여 계산하여 근사적으로 그 합을 취하면 되고, 이 계산에는 가스의 분압과 유효두께가 관계된다.

가스층의 유효두께 s 는 연소가스가 안지름 d_i 인 관 안을 흐를 때는 $s = 0.9\,d_i$, 또 그림 6-9 와 같이 바깥지름 d_a 인 관 밖을 흐를 때는 그림 (a)와 같은 마름모꼴 배열에서 $d_a = l$ 일 때 $s = 2.8\,l$, $d_a = l/2$ 일 때 $s = 3.8\,l$, 또 그림 (b)와 같은 정사각형 배열에서 $d_a = l$ 일 때 $s = 3.5\,l$ 이다. 실제로 $\alpha_{r_1} = 10 \sim 25$ kcal/m²h°C, $\alpha_r{}'_1$ 은 연소가스 온도가 저하되므로 $\alpha_{r_1}' = 4 \sim 8$ kcal/m²h°C 정도가 보통이다.

이상의 식 (6-8) ~ (6-13)으로 전열량, 소요 전열 면적의 계산을 할 수 있다. 실제로 전열면 전후에서 연소가스 온도는 대략 다음과 같다.

즉 전부 전열면 입구에서는 연소실 출구온도와 같고 $t_1 = 1000 \sim 1300$°C, 전부 전열면 출구에서 $t_2 = 800 \sim 950$°C 이며, 또 후부 전열면 입구에서 $t_1' = 500 \sim 750$°C, 그 출구에서 $t_2' = 300 \sim 500$°C 이다.

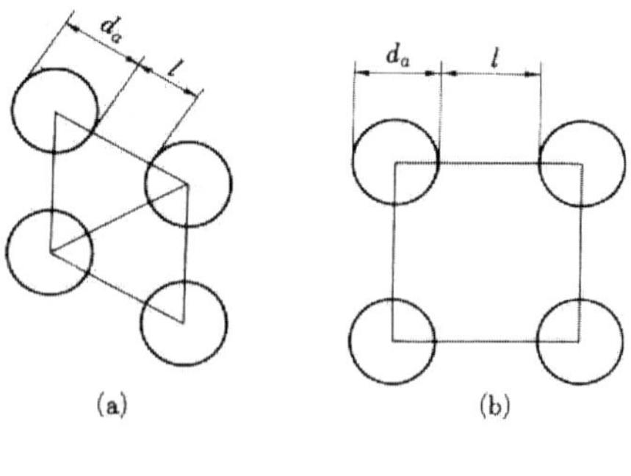

그림 6-9

제 7 장 과열기, 절탄기 및 공기예열기

7-1 과 열 기

[1] 개 설

과열기는 보일러 본체에서 발생하는 약간의 수분을 함유한 포화증기, 즉 습증기를 가열하여 수분을 증발시키고 다시 과열증기로 하는 장치이다. 증기원동기에서 과열증기를 사용하면 이론열효율이 증가되고, 또 원동기 내의 열낙차가 증대하여 증기 소비량을 감소시킬 수 있는 잇점이 있다. 또한 증기는 원동기 내에서 팽창하면 습증기가 되나, 이 때 증기의 수분함유량에는 허용되는 한도가 있고, 예컨대 증기터어빈의 저압부에서 수분량이 허용한도를 넘으면 터어빈 깃이 빨리 침식되어 사용할 수 없게 된다. 이 허용한도는 보통 10 % 정도 (따라서 건조도는 90 % 이하) 이상이 되면 안 되므로 보일러의 증기 압력이 높을수록 그 과열도도 커져야 한다. 과열증기 온도는 600 ～ 650°C 라는 고온을 채용할 때도 있으나, 일반적으로는 관재료(管材料)의 면으로부터 540°C 또는 570°C 까지로 한다.

재열기는 원동소 사이클에 재열 과정이 포함될 때 필요해지며, 원동기 내에서 팽창을 하여 포화상태에 가까와진 증기를 꺼내어 다시 가열하여 고온의 과열증기로 하여 다시 원동기 내로 보내서 팽창을 계속시키는 것이다. 이는 설비 조작이 복잡해지므로 종래는 많이 사용되지 않았으나, 최근에는 증기원동소에서 100기압 이상의 고압증기가 흔히 사용되게 된 결과, 극히 높은 증기의 과열 온도가 요구됨과 동시에 재열기의 필요성이 증대되었다. 즉 재료면으로 과열 온도는 현재 550 ～ 600°C 정도로 제한되고 있어 그대로 재열 없이 팽창시키면 증기의 수분함유량이 매우 커지는 까닭이며, 또한 터어빈 일기(一基)에 대하여 보일러 일기를 설치하는 유닛 시스템(unit system)의 채용으로 재열기의 조작이 쉽게 된 까닭이다. 현재 재열기로 인한 원동소 열효율의 증진은 3 ～ 6 %까지도 된다고 한다.

[2] 과 열 기

과열기는 각개의 보일러에 부속되는 것이 보통이고, 그 연도 또는 연소실에 설치된다. 그 위치에 따라 접촉과열기, 복사과열기 및 복사접촉과열기의 3가지로 분류된다.

접촉과열기는 그림 7-1의 (a)와 같이 제 1 연도에서 제 2 연도로 넘어가는 위치에 설치됨이 보통이며, 주로 연소가스와의 접촉으로 가열되는 형식이다. 횡수관보일러에서는 주로 수평형으로, 입수관보일러에서는 수직형(垂直型)으로 배치된다.

복사과열기는 과열관을 노벽에 설치하고 주로 복사로 가열하는 형식으로, 과열기를 가장 소형으로 할 수 있으며, 그 과열관은 화염의 강렬한 복사열로부터 어느 정도 보호하기 위하여 수냉관의 배후, 즉 수냉관과 노벽 사이에 설치하는 것이 보통이다. 그러나 보일러 시동시에는 극도로 과열되므로(과열관 내에 증기가 부족하므로) 복사과열관은 어떠한 보호 방법을 써도 시일이 경과하면 크리이프(creep) 현상이 나타나 관의 지름이 증대하기 쉽다.

복사접촉과열기는 그림 7-1의 (b)와 같이 연소실에 면하는 제 1 연도 내에 설치되며 복사와 접촉의 양방으로 가열된다.

일반적으로 그림 7-2와 같이 보일러 부하의 증가에 따라 접촉과열기에서는 과열 온도가 상승하고, 복사과열기에서는 과열 온도가 감소된다. 복사접촉과열기에서는 부하가 변화해도 비교적 그 과열 온도는 일정한 장점이 있다.

현재 주로 사용되는 것은 접촉과열기와 복사접촉과열기이다. 이들에 있어서 연소가스와 증기의 상대적 유동방향도 중요한 것이며, 그림 7-3과 같이 평행류와 역류의 2가지로 대별된다. 전자는 가장 낮은 온도의 증기와 가장 높은 온도의 가스가 접촉하여 전열의 면으로는 불리하고, 소요 전열면의 증가를 가져오나 관의 온도를 비교적 낮게 할 수 있으므로 관의 손상이 적다. 후자는 가장 고온의 증기와 가스가 접촉되며 전열의 면으로는 유리하나 과열관이 부분적으로 고온이 되기 쉽다. 이는 과열 온도가 과히 높지 않을 때에 적합하다.

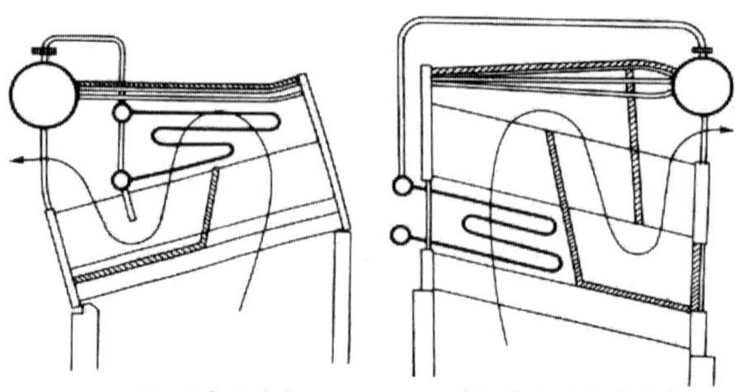

(a) 접촉과열기 (b) 복사 접촉과열기

그림 7-1 과열기의 배치

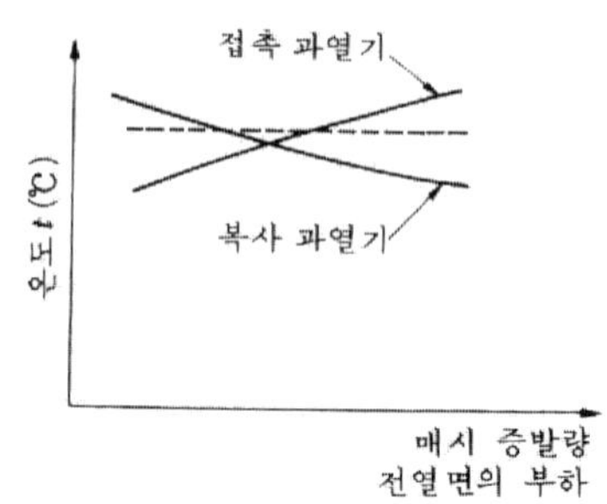

그림 7-2 과열온도와 증발량과의 관계 (과열기의 온도 곡선)

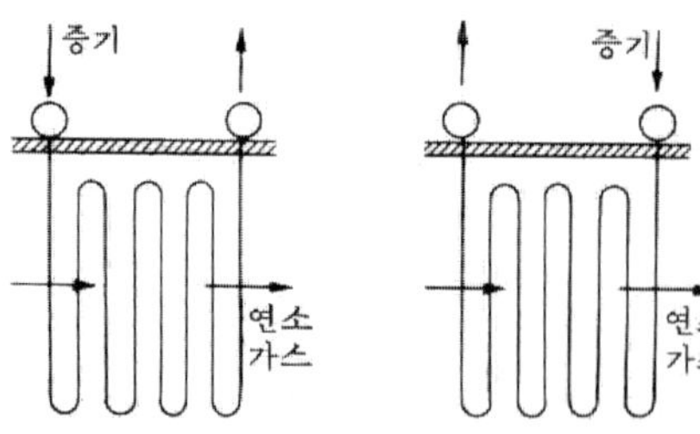

평행류식 역류식

그림 7-3 과열기에서의 유동

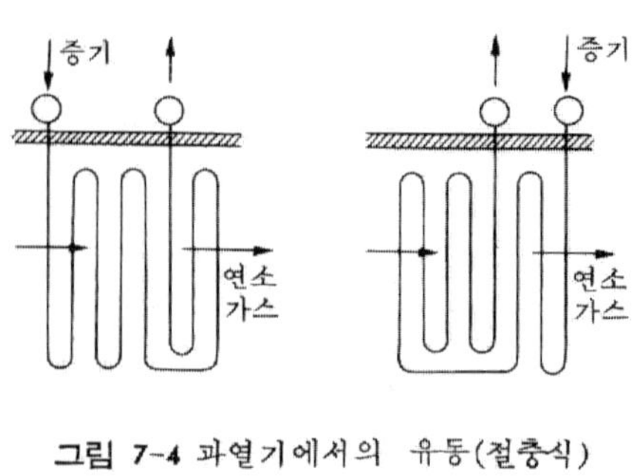

그림 7-4 과열기에서의 유동(절충식)

그림 7-4는 이들의 장단점을 절충한 형식이다.

과열기는 과열관과 그 입구 및 출구에 설치된 헤더(header)로 성립된다. 관과 헤더의 결합은 나사 체결이나 플랜지(flange) 체결도 있으나, 확관(擴管)으로 체결됨이 보통이고, 고온의 경우는 용접이 많다. 헤더도 저압이면 직 4각형이나 정사각형, 고압이면 원형 단면이다(그림 7-5). 과열관은 바깥지름 30 ~ 57 mm, 두께 3 ~ 5 mm의 강관이며 이는 보일러에서 가장 고온 부분이므로 크리이프 및 산화에 대한 저항이 큰 재료가 필요해진다. 보통 400°C 이하의 증기온도에서는 탄소강 인발강관을, 그 이상에서는 Mo, Cr-Mo의 저합금강을, 540°C 이상에 대하여는 오오스테나이트계 스테인레스강을 사용한다. 관재료 온도는 증기온도보다 약 30 ~ 70°C 높은 온도가 된다. 산화를 막기 위하여는 탄소강관 표면에 알루미늄 침투를 행하는 수가 있다.

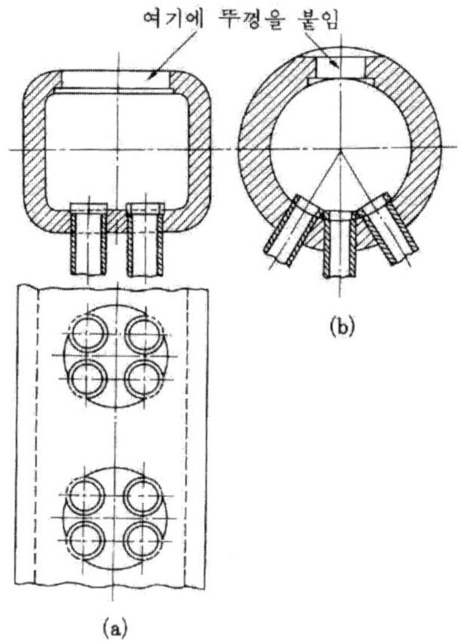

그림 7-5 과열기용 헤더
(a) 저압용 (b) 고압용

헤더의 재료는 탄소강 또는 Mo, Cr-Mo 강재가 많다.

[3] 과열 온도의 조절

보일러에서는 그 부하의 되도록 넓은 범위에서 과열기에서 나오는 증기 온도를 일정하게 유지하는 것이 요망되며, 또 증기 온도가 높을수록 재질과 운전상 이 요구가 절실하다. 보통 과열온도의 조절에는 다음의 몇 가지 방법이 있다.

① **과열기를 가열하는 연소가스량을 조절하는 방법** : 그림 7-6과 같이 연도 내에 댐퍼를 두고 이를 개폐하여 과열기에 접촉하는 연소가스량을 조절하는 방법이다. 접촉과열기에서는 보일

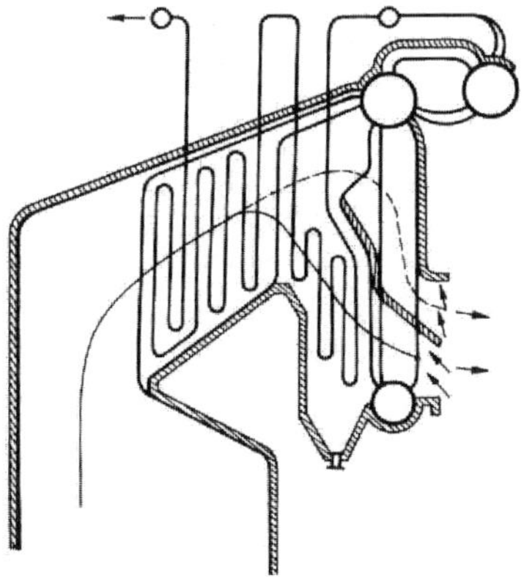

그림 7-6 과열온도의 조절(댐퍼)

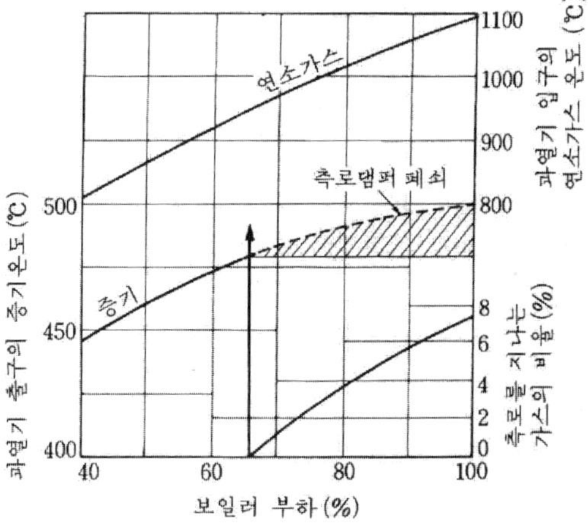

그림 7-7 보일러부하와 과열기의 조절

러 부하의 증대로 가스량도 증가하고 과열온도가 상승하므로 이에 따라 샛길로 보내는 가스량을 증가시켜 과열온도를 일정하게 유지시킬 수가 있다.

그림 7-7은 보일러 부하에 대한 연소가스의 과열기 입구온도와 과열온도와의 관계 및 부하 65% 이상에서 과열온도를 일정하게 하기 위하여 샛길로 보낼 연소가스의 비율을 표시하는 한 예이다. 이 방법은 간단하여 가장 흔히 이용되나 댐퍼가 고온으로 변형되기 쉽다.

② **연소가스의 온도를 조절하는 방법** : 이는 저온의 연소가스의 일부를 재순환시키는 방법, 또는 버어너 연소의 경우 버어너의 각도를 상하로 변하여 과열기에서의 연소가스 온도를 변환시키는 방법이다.

③ **접촉과열기와 복사과열기와의 조합에 의한 빙법** : 이 두 과열기는 보일러 부하의 변동에 따라 서로 상반하는 과열도의 변화를 가지므로, 적당히 조합시킨 과열기로 만들거나 또는 적당한 위치에 복사과열기를 설치함으로써 과열온도를 거의 일정한 값으로 할 수 있다.

④ **과열저감기(過熱低減器)를 사용하는 방법** : 이는 과열기의 전열 면적을 충분히 취하고 보일러 부하가 변동되더라도 항상 소요 과열 온도 이상으로 높일 수 있도록 해 두고 과열저감기(desuperheater)로 소요의 과열 온도를 얻는 것이다. 과열저감기에는 과열증기를 보일러수 급수 또는 포화증기와의 열교환으로 냉각하는 것(표면냉각식), 과열증기 속에 포화증기 또는 냉각수를 불어넣어 냉각하는 것(분무식, 그림 7-8) 등이 있다. 그림 7-9는 과열기를 둘로 나누어 그 사이에 보일러수와의 열교환에 의한 과열저감기를 설치한 배치를 표시한다. 여기서 과열기 출구 온도에 따라 작동하는 판으로 자동적으로 소요 과열온도가 유지된다.

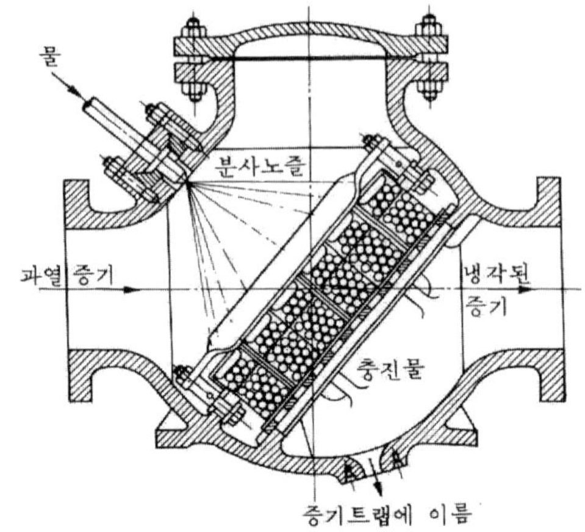

그림 7-8 과열 증기 중에 물을 분사하는 과열 온도 조절법

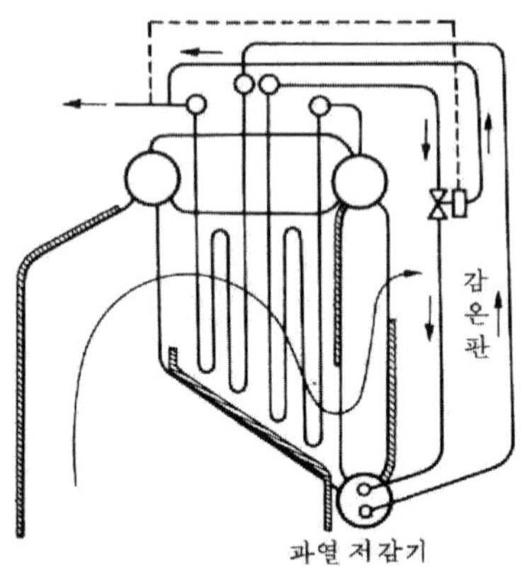

그림 7-9 과열 온도의 조절 (과열 저감기)

7-2 과열기의 계산

[1] 전 열 량

현재 가장 흔히 사용되는 과열기는 접촉과열기이며, 그 전열 과정은 보일러 본체의 접촉 전

열면과 거의 같고, 이 때 가스와의 접촉전열 외에 기체복사도 고려해야 한다. 과열기에서 연소가스의 유속은 10 ~ 20 m/s 정도이며, 관 내의 증기 유속은 10 ~ 25 m/s 정도가 보통이다. 보일러 본체에서는 보일러수쪽의 열전달률이 매우 커서 전열과정에 별로 영향을 미치지 않으나, 과열기에서는 증기측의 열전달률이 그리 크지 않으므로 전열 과정에 상당한 영향이 있다.

6-3 절의 기호들과 그림 6-8 의 I-t 선도를 사용하여 접촉과열기에서의 전열량을 다음과 같이 표시할 수 있다.

$$\left.\begin{aligned} Q_2 &= (1-\nu_2)B_h(I_2 - I_1')[\text{kcal/h}] \\ &= D_h(i_s - i_D) = D_h[i_s - (xr + i')] \\ &= k_2F_2(\Delta t_m)_2 \end{aligned}\right\} \tag{7-1}$$

여기서, ν_2 : 연소가스로부터 과열기로의 전열시의 손실 (0.01 ~ 0.05).

i_s : 과열증기의 엔탈피 [kcal/kg]

k_2 : 과열기에서의 열관류율 [kcal/m²h°C]

F_2 : 과열기의 전열면적 [m²]

$(\Delta t_m)_2$: 연소가스와 과열증기와의 대수 평균온도차 [°C]

그리고 증기의 과열기의 입구 온도를 t_{s_1} [°C](이는 그 압력에서의 포화 온도와 같다), 과열기의 출구 온도를 t_{s_2} [°C]라 하면, 평행류식에서는

$$(\Delta t_m)_2 = \frac{(t_2 - t_{s_1}) - (t_1' - t_{s_2})}{\ln \dfrac{t_2 - t_{s_1}}{t_1' - t_{s_2}}} \tag{7-2}$$

또한 k_2 는

$$\frac{1}{k_2} = \frac{1}{\alpha_1 + \alpha_{r_1}} + \Sigma\left(\frac{l}{\lambda}\right) + \frac{1}{\alpha_2} \tag{7-3}$$

단, 우변은 모두 과열기에서의 값이다.

α_1, α_{r_1} : 연소가스측의 접촉 및 복사에 의한 열전달률 [kcal/m²h°C]

$\Sigma(\lambda/l)$: 전열면 및 부착물층에서의 열전달률과 두께의 비 [kcal/m²h°C]

α_2 : 증기측의 접촉에 의한 열전달률 [kcal/m²h°C]

부착물층이 두껍지 않으면 식 (7-3)은 다음과 같이 쓸 수 있다.

$$\frac{1}{k_2} \fallingdotseq \frac{1}{\alpha_1 + \alpha_{r_1}} + \frac{1}{\alpha_2} \tag{7-4}$$

α_1, α_{r_1}, α_2 의 개개의 경우의 계산은 이미 설명한 바와 같으나 보통 그 대략의 범위는 α_1 이 20 ~ 40 kcal/m²h°C, α_{r_1} 은 6 ~ 15 kcal/m²h°C, 또 α_2 는 200 ~ 1000 kcal/m²h°C 이다.

열관류율은 구조, 유속, 관의 청정도(淸淨度) 등에 따라 크게 변화하나 대류과열기에서 30 ~ 55 kcal/m²h°C 정도이다.

α_2 를 구할 때는 고압에서의 증기의 물질상수의 값을 알 필요가 있고, 이는 증기표 및 그림 7-10, 7-11 로 구할 수 있다.

과열기에서 연소가스의 대략 온도는 그 배치되는 위치에 따라 변화하나, 수관보일러의 과

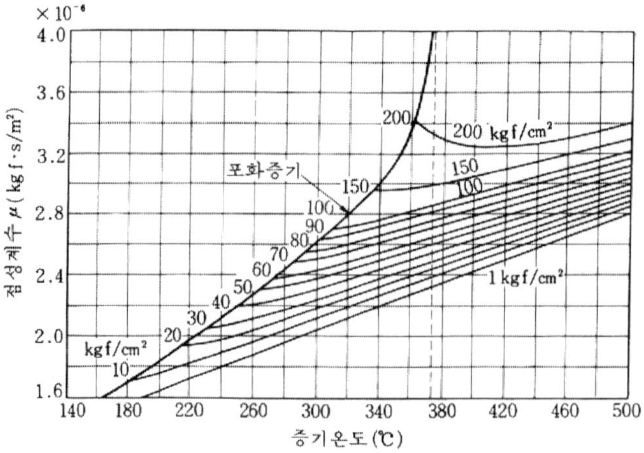

그림 7-10 증기의 점성계수

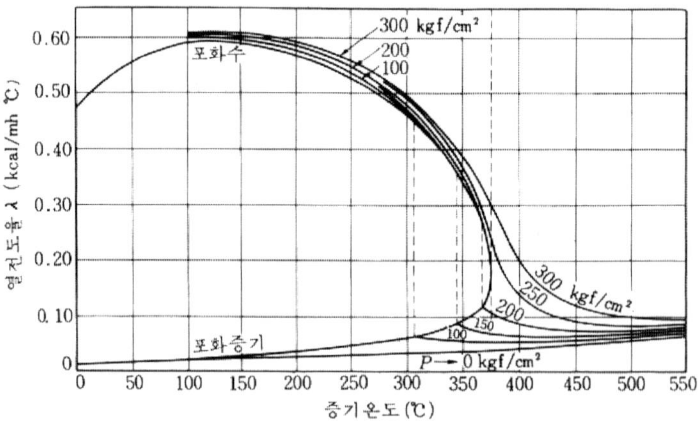

그림 7-11 증기와 물의 열전도율

열기 입구에서 $t_2 = 800 \sim 950°C$, 출구에서 $t_1' = 500 \sim 750°C$ 이며, 원통보일러의 과열기에서는 입구에서 $450 \sim 600°C$, 출구에서 $300 \sim 400°C$ 정도이다.

또한 복사과열기는 연소실의 냉각면의 일부를 이루며, 그 전열량은 보일러 본체의 복사전열면과 같은 방법으로 계산되며, 접촉에 의한 전열은 이 때도 무시된다. 또 복사과열기의 관은 고온에 노출되므로 이를 냉각시키기 위하여 관 내의 증기유속을 20 ~ 50 m/s 정도까지 높이는 것이 요긴해진다.

[2] 과열관 크기의 결정

과열관 내의 증기 유속을 w_s[m/s], 증기의 비중량을 γ_s[kgf/m³]라 하면 필요한 관의 총단면적은

$$A_s = \frac{D_h}{3600 \cdot \gamma_s \cdot w_s} \ [\mathrm{m^2}] \qquad (7\text{-}5)$$

따라서 병렬로 놓을 관수 z는 관의 안지름을 d_i[m]라 하면

$$z = \frac{4}{\pi} \cdot \frac{A_s}{d_i^2} = \frac{D_h}{900\,\pi\gamma_s w_s d_i^2} \tag{7-6}$$

또 1개의 관의 길이 또는 직렬로 이을 관의 길이 l은

$$l = F_2/\pi d_a z\,[\mathrm{m}] \tag{7-7}$$

단, d_a는 관의 바깥지름이며 0.035 ~ 0.05 m 이다.

한편 연소가스의 통과에 필요한 면적은 가스의 유속을 w_g[m/s], 가스의 온도와 압력을 t[°C], p[mmHg]라 하면 다음 식으로 구해진다.

$$A_g = \frac{B_h \cdot V_g}{3600\,w_g} \cdot \frac{273 + t}{273} \cdot \frac{760}{p}\,[\mathrm{m}^2] \tag{7-8}$$

단, V_g는 연료 1 kg 당 발생하는 연소가스량[Nm^3/kg]이다.

7-3 재 열 기

재열기의 형식으로는 연도 내의 연소가스와의 접촉으로 열을 받는 접촉재열기, 연소실에 설치되는 복사재열기 외에 고온의 가열증기로부터 열을 받는 증기재열기가 있다. 이 중 접촉재열기와 복사재열기는 과열기와 비슷한 구조를 갖고, 그 전열 과정과 재열온도의 조절도 과열기와 같다. 그림 7-12는 과열기를 1차와 2차의 둘로 나누어서 그 사이에 접촉재열기를 둔 배치 예이다.

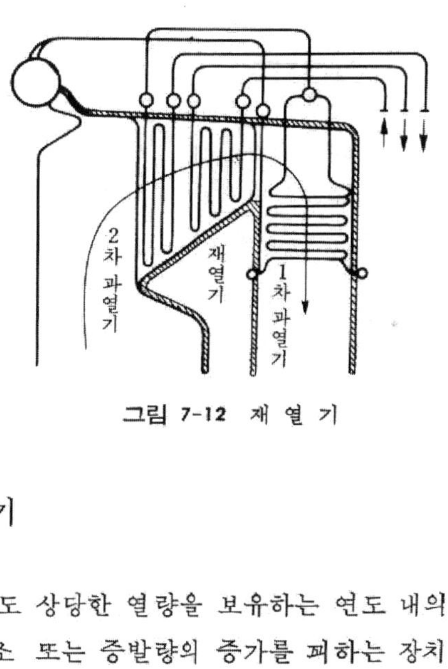

그림 7-12 재 열 기

재열기는 연소가스로 가열하는 것과 고압의 과열증기로 가열하는 것이 있다. 일반적으로 전자가 사용된다.

7-4 절 탄 기

절탄기(節炭器)는 보일러 전열면을 가열한 다음 아직도 상당한 열량을 보유하는 연도 내의 연소가스로 보일러 급수를 예열하여 연료 소비량의 감소 또는 증발량의 증가를 꾀하는 장치이며, **연도가스 급수예열기**(flue gas feedwater preheater)라고도 한다. 이로 인한 연료 소비량의 감소 비율은 절탄기에서의 연소가스의 온도 강하 20°C 마다 약 1 %이며 절탄기 전후의 가스 온도에 따라 약 5 ~ 15 %나 된다. 절탄기로 예열된 급수는 바로 보일러의 드럼 내로 송입되나, 예열로 보일러수와의 온도차가 감소된 결과 드럼에 생기는 열응력을 경감시키는 잇점을 아울러 갖게 된다.

절탄기를 연도 내에 설치하면 통풍 저항의 증대와 연소가스의 온도 저하에 따른 굴뚝 통풍력의 감소로 강제통풍을 행하게 되나, 이러한 결점보다는 열효율의 상승에 따르는 잇점이 훨씬 크다.

절탄기는 설치 방식에 따라 **부속식 절탄기**(dependent type e.)와 **집중식 절탄기**(group type e.)로 구별된다. 부속식은 각 보일러에 부속하여 설치되는 것이고, 집중식은 몇 개의 보일러로부터의 열가스를 이용하여 이들 보일러에의 급수를 한 개의 절탄기로 예열하는 것이다. 집중식은 간단하며 가격이 싸고 설치 취급도 용이하나, 각 보일러에서 절탄기로 연소 가스를 보내는 데는 긴 연도를 필요로 하므로 열손실이 많고, 공기의 누입(漏入)이 많으며 압력 및 통풍력의 손실도 크므로 보통 부속식 절탄기가 사용된다.

부속식 절탄기는 다시 단위식(單位式)과 결합식(結合式)으로 분류된다. 전자는 관본체와 전연 별개로 만들어 연도 내의 적당한 장소에 설치하는 것이며 급수관으로 드럼과 연락된다. 이는 현재 가장 일반적으로 사용된다. 결합식은 보일러 본체에 직접 결합되어, 일견하여 보일러 본체의 접촉전열면의 일부와 같은 형식을 취한다.

절탄기에서의 급수의 예열온도는 일반적으로 그 압력에서의 포화온도 이하이나, 급수의 일부(최대 20 % 정도)를 증발시키기까지 예열하는 증발형 절탄기를 사용하는 수도 있으며, 이 때는 발생증기를 속히 보일러의 드럼에 보내기 위하여 일반적으로 결합식이 된다.

절탄기의 전열면은 원관군을 이루며 그 관 내를 급수가 흐르고, 연소가스는 관군에 직각으로 흐른다. 그리고 급수와 연소가스와의 상대적 유동방향은 전열을 돕기 위하여 역류식으로 하는 것이 보통이다. 관의 재료는 주철 또는 강철이다. 주철관을 사용하면 내식성(耐蝕性)이 커서 주로 저압용에 사용되며 이에 평활한 직관을 사용할 때와 휜이 붙은 주철관(ribbed tube)을 사용할 때가 있다. 강관을 사용하는 절탄기는 고압용 혹은 증발형에 사용되고 전열면적당의 중량이 매우 감소된다. 한편 압력에도 견디며 내식성도 크게 하기 위하여 강관에 휜이 붙은 주철관을 끼운 것을 사용하는 수도 있다.

[1] 주철 직관절탄기

이는 압력이 20기압 이하에서 사용되며 이전부터 사용되는 그린(Green)절탄기가 그 대표적인 것이다(그림 7-13). 관의 안지름은 85 ~ 100 mm, 두께는 약 10 mm, 길이 2.5 ~ 4 m의 직관이며 6 ~ 12개를 한 군으로 수평한 헤더에 수압으로 박아 넣는다. 급수는 연도 밖의 하부 헤더로 들어가 전부의 관 내를 매우 작은 속도로 위로 향하는 사이에 예열된다. 또한 관의 외면에 붙는 연재는 관에 끼운 스크레이퍼(scraper)의 상하운동으로 제거한다.

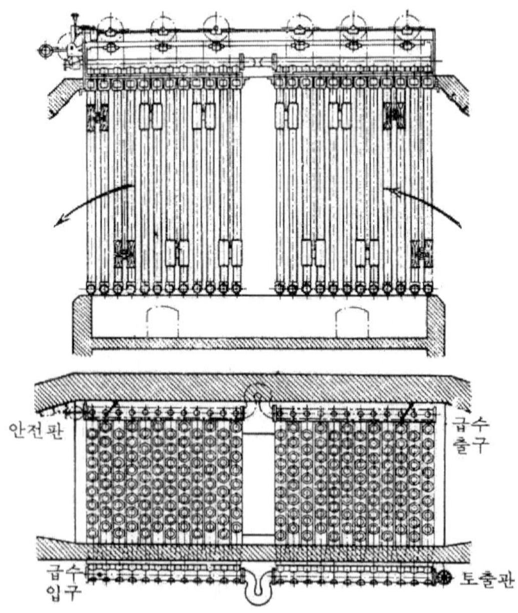

그림 7-13 그린 절탄기

[2] 휜이 붙은 관을 사용하는 절탄기

이 때 연소 가스의 유동 저항은 커지나 가스에 접하는 면적이 증가하여 중량, 설치 면적이 평활주철관 절탄기의 약 2/3～1/2이 된다. 또 휜으로 관이 보강되어 주철관이라도 최고 40기압까지 사용할 수 있다. 사용되는 주철관은 안지름 60～110 mm, 두께 10～13 mm, 길이 0.75～2.5 m이며, 휜의 형상도 정사각형, 원형 등이 있다. 각 관의 접속에는 관의 양단에 플랜지를 대고, 인접한 플랜지와 곡관(曲管)조인트(joint) 등으로 연결하는 수가 많다. 연소가스는 위에서 아래로, 급수는 아래에서 위로 흐르게 하는 것이 보통이다. 이 때 관 외면의 청소는 공기 또는 증기의 분류를 관벽에 맞추어서 한다.

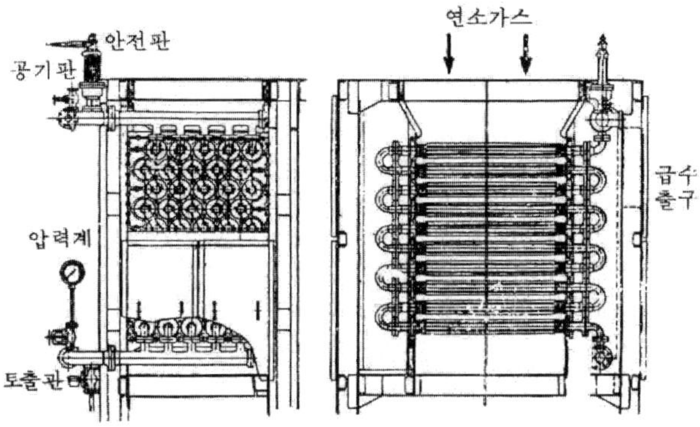

그림 7-14 휜이 붙은 관

[3] 강관 절탄기

이는 고압에 사용되며 바깥지름이 30～60 mm 정도의 비교적 가느다란 관으로 된다. 이에는 연속식과 접속식이 있다. 전자는 과열기와 같이 긴 강관을 구부려 만들며, 급수 입구의 헤더로부터 연속된 강관이 절탄기 출구까지 이른다. 접속식은 직관을 곡관 조인트 등으로 접속시킨 것이며 내부 청소 및 관의 수선이 편리하다. 연소가스와 급수의 유동방향이나 관 외면의 청소법 등은 휜이 붙은 관과 같다.

절탄기에서 연소가스의 온도는 그 가스의 노점(露點)온도 이하로 저하되지 않아야 한다. 이는 가스온도가 노점 이하로 냉각되면 연소가스 중의 수증기가 복수되어 아황산가스와 결합하여 황산을 만들어 전열면을 속히 침식(浸蝕)하기 때문이다. 따라서 절탄기 출구에서 연소가스 온도는 최저 170°C 이상으로 유지하는 것이 좋다. 또 급수도 너무 저온이면 전열면 온도가 저하하고, 또 수중에 산소 등이 함유되면 관 내면도 부식되기 쉬우므로 급수를 적당히 예열하여 공급함이 필요해진다. 급수의 공급 온도는 주철관 절탄기에서 50°C 이상, 강관 절탄기에서는 70°C 이상이 요망된다. 또한 증기터어빈의 추기(抽氣)로 급수를 예열하는 재생사이클을 행하는 증기원동소에서는 절탄기에 들어오는 급수온도는 100～140°C 정도이다.

7-5 절탄기의 계산

[1] 전 열 량

절탄기에서의 전열 과정은 과열기에서의 전열 과정과 거의 같으나, 다만 연소가스 온도가 낮으므로 기체복사에 의한 전열이 현저히 감소되며 주로 가스와의 접촉전열만 고려하면 된다.

절탄기에서 가스의 유속은 평활관에서 4 ∼ 7 m/s, 휜을 갖는 관에서 5 ∼ 12 m/s 로 택한다. 급수측의 열전달률은 상당히 크므로 절탄기의 전열 과정은 주로 연소가스측의 열전달률로 좌우된다.

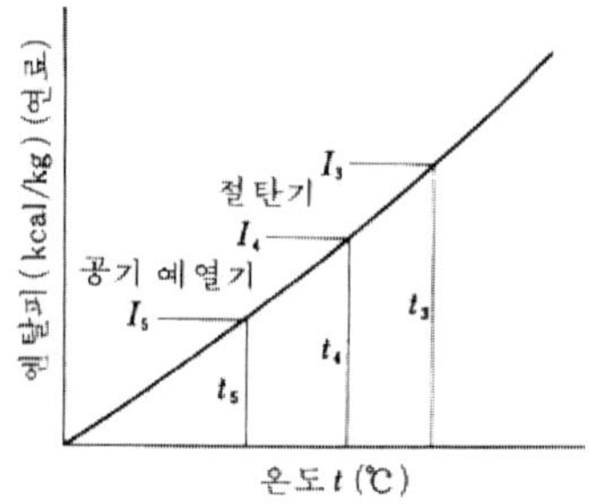

그림 7-15 연소가스의 I-t 선도

지금 그림 7-15 의 I-t 선도로 연소가스의 변화를 표시하여

I_3, t_3 : 절탄기 입구의 연소 가스의 엔탈피 [kcal/kg] (연료), 온도 [°C](이는 그림 6-8 에서의 I_2', t_2' 에 같다)

I_4, t_4 : 절탄기의 출구(공기예열기의 입구)에서의 연소 가스의 엔탈피 [kcal/kg](연료), 온도 [°C]

라 하면, 절탄기에서의 전열량의 관계는 다음과 같이 표시된다.

$$\left.\begin{aligned} Q_3 &= (1-\nu_3)B_h(I_3-I_4)\ [\text{kcal/h}] \\ &= D_h(i_w-i_{w1}) = D_hC_w(t_{w_2}-t_{w_1}) \\ &= k_3F_3(\varDelta t_m)_3 \end{aligned}\right\} \tag{7-9}$$

여기서, ν_3 : 연소가스에서 절탄기로의 전열에 있어서의 손실이며 약 0.05 ∼ 0.10

D_h : 급수량(증발량과 같다고 생각하면 된다) [kg/h]

t_{w_1}, t_{w_2} : 절탄기 출구(즉 보일러 본체 입구)에서의 급수의 엔탈피 [kcal/kg], 온도 [°C]

i_{w_1}, t_{w_1} : 절탄기 입구에서의 급수의 엔탈피 [kcal/kg], 온도 [°C]

c_w : 물의 비열 [kcal/kg°C]

k_3 : 절탄기에서의 열관류율 [kcal/m²h°C]

F_3 : 절탄기의 전열 면적 [m²]

$(\varDelta t_m)_3$: 연소가스와 급수와의 대수 평균온도차 [°C]

또한 급수의 출구 온도 t_{w_2} 는 일반적으로 보일러 압력에 대한 포화온도보다 약 20°C 이상 낮은 온도이며, 연소가스와 급수와의 상대적 유동 방향은 역류식으로 하는 것이 보통이다. 따라서

$$(\varDelta t_m)_3 = \frac{(t_3-t_{w2})-(t_4-t_{w1})}{\ln\dfrac{t_3-t_{w2}}{t_4-t_{w1}}} \tag{7-10}$$

k_3 는 근사적으로 다음과 같이 된다.

$$\frac{1}{k_3} \fallingdotseq \frac{1}{\alpha_1+\alpha_{r_1}} + \frac{1}{\alpha_2} \tag{7-11}$$

여기서, α_1, α_{r_1} : 절탄기에서 연소가스측의 접촉 및 복사에 의한 열전달률 [kcal/m²h°C]

α_2 : 절탄기에서 급수측의 접촉에 의한 열전달률 [kcal/m²h°C]

α_1, α_{r_1}, α_2 의 계산에 관하여는 이미 설명한 바이며 k_3 의 대략값은 10 ∼ 15 kcal/m²h°C 이다.

[2] 관 수(管數)

병렬로 놓을 관수 z는 급수의 비중량을 γ_w [kgf/m³], 유속을 w_w [m/s], 관의 안지름을 d_i [m]라 하면

$$z = \frac{D_h}{900\pi \gamma_w w_w d_i^2} \tag{7-12}$$

이다. w_w의 값은 평활 주철관에서 ≦0.1 m/s, 휜이 붙은 관에서는 0.25～1.0 m/s, 강관에서 0.4～1.3 m/s이다. 관의 배열에서 그 간격은 가스의 양과 유속으로 결정되며 가스의 통로 면적은 식 (7-8)로 구할 수 있다.

7-6 공기예열기

공기예열기는 연도 내의 연소가스의 여열(餘熱)로 노에 공급할 공기를 예열하는 장치이며, 보통 연도 내에서 절탄기 다음에 설치된다. 절탄기와 다른 점은

1) 회수열량이 연소열에 첨가되므로 그 일부만이 보일러수에 흡수되고,
2) 연소 효율과 연소 온도도 현저히 높아지며,
3) 내압(耐壓) 구조를 요하지 않으며,
4) 연도가스와 공기와의 온도차가 크므로 전열 면적은 비교적 작아도 되는 점 등이다.

추기 급수가열로 절탄기 입구의 급수온도가 높아지면 절탄기가 회수할 수 있는 열량이 적어지고 그만큼 공기예열기의 부담을 증가시켜야 한다. 그러나 예열공기 온도는 스토우커 연소에서는 약 250°C까지, 미분탄로에서는 350°C 정도까지가 한도이다.

공기예열기는 전열 과정에 따라 관류식(貫流式)과 재생식(再生式)으로 분류된다. 관류식은 전열면의 양쪽을 연소가스와 예열될 공기가 각각 흐르는 것이며, 다시 전열면의 형상으로 관형(管型) 공기예열기와 판형(板型) 공기예열기가 있다.

재생식은 그 전열체인 다수의 금속판을 일정 시간마다 교대로 연소가스와 공기에 접촉시키는 것이며, 연소가스에 접하는 사이에 전열체가 받은 열을 공기에 접할 때 방출하여 공기를 예열한다.

[1] 관형 공기예열기

이는 수직으로 된 다수의 원관으로 되며 연소 가스는 관 내를, 공기는 관 외를 관에 직각으로 흐르는 것이 보통이다. 관의 재료는 연강(軟鋼)이며 바깥지름 50～100 mm, 두께 2～4 mm, 길이 3～10 m이다. 관의 양단은 상하의 관판에 확관으로 결합된다. 관판의 한쪽은 고정되나 다른 한쪽은 열팽창에 대하여 자유로이 신축되도록 지지된다.

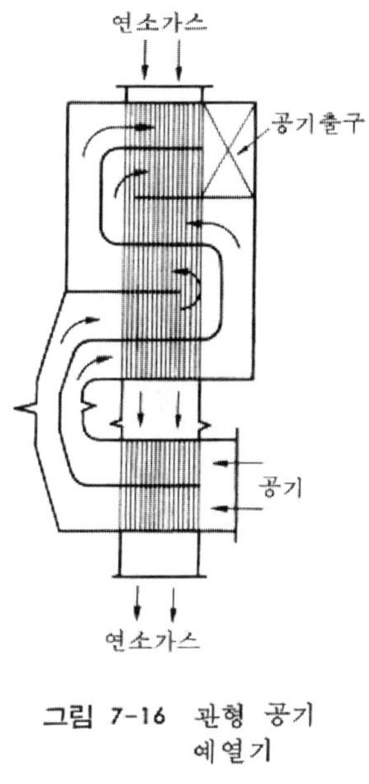

그림 7-16 관형 공기예열기

관과 관 사이의 간격은 관의 지름에 같거나 약간 작은 정도로 마름모꼴 배열로 하고 용적 1 m^3 당의 전열 면적은 약 11 ~ 15 m^2 이다.

그림 7-16은 관형 공기예열기의 약도이며, 공기 유로에는 다수의 안내판을 두어 흐름의 분포를 균일하게 하도록 한다. 또 가스 온도가 가장 낮아져 부식되기 쉬운 공기예열기의 최종부를 분리하여 청소 및 수선을 용이하게 한다.

[2] 판형 공기예열기

이는 두께 2 ~ 4 mm 의 강판의 끝을 굽혀 서로 용접하여 그림 7-17과 같이 연소가스와 공기의 통로를 교대로 설치한 것이다. 강판의 간격은 공기 통로에서 15 ~ 20 mm, 연소가스의 통로에서 20 ~ 40 mm 이며, 가스는 매연의 부착을 방지하기 위하여 상하방향의 통로로 보내진다. 강판의 크기는 세로 0.9 ~ 1.5 m, 가로 1.8 ~ 3.0 m 정도이다. 통로에는 띠(帶) 모양의 간격편(間隔片)이 삽입되어 강판의 변형을 막는 동시에 연소가스 및 공기의 안내판이 되는 것이다.

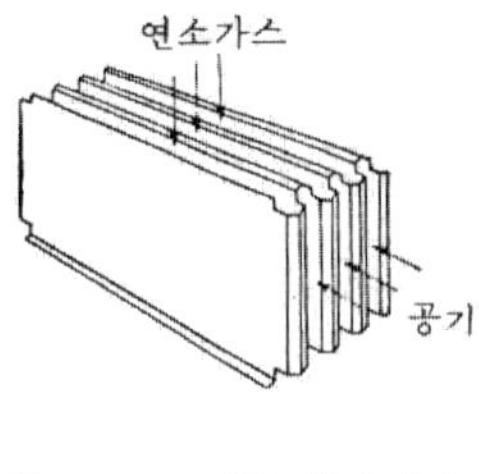

그림 7-17 판형 공기예열기

판형 공기예열기는 그림 7-17과 같이 상자(箱子)형으로 조립되어 이를 한 단위로 하여 필요에 따라 몇 개 단위로 조합하여 사용된다. 이 형식은 용적 1 m^3 당에 약 35 m^2 의 전열 면적을 얻을 수 있고 관형에 비하여 고가이다.

[3] 재생식 공기예열기

이 형식에서 흔히 사용되는 것에 융스트롬(Ljungström) 공기예열기가 있다. 이것은 그림 7-18과 같이 두께, 약 0.5 mm 의 파형 강판을 조합하여 원통기 내에 넣어 전열체로 한 것이며 그림 7-19와 같은 구조이고, 중심축 둘레로 3 ~ 5 rpm 으로 회전된다. 이 회전체는 반지름방향의 판으로 12구획으로 등분되어 그 중 약 3구획이 공기의 통로가 되고 약 4구획이 연소가스의 통로가 된다. 회전체의 두께는 500 ~ 850 mm 이며, 그 중심축은 수직인 것이 보통이나 수평으로 된 것도 있다.

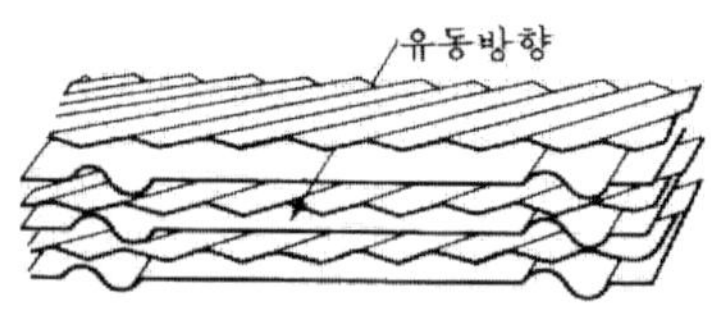

그림 7-18 융스트롬 공기예열기 전열체 구조

이 형식은 가스 및 공기의 기밀이 불완전하나 용적이 적어지는 잇점으로 흔히 사용된다.

단위체적당의 전열량은 약 150 × 10^3 kcal/m^3h 이며, 판형에서의 40 ~ 70 × 10^3 kcal/m^3h 에 비하여 훨씬 크다.

절탄기에서와 같이 공기예열기에서도 연소가스의 온도 저하에 따라 전열면의 연소가스측의 부식이 심해진다. 따라서 공기예열기 출구에서 가스 온도는 최저 한도가 있어 일반적으로 120 ~ 150°C 이상의 값을 갖는다.

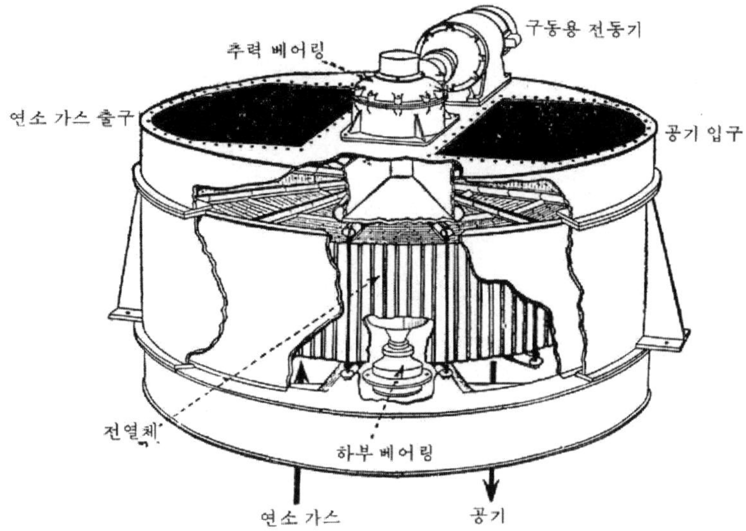

그림 7-19 융스트롬 공기예열기

7-7 공기예열기의 계산

공기예열기에서의 전열은 접촉으로 행해지며 기체 복사에 의한 전열은 무시된다.

[1] 관류식 공기예열기

이 때의 전열량은 연소가스의 변화를 그림 7-15와 같이 표시하고, I_5, t_5를 공기예열기 출구에서의 연소가스의 엔탈피 [kcal/kg](연료), 온도 [°C]라고 하면

$$\left.\begin{aligned} Q_4 &= (1-\nu_4)B_h(I_4 - I_5)\ [\text{kcal/h}] \\ &= m\cdot L_t\cdot B_h\cdot c_a(t_{a_2} - t_{a_1}) \\ &= k_4F_4(\Delta t_m)_4 \end{aligned}\right\} \tag{7-13}$$

여기서, ν_4 : 연소가스의 전열에 있어서의 손실 ($\nu_4 = 0.05 \sim 0.10$)

$m\cdot L_t\cdot B_h$: 연소용 공기량 [Nm³/h]

c_a : 공기의 정압비열 (≒ 0.31 kcal/Nm²°C)

t_{a_2}, t_{a_1} : 공기예열기의 출구 및 입구에서의 공기 온도 [°C]

k_4 : 공기예열기에서의 열관류율 [kcal/m²h°C]

F_4 : 공기예열기에서의 전열면적 [m²]

$(\Delta t_m)_4$: 연소가스와 연소용 공기와의 대수 평균온도 차[°C]

$$(\Delta t_m)_4 = \frac{(t_4 - t_{a_2}) - (t_5 - t_{a_1})}{\ln \dfrac{t_4 - t_a}{t_5 - t_{a_1}}} \tag{7-14}$$

또 공기예열기에서 연소가스측의 접촉 열전달률을 α_1 [kcal/m²h°C], 공기측의 접촉 열전달률을 α_2 [kcal/m²h°C]라 하면 k_4는 근사적으로 다음 식으로 구해진다.

$$\frac{1}{k_4} \fallingdotseq \frac{1}{\alpha_1} + \frac{1}{\alpha_2} \quad (7\text{-}15)$$

이 k_4의 대략값은 관형 공기예열기에서 5 ~ 15 kcal/m²h°C, 판형 공기예열기에서 10 ~ 20 kcal/m²h°C 이다.

연소가스 유속은 5 ~ 10 m/s, 공기의 유속은 7 ~ 12 m/s 정도가 보통이다.

[2] 재생식 공기예열기

여기서는 연소가스 및 공기의 예열기 출구온도는 위치에 따라 다르나 각기의 평균온도를 고려하면 이 때도 다음의 관계가 성립된다.

$$\left.\begin{aligned} Q_4 &= (1-\nu_4')B_h(I_4 - I_5) \text{ [kcal/h]} \\ &= m \cdot L_t B_h c_a (t_{a_2} - t_{a_1}) \end{aligned}\right\} \quad (7\text{-}16)$$

ν_4'는 ν_4와 같은 의미의 계수이다.

그러나 기왕에 설명한 전열면에서와 같은 연소가스에서 전열면을 통하여 수열유체로 전달되는 전열량의 관계는 이 때 성립되지 않는다. 이에 상당하는 것은 예열기의 전열체에서 공기로 전달되는 열량이다(이는 정상 상태에서는 연소가스로부터 전열체에 전달되는 열량과 같다). 그리고 이 열량은 전열체, 연소가스 및 공기의 예열기의 각 위치에서의 온도에 관계된다.

지금 예열기의 중심축에서 반지름 r인 원주면 중 축방향의 거리 l인 원주상의 온도분포를 생각하면 l의 값에 따라 변화하나 그림 7-20과 같이 된다고 생각된다. 단, 그림에서는 θ, t_g, t_a는 그 원주상의 위치에서의 전열체, 연소가스 및 공기의 온도[°C]이다.

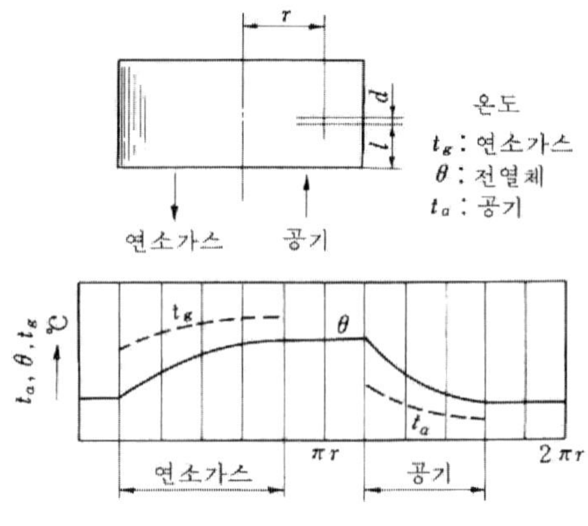

그림 7-20

지금 그림 7-20에서 반지름 방향의 온도 변화는 없는 것으로 하고, l인 위치에 축방향의 두께 dl인 미소한 원반상의 체적을 생각하여

α_g: 연소가스에서 전열체로의 접촉열전달률 [kcal/m²h°C]

α_a: 전열체에서 공기로의 접촉열전달률 [kcal/m²h°C]

x_a, x_g: 전열면 중 공기 및 연소가스에 접촉하는 전열면적 비율

F: 축방향의 단위길이당에 포함되는 전열면적 [m²/m]

t_{gm}, θ_{gm}: 연소가스에 접하는 위치의 연소가스 및 전열체의 평균온도 [°C]

θ_{am}, t_{am}: 공기에 접하는 위치의 전열체 및 공기의 평균온도 [°C]

라 하면 이 미소체적 내의 전열체에 연소가스로부터 공급되는 열량, 즉 전열체가 공기로 빼

앗기는 열량은 다음 식으로 주어진다.

$$dQ = \alpha_g x_g F dl (t_{gm} - \theta_{gm}) \text{ [kcal/h]}$$

$$dQ = \alpha_a x_a F dl (\theta_{am} - t_{am}) \text{ [kcal/h]}$$

지금 dQ를 다음과 같이 표시하기로 하면

$$dQ = kFdl[(t_{gm} - t_{am}) - (\theta_{gm} - \theta_{am})] \cdots\cdots\cdots \text{(a)}$$

이 식 중의 k는 다음의 관계가 있다.

$$\frac{1}{k} = \frac{1}{\alpha_g x_g} + \frac{1}{\alpha_a x_a} \cdots\cdots\cdots \text{(b)}$$

따라서 예열기 전체에서의 전열량 Q_4는 위의 식 (a)에서 $(t_{gm} - t_{am})$ 및 $(\theta_{gm} - \theta_{am})$을 l의 함수로 표시하고, 이를 예열기 전체의 나비에 대하여 적분하면 구해질 수 있을 것이다. 그러나 이 방법은 매우 복잡하므로 실제로는 다음과 같이 간단히 구하는 방법을 사용한다.

지금 예열기 전체에서 전열면적을 F_4[m²]라 하면 이 때의 전열량은 다음 식으로 표시할 수 있다.

$$Q_4 = k_4' F_4 (\Delta t_m)_4 \tag{7-17}$$

단, 이 때 강판의 양면은 가스로부터 열을 받고 또 같은 방법으로 다시 열을 공기로 방출하므로 F_4는 전열면인 파형 강판의 양면을 생각해야 하며, $(\Delta t_m)_4$는 식 (a)에서 $(t_{gm} - t_{am})$에 상당하는 것이며 식 (7-14)로 주어진다. k_4'는 일반적 경우의 열관류율에 상당하고 위의 식 (b)에서의 k에 식 (a)의 $(\theta_{gm} - \theta_{am})$을 고려한 것이며 다음 식으로 계산되는 값이다.

$$\frac{1}{k'_4} = \frac{1}{\alpha_g x_g \zeta_g} + \frac{1}{\alpha_a x_a \zeta_a} \tag{7-18}$$

단, ζ_g, ζ_a는 전열체의 온도의 평균변화 $\Delta\theta_m$과 $(\Delta t_m)_4$와의 비로 정해지는 계수이며, $\Delta\theta_m/(\Delta t_m)_4$의 값이 작을수록 1에 접근한다. 그리고 융스트롬 공기예열기에서는 대략 $\Delta\theta_m/(\Delta t_m)_4 \fallingdotseq 0.1$이며, 근사적으로 $\zeta_g = \zeta_a \fallingdotseq 1$로 놓을 수 있다.

또한 전열체의 온도의 평균변화는

$$\Delta\theta_m = \frac{Q_4}{60\, n F_4 \dfrac{\delta}{2} \gamma_{Fe} c_{Fe}}$$

이며, n은 전열체의 회전수[rpm], δ는 파형 강판의 두께 [m], γ_{Fe}는 강판의 비중량[kgf/m³], 또 c_{Fe}는 강판의 비열 [kcal/kg°C]이다.

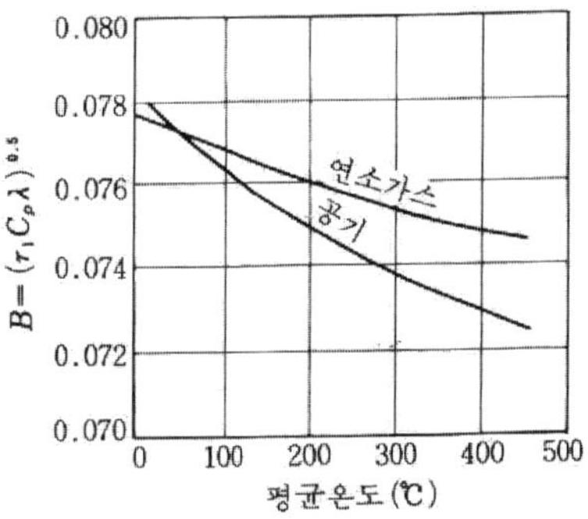

그림 7-21 B의 값

또한 α_g, α_a는 전열체 내의 파형면을 갖는 유로 내의 유동에서의 연소가스와 공기와의 접촉열전달률이며, 실제의 융스트롬 공기예열기에 대한 계측 결과로 얻은 다음 식이 있다.

$$\left.\begin{aligned} \alpha &= 212\, l^{-0.05} (wp)^{0.5} B \\ B &= (\gamma_1 c_p \lambda)^{0.5} \end{aligned}\right\} \tag{7-19}$$

단,

여기서 l은 예열기의 축방향의 두께 [m], w는 유속[m/s], p는 유체압력 [kgf/cm²], 또

B는 유체성질로 정해지며, γ_1은 압력 1 kgf/cm²에서의 유체의 비중량[kgf/m³], c_p는 정압비열 [kcal/kg°C], λ는 열전도율[kcal/mh°C]이다.

그림 7-21은 유체 및 전열면 표면의 평균온도에 대한 연소가스 및 공기의 B의 값을 표시한다.

7-8 저온가스 부식

전술한 바와 같이 배기가스 온도를 낮추어 가면 저온 전열면, 즉 절탄기, 공기예열기의 가스측 부식의 문제가 발생한다. 이것은 연료 중의 황의 연소로 생긴 SO_2가 연도 내에서 일부 산화되어 무수황산 SO_3가 되고 가스 중의 수증기와 혼재하는 까닭이다. 이와 같은 연소가스의 노점은 상당히 높고 노점보다 낮은 온도의 금속면에 접하면 농도가 높은 황산방울이 생겨 심한 부식을 일으킨다. 그림 7-22는 황산-수계(水系)의 평형도이며 분압이 0.1 atm의 경우를 보인다. 이로부터 SO_2가 미량이라도 함유되면 노점 온도가 상승함을 알게 된다.

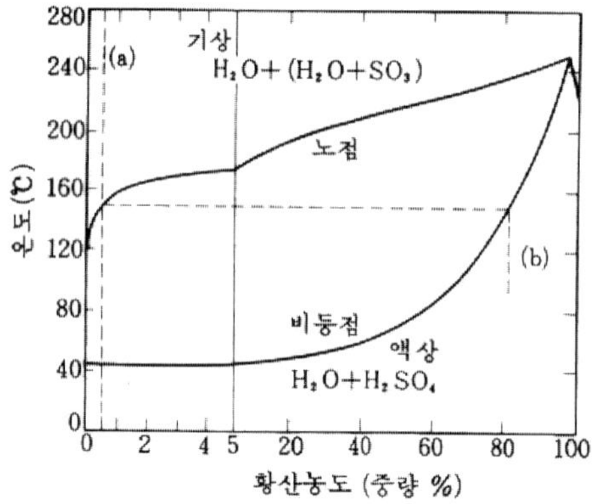

그림 7-22 황산-수계(水系)의 평형도

보일러의 연소가스 중에서 SO_2가 SO_3로 변하는 비율은 적으나 중유회(重油灰) 중의 산화바나듐이나 고온과열기 표면의 산화철은 촉매작용으로 SO_3로의 변화율을 높이는 작용을 가지므로 이 저온가스 부식 문제는 특히 중유를 사용하는 보일러에서 문제가 된다.

중유 중의 황분이 중량비로 2 %이면 연소가스의 SO_2는 체적비로 0.09 ~ 0.12 %(900 ~ 1200 ppm)이고, SO_3로 변하는 양은 약 1 ~ 5 %이다. 중유 연소가스의 노점은 중유 중의 황 함유량과 더불어 높아지나 실제로는 120 ~ 160°C의 범위로 생각된다. 요컨대 배기가스 온도를 낮추어 열효율을 높이는 데 이것이 장해가 되며, 공기예열기의 공기 입구측에서 특히 문제가 된다. 대책으로는 $SO_2 \rightarrow SO_3$의 변화를 억제하는 방법, 공기예열기 전열면 온도를 높이는 방법 등이 있다.

제 8 장 보일러의 제손실과 효율

8-1 개 설

보일러의 효율을 추정할 때 또는 실제의 보일러의 효율을 평가할 때, 보일러에서 발생하는 모든 손실을 분류하여 그 개개의 것에 대하여 생각하는 것이 편리하다. 실존하는 보일러에 대하여는 증발시험(蒸發試驗, evaporation test)을 통하여 운전 감시의 근거가 될 성능수치, 즉 연료 연소량, 연소율, 증발량, 증발계수, 증발률 등을 산출할 뿐 아니라 연료 발열량을 기준으로 하여 열효율 및 열손실의 세목을 음미하여 설비 및 운전의 개선을 위한 자료로 삼는다. 열효율 및 열손실을 요목별로 계산한 것을 특히 **열정산**(heat balance)이라고 한다. 손실은 효율과 마찬가지로 연소에 따르는 손실과 전열에 따르는 손실로 대별된다.

8-2 연소에 따르는 손실

이는 연료 중의 가연 성분의 일부의 불연소로 인한 손실과 가연가스의 불완전 또는 미연소에 의한 손실이다. 전자는 탄소의 미연소에 의한 손실이라고 보아도 무방하며, 이는 회갱(灰坑, ash pit) 및 연소실에 축적되는 연재(燃滓) 중의 탄소에 의한 손실과 연소가스와 함께 연소실에서 연도 및 외기 중으로 비산(飛散)되는 코우크스 및 매(煤)에 의한 손실로 나누어진다.

[1] 연재 중의 미연탄소에 의한 손실

이에는 화격자 연소의 경우에 있어서 회갱(灰坑)에서의 연재로 인한 손실과 화격자 연소 및 미분탄 연소의 경우 연소실에서의 연재로 인한 손실을 생각할 수 있다.

화격자 연소의 경우는 재와 함께 미연탄소가 회갱에 떨어지는 것과 재의 대부분이 회갱 및 연소실에 연재로 남는 것 때문에 이 손실은 약간 커지는 것이 보통이고, 특히 석탄이 다량의 녹기 쉬운 재를 함유할 때는 큰 양에 달할 수가 있다. 역청탄 및 갈탄의 연재는 화격자 열발생률이 $0.6 \sim 0.8 \times 10^6$ kcal/m^{2}h일 때 10 ~ 20 % 및 5 ~ 15 %의 탄소를 함유한다고 한다. 따라서 역청탄의 회분 함유율을 10 %라고 하면 연재 중에 발열량의 약 1 ~ 2 %가 상실되는 셈이고, 회분이 많은 연료일수록 이 손실도 커진다.

미분탄 연소의 경우는 연소가 잘 이루어지며 연재로 연소실에 남는 양이 적어 전 회분의 20 % 정도밖에 안 되므로 미연탄소에 의한 손실은 일반적으로 매우 적어 0.1 ~ 0.3 % 이하이다. 액체 및 기체 연료에서는 미연탄소에 의한 손실은 없다.

지금 B_h는 연료 소비량[kg/h], H_l은 석탄의 저발열량[kcal/kg], S_1을 연재의 양[kg/h], u_1을 연재 1 kg 중의 미연탄소량[kg/kg]이라고 하면 연료 1 kg 당의 이 손실열량의 비율 L_1은 탄소 1 kg 당의 발열량이 8100 kcal 이므로 다음 식으로 표시된다.

$$L_1 = 8100\, u_1 \frac{S_1}{B_h \cdot H_l} \times 100\,[\%] \qquad (8\text{-}1)$$

단, u_1은 연재의 시료를 취하여 이를 태웠을 때의 감량(減量)으로 구한다.

[2] 비산 코우크스 및 매(煤)에 의한 손실

이는 연소가스로 세분(細粉)의 연료가 휘발분을 발생하고 난 상태, 즉 코우크스 상태로 연소실 밖으로 나가는 것 또 휘발분이 연소할 때 발생하는 고정탄소의 일부가 연소되지 않은 채 매가 되어 연소실 밖으로 나감으로써 생기는 것이다. 비산 코우크스의 대부분은 연도 내에서 특히 연소가스의 방향이 전환되는 곳과 집진기(集塵器)에 가라앉게 되나, 일부는 연소가스와 함께 굴뚝으로 대기 중으로도 방출된다.

화격자 연소장치에서는 비산 코우크스에 의한 손실은 일반적으로 매우 적고, 덩어리가 큰 석탄을 적은 부하로 연소시킬 때는 무시해도 상관 없다. 그러나 덩어리가 작은 연료를 사용하는 고부하의 화격자 연소장치나 미분탄 연소장치에서는 비산 코우크스에 의한 손실이 상당한 값을 가질 수 있다. 이는 연소실 열발생률에 크게 관계 되며 이것이 클수록 이 손실도 일반적으로 커진다. 경우에 따라서는 이 손실이 10 % 또는 그 이상까지도 되는 수가 있다. 액체 및 기체 연료에서는 이 비산 코우크스에 의한 손실은 전혀 없고, 다음에 언급하는 손실뿐이므로 연소에 따르는 손실이 적어진다.

지금 비산 코우크스량을 S_2[kg/h], 비산 코우크스 중의 탄소량을 u_2[kg/kg]라고 하면 이 손실은

$$L_2 = 8100\, u_2 \frac{S_2}{B_h H_l} \times 100\,[\%] \qquad (8\text{-}2)$$

한편 매에 의한 손실은 연소실 용적이 과소한 노에서 휘발분이 많은 연료를 연소시킬 때 문제가 되나, 일반적으로 적은 값이며 1 ~ 2 % 이하가 된다. 이 손실은 d를 연소가스 1 Nm^3 당의 매의 양 [g/Nm^3], V_g를 연료 1 kg(또는 1 Nm^3)당의 연소가스량 [$Nm^3/kg(Nm^3)$]이라 하면

$$L_3 = 8.1 \frac{d \cdot V_g}{H_l} \times 100\,[\%] \qquad (8\text{-}3)$$

이다.

[3] 미연가스에 의한 손실

이는 탄소의 불완전 연소 및 수소, 메탄의 미연소로 발생하는 것이며, 연소가스 1 Nm^3 중의 일산화탄소, 수소 및 메탄의 양을 각각 $(CO)'$, $(H_2)'$ 및 $(CH_4)'$ [Nm^3]라 하면 다음 식으로 구해진다.

$$L_4 = \frac{[3040(CO)' + 2570(H_2)' + 8570(CH_4)']V_g}{H_l} \times 100 \, [\%] \qquad (8\text{-}4)$$

보통 $(H_2)'$ 와 $(CH_4)'$ 는 극히 적으므로 이를 무시하고 $(CO)'$ 만을 고려한다. $(CO)'$ 의 값은 연소가스의 분석으로 얻는다.

이상의 연소에 따르는 손실, 즉 $\sum_{n=1}^{4} L_n$ 에 관하여 Münzinger 는 많은 실험 결과로 그림 8-1과 8-2를 주었고 이것이 연소 부하에 따라 변화함을 표시했다. 즉 그림 8-1은 화격자 연소장치에서 화격자 열발생률과 $\sum_{n=1}^{4} L_n$ 과의 관계이며, 그림 8-2는 미분탄 연소장치에서 연소실 열발생률과 $\sum_{n=1}^{4} L_n$ 과의 관계이다.

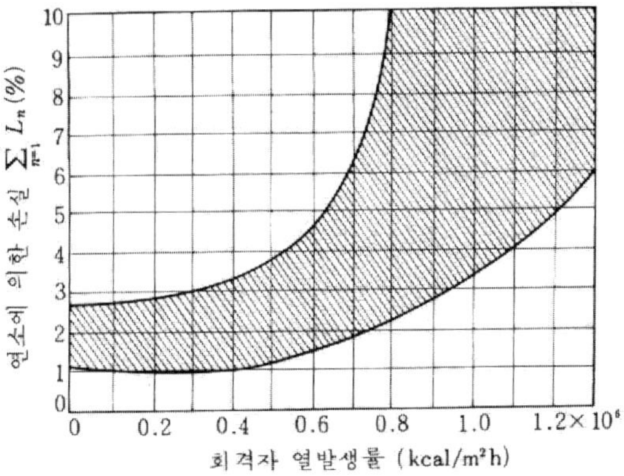

그림 8-1 연소에 의한 손실

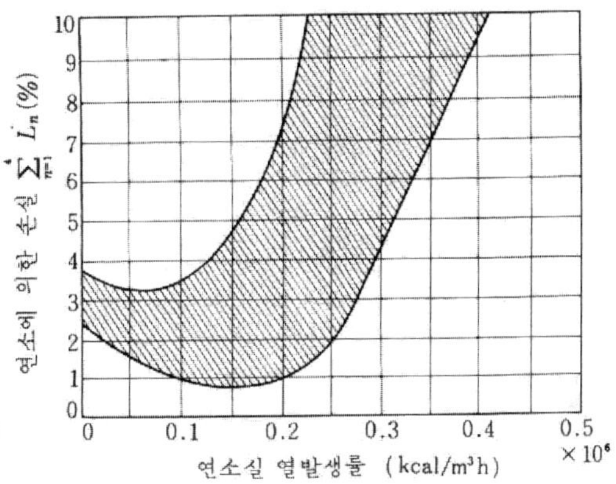

그림 8-2 연소에 의한 손실

8-3 전열에 따르는 손실

이에는 굴뚝으로부터 외기로 방출되는 배기가스가 가지고 나가는 열량, 즉 배기손실과 연소가스가 각 전열면을 흐르는 동안 노벽 및 연도벽을 통하여 외기 중에 복사 및 전도로 상실하는 열손실이 있다.

[1] 배 기 손 실(排氣損失)

연소가스가 갖는 열량을 완전히 이용하려면 보일러의 최종 전열면, 즉 공기예열기 출구에서의 연소가스 온도를 대기 온도까지 낮추는 것이 필요하다. 그러나 실제의 경우 이 가스 온도는 이미 설명한 대로 최저의 한도가 있고 일반적으로 120 ~ 350°C 로 취해진다. 따라서 이 온도와 대기와의 온도차에 상당하는 연소가스의 열량이 손실이 되는 것이다.

지금 t'_g를 굴뚝 입구에서의 연소가스 온도[°C], t_o를 대기온도[°C], V_g는 연료 1 kg 당의 연소가스량[Nm^3/kg], c_g'는 연소가스의 평균비열 [kcal/Nm^3°C]이라 하면 배기손실은 다음 식으로 구해진다.

$$L_5 = \frac{V_g c_g'(t_g' - t_o)}{H_l} \times 100 [\%] \tag{8-5}$$

단, 이 때 ~350°C에 대한 평균비열로는 근사적으로 $c_g' = 0.33$으로 한다.

L_5는 보일러 손실 중 최대의 것이며 7 ~ 20 %, 때로 그 이상까지 된다. 따라서 윗식에서 V_g를 감소시키기 위하여는 적은 공기비로 연소시키고, 절탄기 및 공기예열기로 t_g'를 낮추는 것 등이 유력한 방법이다.

[2] 복사 및 전도에 의한 손실

이는 노벽 및 연도의 크기와 구조에 관계 되고 노벽의 경우 수냉벽 구조로 하면 이 손실을 적게 할 수가 있다. 그러나 실제로 이를 구하기는 곤란하므로, 전 손실에서 $\sum_{n=1}^{5} L_n$을 제거한 나머지를 복사 및 전도에 의한 손실 L_6으로 생각하는 것이 보통이다. 그림 8-3은 여러 가지 실험 결과로 L_6의 값을 추정한 것이며 보일러 용량, 즉 증발량의 증대와 더불어 감소되고 있다.

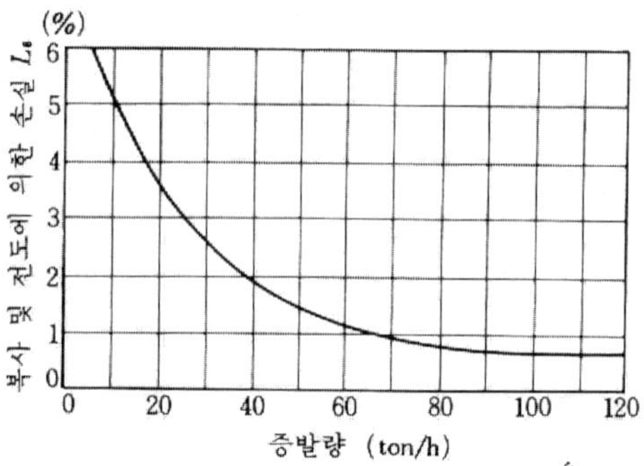

그림 8-3 복사 및 전도에 의한 손실

8-4 보일러의 효율

이미 배운 바와 같이 보일러 효율은 연소효율 η_c와 전 열효율 η_h와의 적(積)으로 표시된다. 또한 η_c, η_h는 위에 말한 모든 손실로부터 다음 식으로 표시된다.

$$\eta_c = 100 - \sum_{n=1}^{4} L_n [\%] \tag{8-6}$$

$$\eta_h = \frac{100 - \sum_{n=1}^{6} L_n}{100 - \sum_{n=1}^{4} L_n} \times 100 [\%] \tag{8-7}$$

보통 보일러의 효율이라고 하면 전 부하(全負荷, full load) 또는 정규부하(正規負荷) 상태에서의 값을 말하는 수가 많다.

일반적으로 부분부하(部分負荷, partial load) 또는 과부하(過負荷, over load)에서는 효율이 저하된다. 그러나 보일러에서는 광범위한 운전상태에 걸친 효율 특성을 표시하는 것이 때로 필요해지며, 또 실제 보일러 작업상에서는 효율 저하가 적은 것이, 즉 효율-부하곡선이 되도록 평탄한 것이 요망된다.

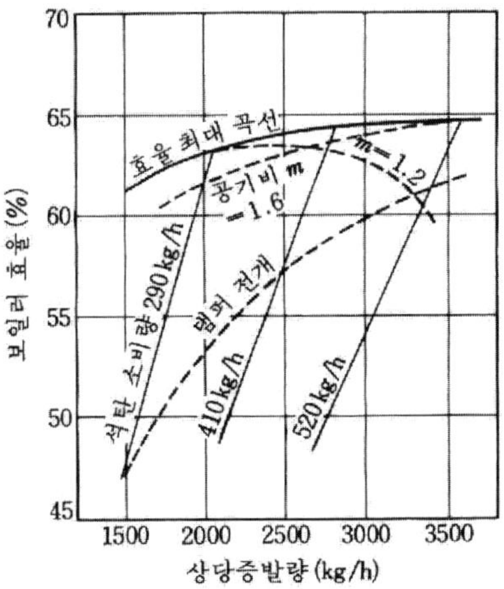

그림 8-4 효율-증발량 선도

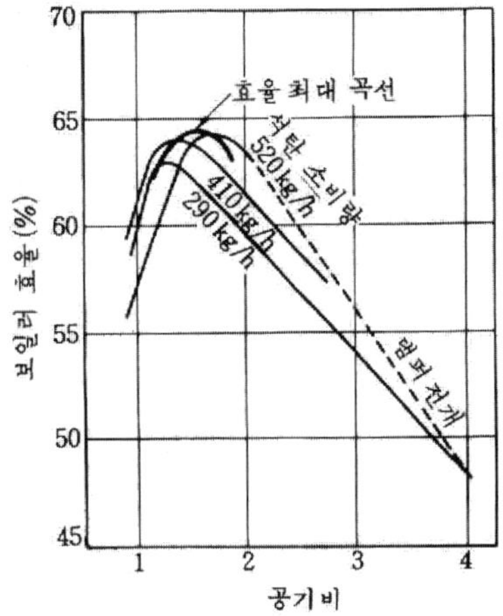

그림 8-5 효율-공기비 선도

이와 같이 효율 특성을 표시할 때는 효율과 증발량 또는 정규부하에 대한 부하 비율과 효율과의 관계를 표시하는 것이 보통이나, 이 관계는 연소상태 특히 이에 영향을 주는 연소용 공기의 공기비로 변화한다. 따라서 보일러의 효율 특성을 표시하는 데는 효율-증발량-공기비의 관계에 의함이 타당하다.

Nukiyama 등은 이 관계가 하나의 곡면으로 표시됨을 말하고, 화격자 연소장치를 갖는 보일러의 실험 결과의 예를 그림 8-4, 그림 8-5와 같이 효율-증발량 선도와 효율-공기비 선도로 표시했다.

그림 8-4에서는 석탄 소비량을 일정하게 유지하고 공기비를 변화시키면 그 효율-증발량의 관계는 직선이 되고 어떤 공기비에서 최대 효율에 달함을 보인다.

그림 8-5는 그림 8-4에서의 석탄 소비량 일정의 직선을 효율-공기비의 면에 투영한 관계를 표시한다.

제 9 장 통 풍

9-1 개 설

통풍(通風, draft, draught)이란 보일러에서 필요한 연소용 공기를 노에 보내고 또 발생한 연소가스를 보일러 본체, 과열기 등의 전열면에 접촉시키며 흐르게 함을 말한다. 따라서 적절한 통풍을 마련하려면 그 유로에서 생기는 통풍의 저항을 극복하고 공기 및 연소가스를 소정의 속도로 유동시키기 위하여 노의 입구와 연도의 출구 사이에 일정한 압력차를 둘 필요가 있다. 이 압력차를 보통 **통풍력**(通風力, draft head, draught power)이라고 한다. 통풍력은 통풍저항이 클수록 커야 하며, 한 보일러에서도 부하에 따라 변화해야 한다.

9-2 통풍의 종류

통풍은 통풍력을 발생시키는 방법에 따라 **자연통풍**(自然通風, natural draft)과 **강제통풍**(强制通風, mechanical draft)으로 대별된다. 즉 자연통풍이란 굴뚝으로 인한 통풍을 말하며, 굴뚝 내의 연소가스와 외부 공기와의 밀도차로 발생하는 통풍력을 이용하는 것이다. 이 방법은 간단하여 널리 사용되나, 이로써 얻게 되는 통풍력에는 한도가 있기 때문에 통풍 저항이 작은 보일러에 한하게 된다. 보통 40 mmAq 이상의 통풍력을 발생하는 굴뚝을 만드는 것은 비경제적이다.

일반적으로 대형 보일러에서는 효율 향상을 위하여 절탄기, 공기예열기 등을 연도 내에 설치하므로 가스 온도가 저하함과 동시에 통풍 저항도 증가하여 굴뚝만으로는 충분한 통풍이 불가능하다. 따라서 송풍기(fan)를 사용하여 통풍력을 공급하는 강제통풍을 채택함이 보통이다. 강제통풍은 요구에 따라 통풍력을 자유로이 조절할 수 있는 잇점을 아울러 갖는다. 그러나 강제통풍을 행할 때도 보통 굴뚝은 설치된다. 이리하면 굴뚝에 의한 통풍력도 이용할 수 있으며 연소가스를 멀리 날려 보낼 수가 있다. 순전히 강제통풍만을 사용하는 것은 기관차 및 박용 보일러 등 굴뚝을 설치할 수 없는 특수한 경우에 한한다.

강제통풍에는 다시 압입(押入)통풍(forced draft), 흡출(吸出)통풍(induced draft), 평형(平衡)통풍(balanced draft)의 3형식이 있다.

압입통풍은 송풍기를 노 앞에 두고 대기압 이상의 공기로 연소장치로 밀어넣는 것이다. 이 때 노 및 연도 내의 연소가스 압력은 대기압보다 약간 높으므로 구조는 충분히 기밀(氣密)을 유지하도록 되어야 한다.

흡출통풍은 송풍기를 연도의 끝 또는 굴뚝의 하부에 두고 연소가스를 빨아내는 것이며, 연소가스 압력은 대기압 이하가 된다. 흡출통풍에는 연소가스를 직접 흡입하는 직접식과 일단 대기를 흡입하여 굴뚝 내의 이젝터 내로 방출시킴으로써 연소가스를 흡출하는 간접식이 있다. 전자는 송풍기가 고온에 노출되어 고장이 나기 쉽고 치수가 커지나 소요 동력은 적다. 후자는 장기간 사용에 견딜 만하나 소요 동력이 크다.

평형통풍은 노 앞과 굴뚝 하부에 송풍기를 두고 압입 및 흡출통풍을 겸한 형식이며, 이는 대기압 이상의 공기를 압입 송풍기로 연소장치에 밀어넣으나, 노의 압력은 흡출 통풍기로 항상 대기압보다 약간 낮은 압력으로 유지시킨다. 따라서 격렬한 연소에 적합하며, 한편 노나 연도에서 연소가스가 새어나올 염려가 없다. 주로 원동소 보일러에 이 형식이 사용된다(그림 9-1 참조).

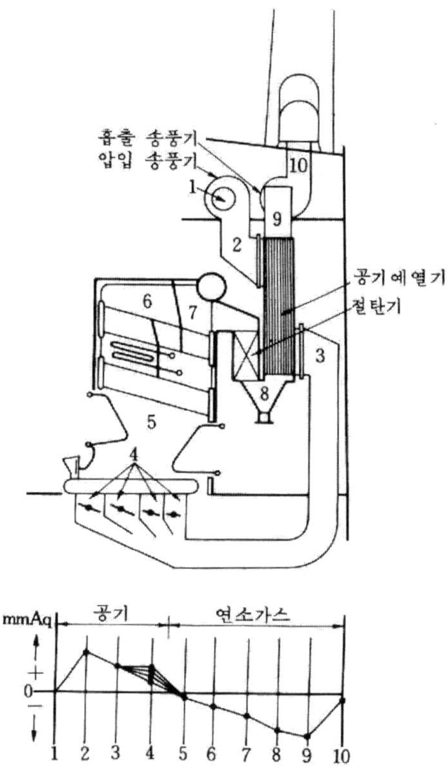

그림 9-1 평형통풍

9-3 통풍력과 통풍저항

보일러에서 연소용 공기의 유로 및 연소가스의 노에서 연도를 거쳐 굴뚝에 이르기까지의 유로에는 전열면 등의 설비가 있으며, 유로의 방향 전환과 단면적 변화가 있고 이들로 인하여 각종의 통풍저항이 생긴다. 따라서 굴뚝 또는 송풍기로 공급할 통풍력은 이들의 통풍저항을 극복하여 공기 및 연소가스를 유동시킬 만한 값을 가져야 하며, 이 통풍력 Z[mmAq]는 다음 식으로 표시된다.

$$Z = \Sigma h_f + \Sigma h_t + \Sigma h_s - \Sigma h_b + \frac{\gamma_g'}{2g} w_g'^2 \text{ [kgf/m}^2\text{(mmAq)]} \qquad (9\text{-}1)$$

단, h_f : 각종의 마찰저항[mmAq]

h_t : 유로의 방향 전환에 의한 저항[mmAq]

h_s : 유로의 단면적 변화에 의한 저항[mmAq]

h_b : 연도 내에서 고온의 연소가스로 생기는 부력이며, 상승(上昇)연도이면 양호(陽號),

하강(下降)연도이면 음호(陰號)의 값을 취한다.

γ_g' : 굴뚝 출구에서의 연소가스의 비중량[kgf/m³]

w_g' : 굴뚝 출구에서의 연소가스의 유속[m/s]

이 중 h_f, h_t, h_s는 공기유로에서나 연소가스의 유로에서나 다 같이 발생하며, 즉 이를 a, g의 기호로 서로 구별하면

$$\Sigma h_f = \Sigma h_{fa} + \Sigma h_{fg}$$
$$\Sigma h_t = \Sigma h_{ta} + \Sigma h_{tg}$$
$$\Sigma h_s = \Sigma h_{sa} + \Sigma h_{sg}$$

가 된다. $\gamma_g' w_g'^2/2g$는 연소가스가 굴뚝으로부터 방출될 때 상실되는 속도에너지에 의한 것이다.

[1] 마찰저항

이 중에서 h_{fa}에 속하는 것으로는 공기예열기, 공기유로, 댐퍼에서의 마찰저항 및 화격자 저항 또는 버어너의 2차공기에 줄 압력차가 있다. h_{fg}에 속하는 것으로는 보일러 본체 전열면, 과열기, 절탄기, 공기예열기, 댐퍼, 연도, 집진기, 굴뚝 등에서의 마찰저항이 있다.

여기서 먼저 각종 전열면에서의 마찰저항을 생각해 보기로 한다. 이 때 공기유로에서는 없는 일로서 연소가스 유로에서의 특징으로 전열면에 부착하는 연재 때문에 마찰저항이 차차 증대하는 현상이 발생한다.

이와 같은 연재의 영향은 개개의 경우에 있어 각기 복잡한 변화를 하므로 현재까지는 각각 경험에 의존하는 도리밖에 없다. 따라서 아래에서 주로 평활한 전열면의 경우를 취급하기로 한다.

(1) 원관 내를 유체(공기 또는 연소가스)가 흐를 때(전열면, 연도, 굴뚝)

이 때 관의 안지름 d[m], 길이를 L[m], 관 내 유체의 평균 비중을 γ[kgf/m³], 유속을 w[m/s]라 하면, 관 내의 마찰저항은 잘 알려진 다음 식으로 표시된다.

$$h_f = \lambda \frac{L}{d} \cdot \frac{\gamma}{2g} w^2 \text{ [mmAq]} \qquad (9\text{-}2)$$

단, λ는 마찰계수이며 Re수와 표면의 조도(粗度)로 변화한다. Münzinger는 이 때의 마찰저항으로 다음 식을 제안하였다.

$$h_f = 0.00094 \frac{\gamma^{0.852} \cdot w^{1.852}}{d^{1.269}} L \text{ [mmAq]} \qquad (9\text{-}3)$$

(2) 관군의 전열면에 유체가 직각으로 흐르는 경우

이 때는 제 5 장에서 이미 언급한 식 (5-22)와 표 5-5로 구할 수 있다.

(3) 관군의 외측을 관에 평행하게 유체가 흐르는 경우

이 때는 전열의 경우와 같이 $d_e = \dfrac{4F}{U}$인 등가지름의 원관으로 간주하여 식 (9-2) 또는 식 (9-3)으로 구할 수 있다.

F는 통로의 단면적 [m²], U는 단면에서 주위의 길이[m]이다.

(4) 휜(fin)을 갖는 관으로 된 절탄기

이 때 압력 강하는 다음 식으로 표시된다.

$$h_f = 2nf\frac{\gamma}{g}w^2\,[\text{mmAq}] \tag{9-4}$$

단, n은 흐름의 방향에서의 관열수, f는 저항계수, γ는 비중량[kgf/m³], g는 중력가속도[m/s²], w는 관열의 자유공간에서의 유속[m/s]이다. 그리고 f는 $Re_2 = \frac{wd_{e_2}}{\gamma}$라 하면

$$f = 1.532Re_2^{-\frac{1}{4}} \tag{9-5}$$

로 표시된다.

단,
$$d_{e_2} = d_{e_1}\Big/\left[\left(\frac{h}{2\delta}\right)^{0.4}\left(\frac{1}{2\sqrt{s-1}} + \frac{1}{2\sqrt{r-1}}\right)\right]^4 \tag{9-6}$$

이며, h는 휜의 높이[m], δ는 휜의 간격[m], s는 흐름에 직각인 방향의 관의 간격과 d_{e_1}의 비, r는 대각선 방향의 관의 간격과 d_{e_1}과의 비이다. 단, d_{e_1}은

$$d_{e_1} = \frac{2A}{\pi B}\,[\text{m}] \tag{9-7}$$

로 정의되는 관의 대표 길이이며, A는 단위길이의 관의 전 표면적(휜을 물론 포함한)[m²]이며, B는 이 관의 단위길이의 투영(投影)에서의 윤곽(輪廓)의 길이[m]이다.

(5) 판형 공기예열기의 경우

이 때의 편평한 통로에 대하여 그 나비를 s[m], 길이를 L[m]이라 하면 Münzinger는 공기측 유로에 대하여

$$h_{fa} = 0.00054\frac{\gamma^{0.852}\cdot w^{1.852}}{s^{1.269}}\;L\,[\text{mmAq}] \tag{9-8}$$

또 연소가스측 유로에 대하여는 연재의 부착 및 판의 변형 등을 고려하여 위의 식으로 얻는 값이 1.3～1.5배를 취한다.

다음 화격자 저항은 화격자의 종류, 연료의 성질 및 연소율 등에 따라 많이 변화하여 일률적으로 이를 표시하기가 곤란하나 그 대략값은 표 9-1과 같다.

표 9-1 화격자의 통풍저항 h_f[mmAg]

화 격 자	연소율 [kg/m²h] \ 석탄	50	100	150	200
수 평 화 격 자	역 청 탄	1	3	4	7
	역 청 분 탄	2	4	7	11
이 동 화 격 자	반 무 연 탄	3	7	12	19
	반 역 청 탄	3	6	12	19
	반 역 청 분 탄	3	9	17	26
	역 청 탄	2	5	10	15
	역 청 분 탄	3	8	14	23

한편 버어너에서의 압력차는 연소에 적당한 속도로 2차공기를 연소실 내로 보내는 데 필요한 것이므로, 화격자의 경우와는 다소 성질이 다르다. 미분탄 연소의 경우 이 압력차는

대략 연소용 공기의 예열 온도가 낮을 때 20 ~ 50 mmAq 이며, 예열온도가 높을 때는 점화 속도가 증대하므로 50 ~ 100 mmAq 로 취하는 수가 많다.

기타 댐퍼에서의 마찰저항은 그 설치 위치에 따라 변화하나 각각 약 1 ~ 3 mmAq, 집진기에서는 그 형식 및 구조에 따라 크게 다르며 전기 집진기에서는 보통 5 mmAq 이하, 사이클론 집진기에서는 100 mmAq 이상이 되는 것도 있다. 일반적으로 공기유로, 연도 및 굴뚝에서의 마찰저항은 모두 다음 식으로 구할 수 있다.

$$h_f = \lambda \frac{L}{d_e} \cdot \frac{\gamma}{2g} w^2 \,[\text{mmAq}] \qquad (9\text{-}9)$$

여기서 d_e 는 각 유로의 지름 또는 등가지름 $d_e = \frac{4F}{U}$ [m], L 은 유로의 길이 [m], γ 는 각 유체의 평균 비중량 [kgf/m³]이며, 그 대략치는 그림 9-2 로 구할 수 있다. 단, γ_a 은 공기, γ_g 는 연소가스의 비중량이다. λ 는 마찰계수이고 벽돌 및 콘크리트 벽에서는 $\lambda = 0.05 \sim 0.08$, 철판벽에서 $\lambda = 0.03 \sim 0.05$ 이다.

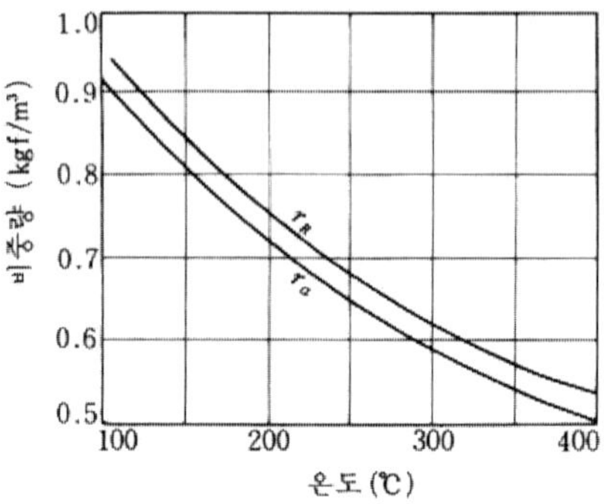

그림 9-2 γ_a, γ_g

연도 내에서의 연소가스의 유속은 3 ~ 4 m/s 로 취함이 보통이며, 6 m/s 를 넘지 않도록 한다. 연도의 단면적은 보통 화격자 면적의 1/6 ~ 1/8 이 된다.

[2] 방향전환 저항

공기 및 연소가스의 유로가 예리한 각도로 방향이 전환되는 일이 적지 않다. 이 때의 통풍저항에 대하여 Münzinger 는 다음의 식들을 주었다. 즉 방향이 바뀌기 전의 유체 속도를 w_1, 중간의 속도를 w_2, 그리고 방향을 바꾼 다음의 속도를 w_3 [m/s]라고 하면 이 손실은 다음과 같다.

1) 45°의 방향 전환 $$h_t = 0.25 \frac{\gamma}{2g} (w_1^2 + w_3^2) \,[\text{mmAq}] \qquad (9\text{-}10)$$

2) 90°의 방향 전환 $$h_t = \frac{\gamma}{2g} (w_1^2 + w_3^2) \,[\text{mmAq}] \qquad (9\text{-}11)$$

3) 180°의 방향 전환 $$h_t = \frac{\gamma}{2g} (w_1^2 + w_2^2 + w_3^2) \,[\text{mmAq}] \qquad (9\text{-}12)$$

단, 방향 전환을 하는 통로가 잘 굽어진 곡부(曲部)를 이루고 유체가 무리 없이 잘 도입될 때에는 이들 손실은 위의 값의 약 1/4 까지 저하시킬 수도 있다.

[3] 단면 변화에 의한 저항

통로 내의 단면적이 급격히 확대되거나 또는 급격히 좁아질 때에도 통풍저항이 생긴다. 그리고 이는 확대될 때가 더 크다.

Loschge 및 Münzinger 는 다음 식을 주었다.

$$h_s = \zeta \frac{\gamma}{2g} w^2 \,[\text{mmAq}] \qquad (9\text{-}13)$$

여기서, w는 좁은 쪽의 단면에서의 유속[m/s], ζ는 손실계수이다. ζ의 값은 확대될 때를 ζ_1, 좁아질 때를 ζ_2라 하면 f_1/f_2에 대하여 그림 9-3으로 구할 수 있다. 단, f_1은 좁은 쪽의 유로 단면적, f_2는 넓은 쪽의 유로 단면적이다.

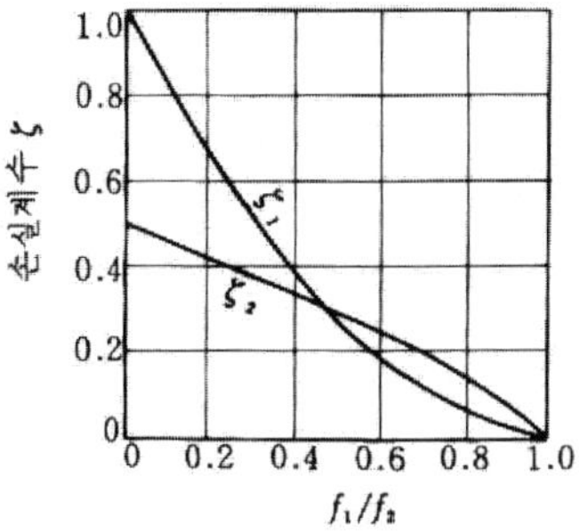

그림 9-3 ζ_1, ζ_2

또한 여기서 ζ_1은 다음 식으로 주어진 값을 취한 것이다.

$$\zeta_1 = \left(1 - \frac{f_1}{f_2}\right)^2$$

[4] h_b의 값

이는 연소용 공기의 예열온도가 과히 높지 않은 한 연도만에 대하여 생각하면 되며, 외기와 연도에서의 연소가스와의 중량차, 즉 고온 연소가스의 부력으로 발생한다. 지금 연도의 높이를 H[m], 여기서의 연소가스의 평균 온도를 t_g[°C]라 하면 외기 온도가 20°C일 때의 h_b의 값은 근사적으로 다음 식으로 표시된다.

$$h_b = H\left(1.2 - \frac{365}{273 + t_g}\right) [\text{mmAq}] \qquad (9\text{-}14)$$

9-4 굴뚝과 송풍기

[1] 굴뚝의 통풍력

굴뚝에 의한 통풍력은 굴뚝의 안과 밖의 기체의 밀도차에 기인된다. 그림 9-4와 같이 대기 중에 수직으로 세워진 높이가 h[m]인 원통을 생각하고, 원통 바깥공기의 비중량을 γ_1[kgf/m³], 원통 안의 기체의 비중량을 γ_2[kgf/m³](단 $\gamma_1 > \gamma_2$)라 하고, 압력의 평형을 생각해 본다.

상단의 단면 A-A에서는 내외의 기체의 압력은 서로 같고, 이를 p_0[kgf/m²]라 하면, 단면 B-B에서의 원통 밖의 압력 p_1 및 안의 압력 p_2[kgf/m²]은 다음의 관계가 있다.

$$p_1 = p_0 + \gamma_1 h, \qquad p_2 = p_0 + \gamma_2 h$$

따라서 단면 B-B의 원통 내외의 압력차는

$$\Delta p = p_1 - p_2 = (\gamma_1 - \gamma_2) h \,[\text{kgf/m}^2]$$

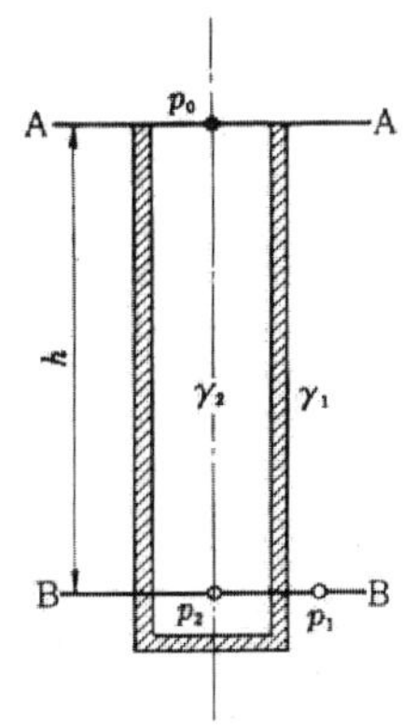

그림 9-4

따라서 단면 B-B에 구멍을 뚫으면 이 압력차로 외기가 빨려들어 간다. 굴뚝의 통풍력은 이 원리로 발생되는 것이며 그 크기는 굴뚝의 높이에 비례하고, 굴뚝 내의 연소가스의 비중량, 따라서 온도에 관계된다. 즉 굴뚝의 통풍력 Z_s는 높이를 h, 외기 및 연소가스의 비중량을 γ_a, γ_g라 하면 다음 식으로 주어진다.

$$Z_s = (\gamma_a - \gamma_g)h \ [\text{mmAq}] \tag{9-15}$$

다음 굴뚝 안의 가스 및 외기에 대하여 그 온도를 T_g, T_a [°K], 압력을 p_g, p_a [kgf/m²], 가스 정수(gas constant)를 R_g, R_a, 가스의 공기에 대한 비중을 δ라 하고 가스 및 공기가 완전가스의 법칙에 따른다고 생각하면

$$\frac{p_a}{\gamma_a} = R_a T_a \quad \text{또는} \quad \gamma_a = \frac{p_a}{R_a T_a}$$

$$\frac{p_g}{\gamma_g} = R_g T_g \quad \text{또는} \quad \gamma_g = \frac{p_g}{R_g T_g}$$

따라서 식 (9-15)는 다음과 같이 된다.

$$Z_s = \left(\frac{p_a}{R_a T_a} - \frac{p_g}{R_g T_g'}\right)h$$

한편 R_a와 R_g 간에는 $R_g = \frac{R_a}{\delta}$인 관계가 있으므로 윗 식은

$$Z_s = \frac{p_o}{R_a}\left(\frac{p_a}{p_o}\frac{1}{T_a} - \frac{p_g}{p_o}\frac{\delta}{T_g'}\right)h$$

단, p_o는 대기의 표준압력이며, $p_o = 760$ mm, $H_g = 10332$ kgf/m², 또 $R_a = 29.27$ m kgf/kg°K 이다. 지금 근사적으로

$$\frac{p_a}{p} \cong 1, \qquad \frac{p_g}{p_o} \cong 1$$

라고 보아도 큰 오차는 없다. 따라서

$$Z_s = \frac{10332}{29.27}\left(\frac{1}{T_a} - \frac{\delta}{T_g}\right)h$$

$$\text{혹은} \quad Z_s = 353h\left(\frac{1}{T_a} - \frac{\delta}{T_g}\right) \tag{9-16}$$

자연통풍에만 의존하는 보일러에서는 이러한 굴뚝의 통풍력은 식 (9-1)의 전 통풍저항에 같아야 할 것이다. 즉

$$Z_s = Z$$

그림 9-5는 굴뚝의 통풍력이 굴뚝의 높이 및 연소가스 온도에 따라 변화함을 표시한다. 여기서 외기 상태는 15°C, 760 mmHg로 하였고, 또 표준 상태의 연소가스의 비중량은 1.34 kgf/Nm³로 취했을 때의 결과이다(표준상태에서의 공기의 비중량은 1.29 kgf/Nm³이므로 식 (9-16)의 δ는 1.0388이다).

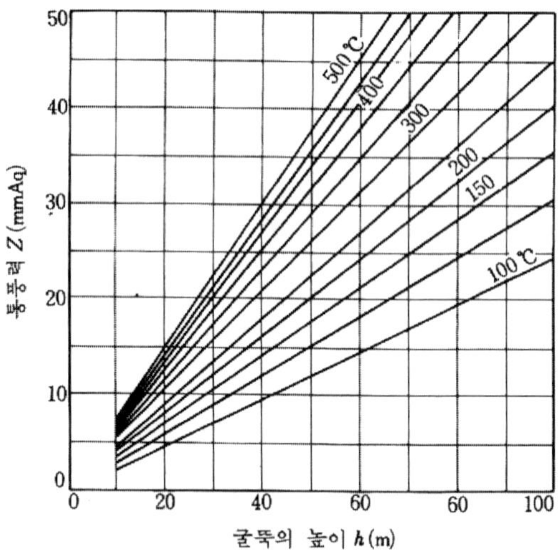

그림 9-5 굴뚝의 통풍력

[2] 굴뚝의 구조

굴뚝은 벽돌 또는 외부를 강판으로 만들고 내부를 벽돌로 쌓기도 하나, 증기원동소와 같이 큰 굴뚝의 경우는 철근 콘크리트제가 많다. 그러나 콘크리트는 연소가스(특히 SO_2 성분)로

침식되기 쉬우므로 내화벽돌 또는 내식성의 특수 콘크리트를 내부에 붙이며, 연소가스가 찬 공기로 급격히 냉각되는 굴뚝 끝 정부에 주철제의 덮개를 만들 것 등이 필요하다.

굴뚝의 통로 단면적 A_g 또는 안지름 d_e는 보일러의 연료 소비량 B_h[kg/h], 연료 1 kg 당의 연소가스량 V_g[Nm³/kg], 연소가스의 유속 w_g[m/s], 온도 t_g[°C]로부터 다음 식으로 주어진다.

$$A_g = \frac{B_h V_g}{3600\, w_g} \cdot \frac{273 + t_g}{273}\ [\mathrm{m}^2] \qquad (9\text{-}17)$$

여기서 가스의 유속이 너무 크면 마찰저항이 증가하며, 너무 적으면 굴뚝이 커지고 또한 연소가스가 바람으로 위로부터 역류하는 우려가 있으므로 보통 3～4 m/s로 한다. 그러나 연기를 멀리 소산시키기 위하여는 굴뚝 출구에서의 유속이 클수록 좋다. 따라서 최근 대기 확산 효과를 높이기 위하여 높은 굴뚝의 채용과 더불어 굴뚝으로부터의 가스 유출속도도 최대 20 ～ 35 m/s 까지 이르고 있다. 이의 마찰저항은 식 (9-9)로 구할 수 있다.

굴뚝은 보일러에 필요한 통풍력을 얻음과 아울러 매연을 대기 중에 확산시켜서 대기오염 방지를 꾀하는 목적을 가지고 있으므로 이들 목적으로부터 굴뚝 높이를 정할 필요가 있다.

[3] 송 풍 기

통풍용 송풍기로는 압력차가 비교적 적고 송풍량이 큰 것을 필요로 하므로 원심식이 보통 사용된다. 이에는 다수의 짧고 굽은 깃을 원주에 설치한 다익형(多翼型) 송풍기(Sirocco multiblade fan)와 반지름 방향으로 길이가 약간 길고 똑바른 깃을 갖는 플레이트 팬(plate fan)이나, 굽은 깃을 갖는 터어보 팬(turbo fan)이 사용된다. 보통의 경우 첫째 것의 통풍력은 20 ～ 150 mmAq, 둘째 것은 50 ～ 400 mmAq, 터어보 팬은 200 ～ 2000 mmHq이며 송풍량은 각기 대략 100 ～ 8000 m³/min이다. 또한 흡출통풍에서 직접식의 송풍기에서는 연소가스로부터 열을 받으므로 베어링의 수냉각이 필요해진다. 대형 보일러에서는 주로 터어보 팬이 사용된다.

송풍기의 용량은 그로부터 얻어야 할 통풍력과 공기 및 연소가스의 체적으로부터 결정되어야 하며, 이 통풍력은 식 (9-1)의 Z[mmAq]에서 굴뚝으로 얻는 통풍력을 감한 값이 되어야 한다. 송풍기의 소요 마력을 N[HP], 통풍력을 P[kg/m²], 이동 기체 체적을 V[m³/min], 송풍기 효율을 η_f라 하면 다음의 관계가 있다.

$$N = \frac{P \cdot V}{4500\, \eta_f} \qquad (9\text{-}18)$$

풍량 조절은 송풍기에서는 송풍기 입구 또는 출구쪽 덕트(duct)에 설치된 댐퍼의 개폐, 송풍기 회전차의 흡입구에 마련된 베인(vane)의 개도(開度) 조절, 또는 구동 전동기에 의한 속도 조절 등으로 수행된다.

9-5 대기오염의 방지

각국마다 산업의 발달과 더불어 대기오염 문제가 심각한 현실로 등장하고 있다. 연소 배기가스에 의한 대기오염을 방지하는 것은 대형 보일러일수록 특히 중요한 과제가 되며, 배기가스 중의 매연량을 저감시키도록 연도에 고성능의 집진기를 설치하여야 한다.

또 황 산화물, 질소 산화물에 의한 오염 방지를 위하여 이들의 제거 장치를 둘 것, 지상 오염을 완화시키기 위하여 높은 굴뚝을 설치하여 배기가스의 충분한 대기 확산을 행하는 것이 필요하다.

[1] 매 진(煤塵)

세립의 연재나 회분, 연소에 있어 발생하는 유리탄소의 일부 〔매(煤, 검댕)〕는 연소가스와 함께 연소실 밖으로 운반되므로 가스가 연도의 아래쪽에서 방향 전환을 하는 장소에는 호퍼 모양의 재받이를 두어 이들을 분리 제거할 필요가 있다. 그러나 이와 같이 해도 굴뚝에 이르는 매진량이 적지 않을 때는 굴뚝의 입구에 집진기(集塵機, dust collector)를 두어야 한다. 굴뚝 입구의 배기가스의 함진 농도(含塵濃度)는 미분탄 연소일 때 특히 많다. 중유 연소에서는 공기비에 따라 다르며 일반적으로 0.1 g/Nm³ 이하, 저산소연소를 시켰을 때는 0.3 g/Nm³ 정도, 미분탄의 경우는 20 ~ 50 g/Nm³ 이다. 중유 연소에서는 매진의 입자 지름(粒徑)은 작아서 20 ~ 30 μ 정도 이하이며, 이 중 비교적 굵은 입자는 연재나 회분이며, 미립자는 0.1 μ 정도의 유리탄소가 주가 된다.

미분탄 매진의 입자 지름은 약 80 μ 이하이며 40 μ 정도 이하의 입자는 완전 연소 후 일단 녹았던 회분이 구상(球狀)으로 응고한 비산회(飛散灰, fly ash)가 주이며 중량비로 약 70 % 전후를 차지한다. 40 μ 이상의 굵은 입자는 주로 불완전 연소 분진이다.

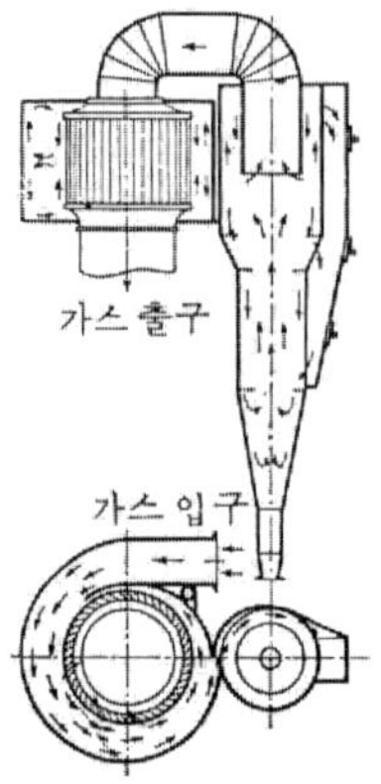

그림 9-6 사이클론 집진기

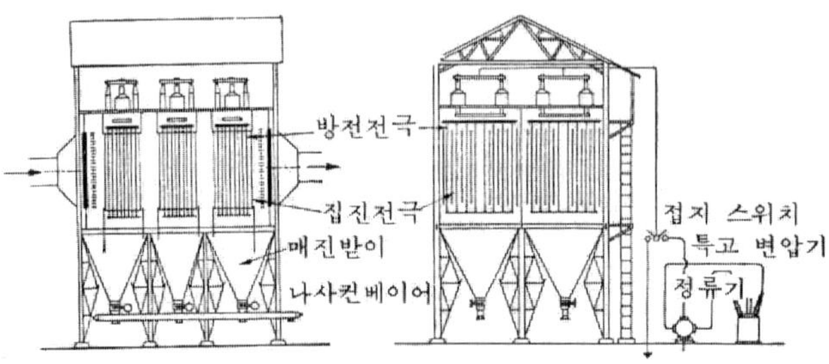

그림 9-7 코트렐식 전기집진기

보일러에 주로 사용되는 집진기는 사이클론식과 전기식의 것이다. 사이클론 집진기(그림 9-6)는 연소 가스에 회전운동을 일으켜 원심력으로 함진을 분리하는 것으로 100 ~ 3 μ 정도의 매진에 유효하며 통풍 저항은 약 50 ~ 150 mmAq 이다. 전기 집진기(그림 9-7)는 가스 통로 내에 다수의 집진극판과 방전극(放電極)을 설치하고 이 사이에 50 ~ 70 kV 의 직류 전압을 걸어서 매진을 이온화하여 분리하는 것으로 20 ~ 0.05 μ 정도의 미립의 집진에 유효하며, 소요 통풍 저항은 작고 10 ~ 20 mmAq 정도이다.

중유 연소보일러에서는 매진 입자지름이 작으므로 전기 집진기가 주로 이용된다. 미분탄연소 보일러에서는 양자를 굴뚝 입구에 설치하는 것이 보통이며, 먼저 사이클론식으로 굵은 입자를 분리하고 나머지 미립자를 전기식으로 제거한다.

[2] 황 산 화 물

중유 연소의 보급에 따라 황 산화물(주로 아황산가스 SO_2, 일부는 무수황산 SO_3)에 의한 대기오염이 문제가 되어 왔다. 배기가스 중의 황 산화물은 연료 중의 황의 연소로 생기는 것이므로 중유를 직접 탈황하여 황분을 되도록 제거하는, 또는 중유를 가스화하여 황분을 분리하는 방법도 시도되고 있다. 또 배기가스로부터 SO_2 등을 제거하는 배연탈황법(排煙脫黃法)도 상당히 실용화되고 있다.

배연탈황은 배기가스를 흡수제 또는 흡착제와 접촉시켜서 가스 중의 황 산화물을 석고, 유안(硫安), 황산 등으로 회수하는 것이며 아황산가스의 흡수(착)장치, 흡수(착)제 공급장치, 부산물 제조장치 등으로 구성된다. 배기가스 중의 SO_2 농도는 체적비로 0.05 ~ 0.15 % (500 ~ 1500 ppm)이다. 따라서 대량의 배기가스로부터 미량 성분의 SO_2를 어떻게 효과적으로 제거하는가가 실용상 핵심 문제가 된다. 많은 방식이 시도되고 있으며 흡수제가 액체인 것을 습식, 고체인 것을 건식이라 한다. 탈황 효율은 80 ~ 90 %이며, 습식이 더 많이 사용되고 있다. 습식 방식에는 다음의 두 가지가 있다.

① 석회 · 석고법

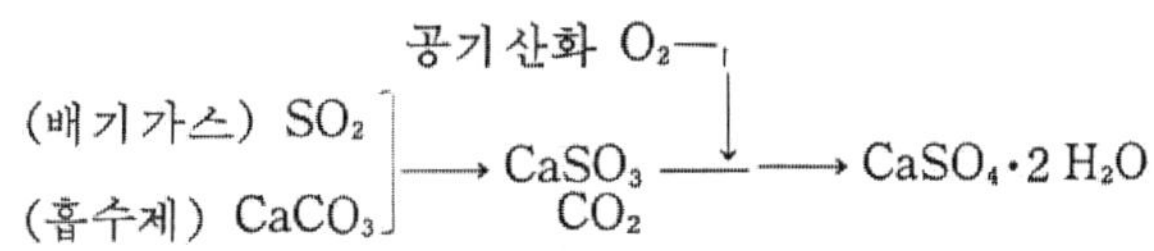

② 아황산소오다 · 석고법

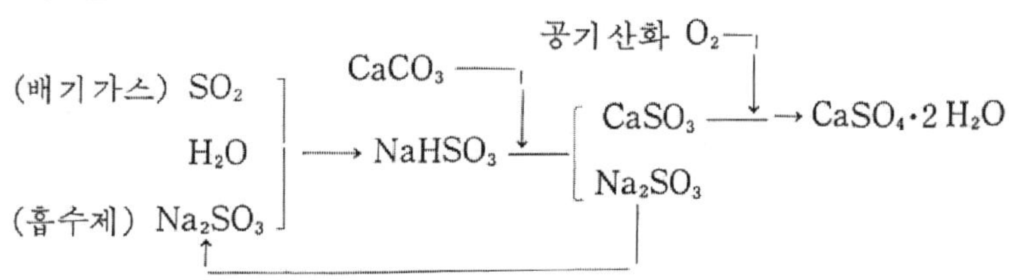

[3] 질소 산화물

연료를 공기 중에서 고온 연소시키면 공기 중의 산소와 질소가 반응하여 일산화질소 NO를 발생한다. 그러나 그 반응 속도는 비교적 느리므로 연소실에서의 생성량은 반응의 평형상태가 아니라 반응 속도에 지배된다. NO의 생성 과정은 다음과 같이 생각되고 있다.

$$O_2 \rightleftharpoons O + O$$

$$N_2 + O \rightleftharpoons NO + N$$

$$N + O_2 \rightleftharpoons NO + O$$

이 과정에 의한 NO의 생성 속도는 다음의 식으로 표시된다.

$$\frac{d[NO]}{dt} = K[N_2][O_2]^{1/2} \tag{9-19}$$

$$K = 3 \times 10^{14} \exp(-129000/RT) \tag{9-20}$$

여기서 $[NO]$, $[N_2]$, $[O_2]$: NO, N_2, O_2의 농도 [mol/cm^3], t : 시간 [sec], K : 반응속도계수, R : 일반 가스정수 1.99 cal/mol°K, T : 절대온도 [°K].

따라서 NO의 생성량을 억제하려면 연소 온도를 낮추고 산소 농도를 작게 하고 또 고온 상태에서의 체류시간을 짧게 할 필요가 있다.

이 밖에 고체 연료나 액체 연료와 같이 연료 중에 유기물이나 암모니아의 형태로 질소가 존재하면 (결합질소), 연소시 비교적 낮은 온도에서도 NO를 생성한다. 이 생성량은 연소 온도에는 거의 관계가 없다. 주로 과잉 산소량에 의존된다.

보일러에서는 연료 중의 결합질소의 30 ~ 50 %가 NO가 되는 것으로 생각되며 그 변환율은 공기비를 낮출수록 작아진다. 또 기체 연료 중의 질소는 공기 중의 질소와 마찬가지로 일반적으로 N_2의 형으로 존재하고 있으므로 기체 연료에서는 결합질소에 의한 NO생성은 무시된다.

보일러의 배기가스 중에 함유되는 질소산화물은 이상과 같이 생성된 NO와 그의 일부가 산화되어 생긴 이산화질소 NO_2이지만 대부분은 NO의 형태로 존재한다. NO의 생성량은 연소 상태, 즉 화염 온도, 산소 농도 등에 따라 크게 변화하므로 연소 방법의 조작 혹은 연소실 열발생률을 낮춤으로써 생성량을 상당히 저감시킬 수가 있다. 연소 조작으로는 배기가스 혼합연소, 2단연소 등이 행해진다.

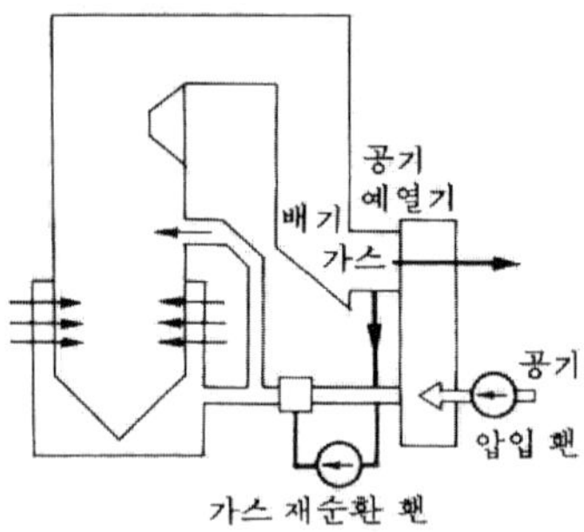

그림 9-8 배기가스 혼합연소와 2단연소

배기가스 혼합연소(gas mixing or injection firing)는 그림 9-8과 같이 연소용 공기 중에 저온의 배기가스를 혼합하여 연소시키는 방법이며 연소 온도의 저하로 공기 중의 질소로부터의 NO를 억제하는 데 유효하다. **2단 연소**(two stage firing)는 연료를 이론 공기량보다 약간 적은 공기로 연소시켜 그 상부에 따로 마련된 공기 구멍으로부터 공급되는 공기로 나머지의 연소를 시키는 방법이며, 연료 중의 결합질소로부터의 NO를 억제하는 데도 효과가 있다.

이와 같은 방법으로 보일러 배기가스 중의 질소산화물 농도는 액체 연료에서 약 180 ppm 정도, 연료 중에 결합질소가 많은 고체 연료에서는 480 ppm, 가스 연료에서 130 ppm 정도로 저감된다.

보일러수 순환

제 10 장

10-1 보일러수 순환(罐水循環)

보일러 본체의 전열면은 한편에서 열을 받으며 이를 다른 한편의 물로 전달하여 증기를 발생시킨다. 그러나 전열면은 되도록 차례차례로 보내지는 물(이 물은 대개 포화상태에 있다)과 접촉되는 것이 요망된다. 만약 발생한 증기가 전열면에서 제거되지 않거나 또는 증기가 부분적으로 한 곳에 머물러 전열면을 덮는 상태에 있게 되면, 증기의 열전달률은 비등하는 물에 비하여 매우 작으므로 전열을 저해할뿐더러 전열면의 심한 과열을 초래하고 부식, 팽출(膨出) 혹은 파열 등의 사고를 발생하는 원인이 된다.

이리하여 결국 보일러수에 적절한 순환운동을 주도록 하여 발생 증기를 운반하도록 함과 동시에 수관 내면이 물과 접하여 있어 충분한 냉각 능력을 갖도록 하는 것이 전열과 안전을 위하여 중요한 문제가 되는 것이다. 그러나 이는 원통보일러와 같은 대수실 보일러에서는 별로 큰 문제가 안 되고, 주로 수관보일러에서 중요하다.

10-2 관내 유동의 기초식

[1] 일반 관계식

수관 내의 물을 유동시키려면 그의 유동저항에 이기기 위한 압력차가 필요하다. 지금 그림 10-1과 같은 하나의 증발관을 생각하자. 그림에서

P_{I}, P_{II} : 상부 드럼, 하부 드럼의 압력 [kgf/m²]

$L = l_w + l_s$: 증발관의 전길이 [m]

l_w, l_s : 예열부 및 증발부 길이 [m]

α_1, α_2 : 증발관의 수평선에 대한 경사각

H : 하부 드럼부터의 높이 [m]

q, Q : 단위 관길이당의 열부하 및 전 열부하 [kcal/ms, kcal/s]

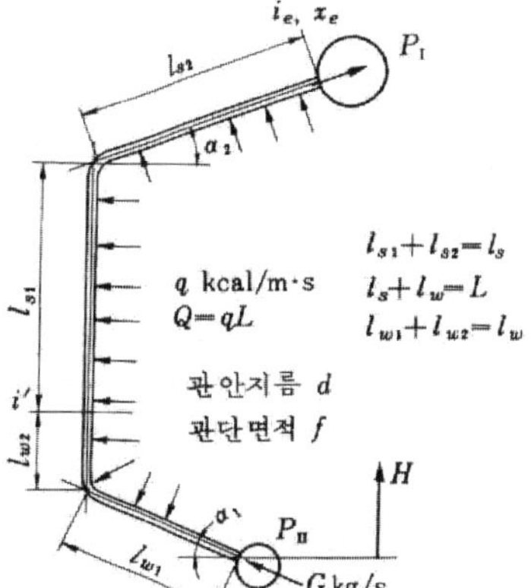

그림 10-1 증발관 내의 유동

G : 증발관 내의 유량 [kg/s]

g_c : 변환계수 9.80 kg m/kgf s²

i_i, i', i_e : 증발관 입구, 포화수 및 증발관 출구의 엔탈피 [kcal/kg]

x_e : 증발관 출구의 건조도

라고 하자. 증발관에 들어오는 물의 온도는 그 압력의 포화온도보다 낮다. 따라서 증발관의 처음의 부분은 예열부가 된다. 관길이에 연하여 열부하 q가 일정하다고 하면

$$G(i' - i_i) = ql_w$$

포화수의 엔탈피와 증발관 입구의 물의 엔탈피의 차를 $\Delta i_o = i' - i_i$로 쓰면

$$\text{예열부 길이 } l_w = G\Delta i_o/q = G\Delta i_0 L/Q \quad (10\text{-}1)$$

$$\text{증발부 길이 } l_s = L - L_w = L(1 - G\Delta i_o/Q) \quad (10\text{-}2)$$

증발관 1개의 발생 증기량은 증발열을 r라 하면, $D = (Q - G\Delta i_o)/r$

따라서 증발관 출구의 건조도는 다음 식으로 표시된다.

$$x_e = \frac{D}{G} = \left(\frac{Q}{G} - \Delta i_o\right)\Big/ r \quad (10\text{-}3)$$

관내 유동에 의한 압력강하는 예열부와 증기부에서는 약간 상황이 다르다. 예열부에서는 물만의 1상류(相流)이며 일반의 관계(管系)와 마찬가지로 입구손실, 마찰손실 및 방향전환 손실의 합계이다. 증발부는 예열부부터 연속된 관이므로 입구손실은 없으나 기액(氣液) 2상류이며 마찰손실, 방향전환 손실 및 가속 손실로 이루어지고, 관출구에서의 속도에너지는 압력으로 회복되지 않는다.

지금 비체적을 v, 관내 유속을 u, 관 안지름 및 단면적을 d, f, 또 관 입구의 손실계수를 ζ, 관 마찰계수를 λ라 하고 예열부에는 첨자 w, 증발부에는 첨자 s를 붙이면 위의 각 항은 다음과 같이 표시된다.

① **예열부** : 이 부분의 비체적은 거의 일정하며, 포화수의 비체적 v'에 같다고 놓아도 무방하다. 따라서 관입구손실은 속도수두와 유입손실의 합계로서 다음과 같이 주어진다.

$$\Delta p_{iw} = (1+\zeta)\frac{u^2}{2g_c v'} = (1+\zeta)\frac{1}{2g_c v'}\left(\frac{Gv'}{f}\right)^2 = (1+\zeta)\frac{v'}{2g_c}\left(\frac{G}{f}\right)^2 \quad (10\text{-}4)$$

단, 일반적으로 손실계수 $\zeta = 0.5 \sim 1.0$이다. 마찰 및 방향 전환 손실은 관 마찰계수에 방향 전환 손실도 합쳐서 생각할 수 있는 것으로 하면 다음과 같이 된다.

$$\Delta p_{fw} = \lambda_w \frac{l_w}{d} \cdot \frac{v'}{2g_c}\left(\frac{G}{f}\right)^2 \quad (10\text{-}5)$$

방향 전환의 정도가 작을 때는 λ_w는 0.03 정도가 된다.

② **증발부** : 이 부분에서는 비체적 v도 유속 u도 관길이에 따라서 변화한다. 마찰 및 방향 전환 손실은

$$\Delta p_{fs} = \frac{1}{d} \cdot \frac{(G/f)^2}{2g_c}\int_0^{l_s} \lambda_s v dL = \frac{\lambda_{sm}}{d} \cdot \frac{(G/f)^2}{2g_c}\int_0^{l_s} v dL \quad (10\text{-}6)$$

단, λ_{sm}은 관길이 l_s에 대한 λ_s의 평균값이다. 증발부에서는 증기 발생에 따라 유속은 입구에서의 $u_i = \frac{Gv'}{f}$ 로부터 출구 속도 u_e까지 증대하므로 그 운동량 증가에 상당하는 압력차를 필요로 한다. 이를 **가속 손실**(加速損失, acceleration loss)이라고 한다. 운동량 법칙으로 이 압력차를 Δp_a라 하면

$$\Delta p_a \cdot f = G(u_e - u_i)/g_c$$

따라서 가속 손실은

$$\Delta p_a = \frac{(G/f)}{g_c}(u_e - u_i) \tag{10-7}$$

로 표시된다. 따라서 증발관의 전 압력 강하는 이상의 유동저항에 정압차(靜壓差) $\Delta p_s = \frac{g}{g_c}\int_0^L \frac{dH}{v}$ 를 가한 다음 식으로 주어진다.

$$P_{\text{II}} - P_{\text{I}} = \frac{g}{g_c}\int_0^L \frac{dH}{v} + (\Delta p_{iw} + \Delta p_{fw}) + (\Delta p_{fs} + \Delta p_a) \tag{10-8}$$

[2] 증발부의 압력 손실

실제의 증발관 내의 유동은 매우 복잡하지만, 여기서는 다음의 가정을 세우고 문제를 간단화하여 생각한다.

1) 관길이에 연하여 열부하 q의 분포가 균일하다.

2) 증기와 물은 균질한 혼합체의 상태로 동일 유속으로 흐른다.

지금 포화수의 비체적을 v', 포화증기의 비체적을 v'', 양자의 차를 $v_{ws} = v'' - v'$라 놓으면 관길이에 연한 비체적의 분포는 다음과 같이 된다.

$$\text{예열부}\quad 0 \leqq l \leqq l_w:\ v \fallingdotseq v'$$

증발부에서는 관길이에 연하여 비체적은 직선적으로 증가하고 관 출구에서는 $v_e = v' + x_e v_{ws}$가 되므로

$$\text{증발부}\quad 0 \leqq l \leqq l_s:\ v = v' + x_e v_{ws}(l/l_s)$$

따라서 그림 10-1에서의 정압(靜壓)항 Δp_s는 다음과 같이 된다.

$$\Delta p_s = \frac{g}{g_c}\int_0^L \frac{dH}{v} = \frac{g}{g_c}\left[\frac{l_{w1}}{v'}\sin\alpha_1 + \frac{l_{w2}}{v'} + \int_0^{l_{s1}}\frac{dl}{v} + \sin\alpha_2\int_{l_{s1}}^{l_s}\frac{dl}{v}\right] \tag{10-9}$$

단,
$$\int_0^{l_{s1}}\frac{dl}{v} = \int_0^{l_{s1}}\frac{dl}{v' + x_e v_{ws}(l/l_s)} = \frac{l_s}{x_e v_{ws}}\ln\frac{v' + x_e v_{ws}(l_{s1}/l_s)}{v'}$$

$$\sin\alpha_2\int_{l_{s1}}^{l}\frac{dl}{v} = \frac{l_s\sin\alpha_2}{x_e v_{ws}}\ln\frac{v' + x_e v_{ws}}{v' + x_e v_{ws}(l_{s1}/l_s)}$$

증발부의 마찰 손실 식 (10-6)은

$$\Delta p_{fs} = \frac{\lambda_{sm}}{d}\cdot\frac{(G/f)^2}{2g_c}\int_0^{l_s} v\,dl = \frac{\lambda_{sm}l_s}{d}\cdot\frac{(G/f)^2}{2g_c}\left(v' + \frac{x_e}{2}v_{ws}\right) \tag{10-10}$$

또 식 (10-7)의 가속 손실은 $u_e = (G/f)(v' + x_e v_{ws})$이므로 다음과 같이 된다.

$$\Delta p_a = \left(\frac{G}{f}\right)^2 x_e v_{ws}/g_c \tag{10-11}$$

실제로는 증기는 물보다 큰 속도로 흐르므로 증발부에서는 복잡한 흐름이 된다. 이리하여 정압항 Δp_s는 위의 값보다 약간 큰 값이 된다.

또 기액(氣液) 2상류에서는 λ_s는 λ_w보다도 커져서 평균값 λ_{sm}의 값은 압력 및 출구에서의 건조도에 따라 변화하나 압력 10 kgf/cm² abs 이상에서는 약 $\lambda_{sm} = 1.1 \sim 1.6\lambda_w$ 정도이다.

증발관의 마찰 손실에 대하여는 Martinelli 등의 연구가 있고, 또 Thom은 수직 증발관에 대한 실측 결과로부터 그래프를 사용하여 정압 손실, 마찰 손실, 가속 손실을 구하는 방법을 제시하고 있다.

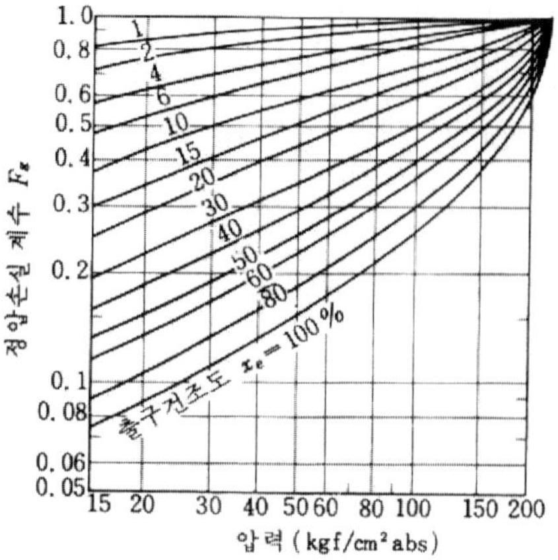

그림 10-2 정압손실계수 F_g

관지름 d의 수직한 증발관의 증발부 길이를 L_s라 하면, 증발부의 전 압력 손실 ΔP_s는 Thom의 방법에 의하면 다음 식으로 구해진다.

$$\Delta P_s = (F_g)\frac{g}{g_c} \cdot \frac{L_s}{v'} + (F_f)\frac{\lambda_w L_s}{d} \cdot \frac{v'}{2g_c}\left(\frac{G}{f}\right)^2 + (F_a)\frac{v'}{g_c}\left(\frac{G}{f}\right)^2 \qquad (10\text{-}12)$$

이 식에서 우변의 제 1항은 정압항, 제 2항은 마찰 손실, 제 3항은 가속 손실이며, F_g, F_f, F_a는 각각 그림 10-2, 10-3 및 10-4로부터 구해지는 계수이다.

단, 윗식에서 v'는 포화수의 비체적, λ_w는 포화수가 흘렀을 때의 관 마찰계수이다.

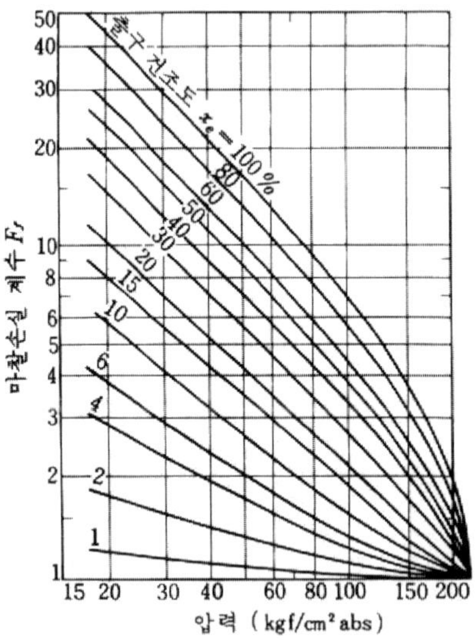

그림 10-3 마찰손실 계수 F_f

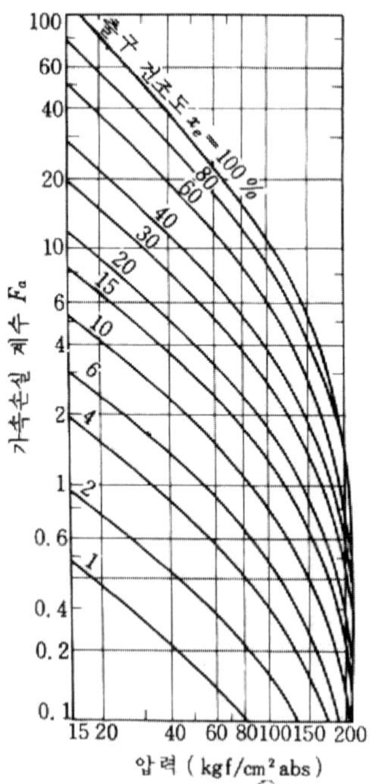

그림 10-4 가속손실 계수 F_a

10-3 순환계 내의 보일러수 순환

순환식 수관보일러의 보일러 본체는 그림 10-5와 같이 증발관에 강수관을 조합시켜 순환회로를 구성한다. 확실한 보일러수 순환을 얻기 위하여는 가열되지 않는 강수관을 노 밖에 설치하는 일이 많다.

지금 그림 10-5에서 강수관은 가열되지 않는다고 하고

L_d : 강수관의 전 길이 [m]

H_0 : 상하 드럼간의 높이의 차 [m]

G_d : 강수관 유량 [kg/s]

d_d, f_d : 강수관 안지름 및 단면적 [m, m²]

이라 하면, 강수관 내의 유체의 비체적은 일정하고 근사적으로 포화수의 값 v'에 같다고 볼 수 있다.

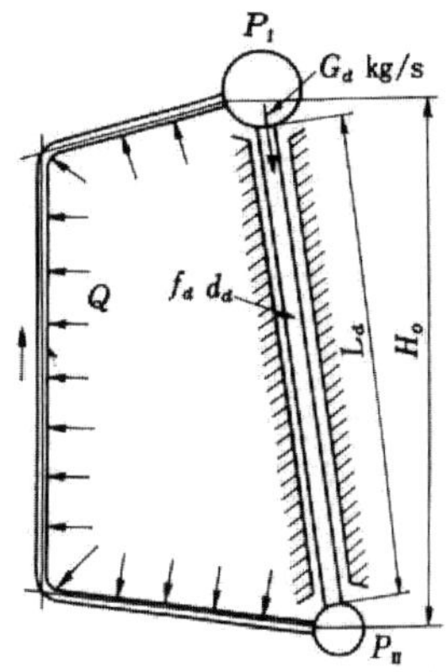

그림 10-5 보일러수의 순환계

따라서 상하 드럼간의 압력차는 강수관에 대하여는

$$P_{II} - P_I = \frac{g}{g_c} \cdot \frac{H_0}{v'} - \left(1 + \zeta_d + \lambda_d \frac{L_d}{d_d}\right)\frac{v'}{2g_c}\left(\frac{G_d}{f_d}\right)^2 \qquad (10\text{-}13)$$

단, ζ_d : 강수관 입구의 손실계수, λ_d : 방향 전환 손실도 포함한 강수관의 관마찰계수

증발관에 연한 압력차는 식 (10-8)로 주어진다. 따라서 윗식으로부터

$$\frac{g}{g_c}\left[\frac{H_0}{v'} - \int_0^L \frac{dH}{v}\right] = (\Delta p_{iw} + \Delta p_{fw}) + (\Delta p_{fs} + \Delta p_a)$$
$$+ \left(1 + \zeta_d + \lambda_d \frac{L_d}{d_d}\right)\frac{v'}{2g_c}\left(\frac{G_d}{f_d}\right)^2 \qquad (10\text{-}14)$$

이 식의 좌변은 순환력(循環力, circulation head), 우변은 예열부, 증발부 및 강수관의 유동 손실의 총계이다.

지금 이 계에 증발관이 m개, 강수관이 n개 있다고 하면 정상 상태에서는

$$\sum_{i=1}^{m} G_i = \sum_{j=1}^{n} G_{dj} \qquad (10\text{-}15)$$

또한 이 때의 증발관 입구 엔탈피 i_i는 상부 드럼에의 급수의 엔탈피를 i_f라 하면

$$i_i = \{i'\Sigma(1 - x_e)G_i + i_f \Sigma x_e G_i\}/\Sigma G_i \qquad (10\text{-}16)$$

따라서 증발관 유량은 다음과 같이 구해진다.

먼저 각각의 증발관에 대하여 식 (10-8)로 유량 G와 압력차 $(P_{II} - P_I)$의 관계를 구하면 그림 10-6의 곡선 G_1, G_2, G_3와 같이 된다. 이 관계는 관의 기하학적 치수뿐만 아니라, 열부하 Q에 따라서도 달라진다.

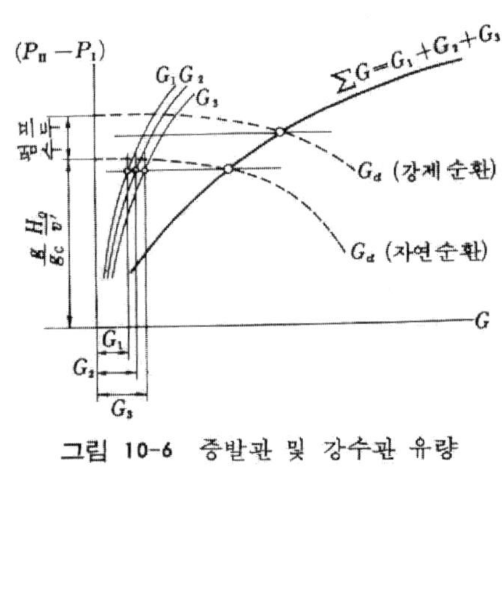

그림 10-6 증발관 및 강수관 유량

다음 강수관에 대하여 식 (10-13)으로 유량 G_d와 $(P_{II} - P_I)$의 관계를 구하면 그림 10-6의 곡선

G_d 와 같이 된다. 그림은 증발관 3개와 강수관 1개의 경우를 보이고 있으며, 식 (10-15)의 조건을 만족하는 점은 $\sum G$ 와 G_d 와의 교점이다. 이 경우의 상하 드럼간의 압력차는 교점에서의 $(P_{\mathrm{II}} - P_{\mathrm{I}})$이며, 각 증발관 유량은 그림과 같이 이 $(P_{\mathrm{II}} - P_{\mathrm{I}})$선과 각 곡선 G 와의 교점 G_1, G_2, G_3 로 구해진다. 또한 그림 10-6의 곡선 G_d 는 자연순환 보일러에서는 식 (10-13)에서 명백하듯이 $G_d = 0$ 에서 정압차 $gH_o/g_c v'$ 가 된다. 강제순환 보일러의 G_d 곡선은 자연순환 보일러의 곡선 G_d에 순환펌프의 유효 수두를 더한 것이다.

보일러수 순환의 목적은 증발관의 내면이 물에 접하도록 하여 충분한 냉각 능력을 가지게 하는 데 있다. 따라서 수순환(水循環)의 적부(適否)는 주로 증발관 출구의 증기의 체적비와 증발관 입구 유속의 두 가지로 판단된다.

① **증발관 출구의 증기 체적비** : 이 값은 출구에서의 증기 건조도를 x_e 라고 하면 $x_e v''/\{(1 - x_e)v' + x_e v''\}$로 주어진다. 관 출구에서도 충분한 냉각 능력을 가지려면 상당량의 물이 남아 있어서 관 내면에 연하여 물이 흐르고 있을 필요가 있다. 따라서 출구의 증기 체적비(보이드율)에는 최고 허용값이 있고, 실제로는 그 값 이하이어야 한다. 그 허용값은 주로 경험적으로 결정되고 압력 및 관의 배치 등에 따라 변화하나 그 개략치는 그림 10-7 과 같다.

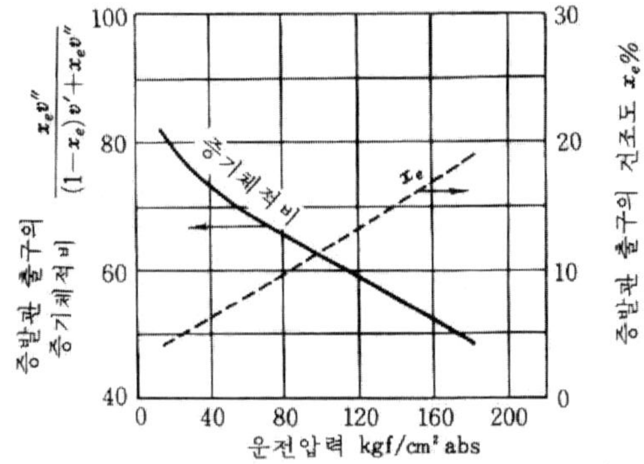

그림 10-7 증발관 출구의 허용 증기체적비

② **증발관 입구 유속** : 이 유속이 작다는 것은 수순환이 불확실해질 가능성이 있어 바람직하지 못하다. 또 증발관의 수평에 대한 경사각이 작을수록 입구 유속을 높일 필요가 있다. 유속이 작으면 발생 증기와 물이 분리하여 흐르기 쉽고 증발관 내의 상부가 증기만으로 덮일 위험이 생기기 때문이다. 이런 이유로 입구 유속은 적어도 0.3 m/s 이상으로 할 필요가 있으며, 또 상부가 가열되는 수평관에서는 1.5 ~ 2.5 m/s 이상으로 하는 것이 요망된다.

③ **관지름(管徑)의 간이 선정법** : 순환식 보일러의 순환 회로의 설계에 있어서 회로 전체의 유속 계산은 번잡하므로 증발관 지름 또는 강수관 지름의 선정은 반드시 순환 관계식을 풀지 않더라도 다음 식의 지름 D 이상으로 하면 지장이 없다.

$$D^{2.5} = \frac{G}{K\gamma''}\sqrt{\frac{\lambda}{g\cos\alpha}} \tag{10-17}$$

여기서, D : 증발관 또는 강수관 안지름 [m], G : 증발관의 경우는 1개당의 증발량 [kg/s], 강수관의 경우는 그 강수관과 결합된 증발관의 전 증발량을 강수관 1개당으로 환산한 값 [kg/s], γ'' : 포화증기의 비중량 [kgf/m³], λ : 관 내 마찰계수로 증발관에 대하여 0.03, 강수관에 대하여 0.024, g : 중력 가속도 [9.8 m/s²], α : 그림 10-8 과 같이 동일 높이, 동일 길이의 직관(直管)으로 환산했을 때

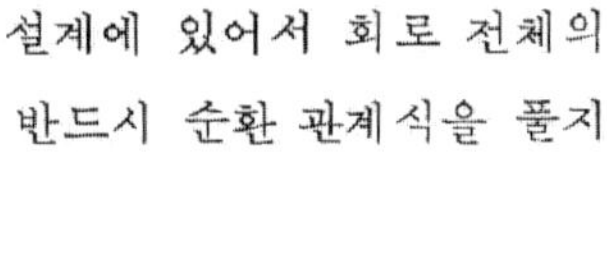

그림 10-8 등가경사각의 설명도

의 등가경사각, K : 무차원 특성값으로서 종래의 실적에 의하면 증발관의 경우 0.3, 강수관의 경우 1.0이 보통이나 이보다 상당히 큰 값으로 취해도 지장 없이 사용되고 있는 예도 있다.

그림 10-9는 수평관 내 기액(氣液) 2상류에 관한 유동 양식의 분포도이며, 압력 35 및 140 kgf/cm² abs의 증기-수계의 경우를 보이고 있다. 각 유동 양식 중 성층류, 파상류 및 슬랙류의 상태에서는 관(管)상부가 증기로 차 있다. 그림으로부터 이 상태를 피하기 위하여는 관입구 유속을 각각 약 2.0 및 1.0 m/s 이상 (압력이 낮을수록 큰 유속)으로 유지해야 함을 알 수 있다.

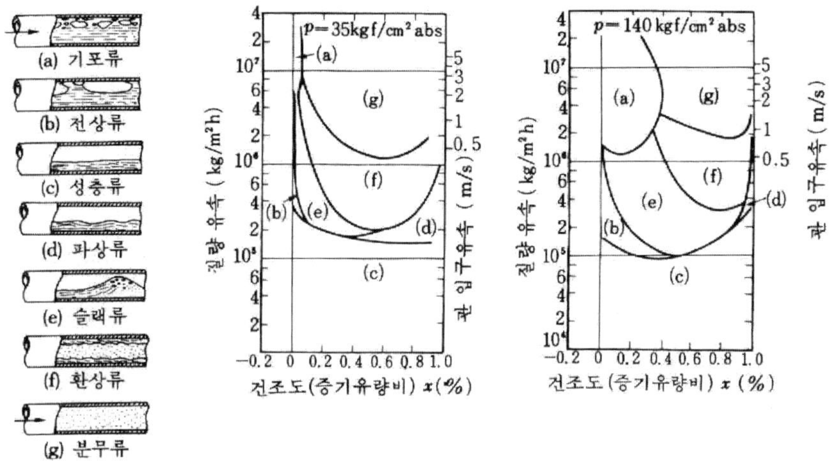

그림 10-9 수평관내 증기-수 2상류의 유동 방식

10-4 관류계 증발관 내의 유동

관류보일러에서는 한 끝부터 밀어넣은 물은 긴 병렬 증발관을 지나 높은 건조도를 가지고 다른 끝으로부터 나오게 된다. 이와 같은 증발관계 내의 유동에서는 압력강하가 얼마나 되는가 하는 것 외에 병치된 관군 내의 각 관의 유량을 균일하게 하고, 각 관출구의 건조도를 되도록 고르게 되게 하는 것이 중요한 문제이며, 병렬 증발관에서는 압력강하 특성 때문에 유동이 불안정하게 되기 쉽다는 것이 알려져 있다. 따라서 관류보일러의 관계(管系)의 설계에 있어서는 증발 전열면의 고건조도 영역에서 버언아우트 (burnout, 핵비등으로 얻게 되는 최고 열유속으로 과열됨을 말함)에 대하여 충분히 안전할 것, 상(相)분리를 일으키지 말 것 및 유동 불안정을 피하는 것이 기본적 사항이 된다.

지금 증발관 입구와 출구의 압력차는 이 때도 식 (10-8)로 주어지나 관류보일러의 이 압력차의 대부분을 차지하는 마찰 손실에 대하여 정성적인 고찰을 하여 보자.

지금 이미 말한 바와 같이 증발관의 안지름을 d, 단면적을 f, 관길이를 L, 관마찰계수를 λ, 또 유체의 비체적을 v, 유량을 G라 하면 마찰 손실은

$$\Delta p_f = \frac{1}{d} \cdot \frac{1}{2g_c}\left(\frac{G}{f}\right)^2 \int_0^L \lambda v dL$$

이 λ는 증발관과 같이 기액 2상류일 때는 상당히 변화하나 그 평균값을 λ_m이라 하면

$$\Delta p_f = \phi G^2 \bar{v} \qquad (10\text{-}18)$$

$$단,\quad \phi = \frac{\lambda_m L}{d \cdot 2g_c \cdot f^2}, \qquad \bar{v} = \frac{1}{L}\int_0^L v\,dL$$

즉 Δp_f는 $G^2\bar{v}$에 비례한다. 단, $\bar{v}$는 유체의 관(管) 전 길이에 걸친 평균 비체적이다.

관계(管系)의 가열량이 일정할 때, 상변화(相變化)가 없는 일반의 가열관에서도 유량 G가 감소하면 유체 온도가 상승하므로 $\bar{v}$는 증가한다. 그러나 그 증가량은 작으므로 압력강하 Δp_f는 G의 감소와 더불어 단조롭게 감소하고 하나의 Δp_f에 대하여 항상 하나의 G가 대응하여 불안정은 발생하지 않는다.

절탄기나 과열기 내의 유동은 이와 같은 경우에 해당된다. 이에 반하여 증발관과 같이 관의 도중부터 증발이 시작되는 경우에는 관길이에 연한 비체적 v의 분포가 그림 10-10과 같이 되며 G의 감소에 따라 $\bar{v}$가 급속히 증대한다. 이 때문에 증발관에서는 입구 수온(水溫)이 낮으면 G가 감소해도 Δp_f는 오히려 증대할 때가 있다. 이와 같은 경우의 Δp_f-G의 관계는 그림 10-11의 ⓐ와 같은 경향을 취하고 일정한 Δp_f에 대하여 3개의 유량을 취할 수 있는 불안정한 상태가 된다. 이 상태의 병렬관에서는 각 관의 유량의 불균일 또는 주기적 변동을 가져오며, 특히 유량이 적어진 관에서는 관 출구상태가 과열증기가 되어 관의 과열을 초래하는 일이 있다.

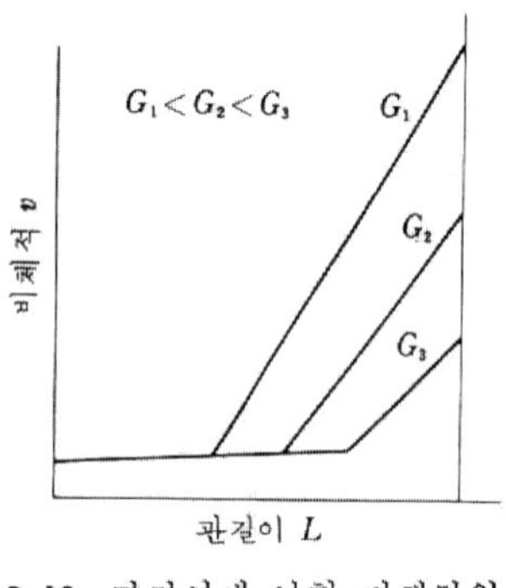

그림 10-10 관길이에 연한 비체적의 변화

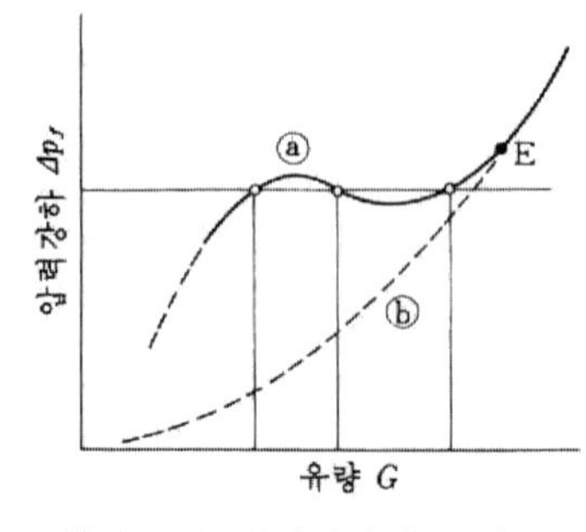

그림 10-11 압력강하와 유량과의 관계

또한 그림 10-11의 곡선 ⓑ는 가열을 받지 않고 물만 흘렸을 때의 관계이다. 유량이 극히 클 때의 Δp_f는 곡선 ⓑ와 거의 일치한다. 유량을 차츰 감소시키면 E점에서 관 출구 끝에서 증발이 시작되고 유량이 감소할수록 그림 10-10과 같이 증발점이 입구쪽으로 이동하여 Δp_f는 곡선 ⓐ와 같이 된다. 곡선 ⓐ와 ⓑ의 차가 증발에 의한 마찰 손실의 증가이다.

관류보일러의 증발 관계(蒸發管系)에서는 위와 같은 유동의 불안정을 피하기 위하여 압력강하가 유량의 증대와 더불어 단조롭게 증가하는 특성을 가져야 한다. 이러기 위하여는 증발관 입구의 급수 온도를 되도록 높게 유지하는 것이 필요하다.

증발관의 관벽 온도의 과열을 발생하는 조건은 압력, 건조도, 열부하 및 유량의 관계로 정해지므로 이로부터 소정의 열부하 및 건조도에 대하여 필요한 최소 유량은 정해질 수 있다. 그러나 관류보일러에서는 증발관 속에서 증기 건조도가 1 내지 그에 가까운 값이 되므

로 관벽 온도의 상승은 피하기 어렵다. 따라서 소정의 열유속에 대하여 관벽의 파열을 피하기 위하여 충분한 유량을 주도록 설계된다.

관류보일러의 유량은 이상의 조건으로 정해져서 일반적으로 정격부하에서의 입구 유속은 2.0 ~ 2.5 m/s (상온 환산) 정도이며 전열면 부하가 특히 큰 부분에서는 2.8 m/s(상온 환산)로 설계된 예도 있다.

급수는 터어빈에서의 추기급수 가열기 및 절탄기를 지나 증발관에 공급된다. 따라서 보일러 부하가 높은 경우 (정격 부하의 경우)는 증발관 입구 온도는 일반적으로 포화온도 근처의 높은 온도로 유지되어 있다.

그러나 부분 부하시와 같은 저부하에서는 급수가열기 등의 효과가 감소하여 증발관 입구 온도가 저하되므로 유동의 불안정을 가져오기 쉽다. 이 때문에 그림 10-12와 같이 순환 펌프를 두어 저부하시에도 증발관의 유량을 어느 정도 이상 확보하여 기수분리기로부터의 고온수를 순환시켜 증발관 입구 수온을 유지하는 방법, 또는 증발관 입구부에 교축(絞縮) 등의 저항을 넣는 방법 등이 취해진다. 그림 10-13은 후자의 경우의 Δp-G 곡선을 표시한다.

교축저항 Δp_0는 그림의 점선과 같이 G의 약 제곱에 비례한다. 따라서 전 압력강하 $\Delta p = \Delta p_f + \Delta p_o$는 증대하나 그 특성은 그림에서와 같이 유동이 안정화되게 된다.

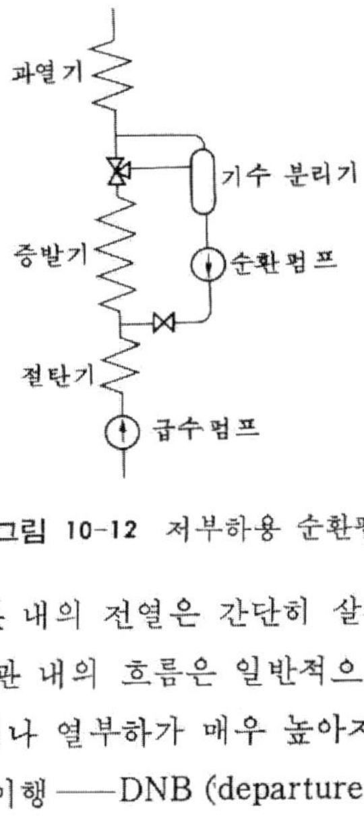

그림 10-12 저부하용 순환펌프

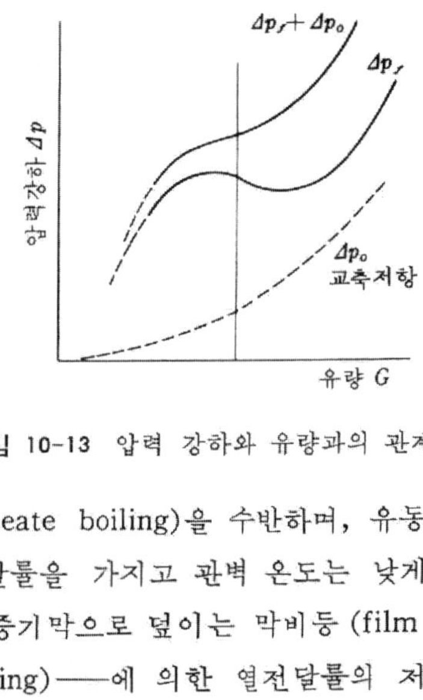

그림 10-13 압력 강하와 유량과의 관계

증발관 내의 전열은 간단히 살펴보면 핵비등 (nucleate boiling)을 수반하며, 유동하고 있는 증발관 내의 흐름은 일반적으로 매우 높은 열전달률을 가지고 관벽 온도는 낮게 유지된다. 그러나 열부하가 매우 높아지면 전열면이 발생 증기막으로 덮이는 막비등 (film boiling)으로의 이행——DNB (departure from nucleate boiling)——에 의한 열전달률의 저하와 그로 인한 관벽 온도의 급증가와 관벽의 손상을 가져오게 된다.

증발관 중 높은 열부하를 받는 것은 노벽수관이며, 그 평균 열부하는 약 $10 \sim 30 \times 10^4$ kcal/m²h의 범위이다. 이는 일반적으로 DNB를 발생시킬 정도는 못 된다. 그러나 버어너 근처의 노벽은 열부하가 높고, 평균값의 1.5 ~ 2.0배가 된다. 또 DNB는 압력에 따라 변화하고, 그 열부하는 물의 경우 압력 70 kgf/cm²abs 정도까지는 압력과 더불어 증대하나 그 이상의 압력에서는 고압이 될수록 감소하는 경향을 가진다. 따라서 압력 200 kgf/cm²abs 전후의 아임계압(亞臨界壓, subcritical pressure)역이 되면 DNB를 생각할 필요가 있다.

또 초임계압 보일러의 노벽수관의 경우는 유체 온도가 높고 단상류(單相流)이므로 아임계압의 경우에 비하여 관 내면의 열전달률이 낮으므로 아임계압 보일러보다 어려운 조건하에 있다.

따라서 관 내 유속을 높여서 열전달률을 높이고 열유속(熱流束)의 저감을 꾀하는 것이 필요하다.

그림 10-14는 250 kgf/cm²abs의 초임계압수의 강제대류 열전달률의 측정 예이다.

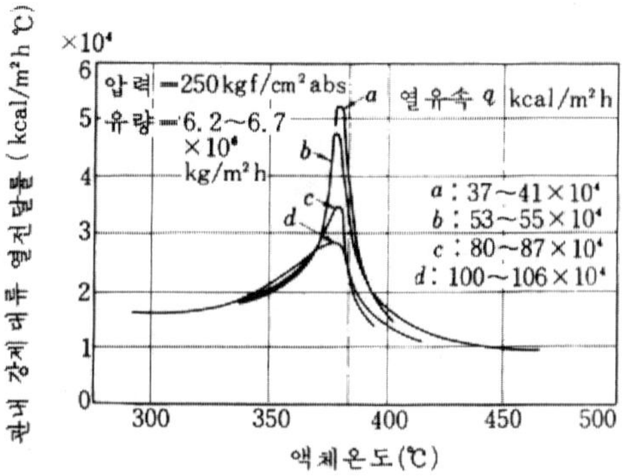

그림 10-14 초임계압 유체의 열전달률

10-5 기 수 분 리

이미 말한 바와 같이 보일러에서 발생한 증기는 기수(氣水)드럼에서 과열기로 들어가나, 이 증기는 되도록 수적(水滴)을 포함하지 않는 건조한 상태에 있는 것이 요망된다. 이는 수적 중에 포함되는 불순물에 의해 과열기 또는 다시 이에 접속되는 증기터어빈 등에 침전물을 발생하게 하고, 관의 과열 또는 효율의 저하를 초래하기 때문이다.

그러나 발생한 기포가 수면을 빠져 나와 소멸할 때 수적을 위로 튀기는 것과 보일러수 중의 불순물로 포말(泡沫, 거품)을 발생하는 것 때문에 발생한 증기는 수적을 함께 지니고 있다. 따라서 드럼에서 나오는 증기 중의 수적을 되도록 감소시키도록 드럼의 크기, 승수관의 연결 위치 등을 선택함이 필요하다. 특히 승수관의 연결 위치는 그림 10-15와 같이 승수관의 개구(開口)가 기수 드럼의 수면보다 높은 곳에 오도록 할 때 양호한 결과를 얻는다.

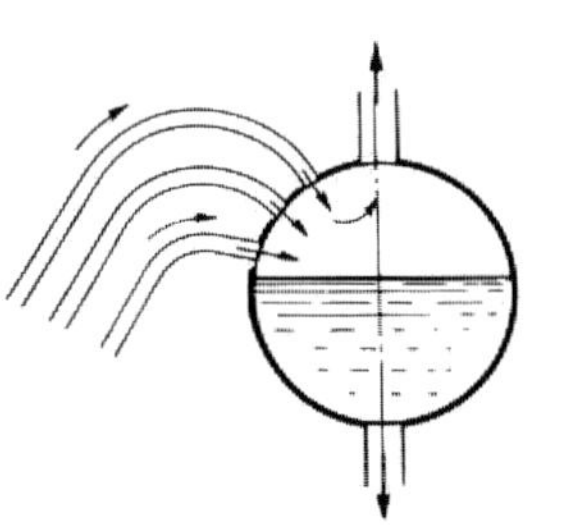

그림 10-15 승수관이 상부 드럼의 수면보다 위에 개구하는 경우

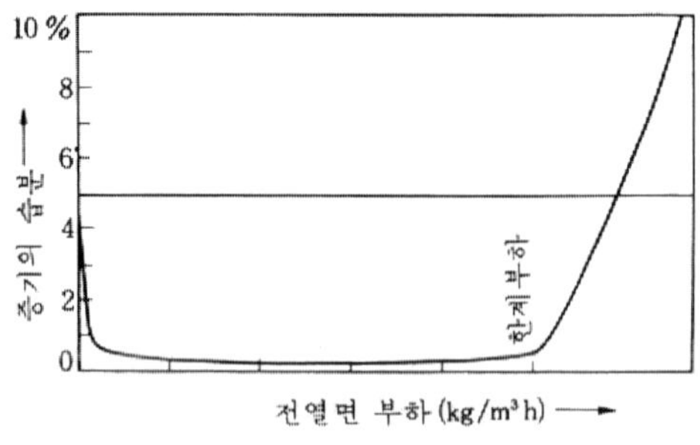

그림 10-16 증기의 습분과 증기부의 부하와의 관계

발생증기 중의 수분은 수면당의 증발량보다는 오히려 증기부의 체적당의 증발량에 주로 관계된다. 이 수분의 양은 증기부의 체적당 증발량의 어떤 값까지는 극히 적으나 (1 % 이하) 이 값을 지나면 급격히 증대한다. 이 경계가 되는 증발량을 한계부하(限界負荷)라고 하며, 증기부 단위체적 단위시간당의 증발량(m³/m³h)으로 표시된다(그림 10-16 참조).

이 한계부하에 대하여는 Vorkauf 등의 연구가 있는데, 이에 의하면 한계부하는 보일러수가 순수한가의 여부에 따라 다르며, 또 증기의 압력, 증기부의 높이 및 승수관의 연결 위치 등에 따라 변화한다.

물이 순수할 때의 한계부하는 증기부의 높이에 관계 없이 일정하며 압력의 증대에 따라 감소된다.

그림 10-17은 Vorkauf의 실험 결과이다. 이는 원통보일러 또는 승수관이 드럼의 밑바닥에 연결된 수관보일러와 같이 기포가 모두 수부를 지나 상승할 때의 값이며, 증기는 수면에서 고르게 올라오며 증기부가 전부 유효하게 이용될 때의 결과이나, 실제의 경우의 한계부하는 이보다 30 % 정도 적은 값을 갖는 것으로 생각된다.

그러나 보일러수는 일반적으로 순수하지 않으며 급수처리로 가성(苛性)소오다(NaOH), 황산소오다(Na_2SO_4), 탄산소오다(Na_2CO_3), 식염(NaCl) 등의 불순물을 함유하며, 이런 경우 수면상에 포말층이 생기고 이것이 증기에 딸려 가기 쉬우므로 한계부하는 현저히 감소된다. 그림 10-18은 이들 알칼리를 함유하는 물을 가지고 대기압하에서 행한 Vorkauf의 실험 결과이며, 한계부하와 불순물 농도와의 관계를 표시한다. 이로써 명백하듯이 한계부하는 농도에 따라 현저히 감소되나 어떤 임계농도(臨界濃度) 이상이 되면 일정값이 된다. 실제의 농축된 보일러수의 불순물 농도는 대개의 경우 임계값을 초과하고 있다. 또한 기름이 섞인 물에서는 포말층이 급격히 커져 한계부하가 1/4 ~ 1/5로 감소된다.

알칼리성 보일러수에서 압력이 변화할 때에도 한계부하에 영향이 있고, 예컨대 증기압력이 1기압에서 20기압으로 상승되면 증기부의 부하는 약 1750 m^3/m^3h에서 약 1350 m^3/m^3h로

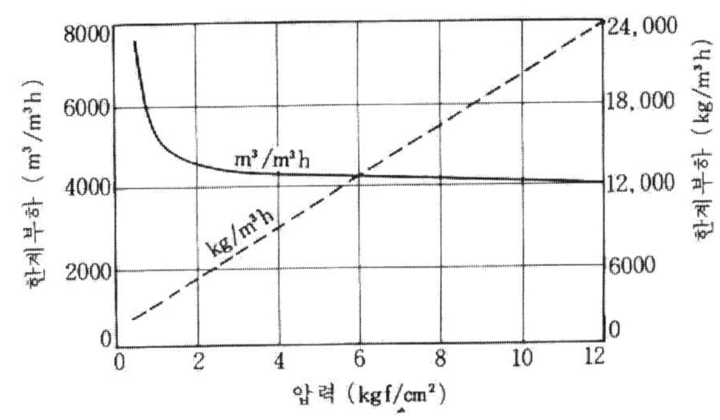

그림 10-17 한계부하와 압력(순물)

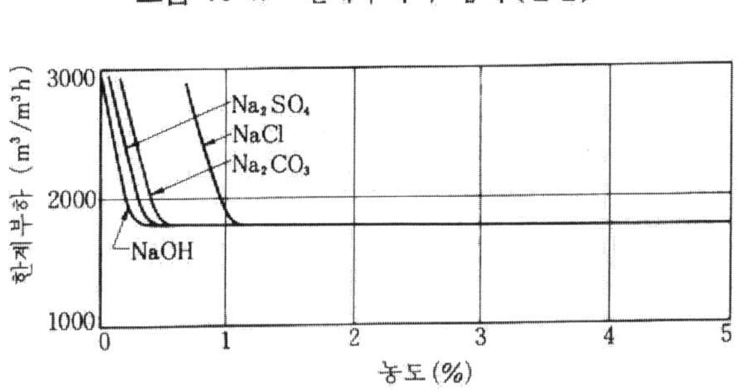

그림 10-18 한계부하와 알칼리 농도(대기압)

저하한다. 그러나 동시에 보일러 본체 내에서 발생하는 습증기의 비체적은 1.73 m³/kg 에서 0.102 m³/kg 로, 즉 17 : 1의 비로 감소하므로 압력이 높아지면 동일 증발량 D_h에 대하여 항상 증기부 및 지름이 작은 드럼으로 충분하다.

Vorkauf 는 다시 증기를 상부 드럼에 도입하는 방법이 어느 정도까지 한계부하에 영향을 주는가를 알기 위하여 다수의 모형에 대하여 알칼리성의 물로 실험을 하였다. 그림 10-19 는 그 중 대표적 경우에서 한계부하와 증기부 높이와의 관계를 표시한다. 여기서 명백한 바와 같이 그림 (d)의 경우, 즉 승수관이 수면보다 높게 개구부를 갖고 위에서부터 기수 혼합물을 유출시키는 방법이 가장 좋음을 알 수 있다.

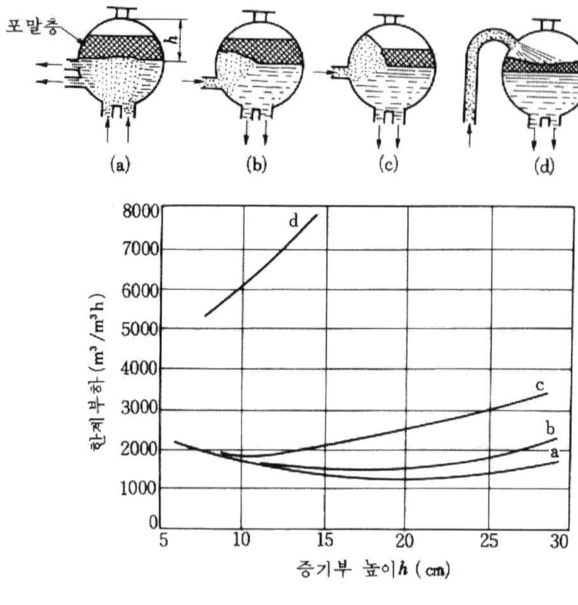

그림 10-19 한계부하와 증기부 높이(대기압)

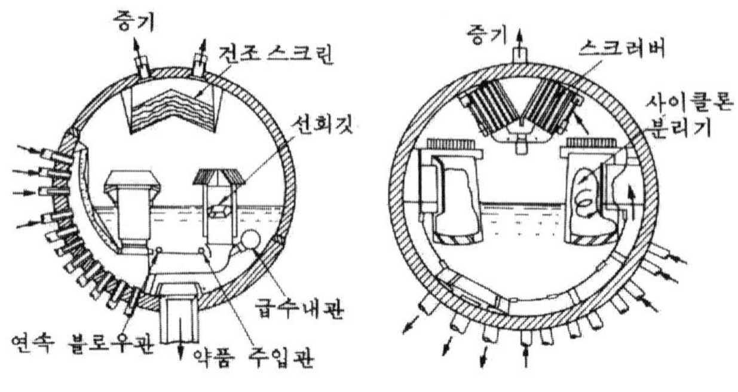

그림 10-20 드럼 내 기수분리기

고압이 될수록 기수의 밀도차가 감소하여 분리시키기 어렵게 된다. 또 고압보일러에서는 구조상 드럼의 증기부 체적을 크게 하는 것도 곤란하다. 이러하여 고압보일러에서는 그림 10-20 과 같이 원심식 또는 사이클론식의 분리기를 두고, 다시 철사망의 건조 스크린인이나 스크러버(scrubber)를 두어 수적(水滴)을 적극적으로 분리시키는 방법을 취하고 있다.

10-6 바이패스 계통

관류식 보일러는 순환식과는 달리 보일러 내부에 순환 회로를 가지지 않으므로 기동·정지시를 위한 바이패스 계통 (by-pass system)을 별도로 설치하여야 한다.

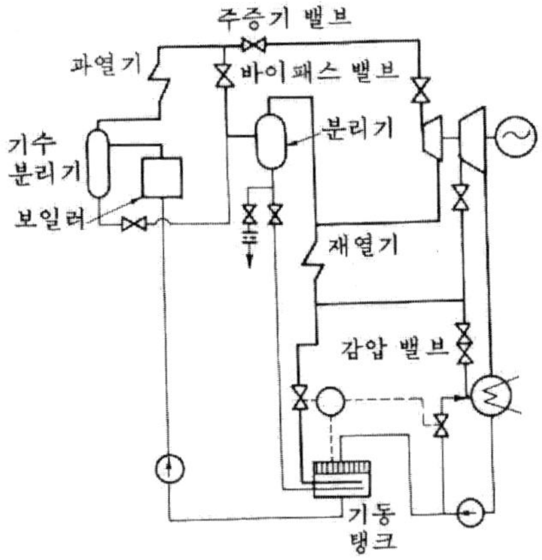

그림 10-21 바이패스 계통

그림 10-21은 재열기를 가지는 경우의 바이패스 계통의 예이다. 기동시는 바이패스 밸브를 열고 먼저 최대 증발량의 25～30% 정도의 급수를 하고 이어 점화한다. 주증기 밸브는 닫혀 있고 과열기로부터의 기수 혼합물은 바이패스 밸브를 거쳐 분리기로 유입한다. 분리된 증기의 대부분은 재열기를 냉각한 후 감압밸브를 지나서 복수기로 유도되고 일부는 기동(起動)탱크로 보내진다. 분리된 물은 기동탱크로 돌려져서 다시 순환한다.

급 수 처 리

제 11 장

11-1 개 설

보일러의 운전을 안전하고도 확실하게 행하려면 급수에 대하여 신중한 주의를 할 필요가 있다. 특히 수관보일러의 경우는 급수처리를 하지 않으면 관(管)의 손상이 심하고 이는 고온 고압이 될수록 더하다. 보일러에서 발생한 증기는 증기터어빈 등을 거쳐 표면복수기에서 복수로 회수되는 경우에는 이 복수는 그대로 훌륭한 급수가 된다. 이와 같이 반복하여 급수로 사용하는 복수식 원동소에서는 필요한 급수량의 95～98%의 복수를 얻을 수 있으므로 나머지의 2～5%를 보충하여 보급하면 된다. 그러나 공장용 보일러에서는 작업용으로 증기가 사용되므로 급수량의 50% 이상을 보충하여야 할 때도 적지 않다.

보충수(補充水, make-up feedwater)로는 수도(水道)수 또는 하천 등의 천연수가 사용되나, 이들은 항상 불순물을 함유하므로 급수처리(給水處理, feedwater treatment)가 필요하다. 즉 급수처리란 물 속의 불순물을 제거하며 또는 그 작용을 중화시킴으로써 보일러 급수로 적당한 물을 만드는 것을 뜻한다.

엄중한 급수처리를 해도 불순물을 완전히 제거할 수는 없으므로 보일러의 증기 발생이 장시간 속행될 때에는 보일러수 중의 염분, 산소분 등의 불순물이 차차 농후해져 표 11-1과

표 11-1 급수 중의 불순물

불 순 물	보 일 러 장 해	제 거 법
부유물, 혼탁물	기수 공발, 포말층 증가, 관석	침전, 응집, 여과, 증발
유지, 유기물	부식, 과열, 기수 공발, 포말층 증가	응집, 침전, 여과, 증발
규산 (SiO_2)	관석, 과열, 파열	응집, 침전, 여과, 증발
중탄산염 $Ca(HCO_3)_2$	관석	연화, 염기 치환, 증발
$Mg(HCO_3)_2$	관석, 부식, 과열	연화, 염기 치환, 증발
황산염($CaSO_4$, $MgSO_4$)	관석, 부식	연화, 염기 치환, 증발
염화물($CaCl_2$, $MgCl_2$)	보통은 무해, 때로 부식성	증발
식 염($NaCl$)	부식	중화
산 류(HCl, H_2SO_4)	부식	탈기
산 소(O_2), 탄산가스(CO_2)	기수 공발, 포말층 증가, 취화	증발
탄산소오다(Na_2CO_3)		

같은 장해를 보일러에 끼친다. 이에 대하여는 보일러수의 일부를 연속적 또는 간헐적으로 토출하고, 그 대신 처리된 급수를 보급함으로써 불순물의 농도를 저하시키든가 또는 적당한 약제를 첨가함으로써 그 유해성을 화학적으로 억제하든가 하여야 한다. 이러한 대책을 보일러수 처리 또는 보일러수 관리라고 한다.

11-2 물의 성질

일반의 천연수는 녹지 않는(不溶性) 물질을 함유하는 외에 각종의 광물질, 즉 황산칼슘($CaSO_4$), 염화칼슘($CaCl_2$), 중탄산칼슘[$Ca(HCO_3)_2$] 등의 칼슘염과 황산마그네슘($MgSO_4$), 염화마그네슘($MgCl_2$) 등 및 중탄산마그네슘[$Mg(HCO_3)$]$_2$ 등의 마그네슘염, 규산(SiO_2) 및 가스, 즉 산소, 탄산가스 등을 용해하고 있고 유지류(油脂類)가 혼입되어 있을 때도 있다.

물의 성질을 표시하는 한 방법으로 경도(硬度, degree of hardness)라는 단위가 사용된다. 이는 물 중에 용해하는 칼슘염 및 마그네슘염의 비율을 표시하는 것이며, 독일 경도는 물 100 ml 중에 석회(CaO)를 1 mg 함유하는 비율을 단위로 하여 경도 1도로 한 것이나 실제의 물의 경도는 함유되는 칼슘염을 CaO로 환산한 값과 함유되는 마그네슘염을 산화마그네슘(MgO)으로 환산하고 이를 1.4배(MgO를 CaO에 환산하기 위하여)한 값과의 합계로 표시된다.

독일 경도 외의 각국의 경도 단위는 다음과 같다.

독일 경도 $1°d$ = 수중 1/1,000,000의 CaO = 물 100 ml에 CaO 1 mg

프랑스 경도 $1°f$ = 수중 1/1,000,000의 $CaCO_3$ = $0.560°d$

미국 경도 $1°a$ = 수중 1 l 중에 $CaCO_3$ 1 mg

= $0.1°f$ = $0.056°d$

영국 경도 $1°e$ = 수중 1/700,000의 $CaCO_3$

= 물 1 gall 중에 $CaCO_3$ 1 g = $0.800°d$

표 11-2 경도의 제한값

압력 kgf/cm²abs	급 수 경 도
0~10	3 이하
10~20	1 〃
20~30	0.2 〃
30~50	0.05 〃
50~100	0.02 〃

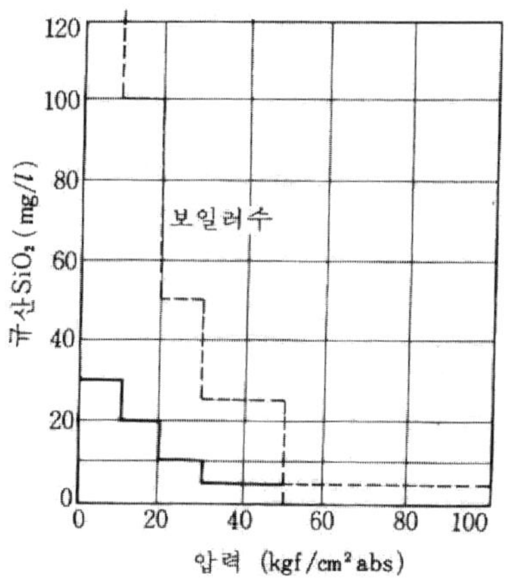

그림 11-1 규산의 제한값

생수(生水) 경도로서 8°d 이하인 것은 실제로 연수(軟水)로 취급되고, 9°d 이상이 경수로 취급된다.

경 도는 중탄산칼슘 및 중탄산마그네슘에 의한 일시(一時) 경도(이는 물을 끓이면 분해 침전한다)와 칼슘 및 마그네슘의 황산염, 염화물 등에 의한 영구 경도로 구별되나 보통 말하는 경도는 이 양자의 합계이다.

일반적으로 부적절한 급수를 사용할 때에 생기는 급수 장해는 다음과 같은 것들이다.

① **관석의 부착** : 급수 중에 용해되어 있는 칼슘염, 규산 및 마그네슘염은 농축되면 단독으로 또는 다른 성분과 결합하여 관석(scale)을 생성한다. 즉 $CaSO_4$, $CaCl_2$ 및 SiO_2는 경질의 관석이 되어 부착하므로 가장 유해하며, 또 $Ca(HCO_3)_2$, $Mg(HCO_3)_2$는 고온에서 탄산가스를 분리하여 $CaCO_3$, $MgCO_3$ 등의 침전을 가져오고 연질의 관석이 되나 이들은 $CaSO_4$, $MgSO_4$, SiO_2 등과 결합하면 경질의 관석이 된다. 전열면이 되어 있는 보일러 강판에 관석이 부착되면 그 열전도율이 낮으므로 전열을 해치며, 수관 내에 관석이 부착되면 관수순환도 저해되므로 전열면의 과열(overheating)을 초래하고 그의 산화, 팽출(膨出, blister) 또는 파열 등의 원인이 된다. 이를 방지하려면 급수 또는 보일러수 중의 칼슘염 및 마그네슘염의 함유량, 즉 경도와 규산 함유량을 수처리로 제한값 이하로 저하시킬 필요가 있다. 표 11-2는 급수의 경도에 대한 제한값, 그림 11-1은 급수 및 보일러수에서의 규산의 제한값이다.

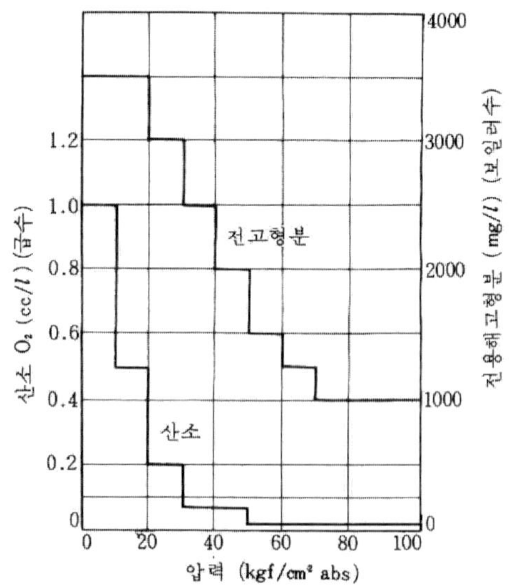

그림 11-2 산소 및 전용해 고형분의 제한값

② **부식**(腐蝕, corrosion.) : 철은 산성의 액으로 부식됨은 물론 알칼리성에 의하여도 그것이 어떤 정도 이상이 되면 부식된다. 따라서 보일러의 부식을 최소로 방지하려면 보일러수를 약(弱)알칼리성으로 하는 것이 좋다. 이 보일러수의 알칼리도의 표준으로는 pH 값을 사용하며 보통 pH 값을 9 ~ 11로 조정하는 것이 일반적이다.

다음 수 중에 산소 및 탄산가스가 용해되어 있으면 부식을 촉진시키며 특히 고온에서 산소의 해는 현저하다. 따라서 탈기(脫氣)하여 이들 수중의 용해 가스를 제거함이 필요하다. 급수에서 산소 함유량의 제한값은 그림 11-2와 같다. 상온의 물 1 l 중에 용해되어 있는 산소는 약 6 ~ 10ml 이다. 그림 11-3은 탈기기(脫氣器)의 예이다.

③ **가성취화**(苛性脆化, caustic embrittlement) : 보일러수 중의 NaOH가 미량의 Si 또는 Ca, Mg, Al 등과 공존할 때 보일러 밸브의 응력(應力)과다인 부분, 예컨대 리벳구멍 주위 등의 조직을 침범하는 현상이며, 미세한 균열(龜裂, crack)을 초래한다. 이에 대한 대책은 NaOH의 모체가 되는 Na_2CO_3를 억제하는 것이며, $Na_2SO_4 : Na_2CO_3$의 비를 1 ~ 3이상으로 유

지하는 것이다.

④ **기수 공발**(carry-over) : 보일러수 중의 용해 광물질량이 많아지거나 유지가 혼입하거나 하면 보일러 수면에 거품이 생겨서 수분이나 불순물이 증기와 함께 보일러 드럼으로부터 운반되어 나오는 현상이며, 과열기의 과열 파손의 원인이 된다.

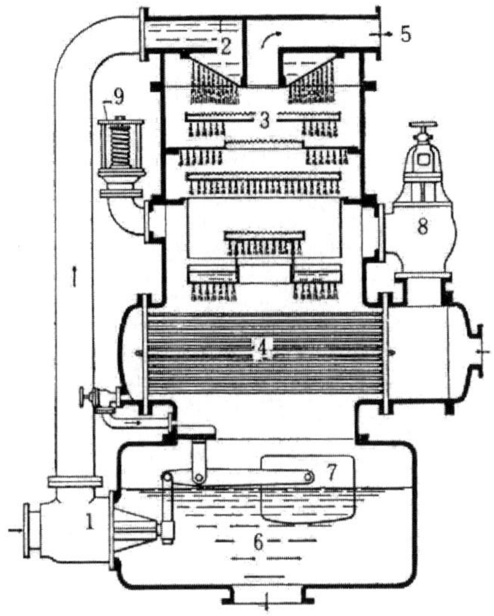

그림 11-3 탈기기
1. 자동급수 조절밸브 2. 수실상부
3. 살수부 4. 가열관 5. 배기구
6. 하부 물탱크 7. 플로우트
8. 압력 조절밸브 9. 토출밸브

11-3 급수처리

급수처리에는 침강분리(沈降分離), 여과, 응집, 흡착, 산화, 연화(軟化), 탈염, 탈기 또는 약품 첨가 등이 있으나 이온교환수지(交換樹脂)에 의한 급수처리법의 발달로 그 밖의 분리 방법은 단독으로 사용되는 경우는 드물어졌으며, 이온교환법의 전처리 또는 후처리로서 그 효과를 발휘하게 되었다. 이리하여 용해 광물질의 제거에는 주로 이온교환수지(ion exchange resin)에 의한 방법이 사용된다. 탱크 속에 넣은 수지립(樹脂粒)의 층에 원수(原水)를 통과시켜 처리하는 것이며, **연화법**과 **전염탈염법**이 있다. 수지는 불용성 다공질의 고체이며 Na이온이나 H이온을 가지는 양(陽) 이온 교환수지(R-Na, R-H_2)와 OH이온을 가지는 음(陰)이온 교환수지[R′-$(OH)_2$]가 사용된다.

연화법 (軟化法, softening)은 주로 저압보일러에서 사용된다. 양이온 교환수지를 사용하여 수지가 가지는 이온과 수 중의 Ca, Mg를 치환하는 방법이다.

R-Na_2에 의한 경우의 과정은

$$R\text{-}Na_2 + \left.\begin{matrix}Ca\\Mg\end{matrix}\right\}\left\{\begin{matrix}SO_4\\Cl_2\\(HCO_3)_2\end{matrix}\right. \longrightarrow R\left\{\begin{matrix}Ca\\Mg\end{matrix}\right. + Na_2\left\{\begin{matrix}SO_4\\Cl_2\\(HCO_3)_2\end{matrix}\right. \qquad (11\text{-}1)$$

이며, 수 중의 칼슘염과 마그네슘염은 용해도가 높은 나트륨염으로 바뀌므로 관석의 발생을 방지할 수 있다.

또 수지가 가지는 Na이온이 대부분 교환되어 처리 능력이 감퇴하면 식염수를 통하여 재생한다. 재생의 과정은

$$R\text{-}\left\{\begin{matrix}Ca\\Mg\end{matrix}\right. + 2\,NaCl \longrightarrow R\text{-}Na_2 + \left.\begin{matrix}Ca\\Mg\end{matrix}\right\}Cl_2 \qquad (11\text{-}2)$$

여기서 생긴 $CaCl_2$, $MgCl_2$를 수세(水洗), 제거하여 수지를 재사용한다. 전염탈염법 (全鹽脫鹽法, deionization)은 양이온 교환수지와 음이온 교환수지를 병용하는 방법이며, **순수(純水) 제조장치**라고 하며, 중고압보일러에서 이용된다.

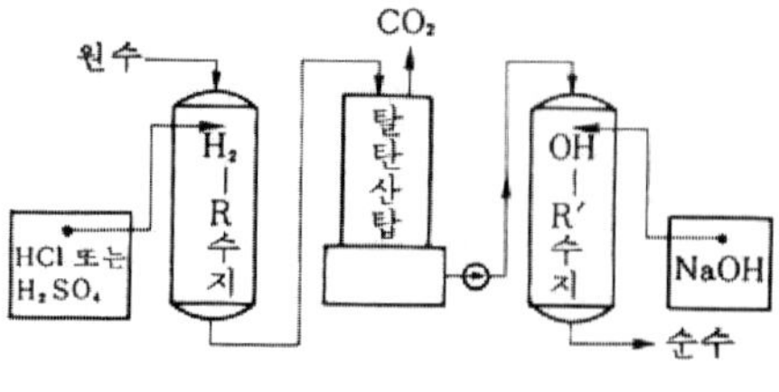

그림 11-4 전염탈염장치(2상식)

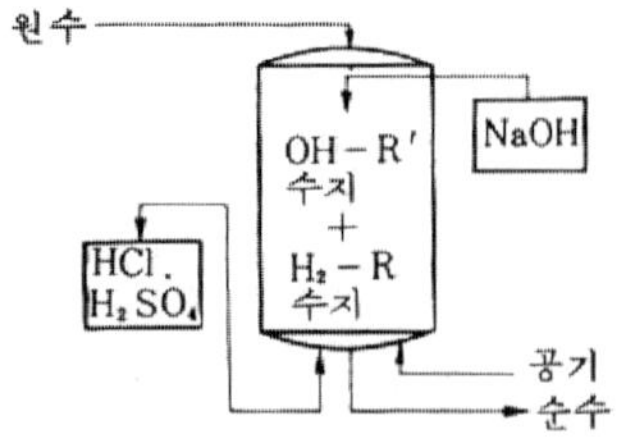

그림 11-5 전염탈염장치(혼상식)

$R\text{-}H_2$와 $R'\text{-}(OH)_2$를 사용하며 그림 11-4와 같이 양자를 나눈 것을 2상(床)식, 그림 11-5와 같이 함께 한 것을 **혼상식(混床式)**이라고 한다.

처리 과정은

$$R\text{-}H_2 + \left.\begin{matrix}Ca\\Mg\\Na_2\end{matrix}\right\}\left\{\begin{matrix}SO_4\\Cl_2\\(HCO_3)_2\end{matrix}\right. \longrightarrow R\text{-}\left\{\begin{matrix}Ca\\Mg\\Na_2\end{matrix}\right. + H_2\left\{\begin{matrix}SO_4\\Cl_2\\(HCO_3)_2\end{matrix}\right. \quad (11\text{-}3)$$

$$H_2CO_3 \longrightarrow H_2O + CO_2 \text{ (脫炭酸)} \quad (11\text{-}4)$$

$$R'\text{-}(OH)_2 + H_2\left\{\begin{matrix}SO_4\\Cl_2\end{matrix}\right. \longrightarrow R'\text{-}\left\{\begin{matrix}SO_4\\Cl_2\end{matrix}\right. + 2H_2O \quad (11\text{-}5)$$

이 처리로 규산분도 대부분 제거된다. 수지의 재생 과정은

$$R\text{-}\left\{\begin{matrix}Ca\\Mg\\Na_2\end{matrix}\right. + 2\,HCl \longrightarrow R\text{-}H_2 + \left.\begin{matrix}Ca\\Mg\\Na_2\end{matrix}\right\}Cl_2 \quad (11\text{-}6)$$

$$R'\text{-}\left\{\begin{matrix}SO_4\\Cl_2\end{matrix}\right. + 2\,NaOH \longrightarrow R'\text{-}(OH)_2 + Na_2\left\{\begin{matrix}SO_4\\Cl_2\end{matrix}\right. \quad (11\text{-}7)$$

또한 170 kgf/cm²g 이상의 고압보일러나 관류보일러에서는 급수로서 더 고도의 순수가 요구되므로 보통의 전염탈염법으로 얻은 급수를 다시 혼상식 탈염장치로 처리하고 있다.

이상과 같이 하여 보일러에 들어가기 전에 처리된 물은 관석이나 부식을 방지하기 위하여 보일러 내에서 다시 청관제(淸罐劑, boiler compounds)로 처리될 때가 많다. 이를 **보일러 내 처리**라 하며 불순물이 적은 중성의 물이라도 철강이나 동계(銅系) 금속의 부식 방지에는 최적의 pH 범위가 아니기 때문에 물을 약알칼리로 만들기 위한 약제 첨가가 필요한 것이다. 또한 저압 보일러에서는 급수처리를 생략하고 청관제에 의한 보일러수 처리만을 행하기도 한다.

청관제로는 보일러수의 성질에 따라 각종의 것이 사용되나 탄산소오다 (Na_2CO_3)와 인산소오다 (Na_2PO_4) 또는 Na_2HPO_4를 주성분으로 하는 것이 많다. Na_2CO_3는 경질의 유해한 관석을 만드는 칼슘염을 연질의 $CaCO_3$로 하여 침전시키고, 또 유류를 유화(乳化)하여 모두 취출로써 제거할 수 있게 한다. 또 인산소오다는 Ca 및 Mg를 연질의 인산염으로 침전시키고 다시 철면에 작용하여 인산철 피막을 만들어 부식을 방지한다.

경질의 관석은 이상과 같이 여러 가지의 처리에도 불구하고 보일러 내면에 부착하여 해를 끼치므로 때때로 이를 제거할 필요가 있다. 이는 철사로 된 솔이나 관 소제기 등을 사용하는 기계적 방법으로 할 수도 있으나, 최근에는 염산 또는 인산을 사용하여 약액(藥液)으로 화학적으로 제거하는 방법도 있다.

11-4 급 수 펌 프

급수를 보일러 내에 압송(壓送)하는 데 급수 펌프가 필요하며, 이는 안전하고도 확실하게 작동하여야 한다. 따라서 단독으로 보일러의 최대 증발량 이상의 송수 능력을 갖는 펌프를 2대 이상 설치하는 것이 보통이다.

급수 펌프의 종류로는 왕복식 펌프, 다단 터어빈 펌프 및 인젝터가 있다.

왕복식은 주로 소용량 보일러에서 널리 사용되며, 보통 전속의 증기기관으로 구동되며 증기기관의 피스턴과 펌프의 플런저(plunger)가 직결된 직동(直動)펌프(direct acting pump)가 많이 사용된다. 이는 그 동작은 완만하나 확실하다. 이에 다시 단식 펌프(simplex pump)와 복식 펌프(duplex pump)가 있다. 후자는 펌프통(water cylinder), 즉 증기 기통이 2개 병렬로 연결된 것이다.

그림 11-6은 후자의 한 예이며 한쪽 열의 피스턴 운동으로 다른 열의 증기 밸브를 움직이도록 하여 서로 펌프 작용을 돕도록 한다. 보통 이 펌프를 **Worthington 펌프라고** 한다.

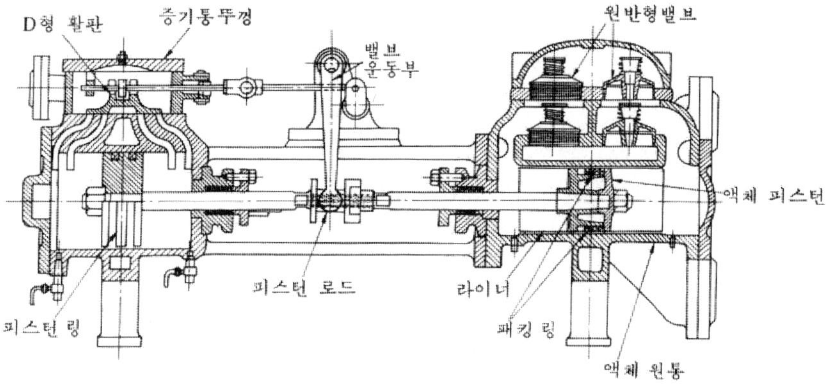

그림 11-6 단동식 듀프렉스 펌프(워딩턴 펌프)

다단 터어빈 펌프는 대형 보일러에 주로 사용되며, 전동기(電動機) 혹은 소형의 증기터어빈으로 구동되며, 효율이 높고 또한 송수가 연속적이다. 일반적으로 1단의 익차에 의한 양정(揚程)은 약 3～8 kg/cm² 이므로 고압용일수록 단수가 많고 따라서 길어지나 펌프의 용량당의 크기는 왕복식 펌프보다 작아진다.

그림 11-7은 8단의 터어빈 펌프의 예이다.

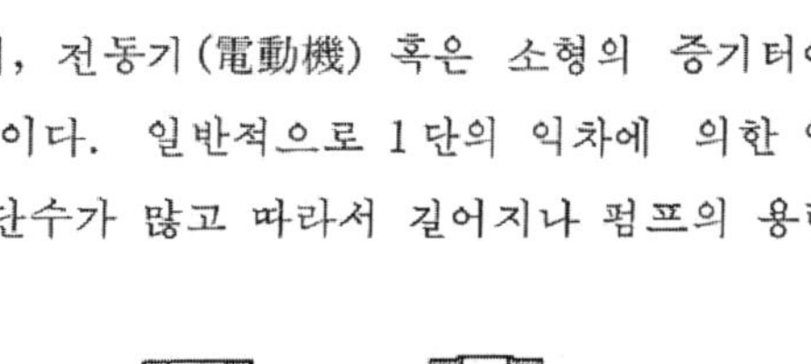

그림 11-7 원심식 다단 급수펌프

인젝터는 소형 보일러에 사용된다. 이는 증기의 분류로 고속의 수류를 만들어 이를 디퓨우저(diffuser)로 압력에너지로 전환하는 장치이며, 동시에 급수예열도 되고 소량의 고압증기로 다량의 급수를 송수할 수 있으며 소형이고 구조가 간단하여 안가이나, 효율이 좋지 않고 송수량의 조절이 곤란한 것이 결점이다. 기관차 보일러에 널리 사용되나 육상 보일러에서는 예비용으로 설치되는 일이 많다.

다음 급수 펌프를 구동하는 데 요하는 동력을 생각하면 지금 증기 압력을 p[kgf/cm²], 정규 증발량을 D_h[kg/h]라 하고, 펌프의 급수량을 증발량의 μ배(보통 $\mu=1.5\sim2$)라고 하면 급수에 요하는 동력은

$$\frac{10\cdot p\cdot\mu\cdot D_h}{75\times3600}\text{HP}$$

이다. 그러나 급수관 및 급수밸브 중에 저항이 있으므로 펌프의 송수 압력은 증기 압력보다 20 ~ 30 % 높게 할 필요가 있고, 또 펌프의 기계 효율은 1보다 물론 적으므로 펌프 운전에 필요한 동력은 위의 값보다 커진다. 이 동력을 N이라 하고 펌프의 기계 효율을 η라 하면

$$N=\frac{(1.2\sim1.3)\mu pD_h}{75\times360\,\eta} \tag{11-8}$$

로 표시된다. η는 펌프의 종류에 따라 다르나 0.50 ~ 0.75이다.

급수 펌프로 보내지는 급수는 급수관(feed pipe)으로 흘러 급수밸브(feed valve)를 거쳐 보일러 내로 송수된다. 급수관의 크기는 급수량과 수속(水速)으로 계산된다. 즉 보일러의 증발량을 D_h[kg/h], 급수량을 μD_h[kg/h]라 하면 급수관의 지름 d[cm]는

$$\frac{\pi}{4}d^2\times100\,w\geqq\frac{1,000\mu D_h}{3,600}$$

$$\text{혹은}\quad\frac{\pi}{4}d^2\geqq\frac{\mu D_h}{360\,w} \tag{11-9}$$

단, w는 급수관 내의 물의 유속이며, $w=0.5\sim0.8$ m/s로 한다.

급수 밸브에는 역류저지 밸브(逆流沮止瓣, check valve)와 급수정지 밸브를 사용한다. 전자는 급수 펌프로 밀려 들어간 물이 펌프작용이 끝날 때 압력의 감소로 역류함을 방지하는 밸브이며 보통 급수정지 밸브와 2개를 다 같이 설치하여 장시간 급수 정지를 할 때는 급수정지 밸브를 잠가 둔다. 이 두 밸브를 일체로 만든 밸브도 있다.

보일러의 제어 특성

제 12 장

12-1 보일러 제어

보일러에서는 부하, 즉 증기 수요량이 변화하여도 되도록 압력, 수위(水位), 증기 온도 등을 일정하게 유지할 필요가 있다.

그림 12-1과 같이 보일러에서는 공급된 물이 연소가스로부터 열을 받아 증기가 되어 나온다. 만약 급수량과 증기량 사이에 차가 있으면 기수(氣水)드럼의 수위가 변동된다. 또 급수가 가지고 들어오는 에너지와 가스로부터 전달되는 에너지의 합계가 증기가 가지고 나가는 에너지와 같지 않으면 압력이나 증기 온도의 변화가 나타난다. 따라서 압력, 수위, 증기 온도를 일정하게 제어하려면 보일러 부하의 변동이나 기타의 외적 교란(外的攪亂)——연료의 발열량의 변화, 전열면의 오염에 의한 전열량의 변화 등——에 따라 보일러 내의 물질과 에너지의 균형을 얻도록 연료 공급량이나 급수량을 조절할 필요가 있다.

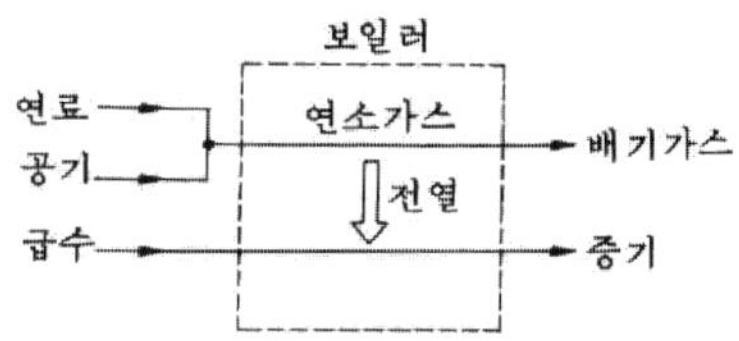

그림 12-1 보일러에서의 물질과 에너지의 흐름

제어계는 일반적으로 그림 12-2와 같이 구성되며 제어량의 측정값과 설정값과의 편차에 의하여 조작이 이루어진다. 예컨대 외부 교란으로서 부하가 증가했다면 보일러 압력(이 경우의 제어량)은 하강하여 설정 압력과의 사이에 편차를 발생한다. 이 편차신호 또는 그것을 적당히 변환한 신호로 조작부를 움직여서 연료 공급량(이 경우의 조작량)을 증가시켜 보일러의 압력을 설정값에 일치시키도록 한다. 연료 공급량이 증가하면 보일러 압력은 상승하나 그 시간적인 경과인, 즉 동특성(動特性)은 보일러의 구성에 따라 다르다.

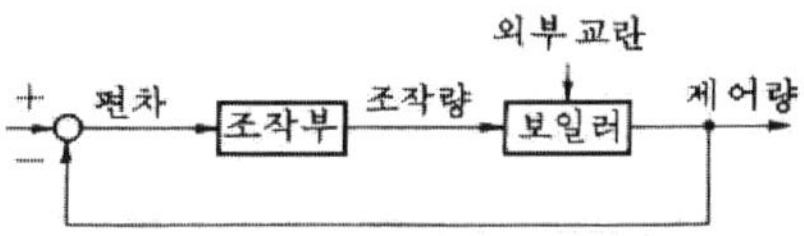

그림 12-2 제어계의 구성

12-2 보일러의 동특성(動特性)

먼저 순환식 보일러의 보일러 본체의 압력을 생각하기로 한다.

이 압력은 주로 에너지 균형에 관계되고 물의 물질 균형의 영향은 적다. 지금

압력 $P = P_0(1+p)$

급수량 $F = F_0(1+f)$

증발량 $G = G_0(1+g)$

전열량 $Q = Q_0(1+q)$

로 쓴다. p, f, g, q는 시간의 함수이며, $t \leqq 0$일 때는 모두 0이다. $t \leqq 0$에서 보일러는 평형 상태에 있었다면

$$F_0 = G_0, \qquad Q_0 = G_0(i_D - i_W) \tag{12-1}$$

여기서, i_D : 발생 증기의 엔탈피, i_W : 급수의 엔탈피

임의의 시간 t에서의 입열은 $(Q + Fi_W)$, 출열은 Gi_D이다. 따라서 보일러 본체 보유 수량을 W_w, 보일러 본체의 강재량(鋼材量)을 W_b, 포화수 및 강재의 비열을 각각 c_w, c_b, 또 포화수와 강재는 같은 온도에 있다고 단순화하여 포화 온도를 θ_s라 하면

$$Q - Gi_D + Fi_W = (W_w c_w + W_b c_b)d\,\theta_s/dt$$

따라서

$$Q_0 q - G_0 g i_D + F_0 f i_W = (W_w c_w + W_b c_b)\frac{d\theta_s}{dP}\cdot\frac{P_0 dp}{dt} \tag{12-2}$$

압력 변화가 작다고 하면 $d\theta_s/dP \fallingdotseq d\theta_s/dP_0$로 쓸 수 있고, 이 값은 포화수의 온도-압력의 관계로부터 구해지는 값이며 P_0에만 의존한다. 따라서 윗식은

$$q - \frac{i_D}{i_D - i_W}g + \frac{i_W}{i_D - i_W}f = T_B\frac{dp}{dt} \tag{12-3}$$

단,

$$T_B = \frac{W_w c_w + W_b c_b}{Q_0}P_0\left(\frac{d\theta_s}{dp}\right) \tag{12-4}$$

식 (12-3)에서 $g = 0$, $f = 0$이라 하고, 전열량만이 계단적으로 1 % 변화하였다고 하면, 압력 변화는 그림 12-3과 같이 된다.

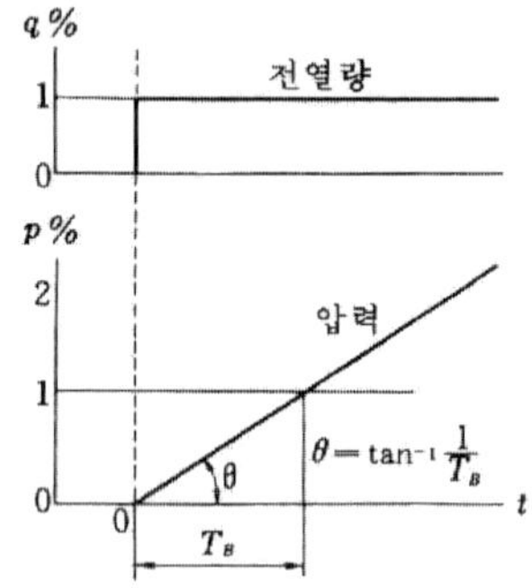

그림 12-3 전열량 변화에 대한 압력 응답

그림에서 T_B를 보일러 압력의 **시정수**(時定數, time constant)라고 한다. 이 T_B는 보일러 본체의 축열용량과 수열량의 비 및 압력에 의하여 결정되는 값이며 원통보일러에서는 수십 분, 중소형 수관보일러에서는 10분 정도, 대형 수관보일러에서는 수 분, 또 관류보일러에서는 1～3분 정도이다.

식 (12-3)에서 명백하듯이 $q = 0$, $f = 0$에서 증발량만이 변화하였을 때의 압력 응답도 그림 12-3과 거의 같은 정도〔다만 부호(+, −)는 역〕이다. 따라서 T_B의 값이 작은 대형 보일러나 관류보일러일수록 부하, 즉 증기 사용량의 변화에 따라 압력이 민감하게 변하게 된다.

다음 기수(氣水)드럼의 수위의 응답을 생각하자. 가령 압력이 일정하다고 하면, 수위는 거의 보일러 본체 수부의 물질 균형에 의하여 결정된다. 수면의 면적을 A, 포화수의 비체적을 , 수면의 높이의 변화를 dL이라 하면

$$AdL/v' = [F_0(1+f) - G_0(1+g)]dt \tag{12-5}$$

처음에 평형 상태에 있었다고 하면 $t=0$에서 $F_0 = G_0$이므로

$$\frac{dL}{dt} = \frac{G_0 v'}{A}(f-g)$$

따라서

$$f - g = T_L \frac{dL}{dt} \quad \text{단,} \quad T_L = \frac{A}{G_0 v'} \tag{12-6}$$

따라서 이의 응답은 보일러 압력과 같은 경향을 나타낸다. 수면의 면적 A는 구조상의 제한으로 그다지 크게 할 수가 없다. 따라서 증기량 G_0가 큰 보일러일수록 일반적으로 수위 시정수 T_L이 작아지고, 수위가 변동하기 쉽게 된다. 그림 12-4는 순환식 보일러에서 다른 조작량을 일정하다 하고 증발량, 연료 및 급수량을 계단적으로 변화시켰을 때의 드럼의 압력과 수위의 응답의 경향을 표시한다. 연료 공급량을 증가시켜도 그것이 연소되어 열이 보일러수에 전달되어 압력을 실질적으로 증가시키기까지에는 얼마만큼의 시간 지체 L이 있다. 급수량에 의한 압력 응답은 식 (12-3)에서 알 수 있듯이 작다.

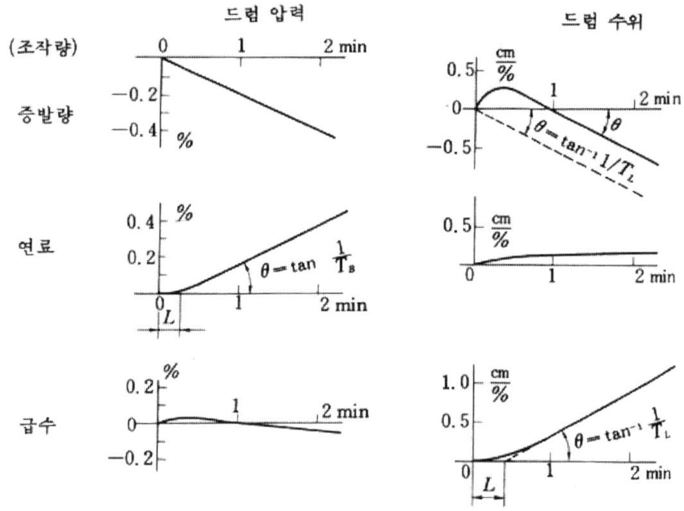

그림 12-4 조작량의 계단적 변화에 의한 압력, 수위 응답

드럼수위는 약간 복잡한 응답을 한다. 이것은 수위가 수면 이하의 수량(水量) 외에 수관 중에 포함되는 증기의 체적에도 의존되기 때문이다. 증발량이 급증하면 압력이 저하하므로 수관 중의 증기의 체적이 증가하여 수위가 상승하는 일시적인 역응답을 한다. 또 급수량을 증가하여도 수위가 곧 바로 상승하지 않는 것은 급수 온도가 포화 온도보다 낮기 때문에 수관 중의 증기 체적을 감소시키는 효과를 가지는 까닭이다.

과열증기 온도의 제어는 7-1-3절에서 언급한 바와 같이 전열량 또는 과열저감기에 의존한다. 전열량 또는 스프레이(spray) 수량의 계단적 변화에 대한 온도 응답은 그림 12-5와 같이 일정값(一定値)에 접근하는 경향을 취하고, 일반적으로 압력, 수위에 비하여 응답이 상당히 더디다.

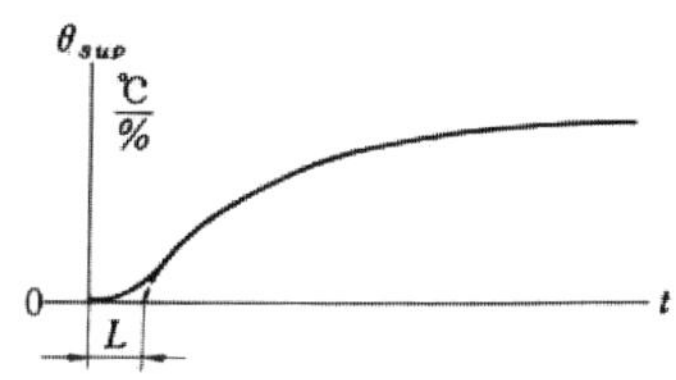

그림 12-5 과열증기 온도의 응답

관류보일러의 경우는 압력의 시정수 T_B가 작으므로 근소한 부하 변동에 대하여 큰 압력 변동을 발생하기 쉽다. 드럼을 가지는 보일러와 같이 증발부와 과열기가 명확하게 분리되어 있지 않으므로 수위 제어는 필요가 없으나, 과열증기 온도가 연료 공급량 뿐만 아니라 급수량에 의하여도 민감하게 변화하므로 급수·연료비의 제어가 중요해진다. 또 급수량의 변화가 압력에 상당한 영향을 가지게 된다.

12-3 제 어 계 통

보일러 압력은 연료 공급량의 제어로 일정하게 유지하는 것이 보통이며, 이를 **자동연소제어**(自動燃燒制御, ACC)라고 한다. 그림 12-6은 그의 계통 예이다. 그림 (a)는 증기 압력의 편차에 의하여 연료와 공기를 일정한 고정된 비율로 증감시키는 방법이며, 소형 보일러에 사용된다. 그림 (b)는 양호한 연소 상태를 유지하도록 공연비(空燃比)의 설정값을 주어 제어하는 방식이며, 압력 편차로부터의 지시 신호와 연료 유량, 공기 유량 각각의 측정값과의 편차에 의하여 연료 조정 밸브 및 공기 조정 베인(vane) 등을 조작한다.

그림 12-7은 드럼 수위의 제어 계통을 표시한다. 그림 (a)는 수위만을 측정하여 그의 편차에 의하여 급수 유량을 가감하는 형식이고 **1요소제어**라고 하며, 수위 시정수가 큰 소형 보일

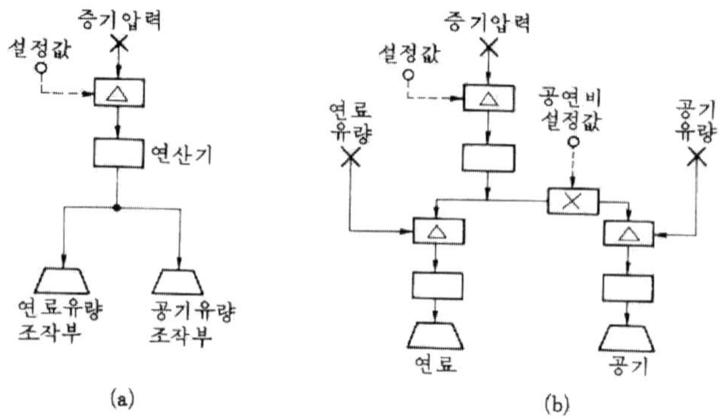

그림 12-6 자동연소제어 계통

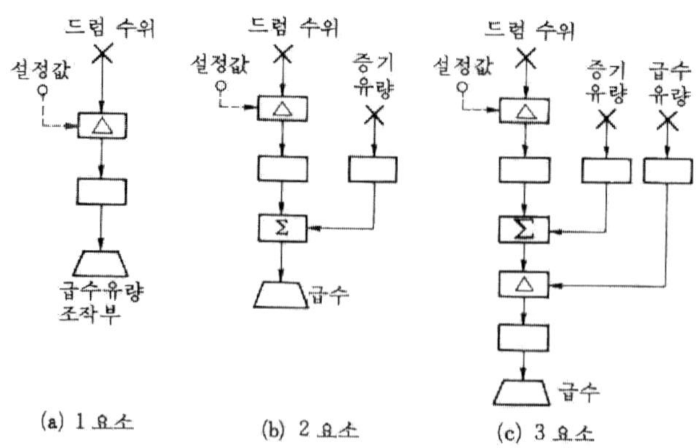

그림 12-7 급수제어 계통

러에 사용된다. 드럼 수위는 증발량의 변동에 불구하고 허용한계 내에 유지하는 것이 필요하며, 수위가 너무 저하하면 수관의 과열 파손의 원인이 되고, 너무 상승하면 보일러수의 일부가 과열기에 증기와 더불어 들어가서 과열기 관 내면에 관석의 부착을 가져와서 과열의 원인이 된다. 수위의 동특성은 전술한 바와 같이 역응답을 취하기도 하고 시간 지체를 수반하므로 외부 교란에 의하여 큰 변동을 초래하기 쉽다.

그림 (b)는 수위의 변동 범위를 작게 유지하기 위하여 주요 외부 교란인 증기 유량의 변화를 측정하여 수위의 변화에 선행하여 급수량의 제어를 행하는 2요소식이다. 이와 같이 주요 외부 교란을 검출하는 제어를 **피이드 포워어드 제어**(feed forward control)라고 한다.

그림 (c)는 다시 급수 유량까지도 측정하는 3요소식이며, 증기 유량과 급수 유량의 차에 의하여 선행 제어를 행하는 방식이며, 수위 시정수가 작은 대형 보일러에 적용된다.

그림 12-8은 순환식 보일러의 제어 예이며 증기 유량의 측정값을 수위뿐만 아니라, 압력 및 온도의 제어계에 넣은 예이다. 증기 온도의 제어는 과열저감기의 스프레이 유량 조절에 의존하고 있다.

발전소용 보일러의 압력 제어에서는 터어빈의 부하 변화, 따라서 소요 증기량의 변화에 응하여 보일러의 연소 제어를 행하는 그림 12-9 (a)의 방식 외에 그림 (b)와 같이 전력계(電力系)의 주파수를 검출하여 주파수 편차 또는 출력 조정신호에 의하여 연료 유량을 조절하여, 보일러 출구 압력이 일정하게 되도록 터어빈으로의 공급 증기량을 가감하는 방법을 취할 때가 있다.

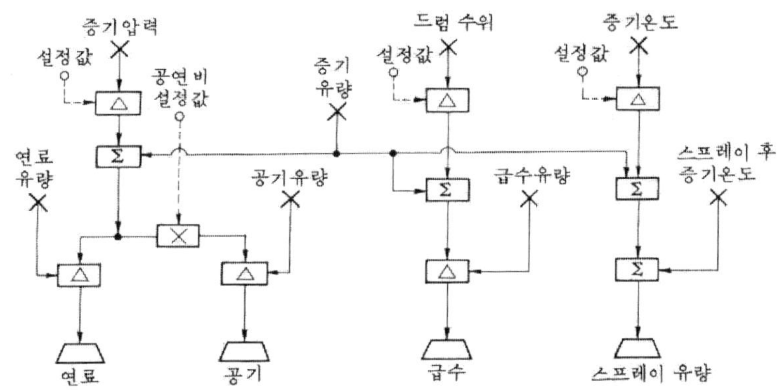

그림 12-8 순환식 보일러의 제어계통 예

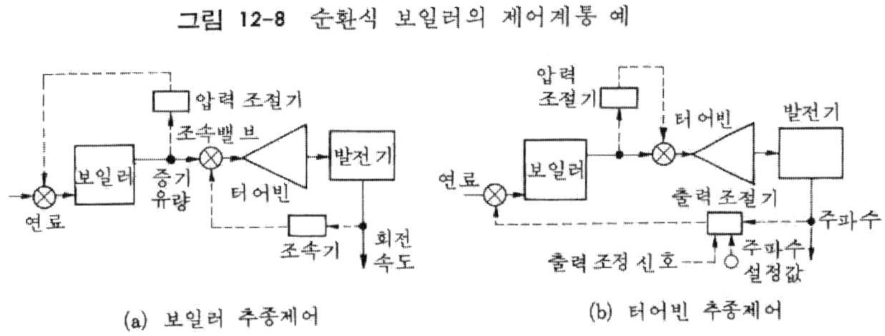

그림 12-9 발전 플랜트의 제어 방식

그림 (a)의 경우는 플랜트의 요구 출력에 대한 응답이 빠르고 좋으나, 보일러의 압력 변동을 초래하기 쉽다. 이 때문에 보일러 압력의 시정수가 작은 관류보일러의 경우는 그림 (b)의 방식을 적용할 때가 있다. 이 경우의 출력 응답은 약간 늦어지나 보일러의 압력 제어는 용이하다. 현재의 원자력 플랜트는 주로 그림 (b)의 방식을 채택하고 있다.

그림 12-10은 초임계압 플랜트의 보일러 제어 계통의 예를 표시한다. 그림 12-9의 (a)와 (b)를 조합한 것이며 출력 조정신호에 의하여 터어빈 증기, 급수, 연료 등을 동시에 조절하는 방식이다. 관류계이므로 증기압력 변화에 대하여는 연료와 급수를 동시에 조절하여 증기온도에 의하여 급수·연료비를 수정한다. 또 공기 유량은 연소가스의 산소 농도가 적당한 값이 되도록 제어되고 있다.

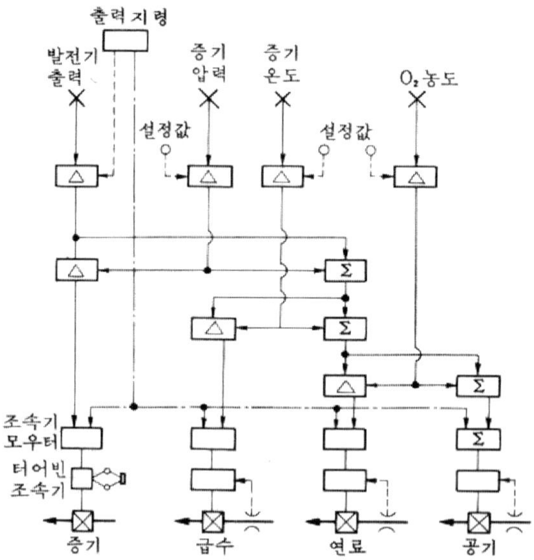

그림 12-10 초임계압 보일러의 제어 계통 예

제 13 장

모든 보일러에는 그 운전 조작(運轉操作)을 확실하고 안전하게 하기 위하여 필요한 부속동(fittings)을 갖는다. 다음 몇 가지 주요한 부속품에 대하여 설명한다.

13-1 압 력 계(壓力計, pressure gauge)

이는 보일러의 증기압력을 측정 표시하는 계기(計器)로서 압력감응부(感應部)로는 부르동관(Bourdon tube)이 사용된다(그림 13-1).

부르동관은 타원형 단면 또는 평평한 단면의 원호상(圓弧狀) 관의 한 끝을 봉한 것이며, 뚫린 쪽의 관 끝을 고정하여 압력유체를 도입하면 관은 유체압력과 관 밖의 대기압과의 차, 즉 계기압력(計器壓力)으로써 팽창하여 원형 단면이 되려는 결과로 관이 늘어나므로 자유단(自由端)은 계기압력에 비례하여 움직이게 된다. 이 움직임을 선형기어(扇形齒車)와 소기어(小齒車)로써 지침의 움직임으로 옮겨 원반 위의 눈금으로 압력을 읽게 된다.

부르동관은 증기 압력에 따라 황동(黃銅), 인청동(燐靑銅), 또는 스테인레스강(鋼)으로 만들어지나, 고온에 따른 관재료의 변질과 그로 인한 부정확을 피하기 위해 증기를 냉각하여 복수로 한 다음 부르동관에 도입한다. 이러기 위하여서는 압력계 밑에 복수가 머무는 곳이 필요하며, 이를 사이펀관(siphon-

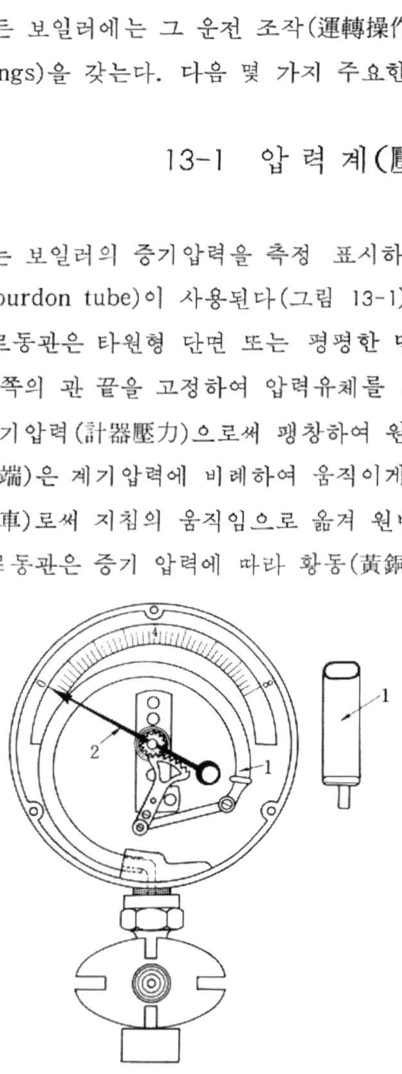

그림 13-1 부르동관 관형압력계
1. 부르동관 2. 지침

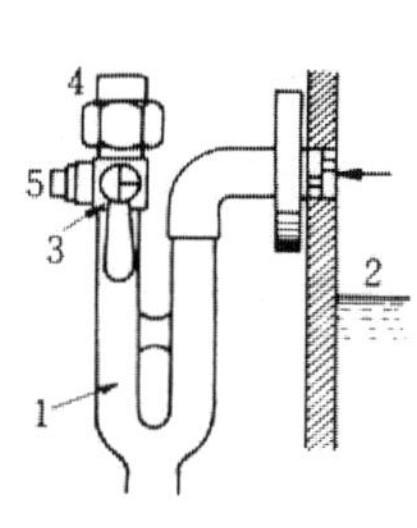

그림 13-2 사이펀관
1. 사이펀관 2. 보일러 수면 3. 삼방콕
4. 사용 압력계 소켓 5. 표준 압력계 소켓

tube)이라 하며, U자관(字管)(그림 13-2) 또는 환상관(環狀管)으로 만든다.

사용 압력계의 최고 눈금은 보일러의 최고 사용압력의 1.5배 이상으로 하고 일반적으로는 약 2배의 것이 사용된다. 보일러의 내압 부분은 최고 사용압력의 1.5배의 수압시험을 하게 되어 있다.

또 압력계의 바로 밑에는 삼방콕(3方 cock)을 둔다. 이는 눈금의 영점(零點)을 검정하고 또는 표준압력계와 비교하고 혹은 운전 중의 보일러에서 압력계를 떼어낼 때 필요하다.

13-2 수면계(水面計, water gauge)

이는 보일러 내의 수면의 높이를 표시해 주는 기구이며, 보일러수의 증감(增減)을 안전한 범위 내에 유지하기 위하여 필요하다. 보일러수의 감소로 보일러 전열면의 최고 부분이 수면 위에 노출되면 보일러판(板)이 과열되고, 따라서 보일러 파열의 위험이 있고, 또 보일러수의 과증(過增)으로 증기실이 너무 좁아져도 안 된다. 보일러에는 2개 이상의 수면계를 두어야 한다.

보통 사용되는 유리관 수면계는 그림 13-3과 같이 유리관(안지름 8～13 mm, 길이 약 300 mm)의 양 끝을 소켓으로 보일러의 증기실 및 수실에 연락하여 표준수위(標準水位)를 유리관의 대략 중앙에 표시한다.

수면계와 아울러 3개의 콕을 두는 것은 수면계의 지시를 확증하기 위한 것이며, 이를 시험(試驗) 콕(test cocks)이라고 한다.

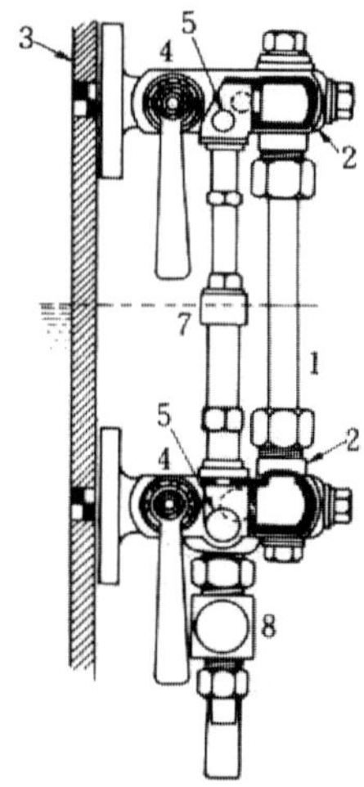

그림 13-3 유리관 수면계
1. 유리관 2. 소켓 3. 보일러 동판 4. 콕 5.6. 구밸브(球瓣) 7. 부관 8. 배수 콕

13-3 안전밸브(safety valve)

이는 보일러의 증기 압력이 규정의 상용 압력보다 높아질 때 자동적으로 열리는 밸브이며, 증기 분출로 과잉압력(過剩壓力)을 소산시킨다. 안전밸브가 분출하는 압력은 상용압력보다 약 0.3 kgf/cm² 높게, 또 분출이 그치는 압력은 상용압력보다 약간 낮게 정한다.

안전밸브는 보일러 1대에 2개 이상 설치한다. 각 안전밸브의 분출 용량의 합계가 보일러의 최대 증발량 이상이어야 한다.

안전 밸브에는 중추(重錘)식, 지렛대식, 스프링(용수철)식 등이 있으나 일반적으로 그림 13-4와 같은 스프링 안전밸브가 사용된다.

안전밸브는 밸브의 양정(揚程)과 밸브 시이트 지름의 비 L/D로 분류되며, L/D값이 1/40 이상이고 1/15 미만인 것을 저양정식, 1/15 이상이고 1/7 미만인 것을 고양정식, 1/7 이상인 것을 전(全)양정식, 또 밸브 시이트의 지름이 목지름보다 크고 밸브가 열렸을 때의 밸브 시이트 구멍의 통로 면적이 지름보다 큰 것을 전량식(全量式)이라고 한다.

안전밸브의 분출 초의 압력을 **취출(吹出)압력**이라 하고 취출 용량은 압력이 취출 압력보다 다시 3% 증가한 상태에서의 취출량으로 정의된다.

각 형식의 취출 용량은 면 적또는 공칭 취출계수로 계산되나, 전자에 의한 식은 포화증기에 대하여

$$W = (1.03p + 1)F/K \tag{13-1}$$

여기서, W : 취출 용량 [kg/h]

p : 취출 압력 [kgf/cm^2g]

F : 저양정, 고양정 및 전양정식에서 밸브 시이트의 각도가 90°인 경우는 밸브 시이트 구멍의 면적 [mm^2], 밸브 시이트가 45°인 경우는 밸브 시이트 구멍 면적의 0.707배 [mm^2], 전량식에서는 목부분의 면적 [mm^2]

K : 계수로서 저양정식 22, 고양정식 10, 전양정식 5, 전량식 2.5

안전밸브는 적어도 하나는 보일러의 최고 사용 압력 이하에서, 그 밖의 것은 최고 사용 압력의 3% 더한 압력 이하에서 분출하도록 조정된다.

13-4 저수위 경보장치(低水位警報裝置, low water alarm)

보일러의 운전 중 부주의로 수위가 위험할 정도까지 저하됨을 막기 위한 자동 안전장치이며, 가용 플러그(溶栓, fusible plug)와 자동밸브(自動瓣)의 2가지가 있다.

가용 플러그는 그림 13-5와 같이 청동제(青銅製)의 플러그(栓, 마개)의 가운데에 약 10 mm의 구멍을 두고 여기에 연(鉛)과 같은 녹기 쉬운 금속으로 메운 것이며, 이를 노통의 정

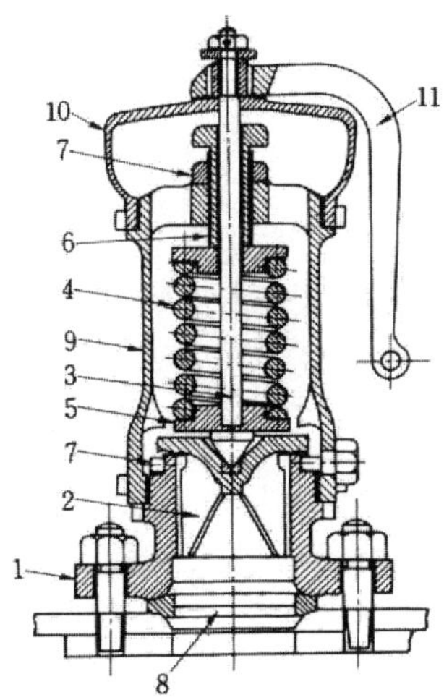

그림 13-4 고양정(高揚程)용수철 안전밸브
1. 밸브 시이트 2. 판체 3. 피벗봉 4. 용수철 5. 용수철 지지고리 6. 용수철 조절나사 7. 용수철 조절 너트 8. 밸브 시이트 간격 조절 고리 9. 판동 10. 뚜껑 11. 지렛대

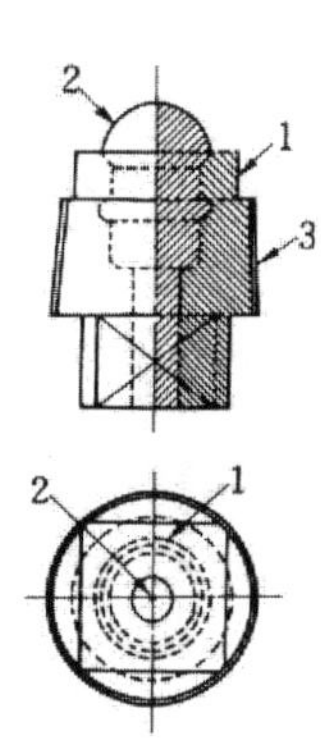

그림 13-5 가용 플러그(溶栓)
1. 청동제 마개 2. 연(鉛) 3. 나사

상(頂上), 화실의 천장(天井) 등의 전열면 최고부에 노측으로부터 나사로 박는다. 수위가 저하하면 가용 플러그가 먼저 증기 중에 노출되어 온도 상승으로 아연은 녹고, 구멍으로 증기가 노 안으로 분출된다.

복합 안전밸브(複合安全瓣, combined safety valve)는 그림 13-6과 같이 플로우트(float)를 이용한 저수위 경보밸브와 지렛대 안전밸브를 합친 것이다. 보일러 수위가 높아서 플로우트가 물 속에 잠겼을 때에는 그 중량이 중추와 균형되고, 내측 판체는 가운데의 중추로 끌어당겨지므로 외측 판체가 안전밸브로 작용한다. 보일러수가 줄어 플로우트가 내려가면 내측 판체가 밀어올려져서 증기를 분출한다.

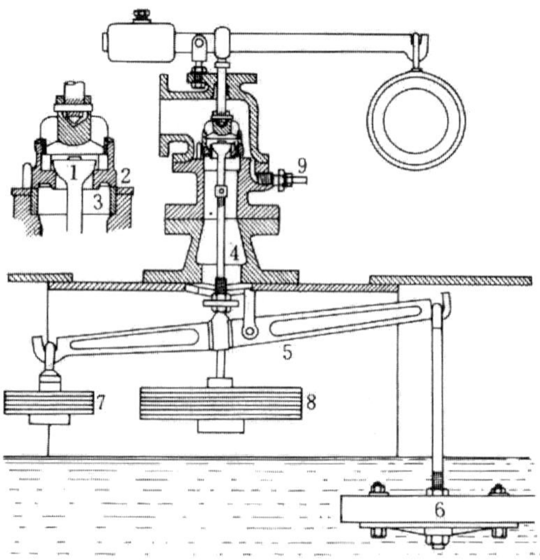

그림 13-6 복합 안전밸브
1. 내측 판체 2. 외측 판체 3. 외측 밸브시이트 4. 판봉 5. 지렛대 6. 플로우트(浮子) 7. 균형중추 8. 중심중추 9. 배수관

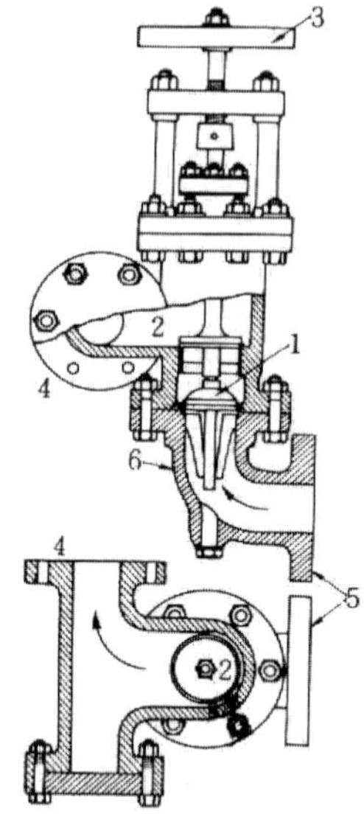

그림 13-7 급수 체밸브(역류저지밸브)
1. 역지밸브 2. 정지밸브(止瓣) 3. 정지밸브핸들 4. 플랜지(보일러측) 5. 플랜지(펌프측) 6. 엘보우

13-5 급수 역류저지 밸브(給水逆流沮止瓣, feed check valve)

이는 급수펌프로 보내진 급수가 보일러동에 들어가기 직전에 설치되어 자동적으로 급수의 역류를 방지한다. 보통은 그림 13-7과 같이 보통의 폐쇄밸브와 합쳐져 있다. 이 폐쇄밸브(閉鎖瓣)는 평소에는 열려져 있고, 그 하단(下端)의 돌기(突起)로 역류저지 밸브의 양정, 즉 급수량을 조절한다. 폐쇄밸브를 닫으면 보일러 운전 중에 역류저지 밸브의 점검 수리를 할 수가 있다.

13-6 급수조정기(給水調整器, feed water regulator)

수동밸브(手動瓣)에 의한 급수의 조정에서는 보일러 작업원이 항상 수면계에 주의할 필요가 있고, 또 근래의 대증발량, 소수량의 고능력 수관보일러에 대해서는 적응되지 않는다.

따라서 증발량에 맞추어 급수량의 조정을 자동적으로 행하는 장치로서 급수조정기가 사용된다. 그림 13-8은 그 한 예로 코우프스(Copes)식 급수조정기이다. 여기서 경사된 감열관(感熱管) 내의 수위가 보일러수 위에 대응하여 오르내리면 관이 열신축(熱伸縮)을 하고, 따라서 급수관의 피스턴 밸브가 상하로 움직여 급수량이 가감되고, 보일러 수면은 대증발량에 대해서는 낮고 소증발량에 대해서는 높게 유지된다. 조정작용을 한층 정밀히 하기 위해서는 수면과 송출 증기량에 대하여 각각 감열관을 가진 복조정식(複調整式)도 있다.

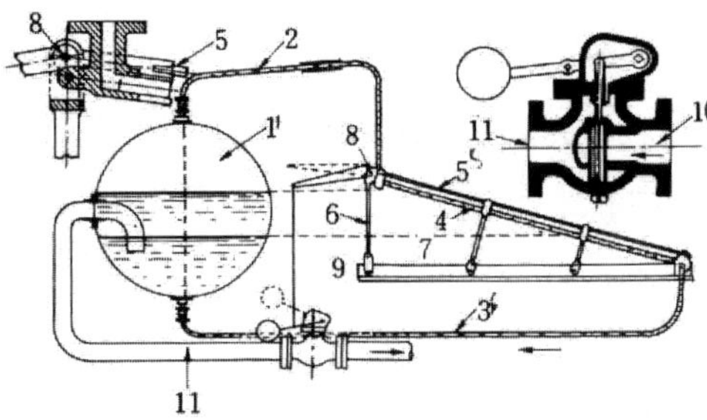

그림 13-8 Copes식 급수조정기
1. 증기동 2. 증기실 도관 3. 수실도관 4. 감열관 5,6,7. 삼각형 봉 8. 벨 크랭크의 지점 9. 연결봉 10. 피스턴판 11. 급수관

13-7 주증기 밸브(主蒸氣瓣, main stop valve)

이는 증기가 보일러동에서 유출할 때의 관문(關門)이다. 고압 고온증기에 대하여는 주강(鑄鋼)의 판체와 니켈 합금제(合金製)의 밸브 시이트를 주로 사용한다. 고압에 대해서는 유동저항이 적은 슬루우스 밸브(水門瓣, sluice valve)가 사용된다.

13-8 집기장치(集氣裝置, steam collector)

이는 동내(胴內)에서 발생된 증기 중에서 습분을 분리시켜 건증기만을 모으는 것이 목적이다. 보통은 동내의 정부(頂部), 즉 증기실의 최고소에 집기관(集氣管, steam collecting pipe)으로 설치하거나 또는 동의 정부의 돌출부, 즉 증기도움(steam dome)으로 설치된다. 집기관은 양단(兩端)을 막은 수평관이며, 상반면(上半面)에 다수의 가는 틈을 두어 증기 입구로 하고 있다.

고압 수관보일러에서는 증기와 물과의 밀도의 차가 작아지므로 그 분리를 위해 각종의 증기분리기(蒸氣分離器, steam seperator)나 증기세척기(蒸氣洗滌器, steam washer)가 사용된다.

13-9 토출(吐出) 콕(blow-off cock)

이는 보일러수를 토출하기 위한 장치이며, 보일러의 최저부에 둔다. 보일러수의 일부 토출은 운전 중의 보일러의 바닥에서 침전물(沈澱物)을 배출하고 또는 보일러수의 염분(鹽分)을 감소시키기 위하여 행해지며, 또 보일러수의 전 토출은 보일러의 휴지(休止) 중에 청소나 점검을 위해 행해진다,

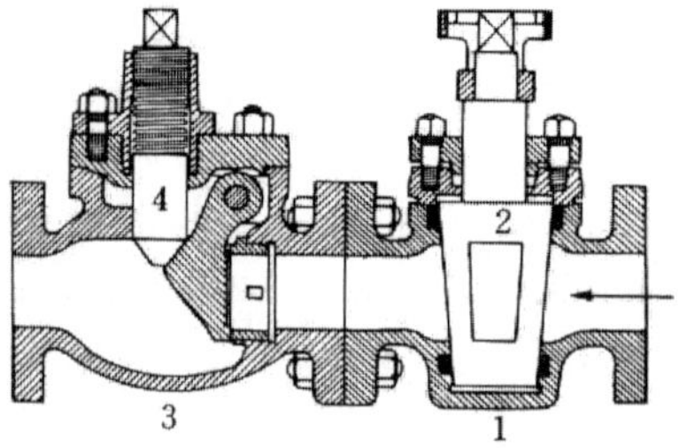

그림 13-9 토출콕과 역류 저지밸브
1. 토출콕 2. 콕 플러그 3. 역류 저지밸브 4. 역류저지판체

토출콕은 그림 13-9와 같이 일종의 역류저지 밸브와 병용하면 효과적이다. 이는 보일러를 여러 개 병치(並置)하였을 때 한 보일러의 토출수가 공통의 토출관으로 말미암아 보일러 내로 역류함을 방지하고, 또 토출콕을 열 때나 닫을 때 수밀면(水密面)이 수중의 흙 등으로 손상되지 않게 보호한다.

제 Ⅱ 편

증기터어빈

증기터어빈의 개요

제 14 장

14-1 증기터어빈의 원리

증기터어빈 (steam turbine)은 보일러로부터의 고압증기가 가지는 열에너지를 일로 전환시키는 원동기이다. 그 작동은 고압증기를 노즐(nozzle)을 통과시켜 팽창시킴으로써 고속의 증기류(蒸氣流)를 만드는 과정과, 고속 증기류를 회전깃에 충돌시켜 기류의 운동량 변화에 의한 충동작용 또는 충동작용과 반동작용의 양자에 의하여 일을 행하는 과정의 2가지로 성립된다.

이리하여 증기터어빈에서는 증기가 가지는 열에너지를 속도에너지로 변환하는 노즐과 속도에너지를 일로 변환하는 회전깃(blade)의 짝이 기본적인 구성 요소이며, 그림 14-1과 같은 이 한 짝은 증기터어빈의 **압력단**(壓力段) 또는 단지 단(段, stage)이라고 한다. 단은 작동방식에 따라 충동단(衝動段)과 반동단(反動段)으로 나누어진다. 충동단(impulse stage)은 증기의 팽창, 즉 압력 강하가 노즐 내에서만 발생하는 것이다.

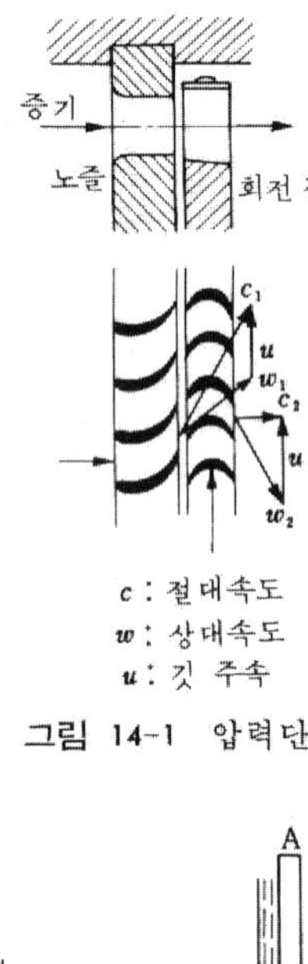

c : 절대속도
w : 상대속도
u : 깃 주속

그림 14-1 압력단

이 때의 회전깃은 기류의 방향 변화로 생기는 충동력으로 구동되고 회전깃 내의 압력은 일정하다. 반동단(reaction stage)은 압력 강하가 노즐 역할을 하는 고정깃 내에서뿐 아니라 회전깃 내에서도 발생하도록 한 것이며, 회전깃은 충동력과 회전깃 내의 증기 속도의 증대로 인한 반동력의 양자로 구동된다.

《주》 충동과 반동의 원리

그림 14-2와 같이 노즐 N으로부터 분출하는 증기류의 전면(前面)에 판 AB를 놓으면, 증기류는 이 판에 충돌하여 판면에 연하여 흩어짐과 동시에 어떤 힘을 가지고 이를 오른쪽으로 밀고자 한다. 증기류의 이 작용을 **충동**이라고 한다. 따라서 판 AB를 그 자리에 정지시키려면 이 충동력과 반대로 이와 동일한 힘을 가해야 한다 이러한 증기의 충동작용을 이용하여 동력을 발생하는 것이 충동터어빈이며, 결국 회전깃은 판 AB에 상당하는 셈이다.

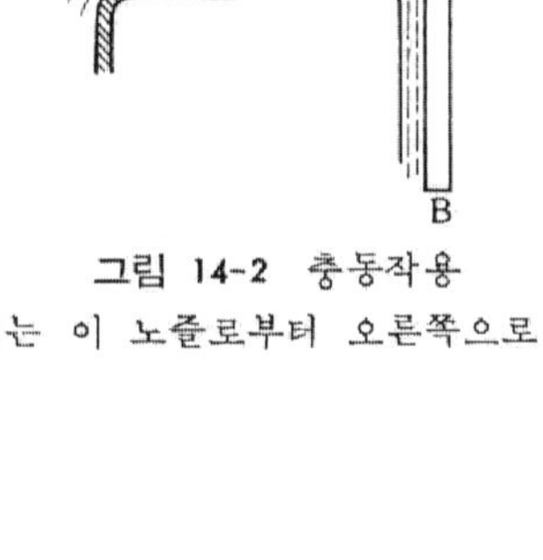

그림 14-2 충동작용

그림 14-3과 같이 노즐을 가지는 용기 A에 고압증기를 송입하면 증기는 이 노즐로부터 오른쪽으로

분출하여 압력이 강하함과 동시에 고속도가 된다. 동시에 용기 A는 이와 반대로 왼쪽으로 어떤 힘으로 밀리게 된다. 이 작용을 **반동**이라고 한다. 따라서 용기 A를 축 O로 지지하고 이를 중심으로 회전할 수 있도록 하면 증기는 반동력에 의하여 이 축을 회전시켜 일을 할 수 있다.

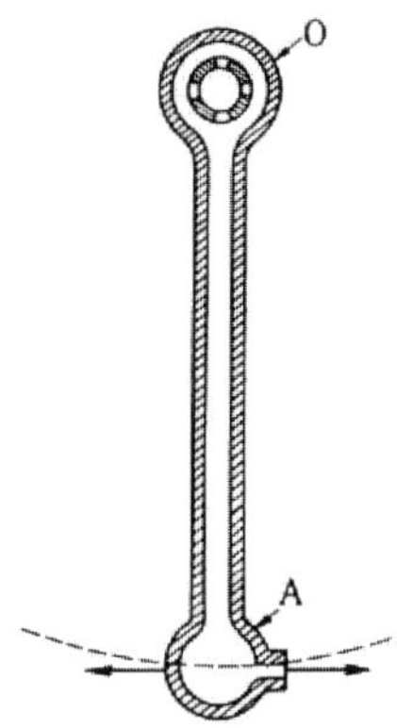

그림 14-3 반동작용

14-2 증기터어빈의 분류

증기터어빈은 다음과 같이 여러 가지 관점으로 분류된다.

① 작동 방식에 의한 분류

1) 충동터어빈(impulse turbine)
2) 반동터어빈(reaction turbine)
3) 혼식터어빈(combined turbine)

충동터어빈은 충동단만으로 구성되는 것, 반동터어빈은 반동단만으로 구성되는 것, 또 혼식(混式)터어빈은 충동단과 반동단을 조합한 것이다.

② 차실(車室)의 수에 의한 분류

1) 단실(單室)터어빈(single casing turbine)
2) 다실(多室)터어빈(multicasing turbine)

단실터어빈은 차실(casing)이 1개인 것이며, 소중용량(小中容量)에 사용되고 그 출력한도는 약 80,000 kW이다. 다실터어빈은 차실이 2개 또는 그 이상이며 고압차실, 중압차실 및 저압차실 등으로 나뉘어지며, 증기는 이들 차실에서 차례로 팽창하여 일을 한다. 다실터어빈에서는 각 차실간의 상호 설치 배치에 따라서 탠덤 복식터어빈(tandem compound turbine), 병렬 복식터어빈(cross compound turbine) 및 탑형(塔形) 복식터어빈(steeple compound turbine)으로 분류된다. 첫째 것은 각 차실을 일직선으로 배치한 것, 둘째는 차실을 옆으로 병치한 것으로 대용량 터어빈에 채택되는 형식이다. 세째 것은 차실을 상하로 배치하는 것이며 비교적 드물다.

③ 차축의 수에 의한 분류

1) 단축터어빈(single shaft turbine)
2) 다축터어빈(multishaft turbine)

단축(單軸)터어빈은 차축이 1개 또는 일직선이 되어 있는 것으로, ②의 분류에서의 단실터어빈과 탠덤 복식터어빈이 이에 속한다. 다축터어빈은 대용량형이며 2축터어빈, 3축터어빈 등이 있고 위에 언급한 병렬복식 및 탑형 복식터어빈이 이에 속한다.

④ 회전깃 내의 증기의 유동방향에 의한 분류

1) 축류터어빈(axial flow turbine)
2) 반경류 터어빈(radial flow turbine)

축류터어빈이란 증기가 회전깃 내를 흐를 때의 방향이 터어빈축에 평행한 것이며, 반경류 터어빈이란 증기가 터어빈축에 직각인 평면 내에서 반지름방향으로 유동하며 일하는 것이다. 또 소용량 축류터어빈에서는 증기는 고압끝부터 저압끝으로 한 방향으로만 흐르나, 대용량 터어빈의 저압차실에서는 증기를 중앙에 보내서 양측으로 흐르게 하는 것이 있다. 이를 **복류(複流)터어빈**(double flow turbine)이라 하며, 이에 대하여 한 방향으로만 흐르는 것을 **단류(單流)터어빈**(single flow turbine)이라고 한다.

⑤ 사용 증기의 상태에 의한 분류

1) 복수(復水)터어빈(condensing turbine)
2) 재생(再生)터어빈(regenerative turbine)
3) 배압(背壓)터어빈(back pressure turbine)
4) 추기(抽氣)터어빈(extraction turbine)
5) 배기(排氣)터어빈(exhaust turbine)
6) 혼압(混壓)터어빈(mixed pressure turbine)
7) 어큐물레이터 터어빈(accumulator turbine)

복수터어빈은 복수기를 사용하여 배압을 저감시켜 효율 증진을 꾀하는 순동력용 터어빈이며, 만약 동작 증기의 일부를 도중에서 빼내어 급수가열에 사용하면 재생터어빈이 된다. 배압터어빈은 배기압력이 1 kgf/cm^{2}abs 보다 높은 것이며, 제조공장에서 동력과 함께 작업용 증기를 필요로 하는 경우 또는 증기원동소의 확장시에 사용된다. 후자의 경우는 **전치(前置)터어빈**(primary turbine)이라고도 한다. 동력용 증기와 작업용 증기가 다 같이 필요할 때, 작업용 증기가 동력용 증기보다 적을 경우에는 터어빈 내의 적당한 단에서 증기의 일부를 빼내어 작업용으로 돌릴 수 있다. 이 때 사용되는 것이 추기터어빈이며 동작 증기량이 도중부터 감소되므로 **감량(減量)터어빈**(reducing turbine)이라고도 한다.

배기터어빈은 비응축기관이나 증기 해머 등의 배기를 이용하여 동력을 발생하는 터어빈이며 혼압터어빈은 고압증기, 저압증기 또는 고저양압 증기를 동시에 공급하여 운전하는 터어빈이다. 부하 변동이 심한 원동소에서는 증기 어큐물레이터를 두며 경부하일 때는 여분의 증기를 여기에 축적하고, 고부하일 때 부족한 증기를 이로부터 꺼내어 부하에 응하도록 하는 경우가 있다. 이 때 사용되는 터어빈이 어큐물레이터 터어빈이다.

⑥ 용도에 의한 분류

1) 육용 터어빈(land turbine)
2) 박용(舶用) 터어빈(marine turbine)
3) 기관차용 터어빈(locomotive turbine)

14-3 충동터어빈

충동터어빈은 증기의 열에너지를 속도에너지로 변환하는 과정을 1단에서 행하는가 또는 여러 단으로 나누어 행하는가, 또 속도에너지를 일로 변환할 때의 회전깃의 열수(列數)에 따라 다시 단식터어빈, 속도 복식터어빈 및 압력 복식터어빈으로 나뉘어진다.

[1] **단식(單式)터어빈** (simple turbine)

이는 1 열(列)의 노즐과 1 열의 회전깃으로 되는 간단한 구조의 것이며, 드라발(de Laval)터어빈이라 한다. 그 배치와 증기의 작동 상태는 그림 14-4와 같다. 고압증기를 1 단에서 종압까지 팽창시키므로 증기 속도는 매우 커져 1000 m/s 이상의 고속에 달하고, 이 고속증기를 1 열의 회전깃을 갖는 회전바퀴에 작용시켜 이를 회전시키므로 회전바퀴의 회전수가 극히 높고 일반적으로 감속장치가 필요하다. 고속증기가 회전깃에 유입하여 통과하는 사이에 방향을 바꾸어 충동력에 의하여 속도에너지를 일로 변환한다. 이 때 회전깃의 주속(周速)을 회전깃 입구의 증기 속도의 약 1/2 로 하였을 때 효율이 최대가 되나 증기 속도가 높으므로 깃주속를 매우 높게 할 필요가 있고 또 회전깃 출구의 증기 속도도 높아지므로 유출 손실이 크다. 그림 14-4 의 예에서는 회전깃 입구의 증기속도는 910 m/s, 유출 속도는 450 m/s 이므로 유출 손실은 25 %에 이르고 있다.

이 형식은 주로 출력 500 kW 정도 이하의 소형 터어빈에 사용되며, 터어빈 축의 회전수는 소형에서 30,000 rpm, 대형에서도 10,000 rpm 정도이므로 보통 감속기어를 갖고 1/10 ~ 1/13 로 감속하여 송풍기, 기타를 구동한다.

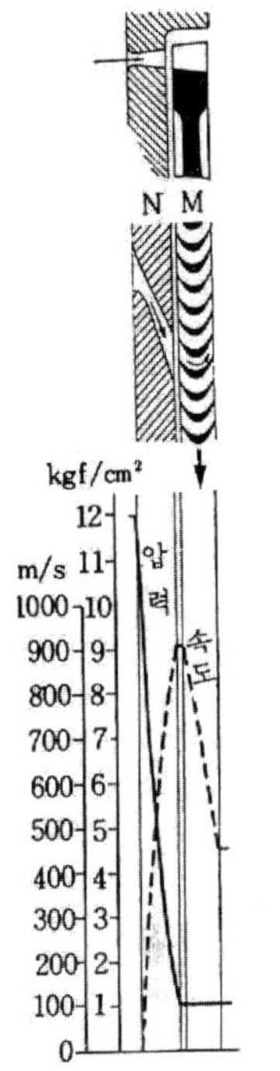

N : 노즐, M : 회전깃

그림 14-4 단식 충동터어빈

[2] **속도복식(速度複式)터어빈** (velocity compound turbine)

1 열의 노즐과 2 열 또는 그 이상의 회전깃으로 된다. 속도에너지로의 변환은 단식터어빈 때와 똑같이 1 단의 팽창으로 종압까지 팽창한다. 그러나 일로의 변환은 증기의 속도에너지를 각 회전깃 열에서 나누어 이용함으로써 이루어진다.

이와 같이 하면 터어빈 효율이 최대가 되는 속도비, 즉 회전깃 입구의 증기 속도에 대한 회전깃 주속(周速)의 비가 저하하므로 터어빈의 회전수를 낮출 수 있다.

이 형식의 대표적인 것이 커어티스(Curtis)터어빈이다. 그림 14-5 는 속도 복식터어빈의 배치와 증기의 작동 상태를, 그림 14-6 은 커어티스 터어빈의 한 예를 표시한다.

그림에서 최초에 1 렬의 노즐을 두고 다음에 제 1 회전깃, 고정 안내깃, 제 2 회전깃의 순서로 회전깃과 안내깃을 교대로 놓은 것이다. 증기의 압력은 회전깃 및 안내깃 내에서는 일정하나 속도는 회전깃 내에서 충동력에 의한 일을 하고 저하된다. 또 안내깃은 증기의 유동 방향을 바꾸기 위한 것이며 그 안에서도 증기 속도는 다소 저하되나 이것은 마찰저항 때문이다. 커어티스 터어빈은 소형 터어빈으로서 펌프나 송풍기를 구동하는 데도 사용되나, 다음에 설명하는 압력복식

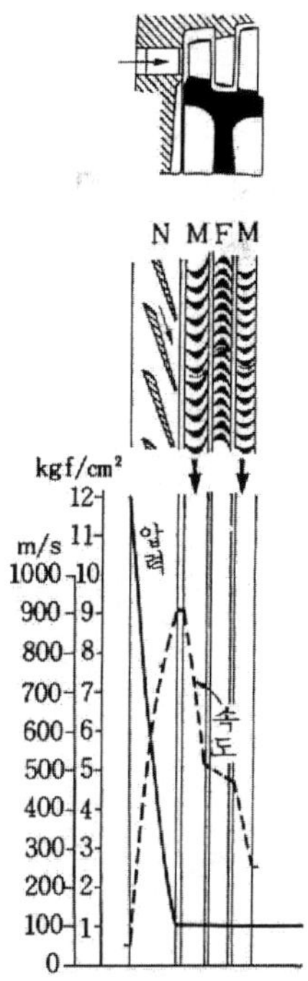

N : 노즐, M : 회전 깃
F : 안내 깃

그림 14-5 속도복식 충동터어빈

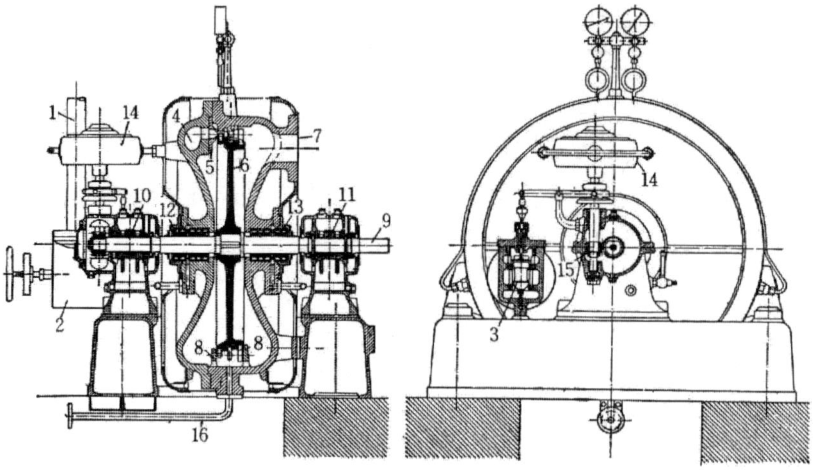

그림 14-6 커어티스 터어빈
1. 증기관 2. 스톱밸브 3. 교축밸브 4. 증기실 5. 노즐 6. 깃바퀴 7. 배기구 8. 통풍 손실 방지밸브 9. 차축 10, 11. 베어링 12, 13. 누설방지장치 14. 조속기 15. 기어 16. 드레인관

터어빈이나 반동터어빈과 조합하여 고압단의 단으로서 널리 사용되고 있다. 이것은 커어티스 단은 1개로 다량의 열낙차를 소화할 수가 있어 이를 고압단에 사용하면 터어빈의 전체 길이를 단축시킬 수 있기 때문이다.

또한 속도복식터어빈에서는 이 밖에 단지 1열의 회전깃을 가진 것도 있다. 이것은 그림 14-7과 같이 증기가 회전깃을 몇 번이고 통과하도록 한 것이며, **반복유입식**(反復流入式) **터어빈**이라고 하는데, 소출력용으로 사용되는 경우가 있다. 이의 일종에 테리(Terry)터어빈이 있다.

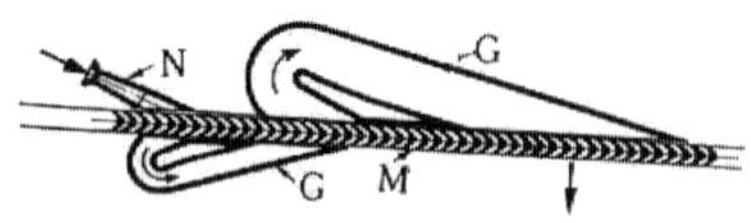

N : 노즐 M : 회전깃 G : 안내로

그림 14-7 반복유입식 터어빈

[3] **압력복식**(壓力複式)**터어빈**(pressure compound turbine)

고압증기의 열에너지를 속도에너지로 변환하는 과정을 다수의 단으로 나누어 행하는 것이며, 각 단마다 노즐과 회전깃을 갖고 있다. 이렇게 하면 회전깃 입구의 증기 속도를 임의로 낮출 수 있으므로 터어빈의 회전수를 효율이 좋은 적당한 값으로 할 수가 있다. 그림 14-8은 이 형식의 배치와 증기의 압력 및 속도의 상태를 표시한다. 고압증기는 먼저 왼쪽으로부터 제 1단의 노즐로 들어가서 일부의 팽창을 하고 그에 상당한 속도를 갖고 제 1단의 회전깃에 들어가서 일을 한다. 이와 같이 각 단마다 같은 과정을 되풀이하여 저압이 된 증기는 최종단의 깃으로부터 배출된다. 이 때 각 단의 압력이 각각 다르므로 각 단 사이에 격벽이 되는 구획판(區劃板)을 둘 필요가 있다. 따

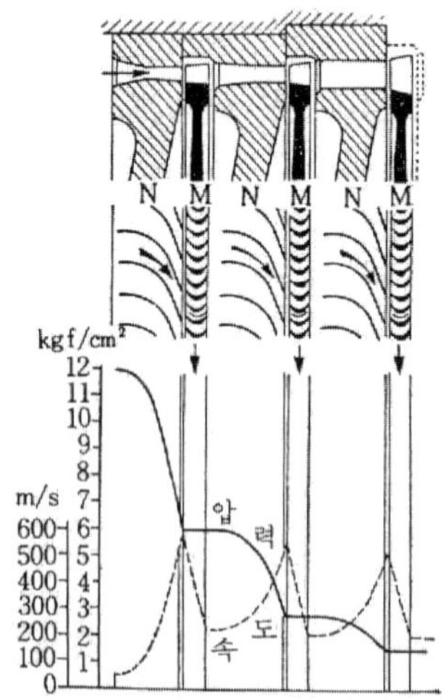

N : 노즐 M : 회전깃

그림 14-8 압력복식 충동터어빈

라서 제 2 단 이후의 노즐은 이 구획판 속에 마련된다.

이 형식에는 라토우(Rateau) 터어빈과 첼리(Zoelly) 터어빈이 있다. 그러나 양자는 원리적으로는 같은 것이며 단지 회전깃을 회전깃 바퀴에 고정하는 방법이 다를 뿐이므로 압력복식 충동 터어빈을 특별히 구별하지 않고 첼리 터어빈이라고도 하고 라토우 터어빈이라고도 한다. 이 형식은 중용량 및 대용량 터어빈에 적합한 것이며, 고압 대용량 충동터어빈은 모두 이 형식에 속한다. 그림 14-9 는 첼리 터어빈의 한 예이다.

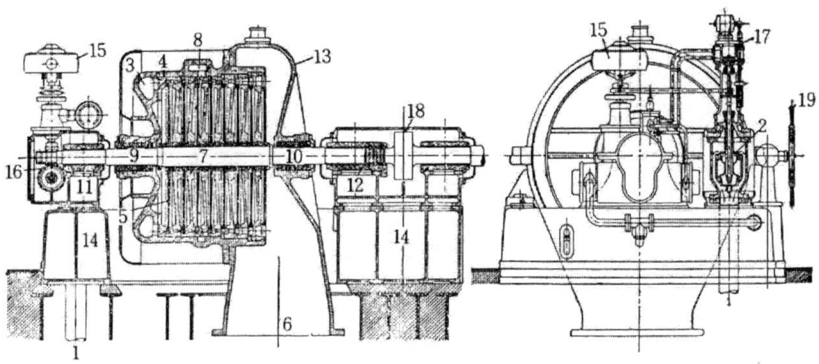

그림 14-9 첼리 터어빈

1. 증기관 2. 교축밸브 3. 증기실 4. 노즐 5. 깃바퀴 6. 배기구 7. 차축 8. 바이패스 9, 10. 누설방지장치 11, 12. 베어링 13. 차실 14. 대판 15. 조속기 16. 웜엄기어 17. 중계장치 18. 축이음 19. 조절핸들

또한 압력복식에는 저압단으로 감에 따라 회전깃 내에서도 증기의 압력 강하를 발생하게 하여 반동력도 이용하게 한 것이 많으나, 터어빈 전체로서 회전깃 내의 압력 강하 비율이 작은 것은 일반적으로 충동터어빈이라 한다.

14-4 반동터어빈

반동터어빈은 증기의 열에너지를 속도에너지로 변환하는 과정을 고정깃뿐 아니라 회전깃에서도 행하게 하는 것이며, 축류식의 것 외에 반경류 형식의 것도 사용된다.

[1] 축류반동(軸流反動) 터어빈 (axial flow reaction turbine)

그림 14-10 과 같이 고정깃과 회전깃이 교대로 배치되고 증기는 고정깃 내에서 팽창하여 압력이 강하될 뿐 아니라 회전깃 내에서도 압력 강하를 한다. 이리하여 증기는 고정깃에서의 압력 강하로 생긴 속도에너지에 의하여 일을 함과 아울러 회전깃에서의 압력 강하로 얻은 속도에너지로도 일을 하게 된다. 즉 동력은 충동 반동의 두 작용으로 발생한다.

축류 반동터어빈의 대표 예인 파아슨즈(Parson's) 터어빈에서는 그림 14-10 과 같이 동일 단면형의 것을 고정깃과 회전깃으로 배치하므로 반동에 의한 일과 충동에 의한 일이 같고 반동도는 1/2 이 된다.

그림 14-10에서 보듯이 증기의 팽창은 고정깃뿐 아니라 회전깃에서도 이루어진다. 단, 1단에서의 압력 강하는 압력복식 충동단보다 일반적으로 적고 따라서 다수의 단을 두는 것이 보통이다. 압력복식 충동터어빈과 마찬가지로 대출력에도 적합하여 널리 사용된다.

증기의 비체적은 대체로 압력에 역비례하므로 고압부에서는 체적이 작고 저압부가 될수록 현저히 증가한다. 따라서 증기를 동일한 속도로 흐르게 하려면 이 체적에 비례하여 저압부에서의 유통 면적을 넓힐 필요가 있다. 이 때문에 고압부에서 저압부로 옮김에 따라 깃의 길이를 길게 하고, 또 깃을 박을 회전통 및 차실의 지름을 증가시킨다. 이에는 계단식(그림 14-11)과 원추형(그림 14-12)으로 증가하는 형식이 있다. 전자는 공작이 비교적 간단하나 효율면에서 떨어지므로 최근의 터어빈은 후자의 형식이 많다.

그림 14-13은 계단동을 가지는 파아슨즈 터어빈의 예이다.

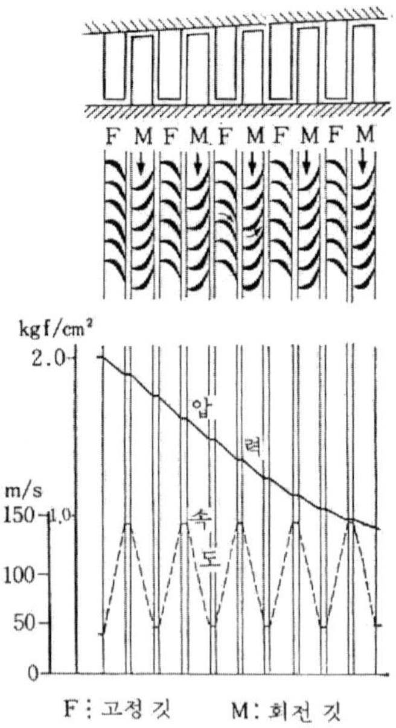

그림 14-10 축류 반동터어빈

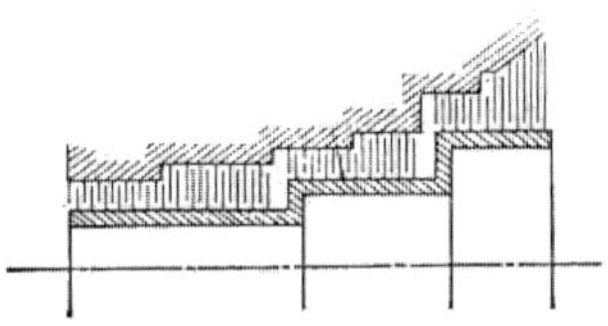
그림 14-11 계단식 회전동

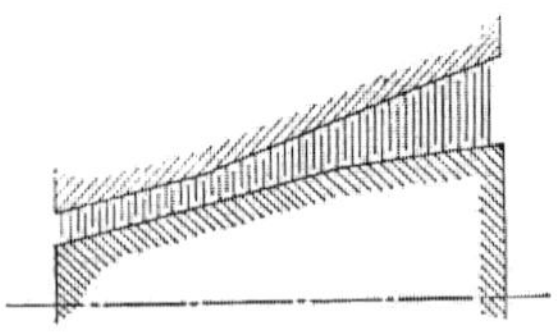
그림 14-12 원추형 회전동

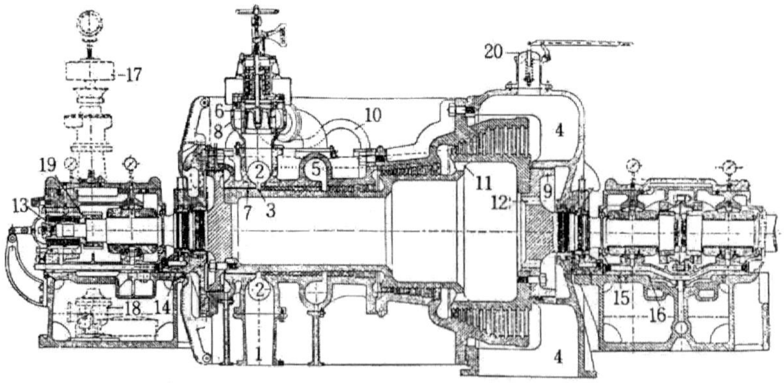

그림 14-13 파아슨즈 터어빈

1. 급기관 2. 증기실 3. 급기로 4. 배기실 5. 바이패스실 6. 바이패스 밸브 7, 8, 9. 균형피스턴 10. 증기도관 11, 12. 증기도입구 13. 추력베어링 14, 15. 베어링대 16. 끼워맞춤부 17. 조속기 18. 기름펌프 19. 기어 20. 진공해소밸브

[2] 반경류(半徑流) 터어빈(radial flow turbine)

대표적인 반경류 터어빈인 융스트롬(Ljungström) 터어빈에서의 증기의 작동 상태는 그림 14-14와 같다. 이 터어빈은 고정깃이 없고, 서로 인접한 회전깃열은 반대 방향으로 동일 속도로 회전하여 서로 다른 깃의 안내깃 역할을 함과 동시에 열에너지를 일로 변환하는 작용도 하는 복회전식(複回轉式)이며, 증기 압력은 중심부터 외측을 향하여 점차 하강하여 반동작용으로 회전깃바퀴를 돌린다. 이 터어빈은 외향 반경류식이므로 압력강하에 의한 증기 체적의 증대에 대응하여 그 통과 면적을 증가하여 증기 속도의 증대를 완화시키는 데 유리하며, 또 복회전식이므로 비교적 소수의 단수로 효율 좋게 증기를 작용시킬 수 있어서 다른 형식의 터어빈에 비하여 형체를 작게 할 수 있으나 구조가 복잡한 것이 단점이다 또 2개의 발전기를 필요로 한다. 중출력 정도에 사용되는 경우가 있다.

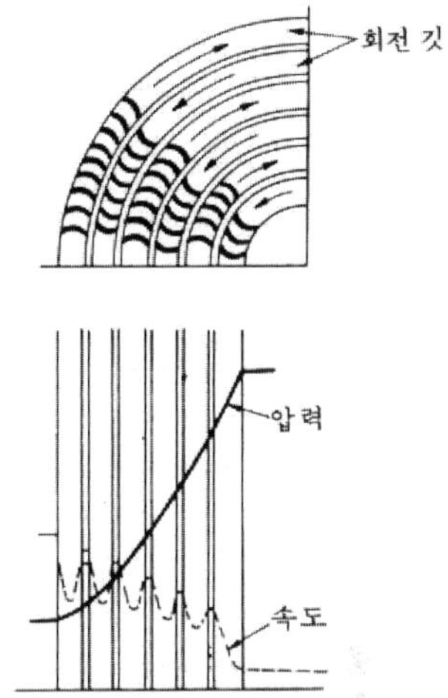

그림 14-14 반경류 반동 터어빈

이와 유사한 것에 지이멘스(Siemens)사의 반경류 터어빈 있다. 이는 융스트롬 터어빈의 한쪽의 회전깃바퀴를 고정시킨 구조로서 단회전식이다.

그림 14-15는 융스트롬 터어빈의 설명도이며, 서로 대하는 원판 1과 2가 각각 차축 3과 4에 붙어 있고, 반대 방향으로 동일 속도로 회전하여 따로따로 발전기를 구동한다. 5와 6은 베어링이다. 증기는 관 7로 공급되고 회전깃 바퀴의 허브에 마련된 구멍을 거쳐 터어빈의 중심으로 들어가서 여기에서부터 반지름 방향으로 흘러 각 회전깃에 일을 한 후 배기실 8을 거쳐 유출된다. 9와 10은 누설방지 장치이다.

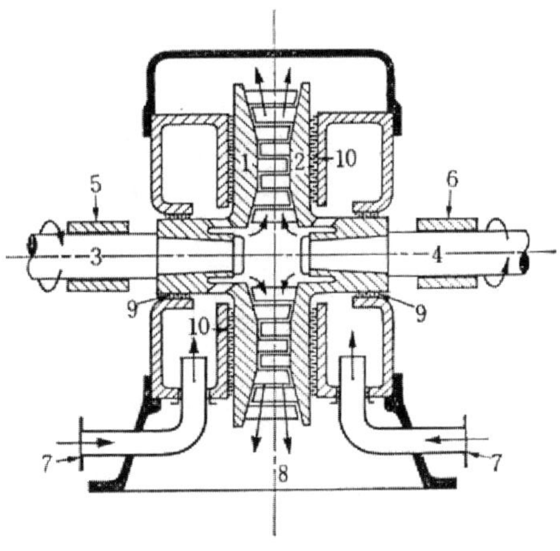

그림 14-15 융스트롬터어빈

[3] 혼식(混式) 터어빈

반동터어빈의 회전깃의 전후에는 압력차가 있으므로 증기가 깃렬을 충만하여 흐를 필요가 있다. 그러나 고압부에서는 증기 체적이 작으므로 증기가 깃렬의 전주(全周)를 충만시키며 흐르기가 흔히 어려워진다.

이런 이유로 축류 반동터어빈의 고압부에 커어티스 단 또는 췔리 혹은 라토우 단을 사용하여 혼식 터어빈으로 한 형식이 널리 채용된다.

14-5 증기터어빈의 구조 개요

증기터어빈은 몇 개의 단을 연이어 배치하여 구성하는 것이 보통이며, 그림 14-16 은 그 한 예이다. 보일러로부터의 고압증기는 스톱 밸브, 조속장치로 개폐되는 가감밸브(加減瓣)를 거쳐 증기실로 들어가서 팽창해 가면서 각 단을 지나 배기실에 이른다. 이 예에서는 19 단의 충동단으로 구성되고 제 1 단은 커어티스 단을 채용한 것이다. 증기의 체적은 저압이 될수록 현저하게 증대하므로 그에 상응한 통로 면적을 주도록 하고, 노즐 및 회전깃의 높이는 저압단이 될수록 높아진다.

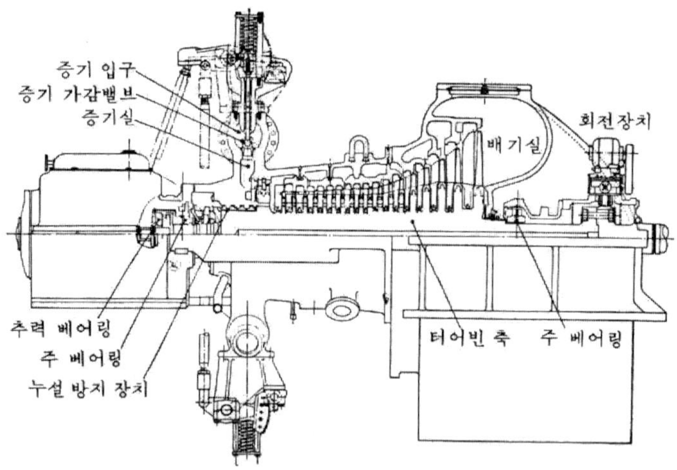

그림 14-16 증기터어빈의 구조

회전 부분은 터어빈축, 회전깃바퀴(rotor wheel) 및 회전깃으로 되며, 차실 밖의 베어링에 지지되어 회전한다. 회전깃은 회전깃바퀴의 끝에 고정되어 교대로 설치되는 노즐과 더불어 환상(環狀)의 증기 통로를 만든다. 노즐은 구획판과 일체가 되어 있고, 구획판은 수평의 중심선으로 상하로 2분되어 외주의 차실에 의하여 지지된다. 차실도 상하로 2분되어 있으며 상부 차실과 하부 차실은 수평부에 마련된 플랜지를 보울트로 체결하여 일체로 조립된다.

터어빈축이 차실을 관통하는 곳에는 증기의 누설이나 공기의 누입(漏入)을 방지하기 위하여 래비린드 패킹(labyrinth packing) 등의 누설방지 장치가 마련된다.

터어빈축의 오른쪽 끝은 조인트에 의하여 발전기 등에 연결되어 있고, 왼쪽 끝은 터어빈의 축방향의 힘을 받는 추력(推力) 베어링으로 버티게 된다. 터어빈 왼쪽 끝에는 터어빈축의 회전 속도를 검출하여 가감밸브의 열림을 조절하는 조속장치(調速裝置)와 베어링과 조속장치에 기름을 보내는 펌프가 있다.

또한 회전장치는 시동시에 불균일한 열팽창을 발생하지 않도록 외부로부터 모우터로 터어빈축을 저속으로 회전시키기 위한 것이다.

14-6 복수터어빈

복수터어빈은 동력 발생을 주목적으로 하는 경우, 즉 화력 및 원자력 발전소나 선박용의 대형 터어빈 등에는 모두 이 형식의 것이 사용된다. 그림 14-16 은 발전용 터어빈의 예이다.

복수터어빈에서는 저압부에서의 증기의 비체적이 현저히 증대하므로 증기량이 많은 대출력 터어빈의 최종단에서의 필요한 증기 통로 면적은 매우 커진다. 이 때는 터어빈 저압부를 몇 개로 나누어서 원심력으로 최종단의 회전깃에 발생하는 응력이 허용값 내에 들도록 깃의 길이를 한도 내에 억제하는 것이 필요해진다. 또 고압증기의 채용 때문에 입구와 출구의 증기 온도차가 커지므로 차실 내의 온도 경사가 심해진다. 이러한 이유로 대출력 터어빈에서는 차실을 분할한다. 그림 14-17 은 그런 경우에 사용되는 차실의 배치를 보인 것이다.

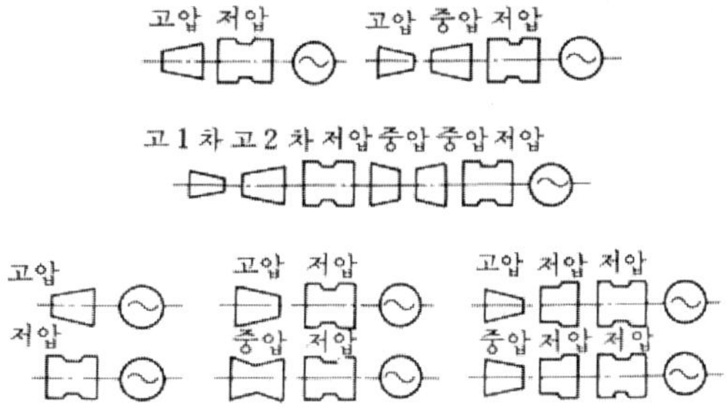

그림 14-17 터어빈 차실의 분할 배치

복수터어빈에는 전술한 바와 같이 공급 증기를 전부 복수기로 보내는 순수한 복수터어빈과 팽창 중의 증기를 일부 뽑아서 보일러 급수의 예열을 하는 재생터어빈 및 증기의 중간 가열을 하는 재열터어빈이 있다. 순수한 복수터어빈은 비교적 출력이 작은 때에만 사용되며, 대출력에서는 재열터어빈에서 추기에 의한 급수가열을 병용한 재열·재생식이 많다.

재생터어빈은 복수기에 버리는 열량을 경감시키도록 터어빈의 도중의 여러 곳에서 일부의 증기를 빼내어 보일러 급수를 예열하는 것임은 이미 말한 바와 같고, 제 1 장에서 설명했듯이 증기원동소의 열효율을 현저히 향상시킬 수가 있다. 원동소 열효율을 향상시키려면 추기(抽氣)의 단수를 많이 할수록 좋으며 설비가 복잡해지므로 3 ~ 6 단의 추기를 행하는 경우가 많으나, 고압의 경우는 8 단까지도 한다. 그림 14-18 은 발전용 재생터어빈의 예이다. 고압 차실과 저압 차실로 분할되어 고압측은 커어티스단과 22 개의 반동단으로 구성되고, 저압측은 증기가 좌우로 갈라지는 복류 배기식이며 6 × 2 의 반동단으로 되어 있다. 축류의 반동터어빈에서는 회전깃 전후에 압력차가 있어서 흐름 방향으로 현저한 추력을 받으므로 흐름과 반대 방향의 압력을 받는 부분을 두고 추력을 평형시킬 필요가 있다. 그림 14-18 에서 증기실 오른쪽의 터어빈축의 지름을 크게 하여 주위에 래비린드 패킹을 둔 것은 이 목적 때문이며 **평형 피스턴**(balance piston)이라고 한다.

재열터어빈은 터어빈의 도중에서 일정한 팽창을 하여 포화상태에 가까와진 증기를 빼내 보일러의 재열기로 재가열하여 터어빈으로 되돌려 보내서 다음의 팽창을 하도록 한 것이다. 이리하면 설비는 복잡해지나 원동소로서의 열효율이 높아질 뿐 아니라 터어빈 저압부에서의 증기의 습도를 현저히 감소시킬 수 있으므로 75 ~ 100 MW 정도 이상의 대출력 터어빈에는 이 형식이 널리 채용되고 있다. 재열 단수는 1 단으로 하고 증기를 입구 증기의 20 ~ 25 % 정도

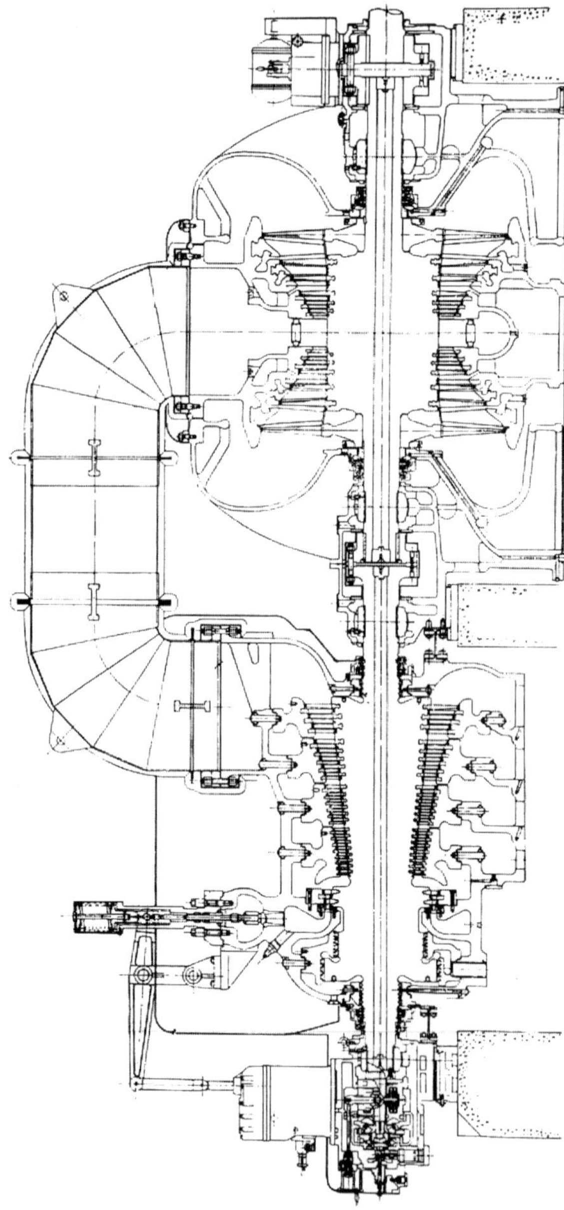

그림 14-18 재생터어빈(66 MW, 60 kgf/cm²g, 482°C, 3600 rpm)

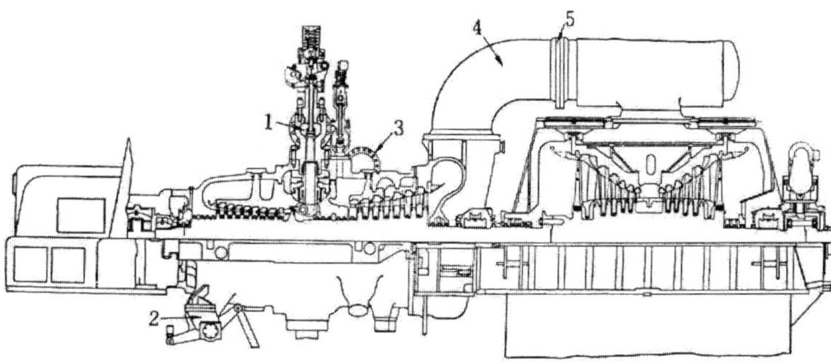

그림 14-19 재열터어빈(100 MW)

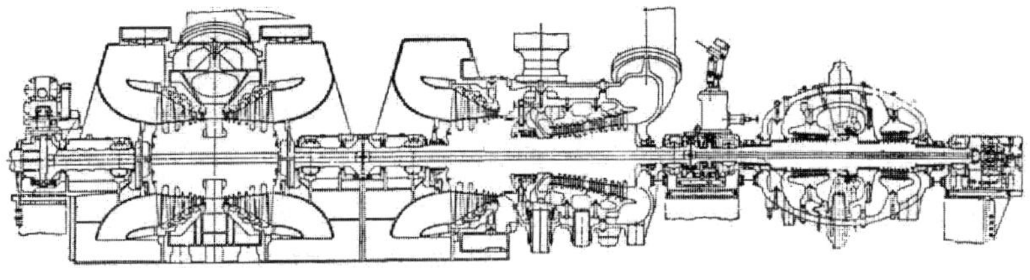

그림 14-20 재열터어빈(175 MW)

의 압력으로 빼내 입구 증기온도까지 가열하는 경우가 많다.

그림 14-19 는 2 실 재열터어빈이며, 고압부는 9 단의 충동단, 중압부는 7 단의 충동단으로 되고 그 유동 방향은 반대이며 하나의 차실 안에 들어 있다. 증기는 주증기 밸브 1 로 고압부에 들어가서 팽창일을 한 후 2 로부터 재열기로 보내진다. 재열기로부터의 증기는 3 으로부터 중압부로 들어가서 팽창을 계속한다. 4 는 고압 차실과 저압 차실과의 연락관이지만 온도가 비교적 높아지므로 신축 조인트 5 를 두어 열팽창을 흡수하는 구조가 되어 있다. 저압단은 6 단의 복류식이다. 이 형식으로 압력 102 kgf/cm²g, 온도 538 °C 의 증기를 사용하여 538 °C 까지 재열을 하는 최대 출력 100 MW 까지가 제작되고 있다. 그림 14-20 은 이보다 좀더 용량이 큰 3 실 재열터어빈의 예이며, 압력 169 kgf/cm²g, 온도 565 °C, 재열온도 538 °C, 배기 압력 22 mmHg 이며 3000 rpm 에서 175 MW 를 발생한다.

근년의 대용량 화력발전소에서는 열효율의 증진을 위하여 초임계압 플랜트가 많이 채용되고 있다. 그림 14-21 은 초임계압 터어빈의 예이며 미국의 에디스턴 발전소에 설치된 Westinghouse 사 제작의 초임계압 5 실 2 축 터어빈이다.

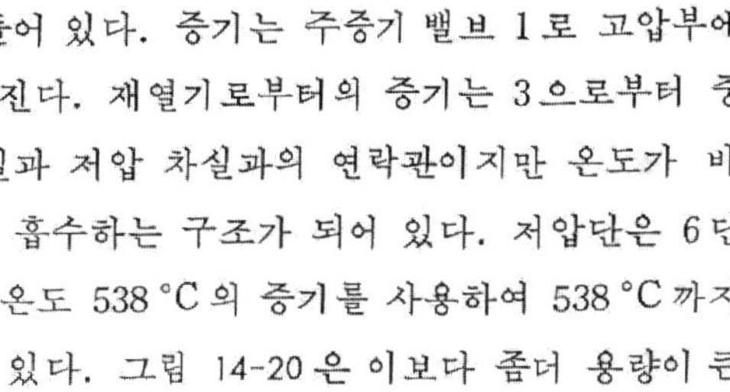

그림 14-21 초임계압 터어빈

제 1 축은 초고압(SHP)터어빈과 고압(HP)터어빈이 탠덤으로 이어져 3600 rpm, 제 2 축은 중압(IP)터어빈과 저압(LP)터어빈 2 실이 탠덤으로 이어져 1800 rpm 으로 돌며, 합계 325 MW 를 발생한다. 보일러에서 발생한 352 kgf/cm²abs, 649 °C 의 증기가 초고압 터어빈으로 들어간다.

그 출구 증기는 압력 176 kgf/cm²abs, 온도 538 °C 이다. 고압터어빈은 반동단 21 단으로 되어 있고 이를 3 군으로 나누며 19.9 kgf/cm²abs 까지 팽창한다. 다시 중압터어빈에서 3.9 kgf/cm²abs 까지, 저압터어빈에서 25.4 mmHg 까지 팽창한다. 초고압터어빈과 고압터어빈에서 각각 한 번씩 증기는 재열된다. 이 예에서와 같이 초임계압 터어빈에서는 2단 재열을 하기도 하고 재생 단수는 8～9 단으로 되는 경우가 많다.

발전용 대형 터어빈은 발전기와 직결되므로 회전수는 주파수가 50 Hz 인가 60 Hz 인가에 따라 각각 1500, 3000 rpm, 혹은 1800, 3600 rpm 으로 한정된다. 회전수가 높을수록 터어빈의 중량은 작게 할 수 있으므로, 화력발전용 터어빈은 주로 3000 또는 3600 rpm 의 고속회전기가 채용된다. 이들 터어빈의 표준적 증기 조건은 표 14-1 과 같다.

표 14-1 대형 화력발전용 터어빈의 표준적 증기 조건

정격출력[MW]	22～33	44～66		75～125			156～250	265～375	450～
입구압력[kgf/cm²g*]	60	60	88	88	102	127	169	169	246
입구온도[°C*]	482	482	510	510	538	538	566(538)	566(538)	538
재열온도[°C]	—	—	—	—	(538)	538	538	538(566)	538, 566, 538/538, 552/566
추 기 단 수	4, 5	5	5	5	5	6	7	7, 8	8, 9
복 수 기 진 공	722 mmHg								

* 스톱밸브 직전의 값. 현재까지 증기터어빈의 단기(單機) 용량으로 최대의 것은 미국의 Cumberland 발전소의 1300 MW 유닛이며 1000 MW 정도의 것은 여러 개가 있다.

원자력 발전용 증기터어빈에는 일반적으로 대출력의 것이 사용된다. 현재 많이 실용화되고 있는 경수로(輕水爐) 플랜트의 경우, 터어빈 입구 증기는 55 ～ 70 kgf/cm²g 의 포화증기이며, 고압부를 지난 증기는 외부의 습분 분리기로 보내진 후, 저압부에서의 팽창을 한다. 대출력임과 동시에 입구 증기의 압력과 온도가 화력발전에 비하여 낮으므로 증기 유량이 매우 많고 터어빈 최종단의 소요 증기통로 면적이 매우 커진다. 이 때문에 원자력용 터어빈에서는 회전수를 1500 또는 1800 rpm 으로 하고, 저압단에 긴 깃을 사용한 저속회전기가 사용되고 있다. 그림 14-22 는 그 예이며 고압 차실 1개, 저압 차실 3개로 되는 6류 배기식의 것이다.

그림 14-22 원자력 발전용 터어빈 (784 MW, 67 kgf/cm²g, 280 °C, 1500 rpm)

선박용(船舶用) 터어빈으로서는 육용 터어빈보다도 더욱 운전의 신뢰성이 필요함과 동시에 설치 면적이 제한되며 또 기체 중량을 되도록 가볍게 할 필요가 있을 뿐더러 감속장치, 역전장치 및 변속장치가 극히 중요한 문제가 된다. 대형 선박의 주기관으로 사용되는 선박용 터어빈에는 재생터어빈 및 재열터어빈이 사용되며 2축 병렬 배치로 한다. 소형으로 하기 위하여 회전수를 높이며 일반적으로는 3000 ～ 7000 rpm 이다. 그러나 선박의 프로펠러는 저회전수에서 좋은 효율을 나타내므로, 터어빈 축과 프로펠러축을 직결하는 것을 피하고 감속장치를 사이에 두어 터어빈과 프로펠러를 각각 그 최량의 효율에서 운전되도록 하는 것이 보통이다. 프로펠러의 회전수는 유조선이나 화물선에서는 70 ~ 100 rpm 의 범위, 고속선에서는 ~ 450 rpm 정도이다.

감속장치에는 **기어 감속장치**, 발전기와 전동기로 되는 **전기 감속장치** 및 펌프와 수력(水力)터어빈을 사용하는 **수력 감속장치**의 3종류가 있다. 이 중 가장 널리 사용되는 것은 효율이 좋은 기어 감속장치이다. 다만 이 경우는 역전(逆轉)이 불가능하므로 별도로 역전용의 후진터어빈을 갖출 필요가 있다. 후진터어빈은 항구에의 출입시 등에 일시적으로 사용될 뿐이므로 효율이 낮더라도 되도록 소형으로 만들어진다. 이들은 보통 전진 중에는 공전한다.

그림 14-23은 AEG회사제의 선박용 터어빈이며 2단 감속기어를 가지고 있다. 전출력 5400 HP, 회전수 3600rpm을 2단의 기어장치로 80 rpm으로 감속한다. 1은 고압 차실, 2는 저압 차실이며, 각각 전진 터어빈 외에 후진용으로서 커어티스 단이 마련되어 있다. 3은 감속기어, 4는추력 베어링, 5는 프로펠러 축이다.

선박용 증기터어빈의 증기 조건에는 특히 표준적인 것은 없으나 대형 선박에 잘 사용되는 개략의 범위를 들면 표 14-2와 같다.

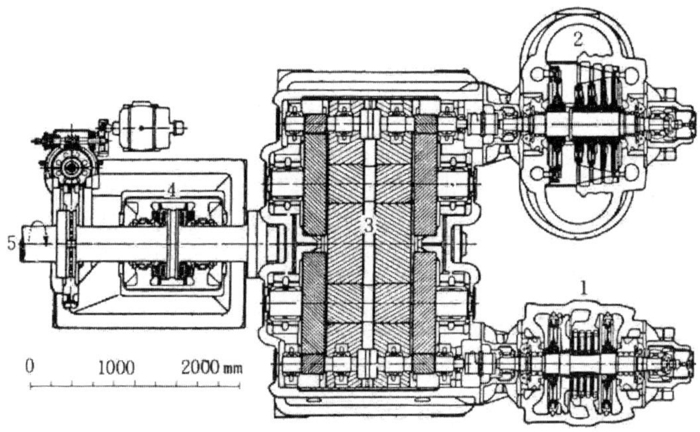

그림 14-23 선박용 터어빈(평면도)

표 14-2 대형 선박용 증기터어빈의 증기 조건

정격출력[PS]	20000 ~ 25000 이상	
입구압력 [kgf/cm²g]	60	80~102
입구온도 [°C]	482~510	510~538
재열온도 [°C]	—	510~538
추기단수	4	4, 5
복수기진공	722 mmHg	

14-7 배압터어빈과 추기터어빈

복수터어빈은 배기의 복수시에 다량의 열을 냉각수에 버려야 하므로 동력만을 발생하는 원동소 효율은 항상 45 % 정도 이하의 낮은 값이 된다. 그러나 공장에서는 동력뿐 아니라 각종의 처리나 증발, 건조 등의 목적을 위하여 비교적 저압의 작업용 증기를 필요로 하는 경우가 많다. 이러한 경우 이미 앞에서 언급한 바와 같이 고압증기를 먼저 터어빈에서 소요의 작업용 압력까지 팽창시켜 동력을 발생하고 그 배기를 작업용으로 사용하면, 복수터어빈에서 냉각수에 버리는 증발열도 유효하게 이용되므로 전체로서의 열효율이 매우 높아진다. 배압터어빈과 추기터어빈은 이러한 경우에 사용된다.

배압터어빈은 배압을 대기압 이상의 소정의 압력으로 유지하고 모든 배기를 작업용에 이용하는 것이다. 여기서는 배기의 증발열을 모두 이용할 수 있으므로 가장 경제적이며, 별도로 작업용 증기를 발생시키는 경우와 그다지 다름 없는 연료 소비량으로 충분하다. 다만 배압터어빈에서는 터어빈 출력과 증기 유량의 관계가 정해져 있으므로 단독 운전을 행할 때는 소요동력과 소요 증기량이 균형되어야 한다. 작업용 증기량에 과부족이 생기면 보일러로부터의 증기를 감압하여 직접 작업용으로 보급하거나 여분의 배기를 방출하거나 할 필요가 생긴다. 그림 14-24는 출력 4500 kW, 회전수 3600 rpm의 배압터어빈이며, 사용 증기는 압력 13.7 kgf/cm²g, 온도 270 °C, 배압 0.35 kgf/cm²g이다. 기설원동소의 확장에 사용되는 배압터어빈, 즉 전치터어빈은 공장용 배압터어빈과는 달리 그 배압이 높고 10 수기압부터 수십 기압에 이를 때가 있다.

추기터어빈은 작업용 증기의 소요량이 동력용 증기의 양보다 적고 또한 변화하는 경우에 사용되는 것이며, 터어빈 도중의 소정의 압력의 곳에서 일부의 증기를 빼내서 작업용으로 보내고 남은 증기를 저압까지 팽창시켜 복수기로 보내는 것이다(추기 복수터어빈). 복수기로 가는 증기의 증발열은 손실이 되나 이 증기 유량을 가감함으로써 전부를 복수시키는 복수터어빈

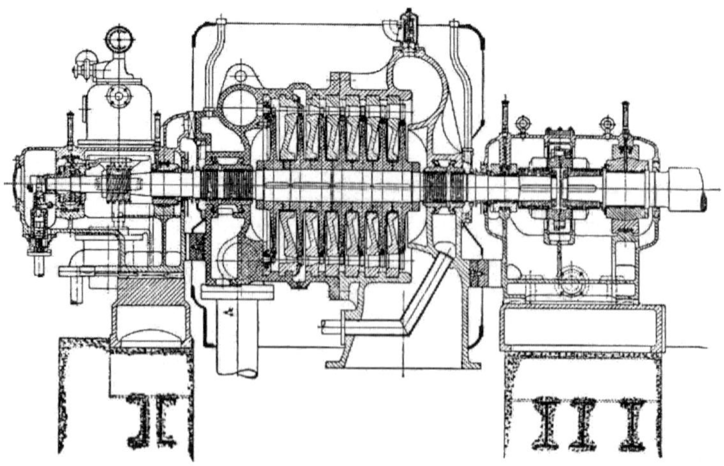

그림 14-24 배압터어빈

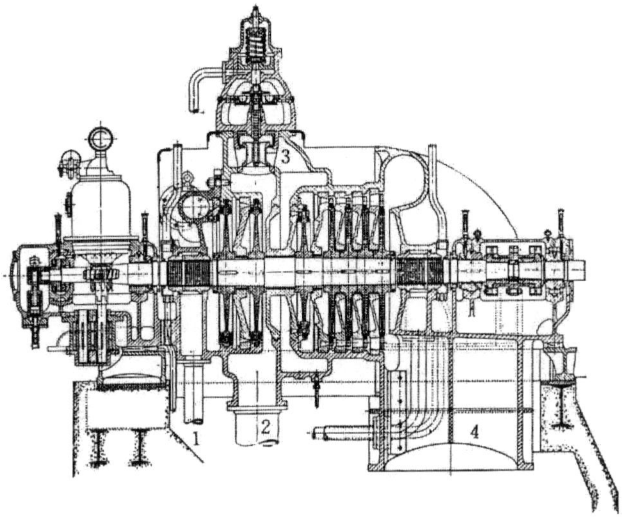

그림 14-25 추기 복수터어빈

으로부터 거의 전부를 추기하는(빼내는) 배압터어빈에 가까운 상태까지 소요 동력과 소요 증기량의 넓은 범위의 변화에 응할 수 있다. 추기 장소는 반드시 1개소는 아니며 요구에 따라 2종 이상의 압력의 증기를 추기하여 작업용으로 보낼 수도 있다.

추기터어빈의 일종인 추기 배압터어빈은 전술한 배압터어빈과 마찬가지로 배기를 작업용으로 사용하는 외에 그보다 고압의 증기도 필요한 경우에 사용되는 것이며 그 경제성은 배압터어빈과 같다.

그림 14-25는 출력 750 kW, 회전수 3000 rpm의 추기 복수터어빈이며 고압부는 커어티스 단이 2단, 저압부는 커어티스 단 1단과 췌리 단 4단으로 되어 있다. 사용 증기는 압력 16 kgf/cm²g, 온도 290 °C이며 급기관 1로 공급되어 추기관 2로부터 압력 0.35 kgf/cm²g의 증기가 최대 3000 kg/h 추출된다. 3은 조정밸브이며 추출되지 않은 증기는 이 밸브를 거쳐 저압부에 들어간다. 4는 배기구이고, 이에 접속된 복수기의 진공은 700 mmHg이다.

―――― 증기의 유동 ――――

제 15 장

15-1 유동의 기초식

그림 15-1과 같은 유로 내의 정상적인 유동의 에너지식을 생각하자.

지금 흐름에 직각인 단면에서의 유속을 c [m/s], 압력을 p [kgf/m²], 비체적을 v [m³/kg], 또 단면적을 f [m²]라 하고, 일의 열당량을 $A\left(=\frac{1}{427}\text{ kcal/kgf m}\right)$, 질량 단위로의 변환계수를 $g_c(=9.80\text{ kg m/kgf s}^2)$라 하면 이 단면에 유입하는 유체의 1 kg 당의 에너지는

내부에너지 u [kcal/kg]

속도에너지 $\frac{A}{2g_c}c^2$ [kcal/kg]

또 유입을 위한 일(유동에너지)은

$$A(pf\times v/f)=Apv\text{ [kcal/kg]}$$

이다. 지금 흐름에 직각인 단면 ⓐ와 흐름 방향에 dx 만큼 전진한 단면 ⓑ를 생각하여 단면 ⓐ, ⓑ 사이에서

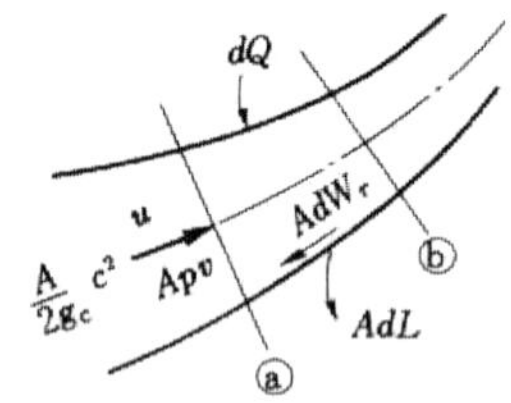

그림 15-1 기체의 유동

외부로부터 유체 1 kg에 가해진 열량을 dQ [kcal/kg]

외부에 유체 1 kg이 한 일을 AdL [kcal/kg]

유체 1 kg이 한 마찰일을 AdW_r [kcal/kg]

라 하면, 마찰일은 열로 변하여 유체로 전달되므로 유체가 받는 열량은 $d(Q+AW_r)$, 유체가 한 일은 $d(AL+AW_r)$이다.

따라서 유체의 위치에너지를 무시하면 단면 ⓐ, ⓑ 사이에서 에너지 보존의 원리로부터 다음 식이 성립된다. 단, du, dc 및 pv는 각각 내부에너지, 유속 및 유동에너지의 변화량을 나타낸다.

$$du+\frac{A}{2g_c}dc^2+Ad(pv)=d(Q+AW_r)-d(AL+AW_r)$$

엔탈피를 i [kcal/kg]라 하면

$$di=du+Ad(pv)$$

따라서 에너지식은 다음과 같이 쓸 수 있다.

$$di + \frac{A}{2g_c}dc^2 = dQ - AdL \tag{15-1}$$

또 열역학의 제 1 법칙으로 유체가 받은 열량에 대한 상태 변화는

$$d(Q + AW_r) = di - Avdp$$

따라서 식 (15-1)로부터

$$\frac{1}{2g_c}dc^2 + d(L + W_r) = -vdp \tag{15-2}$$

또한 이 사이의 엔트로피의 증가는 단면 ⓐ에서의 유체의 절대온도를 T[°K]라 하면 다음 식으로 표시된다.

$$ds = \frac{d(Q + AW_r)}{T} \tag{15-3}$$

15-2 노즐 내의 유동

[1] 이상적인 유동

먼저 손실이 없는 이상적인 경우의 유동을 생각하자. 이 때의 노즐 내의 유동은 단열변화이며, 외부에 대한 일도 없으므로 에너지식에서 $dQ = 0$, $dL = 0$ 또 $dW_r = 0$이다.
따라서 윗식들로부터

$$\frac{A}{2g_c}dc^2 = -di = -Avdp \tag{15-4}$$

유체가 노즐에서 입구압력 p_0부터 출구압력 p_1까지 팽창한다고 하면 이 변화는 식 (15-3)에서 $ds = 0$, 즉 등엔트로피 변화이며 그림 15-2와 같이 표시된다. 노즐 입구 상태를 첨자 0, 출구 상태를 첨자 $1a$로 표시하여 구별하면 윗식으로부터

$$\frac{A}{2g_c}(c_{1a}^2 - c_0^2) = i_0 - i_{1a}$$

따라서 이 때의 노즐 유출속도(이론 유출 속도)는

$$c_{1a} = \sqrt{\frac{2g_c}{A}(i_0 - i_{1a}) + c_0^2} \tag{15-5}$$

이다. 식 중의 $i_0 - i_{1a} = h_t$를 **단열열낙차**(斷熱熱落差, adiabatic heat drop)라고 한다.

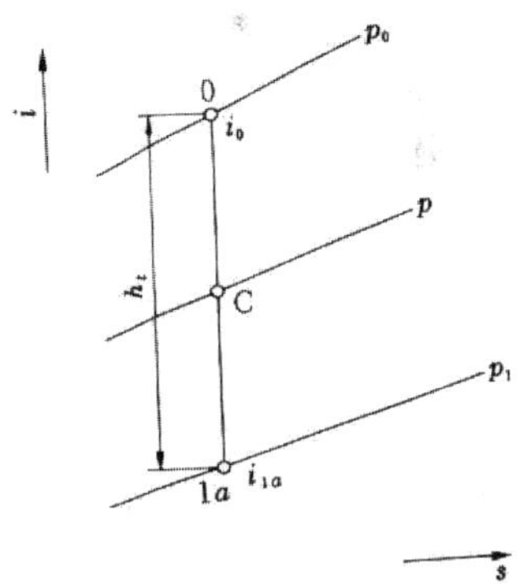

그림 15-2 노즐 내의 유동

노즐 출구의 단면적을 f_1[m²]라고 하면 유출량 G_a는 노즐 출구에서의 증기 비체적을 v_{1a}라 할 때 연속 유동의 조건으로부터

$$G_a\ v_{1a} = f_1 c_{1a} = f_1\sqrt{\frac{2g_c}{A}(i_0 - i_{1a}) + c_0^2}$$

또는

$$G_a = \frac{f_1 c_{1a}}{v_{1a}} = \frac{f_1}{v_{1a}}\sqrt{\frac{2g_c}{A}(i_0 - i_{1a}) + c_0^2} \tag{15-6}$$

노즐 유입 속도 c_0가 0이 아닌 경우의 이상적인 유동은 실제의 입구 상태보다도 $\Delta h=(A/2g_c)c_0^2$ 만큼 엔탈피가 높은 입구 상태 p_0^*, v_0^*에서 유입 속도 $c_0^*=0$인 경우의 유동에 상당한다고 볼 수 있으므로(그림 15-3)

$$c_{1a}=\sqrt{\frac{2g_c}{A}(i_0^*-i_{1a})}=91.5\sqrt{i_0^*-i_{1a}} \tag{15-7}$$

가 된다.

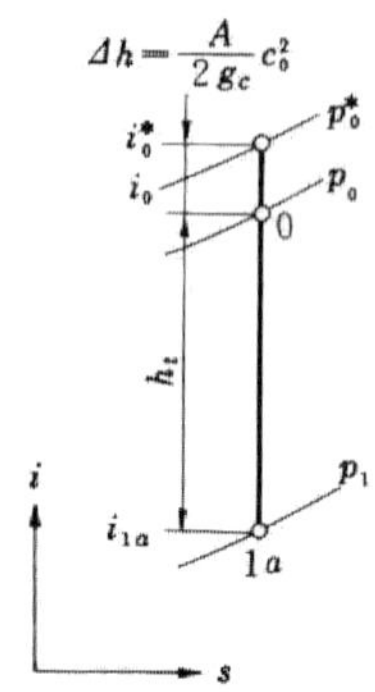

그림 15-3 노즐 내의 유동

노즐 입구에서의 증기 속도가 무시될 수 있을 만큼 작을 때는 식 (15-7)에서 *표는 필요 없게 됨은 명백하다. 이하 모든 식에서도 마찬가지이다.

노즐 내의 어느 단면에 대하여 생각하더라도 증기의 유량은 일정하나 압력, 비체적 및 속도가 달라지므로 단면적도 또한 변화한다.

지금 임의의 단면에 대하여 생각하여 그 압력을 p라 하면, 이 단면에서의 증기의 상태는 그림 15-2에서 C로 표시되고 그 때의 비체적을 v, 엔탈피를 i, 노즐의 단면적을 f라 하면, 노즐 입구에서의 증기속도가 무시될 수 있을 때 다음 관계가 성립된다.

$$f=\frac{Gv}{\sqrt{\frac{2g_c}{A}(i_0-i)}} \tag{15-8}$$

지금 p를 p_0부터 p_1까지 변화시켜 가며 그 각 상태에서의 비체적 및 엔탈피를 몰리에르 선도로(혹은 증기표로) 구하고 식 (15-8)로 단면적 f를 계산하면 f값은 처음은 압력의 강하와 더불어 점점 감소되나 어떤 압력에서 최소가 되고 압력이 보다 낮아지면 다시 커진다. 이 단면적이 최소인 곳을 노즐의 목(throat)이라 하며 이 때의 압력을 **목압력**(throat pressure)이라고 한다.

지금 유체를 이상기체로 보면 단열변화는

$$pv^\kappa=\text{const},\quad \kappa=c_p/c_v(\text{비열비}) \tag{15-9}$$

로 표시되므로 식 (15-4)로부터

$$\frac{1}{2g_c}c_{1a}^2=-\int_{p_0^*}^{p_1}v\,dp=\frac{\kappa}{\kappa-1}p_0^*v_0^*\left\{1-\left(\frac{p_1}{p_0^*}\right)^{(\kappa-1)/\kappa}\right\}$$

$$\therefore\ c_{1a}=\sqrt{2g_c\frac{\kappa}{\kappa-1}p_0^*v_0^*\left\{1-\left(\frac{p_1}{p_0^*}\right)^{(\kappa-1)/\kappa}\right\}} \tag{15-10}$$

출구에서의 비체적은 식 (15-9), 즉 $p_1v_{1a}^\kappa=p_0^*(v_0^*)^\kappa$로부터

$$v_{1a}=v_0^*(p_0^*/p_1^*)^{1/\kappa} \tag{15-11}$$

노즐 출구 단면적은

$$f_1=\frac{G_av_{1a}}{c_{1a}}=G_a\Big/\sqrt{2g_c\frac{\kappa}{\kappa-1}\frac{p_0^*}{v_0^*}\left\{\left(\frac{p_1}{p_0^*}\right)^{2/\kappa}-\left(\frac{p_1}{p_0^*}\right)^{(\kappa+1)/\kappa}\right\}} \tag{15-12}$$

따라서 이 때도 유량 G_a를 일정하게 유지하였을 때 출구 압력이 점차 감소될 때의 출구 유속, 비체적 및 소요 단면적의 변화는 윗식들로 계산이 되며 그 결과는 그림 15-4와 같다.

그림 15-4에서 단면적 f_1는 어떤 압력비 p_c/p_0^*에서 극소값이 된다. 이 단면이 위에서 말한 목이며 이 목에서 $df_1/d(p_1/p_0^*)=0$이므로 이 단면의 압력비는

$$\frac{p_c}{p_0^*}=\left(\frac{2}{\kappa+1}\right)^{\kappa/(\kappa-1)} \qquad (15\text{-}13)$$

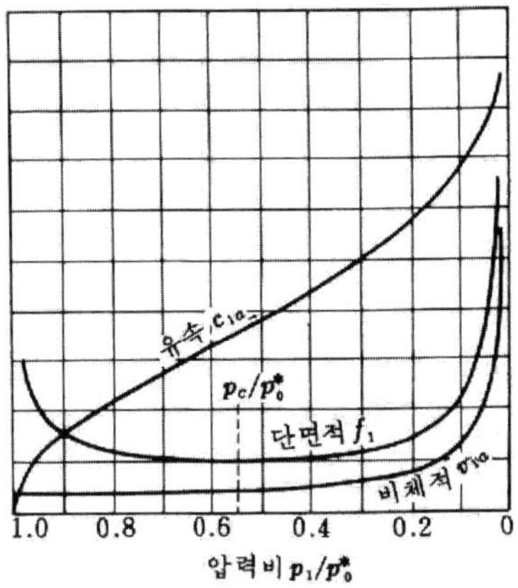

그림 15-4 노즐내의 변화

p_c를 p_0^*의 **임계압력**(臨界壓力, critical pressure), p_c/p_0^*를 **임계압력비**(臨界壓力比, critical pressure ratio)라 한다. 이와 같이 노즐의 목에서의 압력은 노즐 전의 압력의 임계압력이므로 노즐 후의 압력이 노즐 전의 압력의 임계압력보다 높으냐 낮으냐에 따라 사용하는 노즐의 형상이 달라진다. 즉 노즐 후의 압력이 노즐 전의 압력의 임계압에 같거나 그보다 클 때는, 즉 $p_1/p_0^* \geqq p_c/p_0^*$이면 목 이후의 단면적 확대부가 불필요한 선단축소(先端縮小)노즐(convergent nozzle)로 증기의 열에너지를 충분히 유효하게 속도에너지로 변환할 수 있으나, 노즐 후의 압력이 노즐 전의 압력의 임계압 이하일 때는(즉 $p_1/p_0^* < p_c/p_0^*$이면) 선단축소 유로에 확대부가 이어진 선단확대(先端擴大) 노즐(divergent nozzle)을 사용하여야 한다. 선단 확대 노즐은 출구면적 f_1는 항상 목면적보다 크고 그 비를 **노즐의 확대율**(expansion ratio of nozzle)이라고 한다.

선단확대 노즐의 형상을 어떤 특정의 초압 및 종압에 대하여 정해서 이를 사용할 때 어떠한 사정으로 이들 압력이 예정한 것과 다른 값이 되었을 때는 이 노즐은 충분히 이용되지 않든가 또는 그 임무를 다할 수 없게 된다.

임계압력비는 식 (15-13)과 같이 κ값만으로 결정된다.

공기에 대하여는 $\kappa=1.40,\ p_c/p_0^*=0.528$

증기에서의 κ값은 상태에 따라 변화하나, 과열증기에 대하여는 $\kappa=1.30$이라고 놓을 수 있다. 포화증기에서는 건조도 $x>0.7$의 범위에 대하여는 $\kappa=1.035+0.1x$로 놓을 수 있으나 증기터어빈에서의 건조도는 일반적으로 0.9 정도 이상이므로 포화증기가 문제되는 범위는 작고 $\kappa=1.135\sim1.125$로 놓을 수 있다. 이리하여 식 (15-13)을 이용하여

과열증기에 대하여 $p_c/p_0^* \fallingdotseq 0.546$

포화증기에 대하여 $p_c/p_0^* \fallingdotseq 0.58$

이 된다.

《주》 * 입구가 포화증기의 경우

$$p_c/p_0=0.57+2\times10^{-4}p_0+\frac{0.01}{p_0+1}+35\times10^{-4}\times(1-x)(\sqrt{p_0}+3)$$

p_0 : 입구 압력 [ata], x : 입구의 건조도. 보다 정밀한 식으로는 다음을 이용한다.

입구가 과열증기의 경우

$$p_c/p_0=0.5465+3\times10^{-5}\times p_0-\frac{0.01}{p_0+3}$$

목에서의 유속을 c_c, 비체적을 v_c, 단면적을 f_c라 하면 식 (15-10), (15-13)과 $p_1^*(v_1^*)^\kappa = p_c v_c^\kappa$의 관계로부터

$$c_c = \sqrt{2g_c \frac{\kappa}{\kappa+1} p_0^* v_0^*} = \sqrt{g_c \kappa p_c v_c} \qquad (15\text{-}14)$$

를 얻게 된다. 이는 목에서의 유속이 그 상태에서의 음속(音速)에 같음을 나타낸다. 또 목에서의 유량은

$$G_c = \frac{f_c c_c}{v_c} = f_c \sqrt{2g_c \frac{\kappa}{\kappa+1} \left(\frac{2}{\kappa+1}\right)^{2/(\kappa-1)} \frac{p_0^*}{v_0^*}} \qquad (15\text{-}15)$$

가 되어 노즐 전의 상태에만 의존된다. 이를 **임계유량**(臨界流量)이라 하며, $p_1/p_0^* \leqq p_c/p_0^*$인 경우의 유량은 항상 이 값에 같다.

[2] 노즐 내의 실제 유동

실제의 노즐 내의 유동에서는 $dQ=0$, $dL=0$이나 마찰이 있으므로 $dW_r \neq 0$이다. 따라서 에너지식은 식 (15-1), (15-2)로

$$\frac{A}{2g_c} dc^2 = -di = -Av\,dp - A\,dW_r \qquad (15\text{-}16)$$

유체가 압력 p_0부터 p_1까지 팽창한다고 하면 마찰일이 열로 변하여 유체에 가해지므로 엔트로피가 증가하여 노즐 내의 상태 변화는 그림 15-5의 0, 1(그림의 굵은 실선)과 같이 된다. 따라서 이 때의 노즐 유출속도는

$$c_1 = \sqrt{\frac{2g_c}{A}(i_0 - i_1) + c_0^2} \qquad (15\text{-}17)$$

이는 용이하게 구해지는 이론 유출속도를 기준으로 다음과 같이 표시할 수 있다.

$$c_1 = \varphi c_{1a} = \varphi \sqrt{\frac{2g_c}{A}(i_0 - i_{1a}) + c_0^2} \qquad (15\text{-}18)$$

이 계수 φ를 노즐의 **속도계수**(velocity coefficient)라고 한다. 노즐 내에서의 에너지 손실은

$$AZ_1 = \frac{A}{2g_c}(c_{1a}^2 - c_1^2) = \frac{A}{2g_c} c_{1a}^2 (1-\varphi^2) \qquad (15\text{-}19)$$

이며, 이는 그림 15-5에서 $(i_1 - i_{1a})$로 표시된다. 이 때의 유량은

$$G = \frac{f_1 c_1}{v_1} = \varphi \frac{f_1}{v_1} \sqrt{\frac{2g_c}{A}(i_0 - i_{1a}) + c_0^2} \qquad (15\text{-}20)$$

이다.

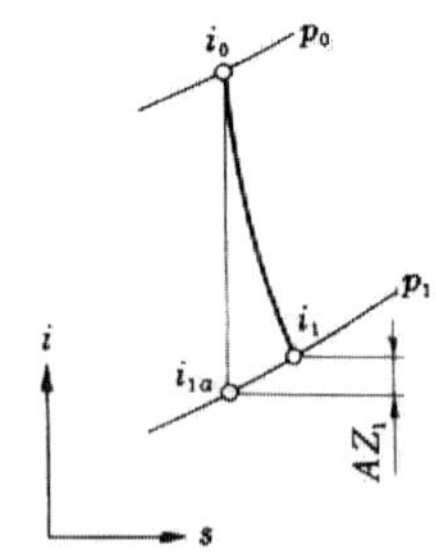

그림 15-5 노즐 내의 실제 유동

증기터어빈에 사용되는 노즐은 그림 15-6과 같은 경사(傾斜)노즐이며 절삭하여 조립하든가 노즐판을 구획판에 용접 또는 주입(鑄入)하여 만든다. 정상 팽창을 할 때의 유동은 유동에 직각인 단면 1을 출구면으로 가지는 곧은 노즐과 마찬가지이며 유출속도나 유량은 식 (15-18), (15-20)으로 계산될 수 있다.

노즐의 속도계수는 형상, 크기, 표면 상태 및 팽창의 상태 등에 관계되는 다수의 연구가

있고, 이들 결과로부터 적당한 높이를 갖는 노즐에서 정상 팽창의 경우에는 다음 범위의 값을 적용할 수가 있다.

조립 및 용접 노즐 $\varphi = 0.96 \sim 0.97$

주입 노즐 $\varphi = 0.94 \sim 0.96$

그러나 노즐 출구 단면의 증기압력과 외부 압력 사이에 차가 있는 경우, 즉 정상 팽창이 아닌 경우의 속도계수는 일반적으로 이보다 낮은 값이 된다. 유량이 주어져 있는 경우의 노즐 출구 소요 면적은 노즐 높이를 h_d [m], 이의 중앙 위치, 즉 피치원에서의 지름을 D [m], 또 그림 15-6과 같이 노즐 출구각을 α_1, 피치를 p_d [m], 노즐판의 두께를 t [m] 라 하면

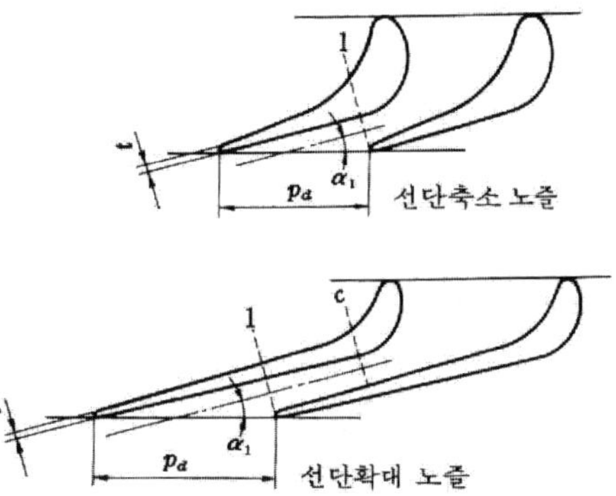

그림 15-6 노즐의 단면

$$f_1 = \frac{Gv_1}{c_1} = \pi D h_d \tau_d \sin \alpha_1 \tag{15-21}$$

단,

$$\tau_d = \frac{p_d - t/\sin \alpha_1}{p_d}$$

으로 구해진다. τ_d 는 증기 통로의 축소계수이다. 노즐 출구각 α_1 은 $12 \sim 22°$ 이며, 이 때의 τ_d 의 값은 $0.85 \sim 0.95$ 이다. 또 h_d 가 과소해지면 증기의 부분 송입을 행하나, 이 경우에는 πD 대신 송입 부분의 원호의 길이를 사용하면 된다.

노즐 출구의 증기압력이 외부 압력과 일치하지 않는 상태는 선단축소 노즐을 임계압력비 이하의 범위에서 사용하는 경우나 선단확대 노즐을 설계의 압력비 이외에서 사용하는 경우에 발생한다.

선단축소 노즐의 출구 외부 압력이 임계압력 이하일 때 또는 선단확대 노즐에서 출구 외부 압력이 설계값보다 낮을 때는 노즐 내에서 팽창이 완료되지 못하고 증기는 노즐을 나온 다음 급팽창하므로 에너지 손실이 증가한다. 이와 같은 팽창을 **부족팽창**(不足膨脹, under expansion)이라고 한다. 경사노즐에서는 그림 15-7의 단면 1과 실제의 노즐 출구단면 1′ 사이의 경사부 내에서 팽창이 가능하므로 어느 정도까지의 부족팽창은 에너지 손실을 증가시키지 않고 행할 수가 있다.

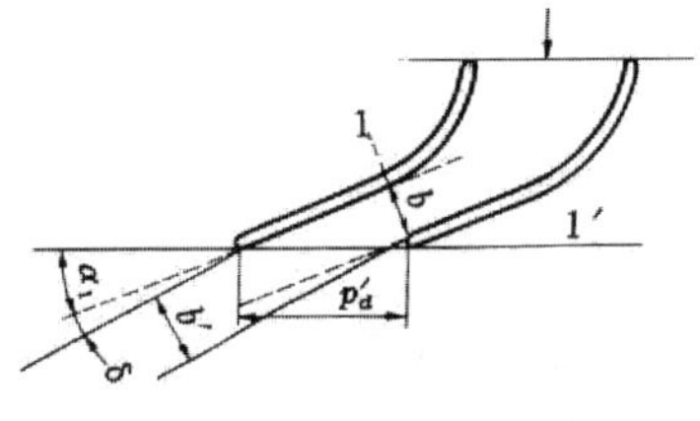

그림 15-7 기류의 편향

다만 이 때는 기류의 **편향**(偏向, deflection of jet)이 생기고 증기의 평균 유출각은 노즐 출구각(exit angle of nozzle) α_1 보다 커진다. 경사부 내에서 팽창이 완료하는 범위에서의 기류의 편향각(偏向角) δ 는 연속의 조건으로부터 다음의 관계로 구할 수 있다. 지금 노즐 높이를 h_d, 단면 1, 1′에서의 증기의 유속을 c, c', 비체적을 v, v' 라 하면 그림 15-7에서

$$G = \frac{h_d \cdot bc}{v} = \frac{h_d b' c'}{v'}, \quad p_d' = \frac{b}{\sin \alpha_1} = \frac{b'}{\sin(\alpha_1 + \delta)}$$

$$\therefore \sin(\alpha_1 + \delta) = \frac{c}{c'} \cdot \frac{v'}{v} \sin \alpha_1 \tag{15-22}$$

그림 15-8 은 이와 같은 경우의 경사노즐 내의 압력 분포의 한 예이다. 그림에서 실선은 증기의 유동방향, 파선은 등압선을 나타내고 있다.

또한 선단확대 노즐에서 출구 외부 압력이 설계값보다 높은 경우에는 증기는 노즐 내에서 일단 외압 이하까지 팽창하였다가 다시 외압까지 급속히 압축되므로 에너지 손실의 증대를 초래한다. 이는 선단확대 노즐에서만 볼 수 있는 현상이며 **초과팽창**(超過膨脹, over expansion)이라고 한다. 그림 15-9 에서 A 는 부족팽창, B 는 정상팽창, C, D 는 초과팽창을 나타낸다.

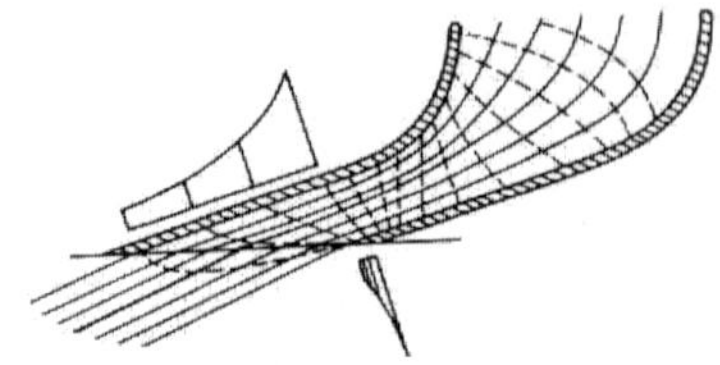

그림 15-8 노즐 내의 압력 분포 예

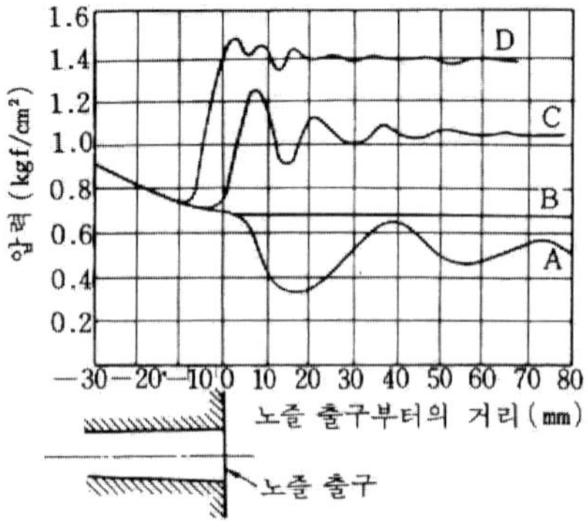

그림 15-9 초과 팽창과 부족 팽창

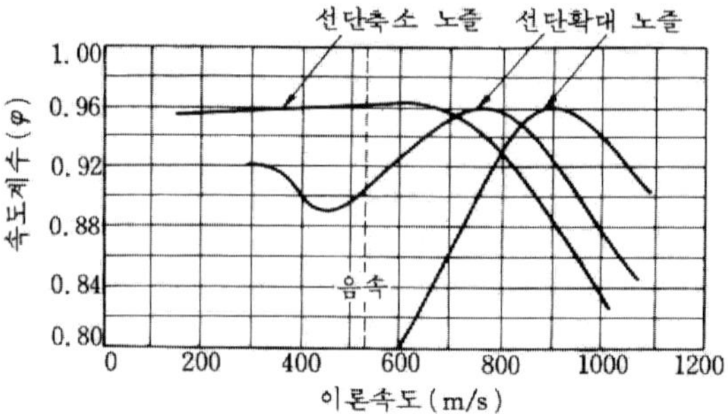

그림 15-10 노즐의 속도계수

그림 15-10 은 노즐의 속도계수에 관한 실험 결과이며, 노즐 전후의 압력비 p_1/p_0 를 여러 가지로 변화시켰을 때의 Keenan 의 실험 결과이다. 선단축소 노즐의 속도계수는 임계압력비 이상의 정상 팽창의 범위뿐만 아니라 이 이하의 다소 부족팽창을 하는 경우에도 높은 값을 취하는 것과 선단확대 노즐은 정상팽창 근처에서는 선단축소 노즐과 같은 정도의 높은 값이 되나, 압력비가 여기서 벗어나면 현저한 손실을 수반함을 보이고 있다.

증기터어빈에서는 운전 상태에 의한 압력비 변동을 염두에 둘 필요가 있다. 이리하여 압력비가 임계압력비보다 다소 낮은 경우라도 넓은 압력비의 범위에 걸쳐서 손실이 적은 선단 축소 노즐을 사용하는 예가 많다.

15-3 회전깃 내의 유동

[1] 외 부 일

회전깃 내의 유동도 단열변화이므로 $dQ=0$ 이다. 따라서 에너지식 (15-1)로부터 외부일은 마찰일의 유무와는 상관 없이 다음 식으로 표시된다.

$$AdL = -di - \frac{A}{2g_c}dc^2 \tag{15-23}$$

따라서 회전깃의 입구상태를 1, 출구상태를 2 라 하고 유체 1 kg 당의 외부일, 즉 깃에 대하여 하는 일을 L_d [kgf m/kg] 라 하면

$$AL_d = (i_1 - i_2) + \frac{A}{2g_c} (c_1^2 - c_2^2) \tag{15-24}$$

회전깃에서의 이 일량은 깃을 지나는 유체의 운동량의 변화로부터도 구할 수 있다. 깃의 입구와 출구에서의 속도를 생각하여 c_1, c_2를 증기 속도(절대속도)[m/s], w_1, w_2를 증기의 깃에 대한 상대속도[m/s], u_1, u_2를 깃의 평균 주속(周速)[m/s]이라고 하면 이들의 관계는 그림 15-11과 같이 속도선도(velocity diagram)로 표시된다.

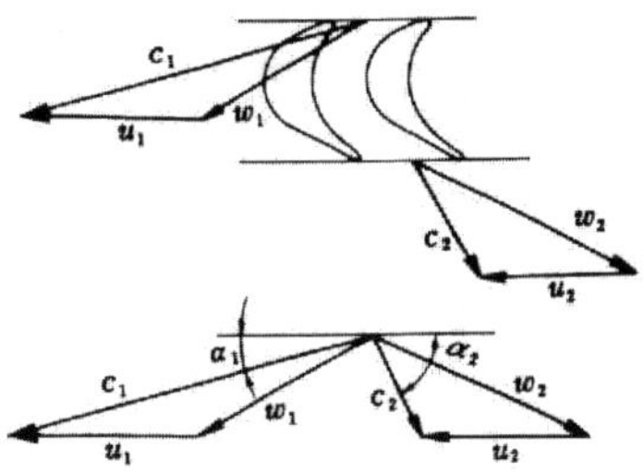

그림 15-11 속도선도

회전깃에 작용하는 회전 모우멘트(즉 회전축 둘레의 토오크)는 입구와 출구에서의 유체의 운동량의 모우멘트의 차와 같으므로, 유체 1kg 당의 이 값은 회전 중심부터의 반지름을 r_1, r_2[m]라 하면,

$$M = \frac{1}{g_c}(r_1c_1 \cos\alpha_1 + r_2c_2 \cos\alpha_2)$$

회전깃에 행해지는 일은 여기에 깃의 각속도 ω를 곱한 것이며, 또 $u_1 = r_1\omega$, $u_2 = r_2\omega$이므로 다음 식으로 표시된다.

$$L_d = \frac{\omega}{g_c}(r_1c_1 \cos\alpha_1 + r_2c_2 \cos\alpha_2) = \frac{1}{g_c}(u_1c_1 \cos\alpha_1 + u_2c_2 \cos\alpha_2) \tag{15-25}$$

그림 15-11로부터 명백하듯이

$$w_1^2 = c_1^2 + u_1^2 - 2u_1c_1 \cos\alpha_1$$

$$w_2^2 = c_2^2 + u_2^2 + 2u_2c_2 \cos\alpha_2$$

이들을 식 (15-25)에 대입하면

$$L_d = \frac{1}{2g_c}\{(c_1^2 - c_2^2) - (w_1^2 - w_2^2) + (u_1^2 - u_2^2)\} \tag{15-26}$$

또 이것과 식 (15-24)로부터 다음의 관계를 얻는다.

$$\left(i_1 + \frac{A}{2g_c}w_1^2\right) - \left(i_2 + \frac{A}{2g_c}w_2^2\right) = \frac{A}{2g_c}(u_1^2 - u_2^2) \tag{15-27}$$

또한 축류 터어빈에서는 $u_1 = u_2$이며 이를 u라고 놓으면 다음과 같이 된다.

$$L_d = \frac{u}{g_c}(c_1 \cos\alpha_1 + c_2 \cos\alpha_2) \tag{15-25 a}$$

$$L_d = \frac{1}{2g_c}\{(c_1^2 - c_2^2) - (w_1^2 - w_2^2)\} \tag{15-26 a}$$

$$i_1 + \frac{A}{2g_c}w_1^2 = i_2 + \frac{A}{2g_c}w_2^2 \tag{15-27 a}$$

[2] 회전깃 내의 유동

손실이 없는 이상적인 유동을 생각하여 회전깃의 입구상태 1로부터 출구상태 $2a$까지 등엔트로피 변화를 한다고 하면 식 (15-27)로부터

$$\left(i_1 + \frac{A}{2g_c}w_1^2\right) - \left(i_{2a} + \frac{A}{2g_c}w_{2a}^2\right) = \frac{A}{2g_c}(u_1^2 - u_2^2) \tag{15-28}$$

그러나 실제의 회전깃 내의 유동은 여러 가지의 유동저항 때문에 그림 15-12의 1, 2와 같은 변화를 한다. 이 때의 관계는 식 (15-27)과 같고 깃출구의 상대속도 w_2는 w_{2a}보다 작은 값이 된다.

$$w_2 = \sqrt{\frac{2g_c}{A}(i_1 - i_2) + w_1^2 + (u_2^2 - u_1^2)} \qquad (15\text{-}29)$$

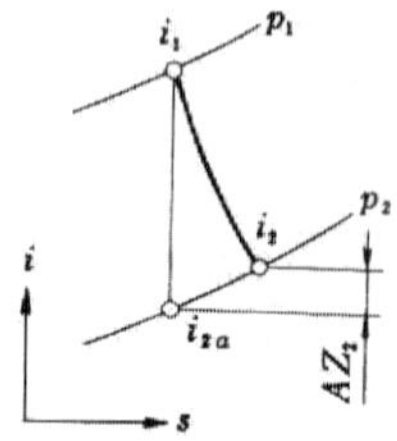

그림 15-12 회전깃 내의 유동

이는 w_{2a}를 기준으로 하여 다음과 같이 표시된다.

$$w_2 = \psi w_{2a} = \psi\sqrt{\frac{2g_c}{A}(i_1 - i_{2a}) + w_1^2 + (u_2^2 - u_1^2)} \qquad (15\text{-}30)$$

이 식의 ψ를 회전깃의 속도계수(velccity coefficient)라고 한다. 회전깃 내에서의 에너지 손실은 다음 식으로 표시된다.

$$AZ_2 = \frac{A}{2g_c}(w_{2a}^2 - w_2^2) = \frac{A}{2g_c}w_{2a}^2(1 - \psi^2) \qquad (15\text{-}31)$$

또한 식 (15-30)은 축류 터어빈에서는

$$w_2 = \psi\sqrt{\frac{2g_c}{A}(i_1 - i_{2a}) + w_1^2} \qquad (15\text{-}30\text{ a})$$

또 충동단에서는 $p_1 = p_2$이며 $i_1 = i_{2a}$이므로

$$w_2 = \psi w_1 \qquad (15\text{-}30\text{ b})$$

$$AZ_2 = \frac{A}{2g_c}(w_1^2 - w_2^2) \qquad (15\text{-}31\text{ a})$$

회전깃의 속도계수는 깃입구 및 유로 형상, 크기, 유로의 표면 상태 등에 관계되나 이 중 가장 큰 영향을 끼치는 것은 깃의 전향각(轉向角, turning angle)이다. 이것은 깃의 입구각을 β_1', 출구각을 β_2라 하면, $\theta = 180° - (\beta_1' + \beta_2)$로 표시된다. 전향각이 커질수록 유동이 편향되어 깃배면에서 유동의 박리(剝離)가 생기기 쉬워지고 속도계수는 저하된다. 보통 사용되는 전향각은 100～130°이다. 적당한 높이와 나비를 가지는 깃의 속도계수는 각 전향각에 대해 그림 15-14의 범위에 있다. 다만 반동깃은 선단축소의 증속(增速) 유로로서 유동의 흐트러짐이 적으므로 보통 충동깃에 비해 높은 속도계수값을 가진다.

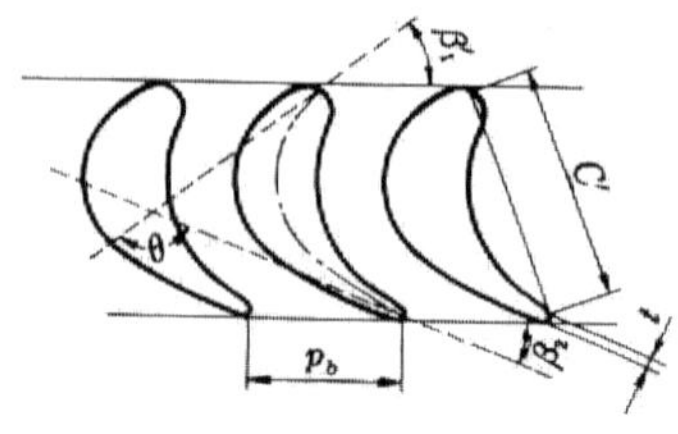

그림 15-13 깃의 단면

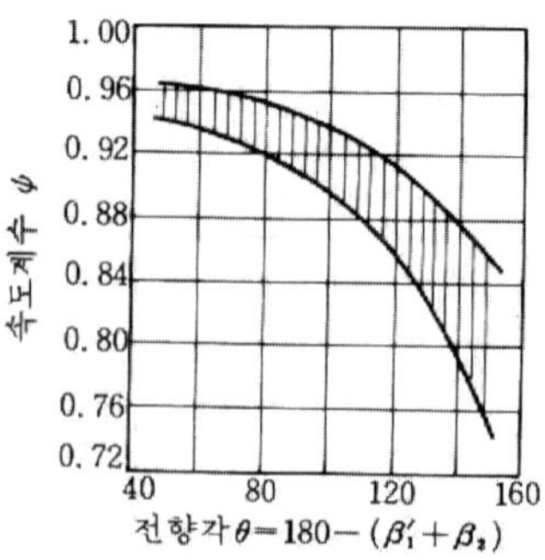

그림 15-14 회전깃의 속도계수

회전깃의 소요 출구 면적은 유량을 G, 출구에서의 증기 비체적을 v_2, 깃의 길이를 l_b [m], 이의 중앙 위치, 즉 피치원의 지름을 D [m], 또 그림 15-13과 같이 피치를 p_b [m], 깃의 출구 두께를 t [m]라 하면

$$f_2 = \frac{Gv_2}{w_2} = \pi D l_b \tau_b \sin\beta_2 \qquad (15\text{-}32)$$

단, τ_b는 증기 통로의 축소계수이며 다음 식으로 주어진다.

$$\tau_b = \frac{p_b - t/\sin\beta_2}{p_b}$$

15-4 깃 주위의 압력 및 속도의 분포

깃의 단면 형상이나 피치는 깃 주위의 압력 분포 또는 속도 분포를 조사함으로써 실험적으로 유동 손실이 가장 적은 형상과 치수로 정해진다. 그림 15-15와 같이, 같은 형상의 깃을 등(等)피치로 일직선상에 배치한 직선익렬(直線翼列) 중의 1개의 깃에 대하여 생각하자.

지금 익렬의 전방 및 후방의 유속을 w_1, w_2 [m/s], 유체의 밀도를 ρ [kg/m³], 익렬의 피치를 p_b [m]라 하면, 기류의 익렬방향의 속도 변화는 $(w_{1u}+w_{2u})$, 깃 1개당의 유량은 $\rho w_{1a} p_b$이므로 익렬 방향에 작용하는 힘 F_u는 운동량 법칙으로 다음과 같이 주어진다.

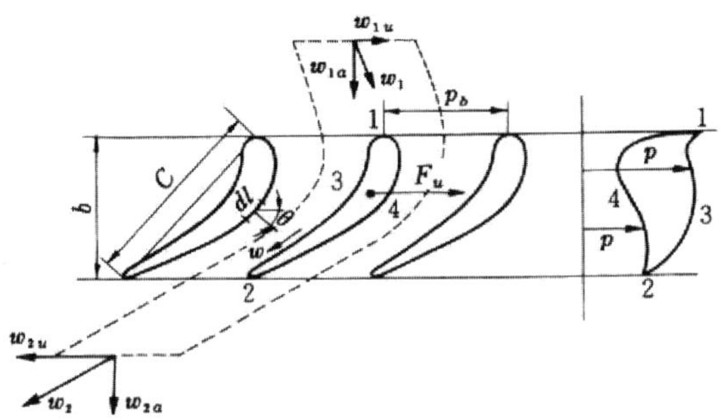

그림 15-15 익렬에 작용하는 힘

$$F_u = \frac{\rho}{g_c} w_{1a} p_b (w_{1u} + w_{2u}) \tag{15-33}$$

한편 깃면 위의 압력 분포를 구하면 그림 15-15의 오른쪽 그림과 같이 되고, 압력은 깃의 복면(腹面)에서 높고 배면(背面)에서 낮다. 따라서 익렬 방향으로 작용하는 힘은 익면(翼面, 깃면) 위의 압력 p의 익렬방향 분력을 익면에 연하여 적분하여 구해진다.

익면상의 미소길이를 dl, 익면에 대한 법선과 익렬 방향과 이루는 각을 θ라 하면

$$F_u = \int_{13241} p\cos\theta\, dl = \int_{132} p\cos\theta\, dl - \int_{142} p\cos\theta\, dl \tag{15-34}$$

깃 주위의 속도 분포는 기류를 비압축성의 이상기체로 보면 다음의 관계로부터 구해진다.

$$p = p_0 - \rho w^2/(2g_c) \tag{15-35}$$

단, p_0는 익렬 입구에서의 전압(全壓), w는 유속이다. 즉 깃 복면은 유속이 낮고 배면의 유속은 높다.

익렬 방향의 힘 F_u는 물론 깃 주위의 압력 분포 또는 속도 분포로 정해지며 그 분포는 깃의 단면 형상, 피치 등에 의하여 변화한다. 그림 15-16은 깃 주위의 속도 분포의 경향을 보이고 있다.

일반적으로 유동방향으로 유속이 저하하여 압력이 상승하는 장소에서는 경계층이 발달하여 박리현상이 생기기 쉽고, 유동 손실이 증가한다. 깃 배면의 출구측에서는 전향각이 클수록 이 경향을 취하기 쉽다. 또 충동깃에 비하여 반동깃에서는 유속이 증대하므로 경계층의 발달이 적고 유동 손실이 적다.

또한 깃에서의 유동 손실, 속도계수는 익렬 후류의 전압(全壓) 분포의 측정값으로부터 결정

된다. 전향각의 영향에 관하여는 이미 언급하였으나, 그 밖에 익렬의 형상비 등의 영향을 받는다.

그림 15-17은 속도계수 ψ와 피치와 깃폭의 비 p_b/b의 관계를 나타내는 측정 예이고, 전향각 $\theta = 120°$, $\beta_1' = \beta_2 = 30°$의 경우이다. 피치 p_b가 너무 작으면 벽면 마찰의 증가로, 또 너무 크면 유로 내의 유동이 흐트러지기 쉽고 모두 속도계수가 저하됨을 나타내고 있다.

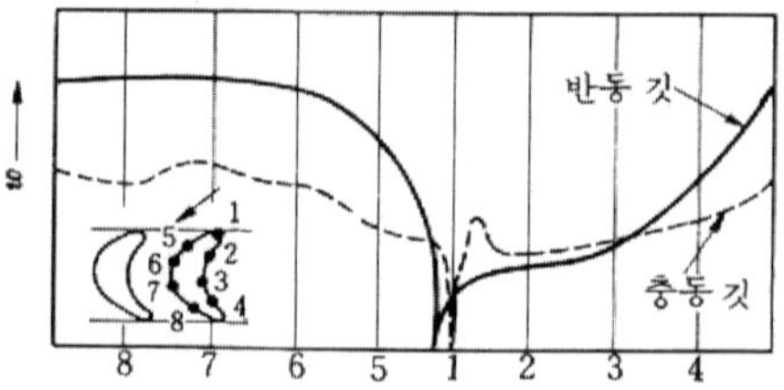

그림 15-16 깃주위의 속도 분포

그림 15-17에서 j는 깃 입구각 β_1'와 유입각 β_1과의 차, $j = \beta_1' - \beta_1$으로 표시한 영각(迎角)이며 깃 선단부를 둥그렇게 한 그림과 같은 깃에서는 이 영향이 비교적 적음을 알 수 있다.

또한 그림 15-18은 회전깃의 효율 $\eta_b (\fallingdotseq \psi^2)$와 깃의 종횡비(縱橫比, aspect ratio) l_b/C〔l_b : 깃길이, C : 현(弦)길이〕와의 관계를 나타내는 측정 결과이며, 깃길이가 작을 때는 측면의 영향으로 유동 손실이 현저히 증대함을 나타내고 있다.

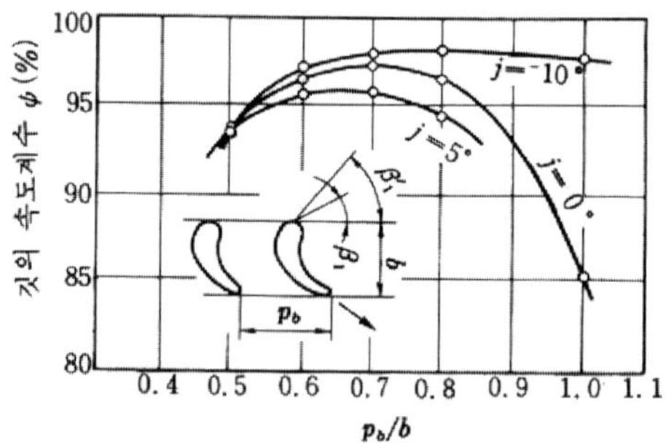

그림 15-17 깃의 속도계수

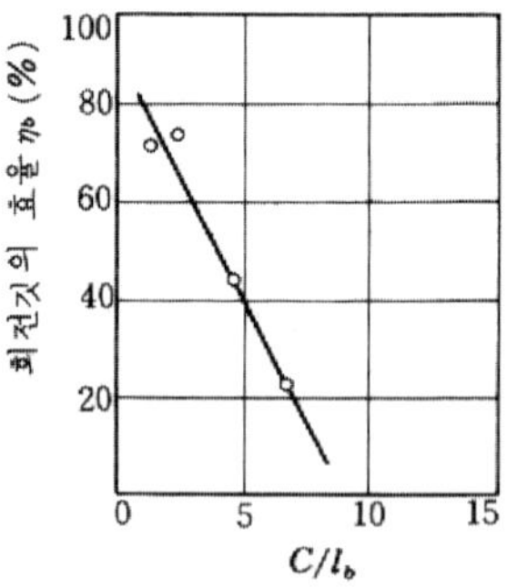

그림 15-18 깃효율과 종횡비

단의 선도효율

제 16 장

16-1 충동단의 선도효율

[1] 압력복식 충동단

압력복식 충동터어빈의 중간의 한 단을 생각하면 이 때의 증기의 상태변화는 그림 16-1과 같다. 앞선 단의 회전깃으로부터의 출구속도가 c_0이고 이 중 $\varepsilon_0 c_0$가 이 단에서 이용되는 것으로 하고, 이 단의 단열 열낙차를 $h_t = (i_0 - i_{1a})$로 쓰면 노즐로부터의 유출 속도는 식 (15-18)로부터

$$c_1 = \varphi\sqrt{\frac{2g_c}{A} h_t + (\varepsilon_0 c_0)^2}$$

이고, 증기는 노즐 출구각 α_1과 회전깃의 주속 u로 결정되는 유입각 β_1과 상대속도 w_1을 가지고 회전깃으로 유입한다. 이 증기는 등압유동을 하여 깃에 일을 전달하고 깃의 출구각 β_2의 방향으로 다음 식으로 주어지는 상대속도

$$w_2 = \psi w_1$$

을 가지고 유출한다. 따라서 이 때의 절대속도 c_2와 그 방향각 α_2는 속도선도(速度線圖)로부터 그림 16-2와 같이 결정된다.

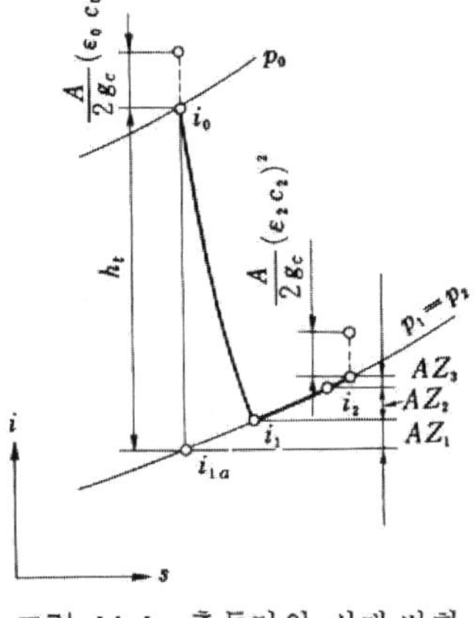

그림 16-1 충동단의 상태 변화

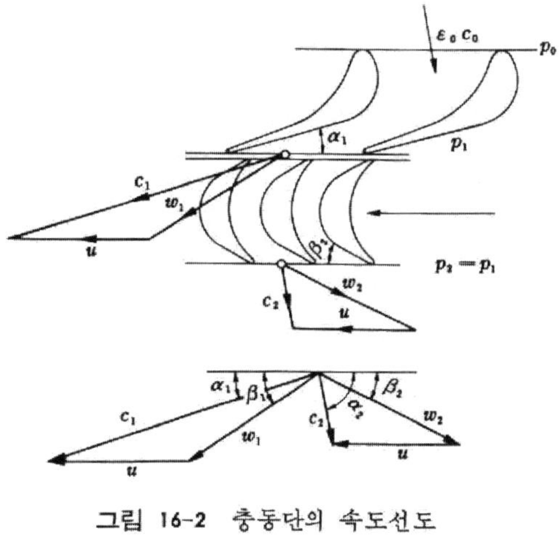

그림 16-2 충동단의 속도선도

따라서 증기가 1 kg 당 하는 일은 식 (15-25 a), 즉

$$L_d = \frac{u}{g_c}(c_1 \cos \alpha_1 + c_2 \cos \alpha_2)$$

이며, 이것은 속도선도로부터 다음과 같이 표시할 수가 있다.

$$\begin{aligned} L_d &= \frac{u}{g_c}(c_1 \cos \alpha_1 + \psi w_1 \cos \beta_2 - u) \\ &= \frac{u}{g_c}\left[c_1 \cos \alpha_1 - u + \psi(c_1 \cos \alpha_1 - u)\frac{\cos \beta_2}{\cos \beta_1}\right] \\ &= \frac{u}{g_c}(c_1 \cos \alpha_1 - u)\left(1 + \psi\frac{\cos \beta_2}{\cos \beta_1}\right) \end{aligned} \tag{16-1}$$

이 일량 L_d는 **선도**(線圖)**일**(diagram work) 또는 **주변**(周邊)**일**이라고 하며, 이 일과 이 단에서 이용 가능한 에너지와의 비를 **선도효율**(線圖效率, diagram efficiency) 또는 **주변효율**(周邊效率, circumferential efficiency)이라고 한다.

증기는 회전깃을 속도 c_2로 떠나므로 이 단의 유출 속도에 의한 에너지는 $\dfrac{Ac_2^2}{2g_c}$이다. 그러나 이 중에서 $\dfrac{A(\varepsilon_2 c_2)^2}{2g_c}$의 에너지는 이 단의 노즐 입구에서와 마찬가지로 다음 단에서 이용되므로 유출 속도에 의하여 생기는 손실은

$$AZ_3 = \frac{A}{2g_c}(1 - \varepsilon_2^2)c_2^2 \tag{16-2}$$

이다. 따라서 이 단에서 이용 가능한 에너지로서는 다음의 값을 사용하는 것이 타당하다.

$$\begin{aligned} h_{to} &= h_t + \frac{A}{2g_c}(\varepsilon_0 c_0)^2 - \frac{A}{2g_c}(\varepsilon_2 c_2)^2 \\ &= \frac{A}{2g_c}[c_{1a}^2 - (\varepsilon_2 c_2)^2] = \frac{A}{2g_c}\left[\left(\frac{c_1}{\varphi}\right)^2 - (\varepsilon_2 c_2)^2\right] \end{aligned} \tag{16-3}$$

따라서 이 경우의 선도효율은 다음 식으로 표시된다.

$$\eta_d = \frac{AL_d}{h_{to}} = \frac{2\varphi^2\xi(\cos \alpha_1 - \xi)\left(1 + \psi\dfrac{\cos \beta_2}{\cos \beta_1}\right)}{1 - \varphi^2\varepsilon_2^2(c_2/c_1)^2} \tag{16-4}$$

단, $\xi = u/c_1$이며 이를 **속도비**(velocity ratio)라고 한다. 충동단의 선도효율은 주로 이 속도비에 관계된다. 중간의 단에서의 속도 이용률 ε_0, ε_2의 값은 만약 단이 서로 밀접되어 있고 유로가 원활할 때는 0.80 ~ 0.90으로 놓으면 된다. 식 (16-4)에서 c_2/c_1은 속도선도로부터 ψ, ξ, α_1, β_1 및 β_2의 함수로 표시할 수 있다. *

또한 선도일은 이 단에서 이용 가능한 에너지로부터 노즐 손실, 회전깃 손실 및 유출 손실을 뺀 나머지와 같다. 즉 식 (15-19), (15-31 a), (16-2) 및 식 (16-3)으로

$$h_{to} - (AZ_1 + AZ_2 + AZ_3) = \frac{A}{2g_c}[(c_1^2 - c_2^2) - (w_1^2 - w_2^2)]$$

따라서 식 (15-26 a)로 명백하듯이

$$AL_d = h_{to} - (AZ_1 + AZ_2 + AZ_3) \tag{16-5}$$

* 그림 16-2의 속도 3각형으로부터 $w_1^2 = c_1^2 + u^2 - 2uc_1\cos\alpha_1$, $c_2^2 = w_2^2 + u^2 - 2w_2u\cos\beta_2$를 얻고 이로부터 $\left(\dfrac{c_2}{c_1}\right)^2 = \psi^2 - 2\psi\left(\psi + \dfrac{\cos \beta_2}{\cos \beta_1}\right)\cos\alpha_1 \cdot \xi + \left(1 + \psi^2 + 2\psi\dfrac{\cos \beta_2}{\cos \beta_1}\right) \cdot \xi^2$를 얻는다.

단식 충동터어빈의 경우와 같이 $c_0 = 0$, $\varepsilon_2 = 0$ 일 때 또는 압력복식 충동터어빈의 최종단의 경우와 같이 $\varepsilon_2 = 0$ 일 때, 즉 깃출구의 속도에너지가 모두 손실이 되는 경우 식 (16-4)는 다음과 같이 된다.

$$\eta_d = 2\varphi^2\xi(\cos\alpha_1 - \xi)\left(1 + \psi\frac{\cos\beta_2}{\cos\beta_1}\right) \tag{16-6}$$

그림 16-3은 선도효율과 속도비의 관계를 나타내는 계산 결과이다. 곡선 a는 $\beta_1 = \beta_2$로 한 등각(等角)깃에서 $\varepsilon_2 = 0$으로 한 경우이며 이 때의 선도효율은 $\xi = \cos\alpha_1/2$에서 최대값을 갖게 됨을 $d\eta_d/d\xi = 0$의 조건으로 쉽게 구할 수 있으며, 최대값은 다음 값이 된다.

$$\eta_{d\max} = 0.5\varphi^2\cos^2\alpha_1(1 + \psi) \tag{16-7}$$

곡선 b는 등각깃에서 $\varepsilon_2 = 1$로 하였을 때, 또 곡선 c는 β_2를 작게 하고 $\varepsilon_2 = 1$로 하였을 때이다.

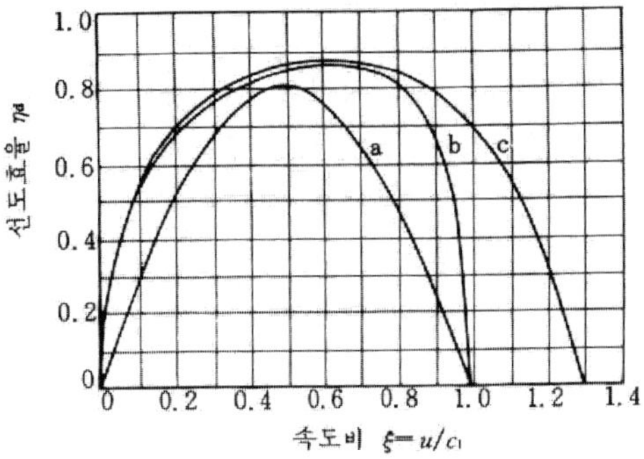

그림 16-3 충동단의 선도효율

선도효율이 최대가 되는 속도비, 즉 최량속도비는 유출 속도를 이용하는 경우에 높은 값이 된다. 또 이 때의 효율곡선은 최대값 근처에서 현저히 평평해져서 부하의 변화에 대하여도 유리하다. 터어빈이 저부하로 운전되는 경우 제 1 단 이외의 각 단의 단열 열낙차는 작아지므로 속도비가 커진다. 이 때문에 설계시 속도비를 최량속도비보다 작게 취하는 경우가 많다.

최량속도비 ξ_i는 일반적으로 위에서 말한 대로 $d\eta_d/d\xi = 0$의 조건으로 구해지나 $\varepsilon_2 \neq 0$인 경우 등각깃에 대한 계산식이 Leist에 의하여 다음과 같이 주어졌다.

$$\xi_i = C - \sqrt{C(C - \cos\alpha_1)},\quad C = \frac{1 - (\varphi\psi\varepsilon_2)^2}{\varphi^2\varepsilon_2{}^2(1 - \psi^2)\cos\alpha_1} \tag{16-8}$$

그림 16-4는 $\alpha_1 = 14°$, $\psi = 0.8$일 때의 속도계수 φ와 유출속도에너지의 이용률 ε_2가 최량속도비 ξ_i에 끼치는 영향을 나타내며, ξ_i는 ε_2의 감소와 더불어 작아지고 $\varepsilon_2 = 0$인 경우는 이미 위에서 말한 대로 φ와 무관계로 $\xi_i = \dfrac{1}{2}\cos\alpha_1$이 된다.

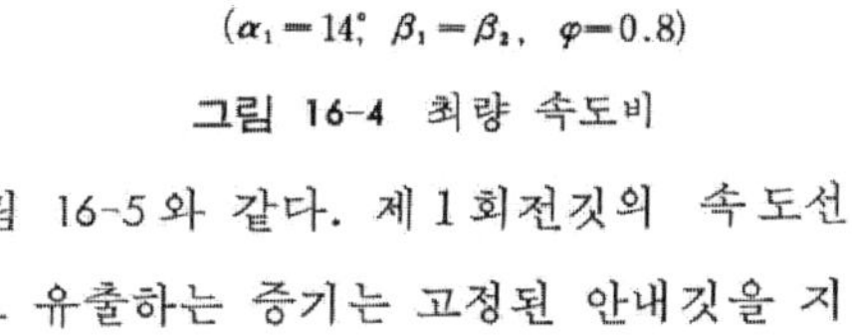

그림 16-4 최량 속도비

[2] 속도복식 충동단

2열 회전깃을 가지는 커어티스 단의 속도선도는 그림 16-5와 같다. 제 1 회전깃의 속도선도는 이미 위에서 말한 바와 같고, 이로부터 속도 c_2로 유출하는 증기는 고정된 안내깃을 지나 방향을 바꾸어 그 유출각 α_1'의 방향으로 속도 c_1'를 가지고 제 2 회전깃으로 유입한다. 제 2 회전깃에서의 속도선도는 제 1 회전깃과 똑같이 하여 결정된다. 또 제 1 회전깃, 안내깃 및 제 2 회전깃의 속도계수를 각각 ψ, ψ_0, ψ'라 하면

$$w_2 = \phi w_1, \ c_1' = \phi_0 c_2, \ w_2' = \phi' w_1'$$

이다.

이 단의 선도일은 제 1 회전깃에 하는 일과 제 2 회전깃에 하는 일의 합계이며

$$L_d = \frac{u}{g_c}[(c_1 \cos\alpha_1 + c_2 \cos\alpha_2) + (c_1' \cos\alpha_1' + c_2' \cos\alpha_2')]$$

따라서 속도복식단에서의 선도일은 일반적으로 다음의 식으로 표시할 수가 있다.

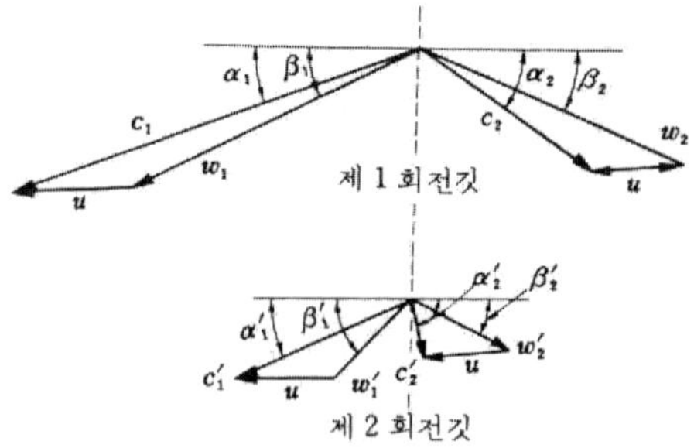

그림 16-5 속도복식 충동단의 속도선도

$$L_d = \frac{u}{g_c}\Sigma(c_1 \cos\alpha_1 + c_2 \cos\alpha_2) \tag{16-9}$$

일반적으로 $c_0 = 0$, $\varepsilon_2 = 0$, 이 단에서 이용 가능한 에너지는 $h_{to} = A(c_1/\varphi)^2/2g_c$ 이므로, 선도효율은 다음 식으로 표시된다.

$$\eta_d = \frac{2\varphi^2 u}{c_1{}^2}\Sigma(c_1 \cos\alpha_1 + c_2 \cos\alpha_2) \tag{16-10}$$

그림 16-6 은 등각깃에서의 선도효율과 속도비 u/c_1 와의 관계를 $\varphi = 0.95$ 로 하여 깃의 속도계수가 전향각에 따라 변화함을 고려하여 계산한 Stodola 의 결과이다. 이로부터 회전깃의 열수가 증가할수록 최대 효율은 저하하나 최량 속도비를 낮출 수 있다는 것과 전향각의 영향 때문에 최대 효율은 노즐 출구각 α_1 이 단일단에서는 10°, 2속단에서 17°, 3속단에서는 25° 일 때 가장 큰 것을 알 수 있다. 또 속도비가 작을 때는 다속단으로 하는 것이 유리하며 속도비가 약 0.27 이하이면 2속단, 0.13 이하이면 3속단으로 하는 것이 효율이 좋다.

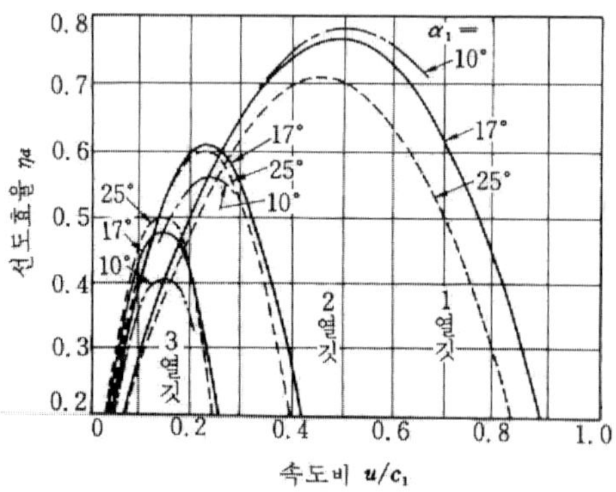

그림 16-6 충동단 (속도복식)의 선도효율

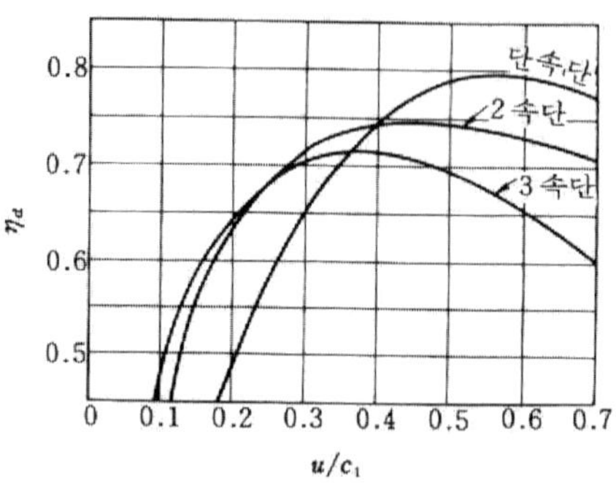

그림 16-7 속도복식단의 효율(비등각 깃의 경우)

주속 u 를 일정하게 하면 2속단(2열깃)의 커어티스 단에서는 단속단(단열깃)에 비하여 유입속도는 약 2배, 즉 소화시킬 수 있는 단열 열낙차는 약 4배가 된다. 따라서 터어빈의 최초의 단에 커어티스 단을 사용하여 큰 열낙차를 부담시키면 그 이후의 단수가 줄어들며 또 증기의 압력, 온도도 저하되므로 터어빈 전체의 설계를 용이하게 할 수 있다.

커어티스터어빈에서는 일반적으로 출구각을 입구각보다 작게 하는데, 그 이유는 등각깃을 사용할 때에 비하여 효율이 좋아지는 까닭이다. 이 경우 깃의 입구각은 무충돌 유입의 조건으로부터 결정한다. 또 출구각은 각 깃에 대하여 동일하게 하는 일이 많다. 이 경우에 효율의 변화를 수식만으로 음미하기는 곤란하므로 도식 계산을 병용하여야 한다. 그림 16-7은 이 경우에 대한 Stodola의 계산 결과이다.

그림 16-6과 비교할 때 2속단, 3속단에서 효율의 극대값이 보다 높고 또 극대값 근처에서 곡선이 편평함을 알 수 있다.

16-2 반동단의 선도효율

[1] 축류반동단

다단 축류 반동터어빈의 도중의 임의의 한 단을 생각한다. 이 단에서의 상태 변화는 그림 16-8과 같으며, 증기는 고정깃 내에서 압력 p_0부터 p_1까지 팽창하고 회전깃 내에서 다시 p^2까지 팽창한다. 이 단의 단열 열낙차 $h_t=(i_0-i_{0a})$와 회전깃에서의 단열 열낙차 $h_b=(i_1-i_{2a})\fallingdotseq(i_{1a}-i_{0a})$와의 비, 즉

$$r=h_b/h_t \tag{16-11}$$

를 **반동도**(反動度, degree of reaction)라고 한다.

그림 16-9는 이 속도선도의 한 예이며 고정깃부터의 유출 속도는

$$c_1=\varphi\sqrt{\frac{2g_c}{A}(1-r)h_t+(\varepsilon_0 c_0)^2}$$

또 회전깃부터의 유출 상대속도는 식 (15-30 a)로부터

$$w_2=\psi\sqrt{\frac{2g_c}{A}rh_t+w_1{}^2}$$

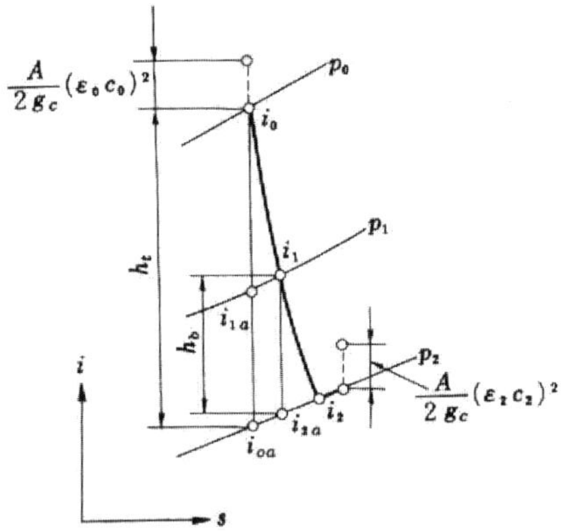

그림 16-8 반동단의 상태변화

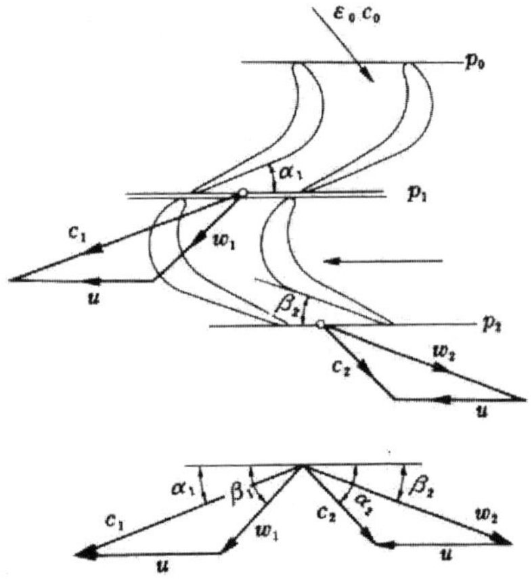

그림 16-9 축류 반동단의 속도선도

이 경우의 선도일은

$$L_d = \frac{u}{g_c}(c_1 \cos \alpha_1 + c_2 \cos \alpha_2) = \frac{u}{g_c}(c_1 \cos \alpha_1 + w_2 \cos \beta_2 - u) \quad (16\text{-}12)$$

이며, 이 단에서 이용 가능한 에너지는

$$h_{t0} = h_t + \frac{A}{2g_c}(\varepsilon_0 c_0)^2 - \frac{A}{2g_c}(\varepsilon_2 c_2)^2 = (1-r)h_t + \frac{A}{2g_c}(\varepsilon_0 c_0)^2 + rh_t - \frac{A}{2g_c}(\varepsilon_2 c_2)^2$$

$$= \frac{A}{2g_c}\left[\left(\frac{c_1}{\varphi}\right)^2 + \left(\frac{w_2}{\psi}\right)^2 - w_1^2 - (\varepsilon_2 c_2)^2\right] \quad (16\text{-}13)$$

따라서 이 때의 선도효율은

$$w_1^2 = c_1^2 + u^2 - 2uc_1 \cos \alpha_1$$

임을 고려하여 다음 식으로 표시된다.

$$\eta_d = \frac{2\xi\left(\cos \alpha_1 + \dfrac{w_2}{c_1}\cos \beta_2 - \xi\right)}{\left(\dfrac{1}{\varphi^2} - 1\right) + \dfrac{1}{\psi^2}\left(\dfrac{w_2}{c_1}\right)^2 - \xi^2 + 2\xi \cos \alpha_1 - \varepsilon_2^2\left(\dfrac{c_2}{c_1}\right)^2} \quad (16\text{-}14)$$

이것은 속도비 $\xi = u/c_1$와 반동도(反動度)에 관계 되는 w_2/c_1에 의하여 변화한다. 반동단에서는 고정깃과 회전깃을 가깝게 접근시켜 배치함으로써 근사적으로 $\varepsilon_0 = \varepsilon_2 = 1$로 놓아도 된다. 그림 16-10은 여러 가지의 반동단에서의 선도효율과 속도비의 관계를 보인 예이며, 이로부터 최량 속도비는 반동도를 증대시킬수록 큰 값으로 옮아가는 것을 알 수 있다.

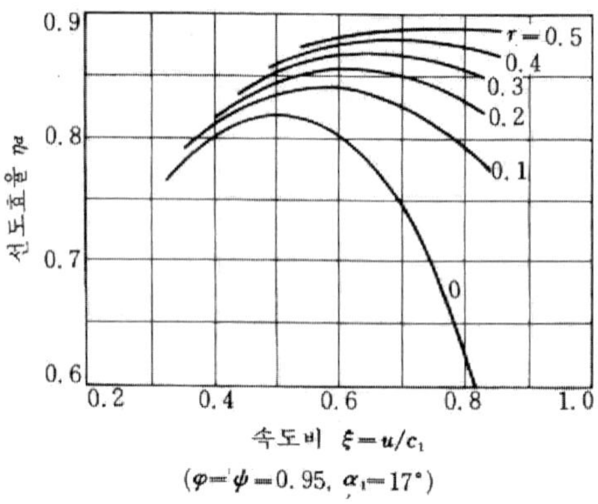

그림 16-10 축류반동단의 선도효율

파아슨즈 터어빈에서는 동일 단면의 고정깃과 회전깃을 사용하는 것이 보통이며, 이 때의 반동도는 $r = 0.5$이다.

즉 $\alpha_1 = \beta_2$, 또 $\varepsilon_0 = \varepsilon_2 = 1$ 이므로

$$\varphi = \psi, \quad c_0 = c_2$$

로 놓으면 입구와 출구에서의 속도선도는 대칭이 되어

$$c_1 = w_2, \qquad c_2 = w_1$$

이 되고, 이 때의 선도효율은

$$\eta_d = \frac{2\xi(2\cos \alpha_1 - \xi)}{\left(\dfrac{1}{\psi^2} - 1\right) + \dfrac{1}{\psi^2} - \xi^2 + 2\xi \cos\alpha_1 - \left(\dfrac{c_2}{c_1}\right)^2}$$

또 $(c_2/c_1)^2 = (w_1/c_1)^2 = 1 + \xi^2 - 2\xi \cos \alpha_1$

$1/\psi^2 - 1 = \zeta$로 놓으면

$$\therefore \eta_d = \frac{\xi(2\cos \alpha_1 - \xi)}{\xi(2\cos \alpha_1 - \xi) + \zeta} \quad (16\text{-}15)$$

이 선도효율은 $\xi = \cos \alpha_1$에서 최대값

$$\eta_{d\max} = \frac{\cos^2 \alpha_1}{\cos^2 \alpha_1 + \zeta} \quad (16\text{-}16)$$

을 가짐을 쉽게 알 수 있다. 즉 최량 속도비는 $\cos\alpha_1$ 이며 전술한 단식충동단의 경우의 2배가 된다. 따라서 이 최량 속도비를 취하는 경우, 이 터어빈에서 소화할 수 있는 단열 열낙차는 동일한 주속을 가지는 충동터어빈에 비하여 고정깃에서는 약 1/4, 단 전체로서는 약 1/2이므로 다수의 단을 필요로 하게 된다. 단, 파아슨즈터어빈의 선도효율은 그림 16-10으로 명백하듯이 최량 속도비 근처에서 매우 평탄한 곡선이 되기 때문에 실제로는 최량 속도비보다 상당히 낮은 속도비를 취할 수 있다.

일반적으로 사용되는 속도비는 충동터어빈의 약 1.5배, 즉 $\xi = 0.6 \sim 0.7$ 정도이다. 그림 16-11은 반동도가 0.5일 때 $\alpha_1 = 17°$ 의 경우 $\zeta = 0.1 \sim 0.6$ 에 대하여 구한 η_d 와 ξ 의 관계이다.

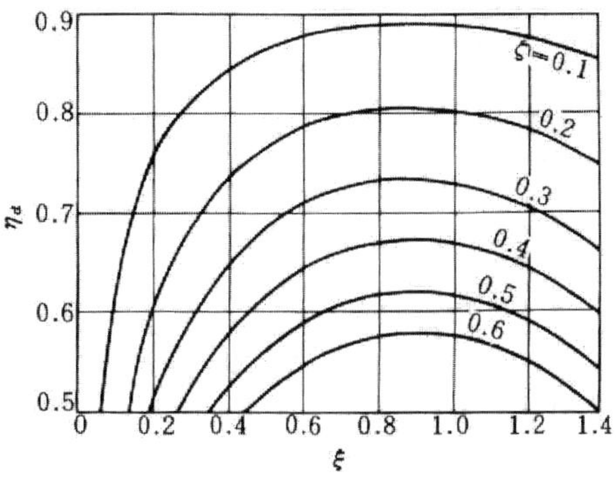

그림 16-11 파아슨즈 단의 선도효율

[2] 반경류 반동단

대표적인 것으로서 융스트롬 터어빈의 하나의 회전깃을 생각하기로 한다. 이것은 서로 반대방향으로 회전하는 깃으로만 구성되어 있으므로 반동도 $r = 1$ 이다. 속도선도는 그림 16-12와 같으며, 앞선 회전깃으로부터 상대속도 w_0 로 유출하는 증기는 이 회전깃에 $\varepsilon_0 c_0 = c_1$ 과 깃 입구의 주속 u_1 으로 결정되는 상대속도 w_1 으로 유입하여 깃 출구각 β_2 의 방향으로 상대속도 w_2 로 유출한다. 단열 열낙차를 h_t 라 하면 이 값은 식 (15-30)으로부터

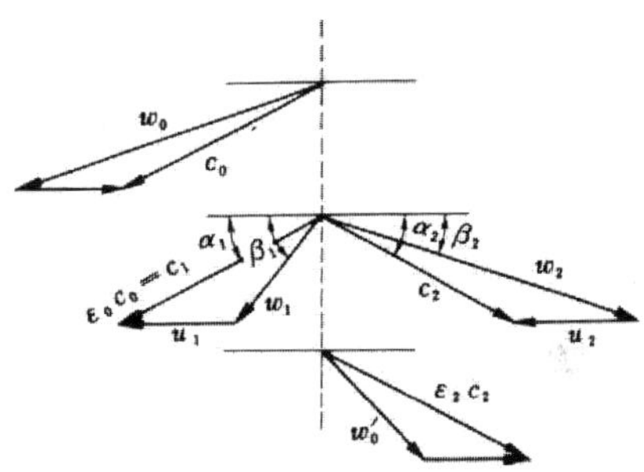

그림 16-12 융스트롬 단의 속도선도

$$w_2 = \psi\sqrt{\frac{2g_c}{A}h_t + w_1^2 + (u_2^2 - u_1^2)}$$

이다. 따라서 증기의 유출 절대속도는 출구 주속 u_2 로 결정되는 c_2 이며 다음의 회전깃에 속도 $\varepsilon_2 c_2$, 상대속도 w_0' 를 가지고 유입한다.

이 선도일은 식 (15-25), 즉

$$L_d = \frac{1}{g_c}(u_1 c_1 \cos\alpha_1 + u_2 c_2 \cos\alpha_2)$$

로 표시된다. 또 도중의 회전깃에서는 $\varepsilon_0 = \varepsilon_2 = 1$ 로 놓을 수 있으므로 이 깃에서 이용 가능한 에너지는

$$h_{t0} = h_t + \frac{A}{2g_c}c_1^2 - \frac{A}{2g_c}c_2^2 = \frac{A}{2g_c}\left[\left(\frac{w_2}{\psi}\right)^2 - w_1^2 - (u_2^2 - u_1^2) + (c_1^2 - c_2^2)\right] \tag{16-17}$$

이다. 따라서 선도효율은 다음 식으로 구할 수 있다.

$$\eta_d = \frac{2(u_1 c_1 \cos\alpha_1 + u_2 c_2 \cos\alpha_2)}{(c_1^2 - c_2^2) + \left(\frac{w_2}{\psi}\right)^2 - w_1^2 - (u_2^2 - u_1^2)} \tag{16-18}$$

선도효율의 값은 속도비에 따라 다르다. 최량 속도비는 깃의 형상 및 주속도 u_1, u_2의 관계에 따라 달라진다.

단수가 상당히 많을 때는 입구 반지름 r_1에 비하여 깃의 나비 $r_2 - r_1$이 작아 근사적으로 $u_1 \approx u_2$로 놓을 수 있다. 이 때 동일 단면형의 깃을 사용하면 입구와 출구에서의 속도 3각형이 같아지고

$$c_1 = c_2, \qquad w_0 = w_2, \qquad w_1 = w_0', \qquad \alpha_1 = \alpha_2$$

가 된다.

이러한 경우 선도효율은 속도비 $u_1/c_1 = 1$에서 최대값을 가진다.

증기터어빈의 제손실과 성능

제 17 장

17-1 내 부 손 실

[1] 내 부 효 율

증기터어빈에서 발생하는 각종의 에너지 손실은 내부손실과 외부손실로 대별된다. 내부손실으로는 이미 설명한 노즐 손실, 회전깃 손실, 유출 속도 손실 외에 증기의 내부 누설손실 (interstage leakage loss), 습분에 의한 손실 및 회전 깃바퀴의 회전손실이 있다.

이들을 각각 $AZ_1, AZ_2, \ldots, AZ_6$[kcal/kg]이라 하고 이 단에서 이용 가능한 에너지를 h_{t0}[kcal/kg]라 하면, 이 단에서 증기 1 kg 마다 순수하게 일로 변환되는 에너지는

$$AL_i = h_{t0} - (AZ_1 + AZ_2 + \cdots + AZ_6) \quad (17\text{-}1)$$

으로 표시된다.

이 일 L_i를 이 단의 **내부일**(internal work)이라 하고, 이 비율

$$\eta_i = \frac{AL_i}{h_{t0}} \quad (17\text{-}2)$$

를 단 **내부효율**(段內部效率) 또는 **단효율**(段效率, stage efficiency)이라 한다.

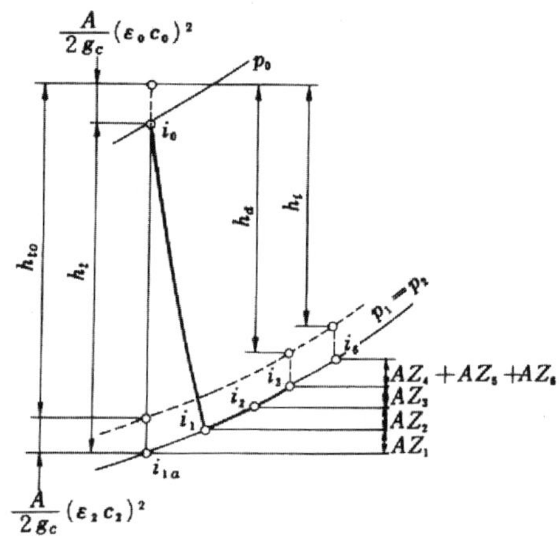

그림 17-1 충동단의 상태 변화

전술한 선도일은 이미 말한 대로

$$AL_d = h_{to} - (AZ_1 + AZ_2 + AZ_3) \quad (17\text{-}3)$$

이며, 이는 $h_{t0} = h_t + A(\varepsilon_0 c_0)^2/2g_c - A(\varepsilon_2 c_2)^2/2g_c$ 이므로 그림 17-1과 같이 몰리에르 선도상에서 h_d로 표시되며, 선도효율은 다음과 같이 된다.

$$\eta_d = \frac{AL_d}{h_{t0}} = \frac{h_d}{h_{t0}} \quad (17\text{-}4)$$

따라서 단의 내부일은 다음 식

$$AL_i = AL_d - (AZ_4 + AZ_5 + AZ_6) \quad (17\text{-}5)$$

으로 주어지며, 이 단출구의 증기 상태는 압력 p_2선상의 i_6의 점으로 표시된다.

또 단효율은 식 (17-4)와 마찬가지로 다음 식으로 표시된다.

$$\eta_i = h_i / h_{t0} \tag{17-6}$$

또한 반동단에서는 $p_2 < p_1$ 이지만, 위의 관계는 이 경우에도 그대로 적용된다.

[2] 내부 누설손실

이 손실에는 충동단의 구획판과 터어빈 축간의 틈새, 반동단의 깃선단과 회전동 및 차실간의 틈새 등에서의 증기의 누설이 포함된다.

충동단의 구획판의 전후에는 압력차가 있으므로 구획판과 회전축과의 틈새로부터 증기가 누설되어 손실이 생긴다. 이 부분에서 누설량을 줄이기 위해 그림 17-2와 같이 휜(fin)을 붙여서 틈새를 작게 하고, 틈새가 작은 곳과 큰 곳을 교대로 만든 래비린드 패킹(labyrinth packing)을 둔다. 래비린드 패킹의 원리는 교축작용으로 증기가 압력 p_1 의 곳으로부터 압력 p_0 의 곳으로 흐르는 경우 압력은 그 좁은 곳을 지날 때마다 강하하여 속도를 증가하고 그 다음 넓은 곳에서 와류(渦流)에 의하여 속도에너지를 잃는다. 차례로 이와 같이 하여 AB'BC'CD'DE'E와 같은 변화를 하며 압력 p_0 까지 강하한다. 따라서 일정한 압력강하($p_1 - p_0$)에 대하여 돌기수(突起數)가 많을수록 1돌기마다의 압력 강하가 작아져서 유량이 감소된다. 상태 A, B, C, D 등에서의 엔탈피는 거의 동일하다. 누설량에 대하여는 몇 가지의 계산식이 있으나 흔히 사용되는 Stodola의 식을 들면 다음과 같다. 지금 틈새의 면적을 $f = \pi d \delta$(회전축의 바깥지름을 d [m], 휜과의 틈새를 δ [m]), 휜의 수를 z, 고압측 증기의 압력을 p_1 [kgf/m²], 비체적을 v_1 [m³/kg], 저압측압력을 p_0 [kgf/m²]라 하면, 누설량 ΔG [kg/s]는 다음 식으로 구해진다.

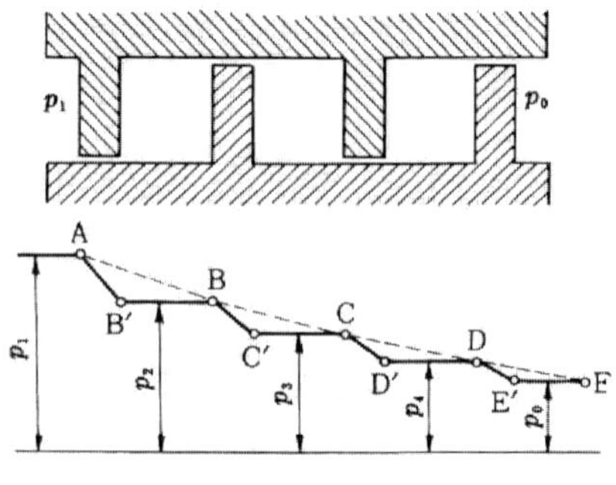

그림 17-2 래비린드 패킹

$$\Delta G = \mu f \sqrt{\frac{g_c (p_1^2 - p_0^2)}{z p_1 v_1}} \tag{17-7}$$

단, 전후의 압력차가 클 경우에는 최종의 휜의 전후의 압력차가 임계압력비 이하가 될 때가 있다. 이들이

$$p_0 \leqq p_c = 0.85 p_1 / \sqrt{z + 1.5}$$

일 때의 누설량은 다음 식으로 구해진다.

$$\Delta G = \mu f \sqrt{\frac{gc}{z + 1.5} \cdot \frac{p_1}{v_1}} \tag{17-8}$$

여기서 μ 는 유량계수이며, 교축부에서 발생한 속도의 일부가 다음의 교축부(틈새가 작은 곳)에까지 잔류하는 경우는 $\mu > 1$ 이고, 교축부에서 심한 유동수축을 발생할 때는 $\mu < 1$ 이 되어 일반적으로는 $\mu \fallingdotseq 1$ 로 볼 수 있다. 또 Martin은 식 (17-7)에 대하여 다음 식

$$\Delta G = \mu f \sqrt{\frac{p_1 g_c}{v_1}} \sqrt{\frac{1 - (p_1/p_0)^2}{z + \ln(p_1/p_0)}} \tag{17-9}$$

을 주고 있다. 휜의 수가 적을 때는 이 식이 오차가 적다. 또 틈새의 크기는 일반적으로 $\delta \fallingdotseq d/1000$ 이며 0.2~0.5 mm 정도이다.

반동단에서는 고정깃뿐 아니라 회전깃에서도 전후에 압력차가 있으므로 이들의 깃선단의 틈새를 증기가 흐르기 때문에 손실이 생긴다. 그림 17-3 과 같이 깃의 높이를 l, 피치원 지름을 D, 깃 출구각을 β_2, 틈새의 폭을 δ 라 하면 깃 내의 증기의 통로 면적은 $\pi Dl \sin\beta_2$, 틈새에서의 통로 면적은 $\pi(D+l)\delta \fallingdotseq \pi D\delta$ 이다. 따라서 누설량의 비율은 면적비로부터 근사적으로 다음과 같이 구할 수 있다.

$$\frac{\Delta G}{G} = \zeta \frac{\delta}{l \sin\beta_2 + \delta}$$

$$\therefore \Delta G = G \cdot \zeta \Big/ \left(1 + \frac{l}{\delta}\sin\beta_2\right) \qquad (17\text{-}10)$$

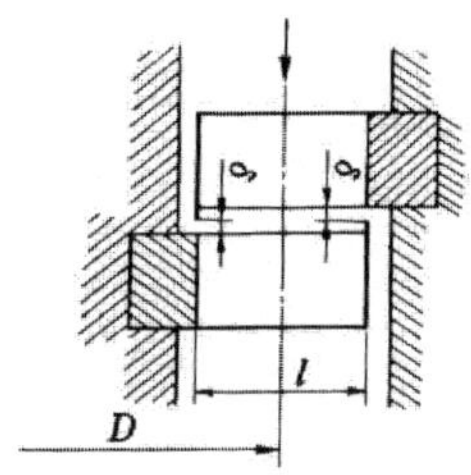

그림 17-3 반동단

이 식의 ζ 는 수정계수이며 실험적으로 1.5~2.0 정도의 값을 갖는 것으로 알려져 있다.

틈새비 δ/l 의 값 1 % 마다 단효율이 약 3~4 % 저하하므로 깃의 높이 l 이 작은 고압부의 반동단에서는 이 손실이 적지 않은 값에 달한다.

어떤 단에서의 전 증기유량을 G 라 하면, 이들 내부 누설손실은 다음 식으로 구해진다.

$$AZ_4 = (\Delta G/G)h_d \qquad (17\text{-}11)$$

[3] 습분손실

습증기의 영역에서 작동하는 단에서는 증기 중에 포함된 물방울에 의한 손실을 받는다. 이는 주로 노즐 출구에서의 증기와 물방울의 유속이 같지 않고, 물방울 속도가 느리기 때문에 깃의 배면(背面)에 충돌하여 제동작용을 끼치는 데 연유된다.

이리하여 증기 건조도가 1 % 저하할 때마다 약 1 % 의 효율 저하를 가져온다는 것이 경험적으로 알려져 있다. 따라서 습분손실은 단에서의 평균의 증기 건조도를 x_m 이라 하면 근사적으로 다음 식으로 표시할 수 있다.

$$AZ_5 = (1 - x_m)h_d \qquad (17\text{-}12)$$

[4] 회전손실

이에는 깃바퀴가 증기 속에서 회전함으로써 생기는 **원판 회전손실**(disc rotation loss)과 회전깃의 일부에만 증기를 보내는 경우, 즉 증기의 부분 송입을 하는 경우에 증기를 받지 않는 깃이 차실 내 증기를 교반(攪拌)함으로써 생기는 **선풍손실**(扇風損失, ventilation loss)이 있다. 이 회전손실에 대한 Stodola 의 실험식은 다음과 같다.

$$N_r = \alpha\lambda[1.46D^2 + 0.83(1-\varepsilon)Dl^{1.5}]\left(\frac{u}{100}\right)^3 \cdot \frac{1}{v} \text{ [PS]} \qquad (17\text{-}13)$$

이의 제 1 항은 원판 회전손실, 제 2 항은 선풍손실을 나타낸다. D 는 회전깃에서의 피치원의 지름 [m], ε 는 깃전주(全周)에 대한 증기 부분 송입부의 비율, l 은 회전깃의 높이 [cm], u 는 평균주속(피치원의 주속) [m/s], v 는 주위의 증기의 비체적 [m^3/kg] 이다. 또한 λ 는 증기 상태에 관계되는 계수이며 과열증기에 대하여 1.0~1.2 이며, 온도가 높을수록 작은 값을 취하고 습증기에 대하여는 1.3∼1.5이다. 또 α는 원판 주위의 넓이에 관계되는 계수이며, 주위가 개방되어 있을 때는 1, 실제의 차실 내에서는 1/2∼1/4이 된다.

따라서 회전손실에 의한 손실 열낙차는 다음 식으로 구해진다.

$$AZ_6 = \frac{75}{427} \cdot \frac{N_r}{G} \text{ [kcal/kg]} \tag{17-14}$$

반동단에서 회전동을 사용하는 경우의 회전손실은 극히 적으므로 무시해도 된다. 2열 회전깃을 갖는 커어티스 단의 선풍손실은 윔식 중의 선풍손실의 약 1.25배 정도가 된다. 또한 선박용 터어빈에서는 전진 중에 후진터어빈이 역방향으로 공전하기 때문에 회전손실을 받는다. 이 손실은 전진터어빈의 최대 출력의 0.5∼1.0% 정도이다.

17-2 내부효율과 재열계수

다수의 단으로 구성되는 증기터어빈에서의 증기의 상태 변화는 몰리에르 선도(Mollier diagram)상에서 그림 17-4와 같이 표시된다.

증기터어빈 전체로서 생각할 때는 터어빈의 최초의 단으로의 입구 속도는 0, 또 터어빈 최종단의 출구 속도는 이용되지 않기 때문에 터어빈에서 이용 가능한 에너지는 단열 열낙차 $H_t = (i_a - i_{a0})$이며, 터어빈 내부에서 일로 변환된 에너지는 $H_i = (i_a - i_b)$로 표시된다. 따라서 터어빈 내부효율(internal efficiency)은 다음 식으로 표시된다.

$$\eta_{it} = H_i/H_t = \Sigma\, h_i/H_t \tag{17-15}$$

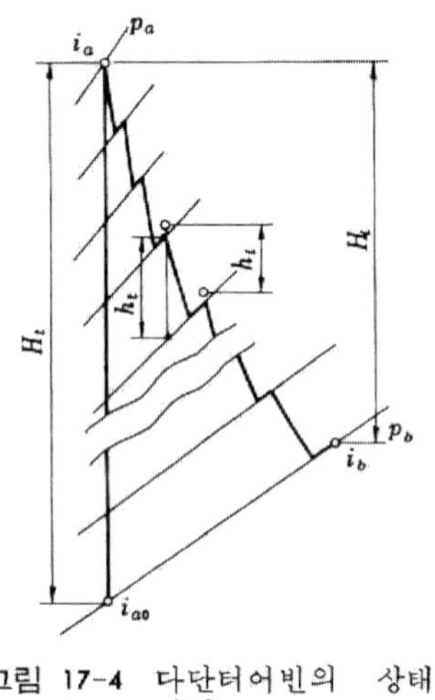

그림 17-4 다단터어빈의 상태 변화

단, 각 단에서의 단열 열낙차의 총계 Σh_t와 H_t는 같지 않다. 이것은 몰리에르 선도에서 분명하듯이 등압선이 평행하지 않고 온도가 높은 쪽으로 갈수록(오른쪽일수록) 벌어지고 있기 때문이며, 이 양자의 비

$$\mu = \Sigma h_t/H_t \tag{17-16}$$

를 **재열계수**(再熱係數, reheat factor)라고 한다.

이것은 항상 1보다 크고 일반적으로 1.02∼1.10의 범위이며, 상태 변화의 곡선이 오른쪽으로 처질수록, 즉 단효율이 나쁠수록, 또 단의 수가 많을수록 큰 값을 가지게 된다.

이상과 같이 $\Sigma h_t > H_t$가 되므로 내부효율 η_{it}는 각 단의 단효율 η_i보다도 약간 큰 값을 갖는다. 식 (17-6)을 대입하면

$$\eta_{it} = \Sigma h_i/H_t = \Sigma\,(\eta_i h_{t0})/H_t$$

만약 각 단의 단효율이 같다고 하면, 각 단에서 이용 가능한 에너지의 총계와 각 단의 단열 열낙차의 총계는 같고, $\Sigma h_{t0} = \Sigma h_t$이므로 다음의 관계를 얻는다.

$$\eta_{it} = \eta_i\, \Sigma\, h_{t0}/H_t = \eta_i\, \Sigma\, h_t/H_t = \mu\eta_i \tag{17-17}$$

각 단의 선도효율은 속도비 $\xi = u/c_1$에 따라 변화하고, 이미 설명한 대로 단의 형식에 따라 최량 속도비가 존재한다. 이와 마찬가지로 터어빈 전체의 효율은 다음 식으로 표시되는 파아슨즈수(Parson's number)

$$K = \frac{\sum u^2}{\sum h_t} = \frac{\sum u^2}{\mu H_t} \tag{17-18}$$

의 영향을 받으며, 터어빈 형식에 따라 각각 최량값이 존재한다. 단, $\sum u^2$은 각 단의 주속의 제곱의 총계이다. 파아슨즈수의 최량값은 각 단의 반동도가 클수록 커지며, 축류터어빈에서의 이 값은 약 2000∼3500이다. 설계에 있어서는 이 값으로부터 깃바퀴의 피치원의 지름이나 단수의 대략의 예측을 할 수가 있다.

일반적으로 사용되는 파아슨즈수의 값은 충동터어빈에서는 1800∼2400, 파아슨즈 터어빈에서 2500∼3500의 범위이다. 지금 터어빈의 단수를 z, 전단(全段)의 회전깃의 평균지름을 D_m, 회전수를 n [rpm]이라 하면

$$\sum u^2 = zD_m^2(\pi n/60)^2$$

이므로, 윗식으로부터

$$zD_m^2 = K\mu H_t/(\pi n/60)^2 \tag{17-19}$$

따라서 터어빈의 입구, 출구의 증기조건과 회전수가 주어지면 μ를 예상하여 K를 적절히 선정함으로써 단수 z와 평균 지름 D_m의 관계가 정해진다. 즉 D_m을 크게 잡으면 $z \propto 1/D_m^2$의 관계로 단수가 적어도 된다. 또한 단수 z는 터어빈의 축방향 길이를 대표하므로 zD_m^2은 터어빈의 크기를 나타낸다. 따라서 윗식으로 터어빈 크기는 회전수의 제곱에 역비례함을 알 수 있다.

17-3 외 부 손 실

외부손실로는 증기의 외부 누설손실, 방열손실, 베어링 마찰손실, 그 밖에 기름 펌프나 조속기를 구동하기 위한 동력 등을 들 수 있다.

외부 누설손실(external leakage loss)은 터어빈 축의 차실을 관통하는 부분에서의 누설에 의한 것이다. 이 부분에는 래비린드 패킹을 두는 것이 보통이며, 여기서의 누설량은 식 (17-9)나 식(17-8)로 구할 수 있다. 이 누설 증기가 가지는 에너지는 전부 손실이 된다.

방열손실은 차실로부터 외부로 방산되는 열로 인한 손실이며 일반적으로는 무시될 수 있는 작은 값이다.

베어링 마찰손실, 기름 펌프나 조속기에 요하는 동력 등은 회전수가 일정하면 부하와는 거의 관계가 없으며, 이들을 합하여 **기계손실(機械損失, mechanical loss)**이라고 한다. 때로는 **공전손실(空轉損失)**이라고 할 때도 있다. 이는 증기터어빈의 외부손실의 대부분을 차지하며, 터어빈 출력이 작을수록 이 손실 비율은 커진다. Flügel은 단실터어빈의 기계손실을 다음과 같이 주고 있다.

정규출력 [kW]	>15000	5000∼15000	1000	500	200	100
기계손실 [%]	1∼2	1.5∼2.5	2.5∼3.0	3∼6	5∼10	6∼12

그림 17-5는 대용량 터어빈의 정규 출력과 기계 손실과의 관계를 표시한다. 다실터어빈의 기계손실은 단실터어빈보다 크다. 이는 주로 베어링수가 많기 때문이다. 기계 손실은 또 회전수에 따라서도 다르며, 회전수 n이 변화하는 경우에는 대략 $(n/n_0)^k$에 비례하여 변화한다. 여기서 n_0는 정규 회전수, k는 정수이며 그 값은 1.5~2.0이다.

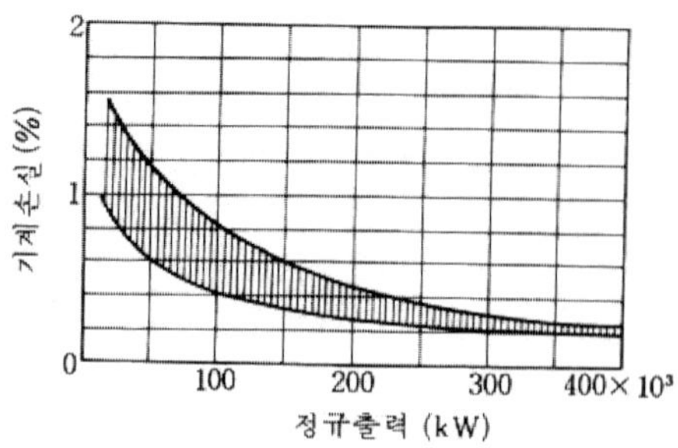

그림 17-5 기계손실

증기터어빈의 내부에서 이루어지는 일은 유량을 G[kg/s]라 하면 식 (17-15)로 $GH_i = \eta_{it}GH_t$이며, 이것으로부터 외부손실을 뺀 것이 터어빈 축단(軸端)에서 얻게 되는 **유효(有效) 일**(effective work)이다. 증기 1 kg 당의 유효일의 에너지를 H_e라 하면 유효일은 GH_e로 표시되고, 이와 내부일과의 비

$$\eta_m = H_e/H_i \tag{17-20}$$

를 **기계효율**(機械效率, mechanical efficiency)이라고 한다.

17-4 터어빈 효율과 출력

터어빈 축단에서 얻게 되는 유효일과 터어빈에서 이용 가능한 에너지와의 비, 즉

$$\eta_e = H_e/H_t = \eta_{it}\eta_m \tag{17-21}$$

을 **유효 효율**(有效效率, effective efficiency)이라고 한다. 이는 터어빈의 완전도를 나타내는 양이며 **터어빈 효율**(turbine efficiency)이라고도 한다. 터어빈 효율의 값은 여러 가지의 조건, 특히 터어빈 출입구의 증기 상태에 따라 변화하나 정격부하시의 효율과 출력의 관계를 표시하면 대략 그림 17-6과 같다.

터어빈 입구의 증기상태와 출구 압력이 정해지면 유효일 $N_e = GH_e = \eta_e GH_t$로부터 소요 증기유량을 추정할 수 있다. 다만 H_t의 결정, 즉 터어빈 입구 증기의 압력, 온도의 선정에 있어서 터어빈 출구 증기의 건조도에 주의를 요한다. 터어빈의 저압단에서 증기 중에 물방울을 수반하게 되면 단의 내부효율이 저하되고 회전깃 수명도 단축되므로 터어빈 배기 중의 습도를 10~12 % 정도로 억제하는 것이 필요하며, 터어빈 입구 증기의 압력과 온도의 관계는 이로부터 정해진다.

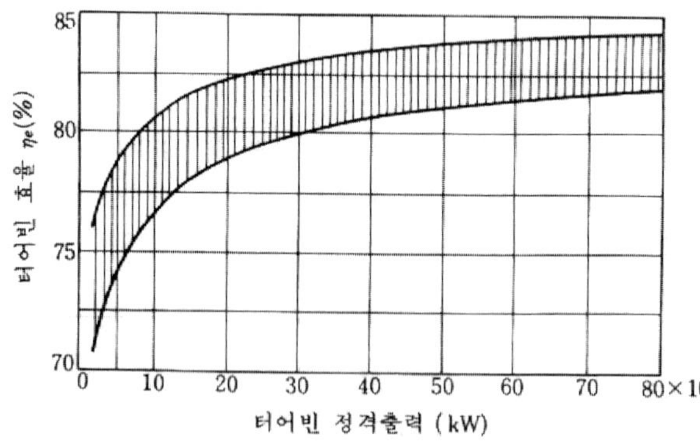

그림 17-6 터어빈 효율

그림 17-7은 배기압력을 0.05 kgf/cm²abs로 하고 배기의 습도를 12 %로 제한할 때의 입구 증기의 압력과 온도의 관계를 여러 가지의 터어빈 내부 효율에 대하여 표시한 것이다. 터

어빈 플랜트로서의 열효율을 높이려면 고온 고압 증기를 사용해야 하며 그림 17-7에서 보듯이 입구 압력을 높일수록 입구 온도도 높이는 것이 필요하다. 그러나 이 온도는 이미 보일러에서 설명한 대로 과열기나 터어빈 고압부의 내열 재료의 관점에서 제한을 받아 약 550 °C 이하로 억제된다. 따라서 100 kgf/cm²abs 정도 이상의 고압증기를 사용하는 경우에는 배기의 습도를 제한하기 위하여 증기의 재열이 필요하게 된다.

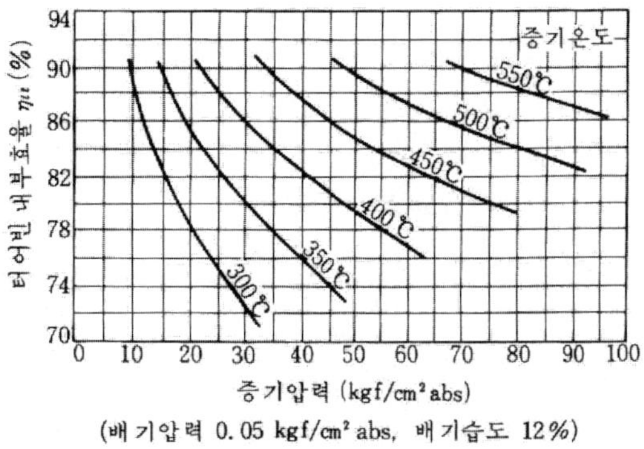

그림 17-7 입구 증기의 압력과 온도의 관계

또한 증기터어빈의 입구 증기상태는 일반적으로 터어빈 주스톱밸브(main stop valve) 직전의 상태로 지정된다. 따라서 이상에서 말한 입구 상태와 실제로 지정하는 입구 상태와의 사이에는 스톱 밸브, 조속기로 움직여지는 가감(加減)밸브 등을 지나 증기실로 들어가기까지의 압력손실이 있다. 이 압력 강하는 스톱 밸브 전 압력의 약 5 % 정도이며, 이 사이의 상태 변화는 대략 등(等)엔탈피로 생각할 수 있다.

터어빈의 출력은 축단이 아니라, 발전용 터어빈의 경우는 발전기단(發電機端)에서의 전기 출력으로, 또 선박용 터어빈 등에서는 감속장치를 거친 다음의 주축 동력으로 표시되는 경우가 많다. 이 경우의 출력은

$$N = \eta_g G H_e \cdot 3600/860 = 4.186 \eta_g \cdot \eta_e G H_t \text{ [kW]} \qquad (17\text{-}22)$$

$$N = \eta_r G H_e \cdot 3600/632.5 = 5.96\, \eta_r \cdot \eta_e G H_t \text{ [PS]} \qquad (17\text{-}23)$$

이다. 단, η_g는 발전기 효율이며, 공냉식(空冷式) 발전기에서 0.96~0.975, 수소 냉각에 의한 대형 발전기에서 0.98~0.99 또 η_r는 감속장치의 효율이며, 기어 감속장치에서 1단 감속에서는 0.97~0.99, 2단 감속에 의하는 경우는 0.96~0.98 정도이다.

재생터어빈이나 추기터어빈에서는 터어빈 내의 증기유량이 변화한다. 이런 경우의 내부일은 터어빈을 유량 G가 같은 단락군(段落群)으로 나누고 각각의 단열 열낙차와 터어빈 내부효율을 H_t, η_{it}라 하면 $\Sigma \eta_{it} G H_t$로 표시된다. 따라서 터어빈 축단의 출력은 이들로부터 외부손실을 뺀 것이 된다. 이를 $\eta_m \Sigma \eta_{it} G H_t$로 표시하면 터어빈 출력은 식 (17-22), (17-23)에서

$$\eta_e G H_t = \eta_m \Sigma\, \eta_{it} G H_t$$

로 놓고 구할 수 있다.

17-5 증기소비율, 열소비율 및 열효율

이들은 증기터어빈의 성능을 표시하는 데 사용되는 수치이며, 터어빈의 단위출력, 단위시간당의 소요 증기량을 **증기소비율**(steam rate), 소요 열량을 **열소비율**(heat rate)이라고 한다. 또 터어빈의 열효율(thermal efficiency)은 열소비율로부터 구해지는 값이다.

① **증기소비율** : 터어빈 입구 증기유량을 G_a[kg/h], 발전단 출력을 N[kW]이라 하면, 증기 소비율은

$$D_{kWh} = G_a/N \text{[kg/kWh]} \tag{17-24}$$

추기를 하지 않는 복수 터어빈이나 배압터어빈에서는 터어빈 내 유량은 일정하므로 이 값으로 성능을 나타낼 수가 있다. 이 때의 출력은 식 (17-22)로 명백하듯이 $N=\eta_g \cdot \eta_e G_a H_t/860$[kW]이므로 증기소비율은 다음 식으로 표시된다.

$$D_{kWh} = 860/(\eta_g \cdot \eta_e H_t) \text{[kg/kWh]} \tag{17-25}$$

단, 이 값은 터어빈의 단열 열낙차, 즉 터어빈 입구와 출구의 증기 조건에 의하여 변화하는 값이므로, 터어빈 플랜트의 최종적인 성능의 평가는 다음에 말하는 열소비율 또는 열효율에 의하는 것이 보통이다.

② **열소비율** : 발전기단에서 1 kWh의 전력량을 발생하는 데 터어빈 플랜트에서 소비한 열에너지량을 나타내는 것이다. 이를 W로 표시하면

비재열(非再熱)터어빈의 열소비율은

$$W = (G_a i_a - G_w i_w)/N \text{ [kcal/kWh]} \tag{17-26}$$

재열터어빈의 열소비율은

$$W = \{G_a i_a + (G_{r2} i_{r2} - G_{r1} i_{r1}) - G_w i_w\}/N \text{ [kcal/kWh]} \tag{17-27}$$

로 구해진다. 여기서 G는 유량[kg/h], i는 엔탈피[kcal/kg]이고, 첨자 a는 터어빈 입구 증기, r_1은 터어빈으로부터 재열기로 보내지는 증기, r_2는 재열기로부터의 증기, 또 w는 최종 급수가열기 출구의 급수를 나타낸다.

열소비율은 터어빈 및 발전기 효율과 플랜트의 사이클 효율에 따라 정해지는 값이다.

③ **터어빈 열효율** : 터어빈 플랜트에서 소비한 열에너지 중 일로 변환된 에너지의 비율을 나타내는 것이며 상술한 열소비율로부터 다음 식으로 계산된다.

$$\eta_{th} = (860/W) \times 100 \text{ [\%]} \tag{17-28}$$

그림 17-8은 복수기 진공을 표준인 722 mmHg로 하였을 때의 재생터어빈의 열효율의 범위이다. 그림 17-9는 대출력 재열 재생터어빈에서 증기 조건을 각 정격 출력 범위에 대하여 전출의 표 14-1과 같이 취했을 때

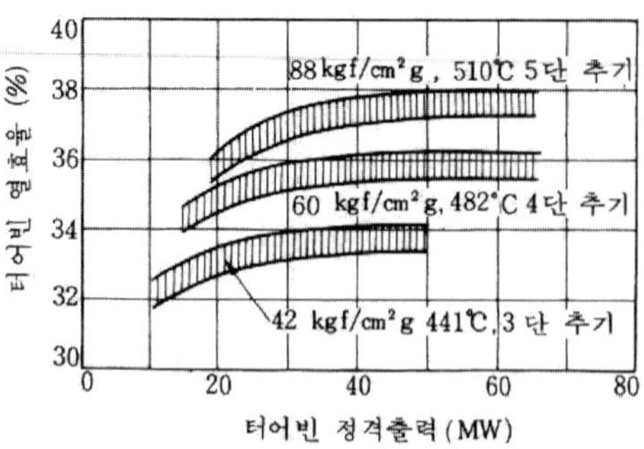

그림 17-8 재생터어빈의 열효율

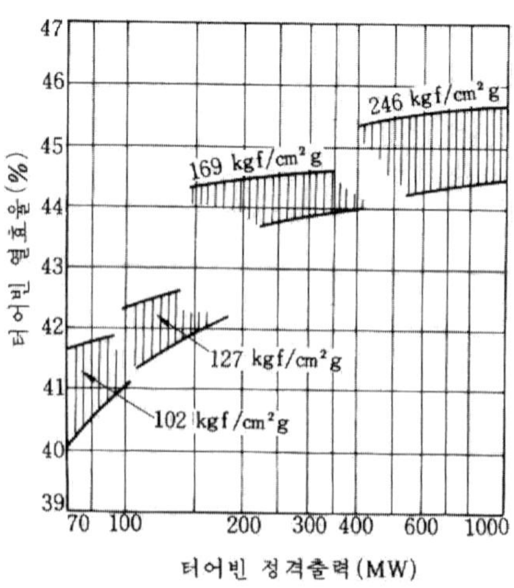

그림 17-9 재열 재생터어빈의 열효율

의 열효율의 범위이며, 초임계압 대용량 플랜트에서는 터어빈 열효율은 약 45 %에 달하고 있다. 또 이 때의 열소비율은 윗식으로 약 1910 kcal/kWh이다.

17-6 터어빈 출력과 증기유량과의 관계

터어빈의 입구 증기상태와 회전수를 일정하게 유지하였을 때의 터어빈 출력과 증기유량과의 관계는 만약 효율이 일정하면 그림 17-10에서 원점 0를 지나는 직선이 된다. 그러나 실제로는 출력이 정격출력(定格出力, rated output)의 점 A로부터 벌어질수록 효율이 저하되므로 그림의 AB와 같은 곡선이 된다. 이 곡선의 상태는 터어빈의 조속방법에 따라 변화하나, 근사적으로는 AB를 이은 직선으로 볼 수 있다. 이 직선 AB를 윌랜스선(Willans line)이라 한다. 점 B에서의 유량 G_0는 여러 가지의 손실을 극복하고 터어빈을 회전시키는 데 요하는 증기유량이며 무부하 유량이라 한다.

따라서 정격부하 N_n에서의 증기유량을 G_n이라 하면 임의의 부하 N에서의 소요 유량 G는 윌랜스선으로부터 근사적으로 다음 식으로 구해진다.

$$G = G_n\{f + \alpha(1 - f)\} \tag{17-29}$$

이 식의 f는 부하 비율 N/N_n, 또 α는 무부하 유량의 비율 G_0/G_n이다. 중용량 이하의 복수터어빈에서의 α의 값은 약 8~12 %이며, 일반적으로 정격출력이 클수록 작은 값을 가진다. 또 배압터어빈의 α는 복수터어빈에 비하여 큰 값을 가진다. 또한 윗식으로부터 임의의 출력에서의 증기 소비율은 근사적으로

$$D = D_n\{1 + \alpha(1 - f)/f\} \tag{17-30}$$

으로 구해진다. 단, $D_n = G_n/N_n$은 정격부하시의 증기 소비율이다.

추기터어빈에서는 유입 증기의 일부가 도중에서 추기되므로 출력과 유량의 관계는 추기량에 따라 변화한다.

지금 그림 17-11과 같이 도중에서 추기되는 양을 G_1, 나머지의 복수기까지 팽창하는 양을 G_2, 터어빈 입구상태로부터 추기압력까지의 단열 열낙차를 H_1, 입구 상태로부터 복수기 압력까지의 단열열낙차를 H_2라 하고 각각의 터어빈 효율을 η_{e1}, η_{e2}라고 하면, 터어빈 출력은

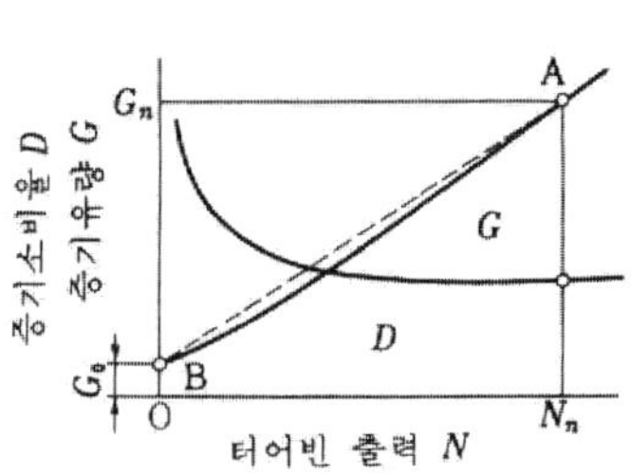

그림 17-10 윌랜스선

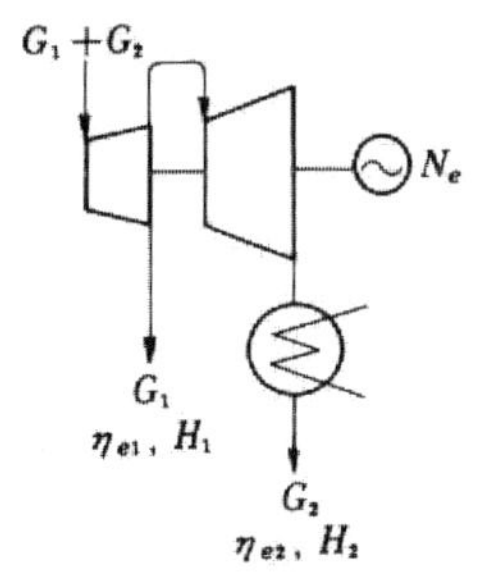

그림 17-11 추기터어빈

$$N_e = \eta_{e1} G_1 H_1 + \eta_{e2} G_2 H_2 \tag{17-31}$$

이다. 추기터어빈은 $G_1 = 0$일 때는 복수터어빈으로, 또 $G_2 = 0$일 때는 배압터어빈으로 작동한다. 식 (17-31)과 동일한 출력을 발생하기 위하여 배압터어빈으로 작용할 때의 소요 증기량을 G_1', 복수터어빈으로 작용할 때의 소요 증기량을 G_2'라 하면

$$N_e = \eta_{e1}' G_1' H_1 = \eta_{e2}' G_2' H_2 \tag{17-32}$$

지금 근사적으로 G_1과 G_2의 관계를 고찰하기 위하여 $\eta_{e1} = \eta_{e2} = \eta_{e1}' = \eta_{e2}'$라고 보면 위의 두 식으로부터

$$\frac{G_1}{G_1'} + \frac{G_2}{G_2'} = 1 \tag{17-33}$$

이 되어 그림 17-12와 같은 직선 관계를 가짐을 알 수 있다.

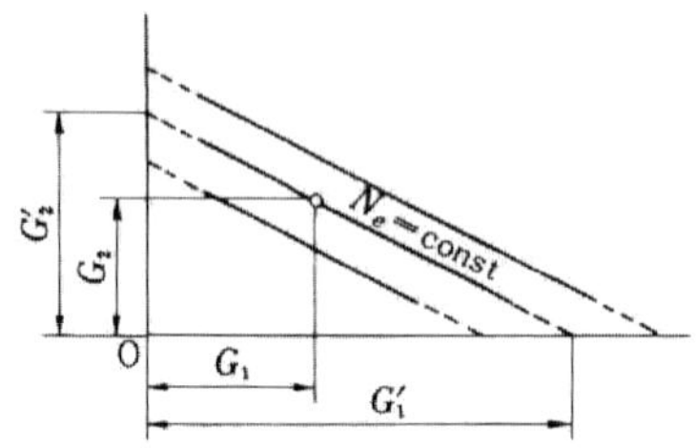

그림 17-12 복수량과 추기량

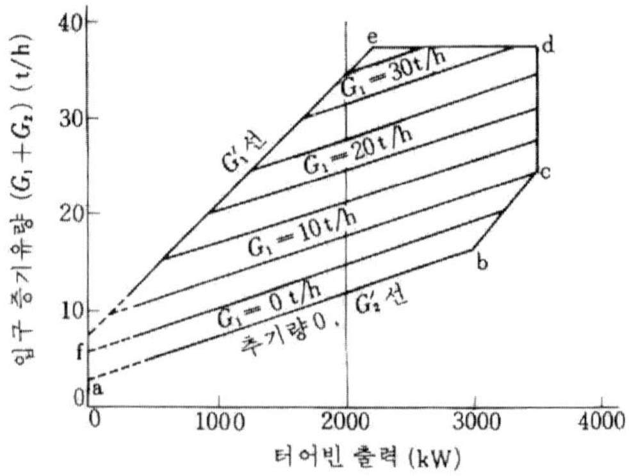

그림 17-13 추기터어빈에서의 증기유량과 출력의 관계

추기터어빈에서의 근사적인 출력과 유량의 관계는 윌랜스선과 그림 17-12의 관계로부터 그림 17-13의 예와 같이 구할 수 있다.

그림에서 ab는 복수터어빈에서의 윌랜스선, fe는 배압터어빈으로 작용할 때의 윌랜스선이다. 일정 출력에서의 입구 유량과 추기량의 관계는 그림 17-12로부터 구해지고 추기량 일정의 각 선은 각각 ab에 거의 평행한 직선이 된다. 추기터어빈의 작동 한계는 발전기의 최대 출력, 터어빈의 최대 입구 증기유량 등으로 결정된다. 그림 17-13에서 cd는 최대 출력선, de는 최대 입구 증기유량선, 또 bc는 복수기유량 최대의 선을 표시하고 있다.

실제의 운전에서는 추기량을 최대로 하고 배압터어빈과 같이 사용할 경우라도 $G_2 = 0$로 할 수는 없다. 이것은 저압터어빈의 공전에 의한 발생열을 제거하기 위하여 일부의 증기를 저압부에 흘려 보내야 하기 때문이다.

증기터어빈의 주요 부품

제 18 장

18-1 노　　즐

충동터어빈에 사용되는 노즐에는 선단확대 노즐과 선단축소 노즐이 있다. 이미 말한 바와 같이 단압단(單壓段)터어빈(드 라발 터어빈, 커어티스 터어빈 등)에서는 노즐 내의 압력 강하가 임계값을 훨씬 넘으므로 선단확대 노즐을 사용하고 다압단(多壓段) 터어빈(췔리 터어빈, 라토우 터어빈 등)에서는 노즐 중의 압력 강하가 임계값 이내이거나 임계값을 넘어도 얼마넘지 않으므로 선단 축소노즐 또는 평행노즐을 사용한다.

반동터어빈에서는 노즐에 상당하는 고정깃(정지깃)을 사용한다.

노즐은 제작법에 따라서 조립노즐, 용접노즐 및 주조노즐로 분류된다. 이 밖에 선단 확대노즐에는 천공노즐, 리벳체결 노즐도 있다. 조립노즐은 정밀하게 기계 가공한 노즐편(片)을 그림 18-1 (a)와 같이 구획판(격판)의 내외륜(輪)에 마련한 홈에 끼워 맞추어 조립한 후 용접

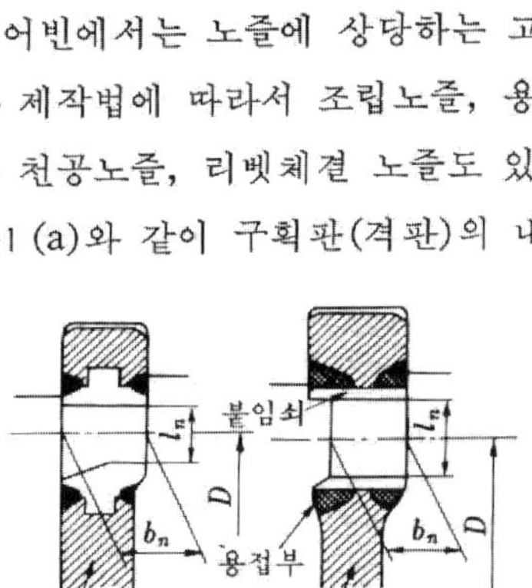

(a) 조립노즐　　(b) 용접노즐

그림 18-1 조립노즐과 용접노즐

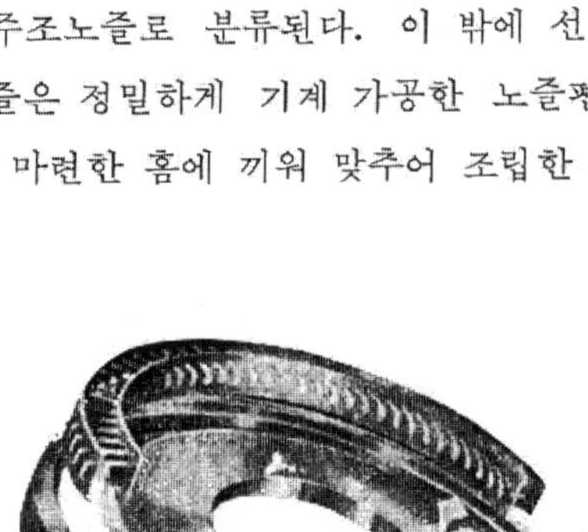

그림 18-2 용접노즐

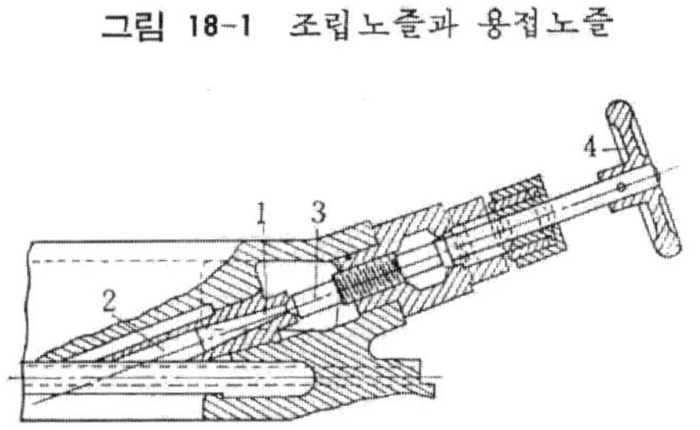

1 : 확대부　　2 : 평행부　　3 : 스핀들 밸브
4 : 핸들

그림 18-3 드라발 노즐

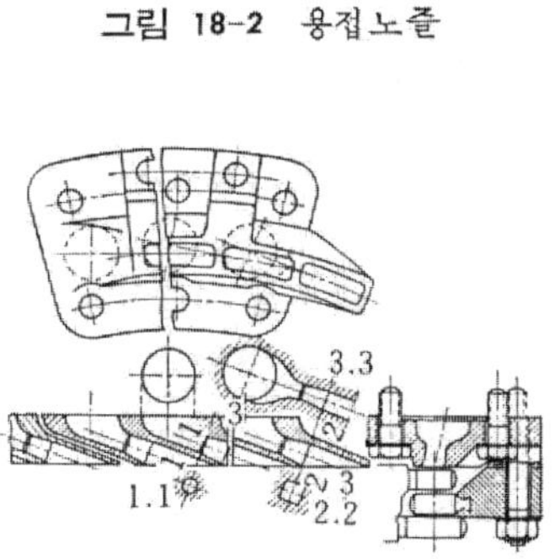

그림 18-4 커어티스 노즐

한 것이다. 이리하면 정확한 노즐을 얻게 되나 가공이 어려우므로 근래에는 이것 대신 용접 노즐이 잘 사용된다. 용접노즐은 형단조에서 정확한 형으로 쳐 나온 노즐판을 노즐 단면과 동일 형상의 구멍을 갖는 상하의 붙임쇠에 끼우고 그림 18-1 (b)와 같이 구획판과 일체가 되게 용접하여 고정한 것이다. 그림 18-2는 이의 용접 전의 상태를 보이고 있다. 주조노즐은 노즐 전체를 주조하고 리이머 등으로 증기 통로를 평활하게 다듬은 것이며, 그림 18-3은 그 한 예로 드 라발노즐이다. 그림 18-4는 출구면이 4각인 커어티스 노즐이며, 다수의 노즐을 연속하여 설치할 필요가 있는 커어티스 터어빈에서 사용된다. 그림 18-5는 노즐판을 구획판과 일체로 주조하여 만든 예이다.

고압단에서는 증기의 비체적이 작고 노즐 높이가 낮아지므로 정확한 용접 또는 조립노즐을 사용하고 주조노즐은 노즐 높이가 큰 저압단에 사용된다. 노즐 높이 $l_n < 40$mm의 경우에는 용접 또는 조립노즐이 주로 사용된다.

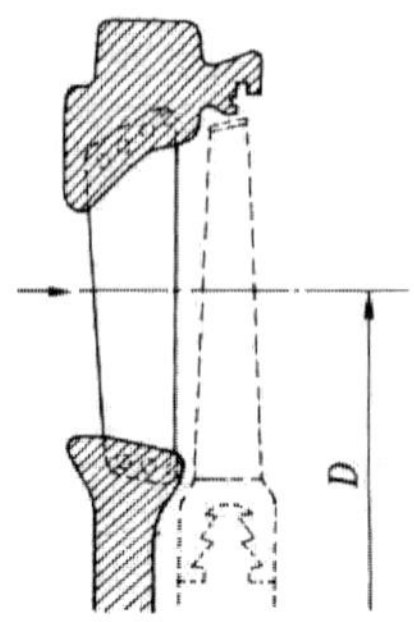

그림 18-5 주조노즐

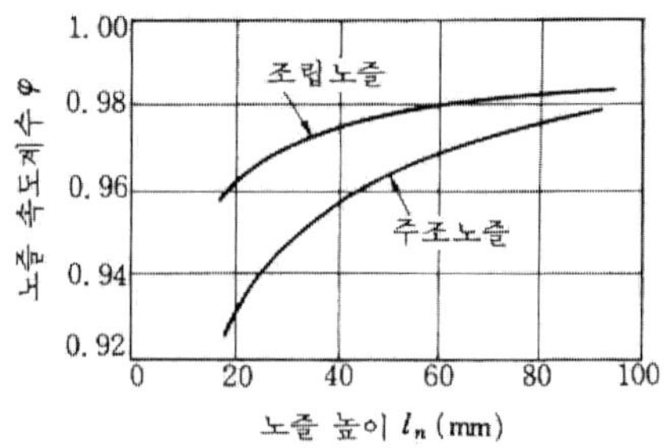

그림 18-6 노즐속도계수

노즐의 속도계수는 노즐 높이가 작으면 현저히 저하한다. 그림 18-6은 이 관계를 나타내는 측정 예이다. 따라서 사용 노즐 높이에는 최저 한도가 있고, 용접 또는 조립노즐에서도 $l_n > 10$ mm로 하는 것이 보통이다.

노즐 높이가 이보다 작을 때는 노즐의 피치원 지름을 작게 하여 **전주송입**(全周送入)으로 하든가 노즐을 전주(全周)가 아닌 일부에만 설치한 **부분송입**(partial admission)으로 한다. 또한 터어빈은 제 1 단은 조속단(調速段)으로서 부분송입을 하는 경우가 많으나 제 2 단부터는 전주송입을 하도록 하는 것이 보통이며, 증기유량이 적은 중·소출력 터어빈에서는 조속단으로 열낙차를 크게 취할 수 있는 2열의 커어티스 단이 흔히 사용된다.

한편 저압단의 노즐 높이는 회전깃의 강도의 점으로부터 그 최대 한도를 중소용량 터어빈에서는 평균 깃원 지름의 8 ~ 12 %, 대용량 터어빈에서는 20 ~ 25 %로 한다.

노즐의 나비 b_n(축류 터어빈에서는 회전축 방향의 길이)은 일반적으로 40 ~ 100 mm이며, 피치원 지름을 D라 하면 고압단에서는 $b_n \geq (0.015 \sim 0.02)D$, 저압단에서는 $b_n = (0.08 \sim 0.12)D$, 또 최종단에서는 $b_n = \sim 0.25\,D$ 정도이다. 노즐 피치의 대략의 범위는 $p_n = \sim 0.9b$ 정도이다.

충동단의 노즐 출구각은 $\alpha_1 = 13 \sim 18°$이며, 저압단으로 갈수록 약간 크게 취하고 최종단에서 $\alpha_1 = 22 \sim 30°$ 정도로 한다. 커어티스 단에서는 2열깃의 경우 $\alpha_1 = 14 \sim 20°$, 3열깃의 경우 $\alpha_1 \leqq 22°$ 로 하는 일이 많다. 반동단의 고정깃은 회전깃과 마찬가지로 만들어지나 그 출구각은 보통 $\alpha_1 = 17 \sim 22°$, 저압부에서 $30 \sim 45°$ 이다.

노즐의 재료로는 Cr, Cr-Mo 또는 Cr-Ni의 고합금강 등이 사용된다.

18-2 회 전 깃

회전깃은 회전 깃바퀴 또는 회전동의 주위에 설치되어 증기로부터의 힘을 받아서 고속회전하므로 원심력과 증기의 추력에 견뎌야 한다. 깃의 길이가 짧을 때는 단면 형상이 깃의 뿌리부터 선단까지 동일한 깃을 사용하나, 일반적으로는 두께 또는 나비를 선단으로 갈수록 작게 한 깃(tapered blade)으로 만들고, 긴 깃에서는 깃의 뿌리 부분과 선단의 주속(周速)의 차가 커지므로 증기의 유입각과 깃의 입구각을 깃의 전체 길이에 걸쳐 일치하도록 한 꼬인깃(twisted blade)을 사용한다. 그림 18-7은 이들 깃의 모양이다.

깃을 회전 깃바퀴나 회전동에 고정하는 데는 깃에 작용하는 원심력의 크기에 따라 여러 가지 방법이 있다. 그림 18-8은 그의 대표적인 예이며 그림 (a)~(d)는 회전 깃바퀴 원판에, 그림 (e), (f)는 회전동에 흔히 사용되는 방법이다. 그림 (g)는 깃의 뿌리를 포오크형으로 하고 깃바퀴 원판에 핀으로 고정하는 방법이며, 길고 큰 깃의 경우에 사용된다.

또 그림에서 (a)~(c)는 홈식 고정법, 그림 (d)는 안장식 고정법이라 한다. 전자는 깃의 뿌리를 T형으로 만들어 깃바퀴의 림(rim)에 마련된 T형의 홈 속에 끼워 고정한다. 후자는 깃의 뿌리를 파내어 회전 깃바퀴의 림에 마련한 돌출부에 끼워 측면으로부터 리벳으로 고정한다.

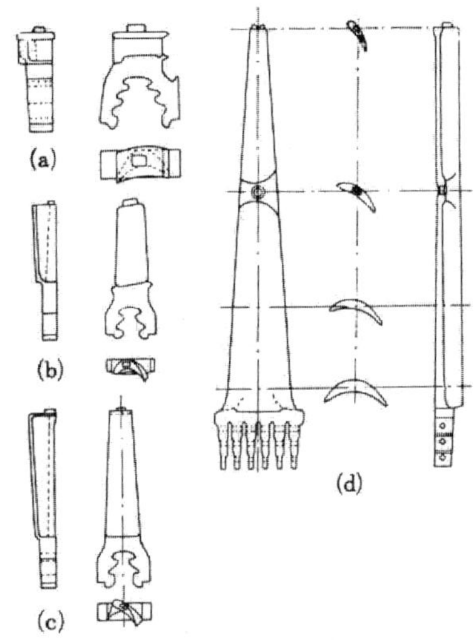

그림 18-7 각종의 깃

깃의 선단에는 증기가 원심력으로 반지름 방향으로 유출하는 것을 방지하기 위하여 5 ~ 15개 정도의 깃을 한 짝으로 하여 쉬라우드 밴드(shroud band)라 하는 띠판을 부착한다. 이는 동시에 깃의 간격을 정확하게 유지하고 진동을 억제하는 효과가 있다. 이 띠판은 깃선단의 돌기에 끼워 리벳 체결을 하는 것이 보통이나 다시 그 위에 은납땜을 할 때도 있다.

깃의 재료에는 Cr 또는 Cr-Mo의 고합금강이 많이 사용된다. 다만 온도나 작용하는 힘이 작을 때는 황동이나 인청동이 사용되기도 한다. 증기습도가 큰 영역에 들어가는 저압의 깃에서는 물방울(水滴)에 의한 침식을 방지하기 위하여 깃의 앞가장자리에 스텔라이트(stellite)를 은납땜하는 일이 많다. 또 이러한 경우에는 원심력을 이용하여 물방울을 되도록 분리시켜 차실 밖으로 배제함이 바람직하다.

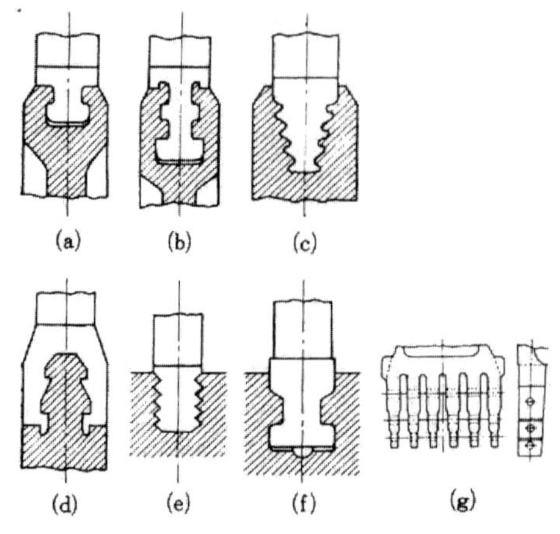

그림 18-8 깃의 고정법

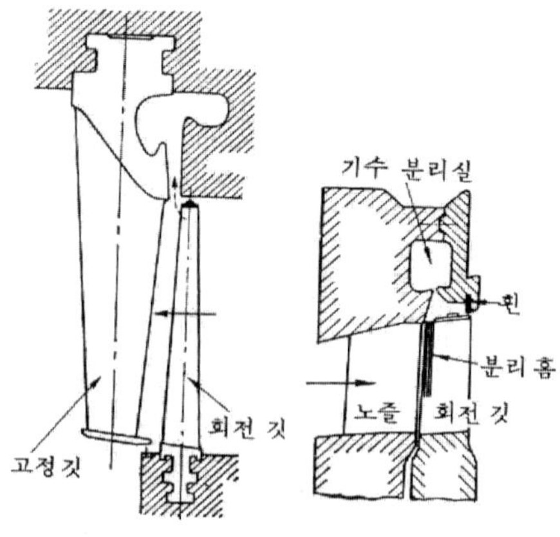

그림 18-9 수적 분리장치

그림 18-9는 수적 분리장치의 예이며, 왼쪽 그림은 일반적으로 사용되는 것이다.

원자력 터어빈에서와 같이 입구 증기가 포화상태일 때는 터어빈 내의 습도가 커지기 쉽고 수적분리가 특히 중요해진다. 오른쪽은 이런 경우에 적용되는 예이며 깃의 입구측에 홈을 파서 부착 수적이 이를 따라 유효하게 반지름 방향으로 투척되게 되어 있다.

[1] 충동깃

깃입구의 높이는 증기의 누설을 적게 하기 위하여 그림 18-10과 같이 노즐 높이 l_n 보다 1.5 ~ 5 mm 크게 하고 출구의 길이 l_b 는 식 (15-32)로부터 결정된다. 깃의 최대 높이는 원심력으로 제한을 받고 전체 높이에 걸쳐 같은 두께의 깃에서는 $l_b \leqq (1/7 \sim 1/6)D$, 경사깃 (tapered blade) 및 꼬인깃에서는 $l_b \leqq (1/4 \sim 1/3)D$ 이다. 여기서 D 는 피치원 지름이다.

복수 터어빈의 최종단의 피치원에서의 주속 u 는 보통 300 m/s 정도 이하이나 대출력 터어빈의 경우 400 m/s 정도까지도 제작되고 있다. 깃나비 b_b 는 20 mm 이상으로 하고 고압단에서는 $b_b = 30 \sim 50$ mm로 하는 일이 많고, 저압단의 긴 깃에서는 100 ~ 150 mm까지로 한다. 깃출구의 증기 유동을 바른 방향을 주려면 전향각 θ 가 클수록 피치와 나비와의 비 p_b/b_b 를 작게 할 필요가 있다. 다만 피치가 너무 좁으면 속도계수가 저하하므로 $p_b = (0.5 \sim 0.6) b_b$ 정도로 하는 것이 보통이다.

그림 18-11은 충동깃의 단면의 예이다. 이와 같이 직선과 원호로 구성된 단면을 사용하기도 하나 일반적으로는 깃표면에서의 압력분포 경사가 되도록 완만하도록 곡률 변화가 적은 형상으로 만든다. 입구각 β_1' 는 속도선도의 유입각 β_1 보다 $2 \sim 5°$ 크게 취한다. 이는 부하변동으로 인한 증기 유입방향의 변화를 고려하여 깃배면에의 충돌을 피하기 위함이다. 출구각은 $\beta_2 = \beta_1'$ 로 할 때도 있으나, 효율을 높이기 위해 $\beta_2 = \beta_1' - (3 \sim 10°)$로 하는 경우가 많다. 보통은 $\beta_2 = 20 \sim 28°$ 이며 최종단에서 $\beta_2 = \sim 40°$ 로 한다. 또한 커어티스 단의 출구각은 2열깃에서는 제 1 회전깃, 고정깃, 제 2 회전깃의 순서로 25°, 30°, 45°로 할 때가 많다.

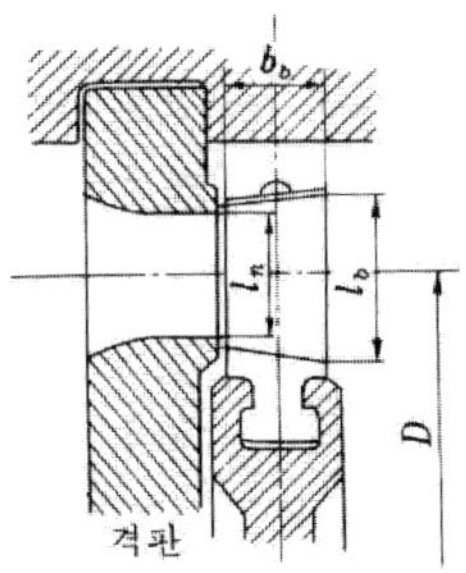

그림 18-10 충동깃

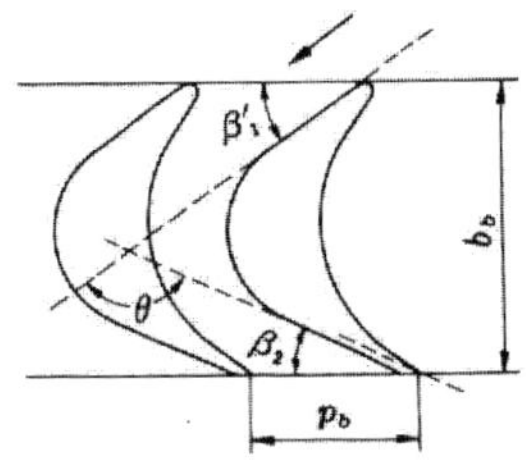

그림 18-11 충동깃의 형상

[2] 반 동 깃

반동터어빈에서는 증기가 깃과 깃 사이를 통과할 때 팽창이 일어나므로 깃통로를 선단축소 노즐의 형상으로 만든다. 이 때문에 깃의 단면형이 충동깃과는 현저히 다른 것이 된다. 그림 18-12는 반동깃의 2 가지 예를 보인다.

증기 속도가 비교적 크고 그 유입 방향이 그다지 변화하지 않을 때는 그림 18-12(a)와 같이 입구 끝이 가늘고 얇은 깃이 좋으나, 증기 속도가 작고 그 유입 방향이나 깃의 회전 속도가 변화할 때는 그림 (b)와 같이 입구 끝이 둥글고 두꺼운 깃이 적합하다. 또한 파아슨즈 터어빈에서는 고정깃과 회전깃에 동일 형상의 깃을 사용한다. 깃길이의 실제 최소값은 주로 선단의 틈새로부터의 증기 누설로 정해지며 $l_b \geqq 20$ mm로 한다. 그림 18-13은 깃끝의 틈새를 작게 하도록 회전동과 차실에 기밀휜(fin)을 둔 것이며 쉬라우드 밴드에 기밀휜을 둘 경우도 있다.

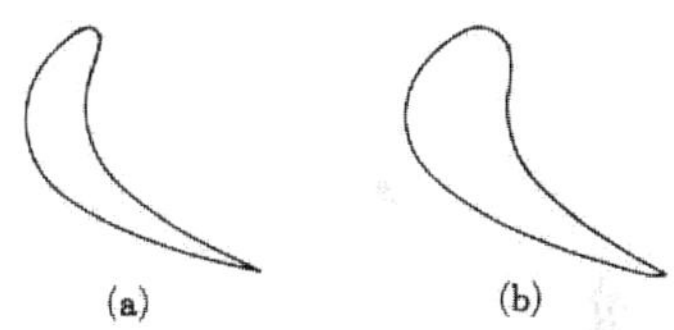

그림 18-12 반동깃의 형상

최대 깃길이는 충동깃과 같다. 단, 회전동에서는 피치원 주속은 보통 150 m/s 이하로 하며, 그 이상에서는 충동단과 마찬가지로 깃바퀴 원판에 의존한다. 깃 나비 b_b는 15 ~ 50 mm이며 경사깃이나 꼬인깃에서는 100~150 mm까지이다. 반동 깃의 전향각은 보통 충동깃보다 작으므로 깃의 피치는 약간 크고 $p_b = (0.7 \sim 0.9) b_b$ 정도로 하는 수가 많다.

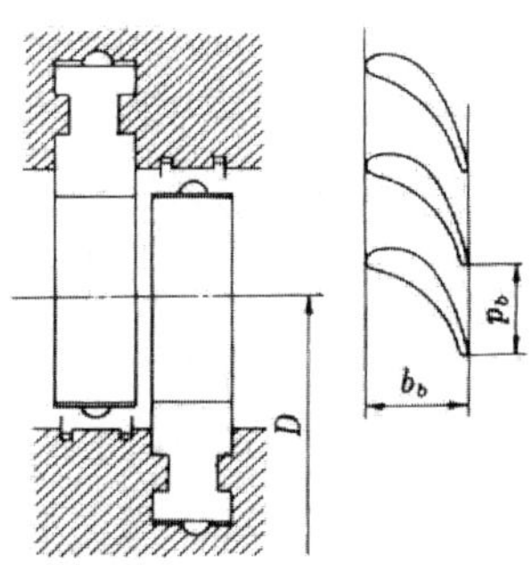

그림 18-13 반동깃

출구 단면적은 식 (15-32)로 구할 수 있다. 출구각은 보통 $\beta_2 = 17 \sim 22°$ 이고, 최종단에서는 $40 \sim 45°$ 정도까지로 한다.

18-3 깃바퀴, 회전동 및 터어빈 축

깃바퀴(회전자, rot or wheel)는 주로 충동터어빈에 사용되나 이에는 그림 18-14와 같이 축과 일체로 된 단조물로부터 절삭하며 만든 것과 별도의 단조물로부터 독립적으로 만든 원판(disc)을 축에 끼우는 것이 있다. 일체로 깎아서 만든 형식이 소형 터어빈은 물론이고 대형 터어빈에도 일반적으로 사용된다. 이와 같이 하면 단조는 힘드나 튼튼하고 형체가 작아지는 장점이 있다. 그러나 지름이 크면 일체로 단조하기가 곤란하므로 원판을 끼우는 형식으로 한다. 이러한 원판 깃바퀴는 반동터어빈의 저압단에도 흔히 사용된다.

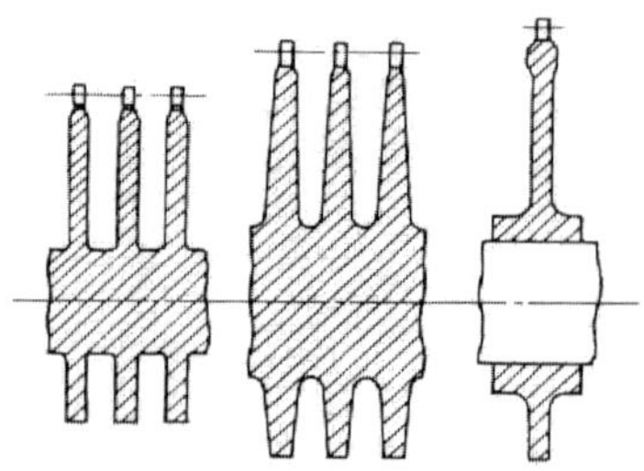

그림 18-14 깃바퀴

드라발 터어빈의 깃바퀴는 극히 고속 회전을 하므로 그에 작용하는 응력도 크다. 따라서 이에 사용하는 원판은 그림 18-15에 보듯이 강도가 균일한 단면(축에 가까운 부분일수록 원판 두께가 커진다)을 가지고 이를 차축에 끼우기 위한 구멍을 그 중앙에 뚫으면 그 부분이 약화되므로 매우 작은 것을 제외하고는 차축의 끝에 플랜지를 두어 보울트로 결합한다.

깃바퀴는 회전깃 및 깃바퀴 자체에 의한 원심력을 받으므로 일반적으로 드라발 깃바퀴가 아니더라도 주속이 높은 경우(약 120 m/s 이상)에는 축에 가까운 부분의 두께를 크게 하여 응력을 경감시켜야 한다. 원판을 축에 끼우는 데는 가열 끼워맞춤이나 압입(壓入)에 의하나, 키이를 삽입하는 것이 보통이다.

최대 회전시에는 원판과 축 사이가 헐거워지지 않도록 끼워 맞춤 공차에 주의하여야 한다. 또 원판 양측의 증기압력을 균형시켜 원판 진동의 원인을 제거하기 위하여 원판에 균형공을 두는 경우가 있다(그림 18-16).

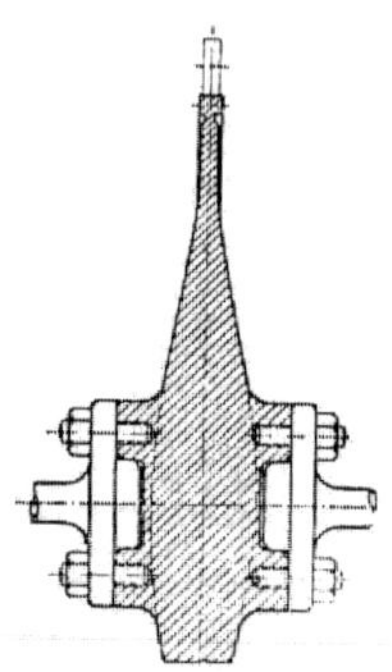

그림 18-15 드라발 깃바퀴

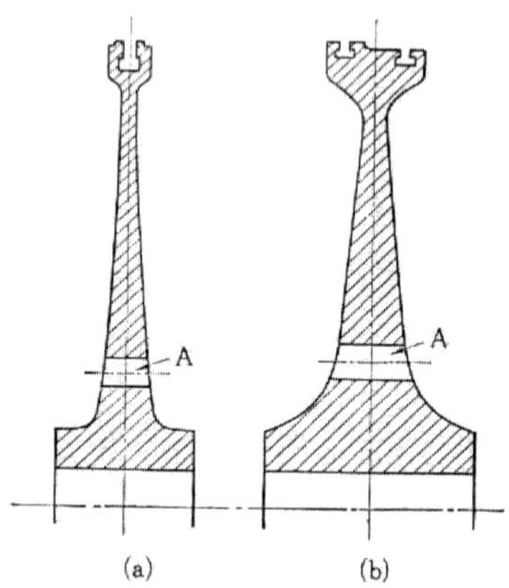

그림 18-16 균형공

반동터어빈에 사용하는 회전동(回轉胴)은 이에 작용하는 응력이 작을 때는 중공동(中空胴)을 사용하나, 지름이 작은 경우, 또는 응력이 크고 튼튼하게 만들 필요가 있을 때는 중실동(中實胴)을 사용한다. 그림 18-17은 계단형 중공동의 한 예이며, 동의 지름을 3단으로 나누어 AA보다 오른쪽이 깃을 설치할 부분, 왼쪽은 축방향의 추력에 대한 균형 피스턴이다. 그림 18-18은 역시 중공 회전동의 예이며 동의 일부가 원추형으로 되어 있다. 여기서 고압단

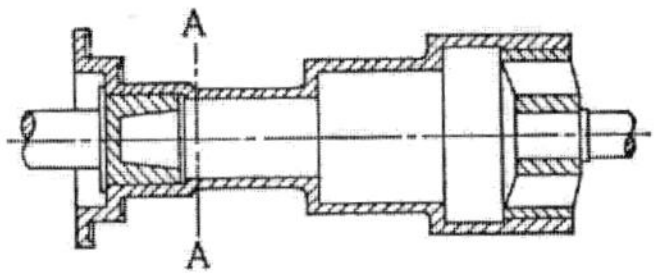

그림 18-17 중공회전동

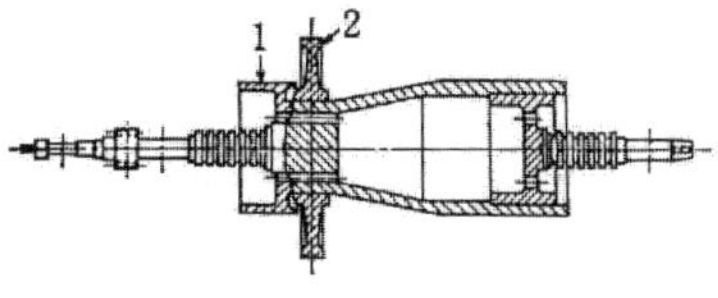

1 : 균형 피스턴　　2 : 커어티스 바퀴

그림 18-18 중공회전동

(端)은 차축에 가열끼워맞춤되어 있다. 반동터어빈에서도 회전동의 주속이 약 120 m/s 를 넘는 부분에는 일반적으로 원판 깃바퀴를 사용한다.

그림 18-19 는 중실동의 한 예이며 튼튼한 구조이나, 단일단조재의 크기가 제한되므로 지름이 큰 저압부에는 별도로 만든 원판 깃바퀴가 끼워진다.

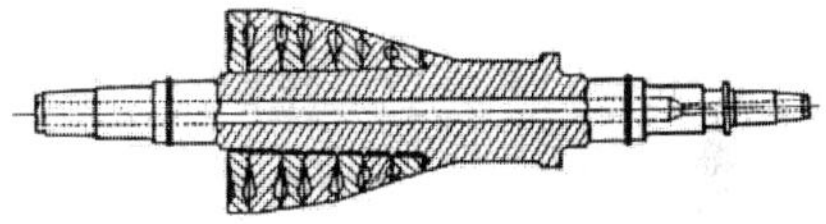

그림 18-19 중실 회전동

터어빈축에서 가장 문제가 되는 것은 축의 횡진동에 의한 위험속도(critical speed)이다.

즉 차축 또는 회전자를 이 속도로 회전시키면 축의 처짐이 무한히 커져 파괴되는 위험이 있다. 터어빈의 정규 운전 속도는 이 위험속도로부터 적어도 20 % 는 벗어나도록 설계한다. 비교적 저속회전(약 1800 rpm 이하)을 하는 터어빈에서는 정규 운전 속도를 제 1 차 위험속도 이하로 한다. 이러한 축을 **강성축**(剛性軸, rigid shaft)이라 한다. 고속도 터어빈에서는 축을 가늘게 하여 제 1 차 위험속도 이상에서 운전한다. 이와 같은 축은 처지기 쉽고 오히려 안전하다. 이를 **처짐축**(flexible shaft)이라 한다.

이들 회전 부분에는 탄소강, Ni 강, Ni-Cr 강의 단조품이, 고온이 되는 것에는 Cr-Mo 강 등이 사용된다.

차축의 제작에 있어서는 각 과정마다 세심하게 어니일링을 하여 변형도를 제거한다. 각 깃바퀴마다 축둘레의 키이의 위치가 다르도록 유의하고 피로에 의한 파손을 피하기 위하여 예각(銳角)을 제거한다. 재질은 균등하고 내부에 기포나 불순물이 없는 것을 사용한다. 그리고 이 결함은 축의 중심부에 발생하기 쉬우므로 그 중심에 축방향의 구멍을 뚫어 검사를 용이하게 할 때가 있다.

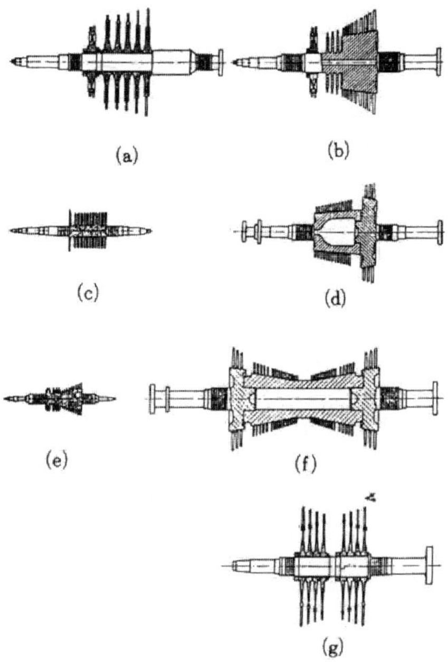

그림 18-20 회전자의 형식

그림 18-20 에 회전자(rotor)의 몇 가지 형식을 보인다. 그림 (a)는 충동터어빈으로 가장 많이 사용되는 원판 깃바퀴로 되는 회전자, 그림 (b)는 원판 및 동을 차축과 일체로 단조하여 그 고압단

에 커어티스 바퀴를 끼운 것, 그림 (c) 및 (e)는 소형 고속터어빈에 사용되는 절삭된 회전자, 그림 (d) 및 (f)는 반동터어빈의 회전자이며, 전자는 단류식 저압 터어빈용, 후자는 복류식 저압 터어빈용, 그림 (g)는 충동터어빈의 저압복류식 회전자이다.

깃바퀴 각 부분의 중량이 회전축에 대하여 완전히 평형되어 있지 않으면 이것이 회전할 때 불평형 원심력에 의한 진동을 일으킨다. 이 불평형 원심력은 회전수의 제곱에 비례하므로 고속도 회전을 하는 터어빈 깃바퀴는 미리 충분한 균형 시험을 행할 필요가 있다.

18-4 격판 및 터어빈 차실

격판(隔板, diaphragm)은 충동터어빈에서 각 단 사이의 기밀을 유지하는 것이며, 다단 충동터어빈에서는 최초의 단을 제외하고는 노즐을 격판에 마련한다. 격판은 보통 상하로 2분되어 수평 접촉면에서 기밀하고도 정확하게 맞추어 그 중심과 터어빈 축의 중심이 일치하도록 격판의 외주와 그에 접하는 차실의 내면과는 충분히 정밀하게 다듬어서 키이로 정위치에 유지함과 동시에 열팽창에 응할 수 있도록 적당한 틈새를 둔다. 격판을 상하로 2분하는 것은 터어빈의 조립 및 내부의 점검을 용이하게 하기 위함이다.

중심의 회전축이 관통하는 부분에서 누설을 적게 하기 위하여 래비린드 패킹이 사용된다. 격판의 두께는 양면의 압력차로 인한 처짐이 과대해져서 회전 부분에 닿는 일이 없도록 결정된다. 격판의 재료는 저압역에서는 주철을 사용하나, 고압역에서는 퍼얼라이트 주철(250 °C 이하) 또는 주강을 사용한다.

그림 18-21은 격판의 구조의 예이며, 그림 (a)는 주조노즐을 비교적 고온도에서 사용할 때의 구조, 그림 (b)는 보통의 주조노즐을 가지는 격판의 구조이다.

차실(車室, casing)도 조립 분해를 용이하게 하기 위하여, 보통 중심 수평면에서 상하로 2분하여 조인트 플랜지와 보울트로 기밀하게 결합한다. 다만 고압증기를 사용하는 터어빈에서는 강도의 관점에서 고압 차실을 분할하지 않고 일체로 만들고 보울트로 저압 차실에 붙이는 경우도 있다.

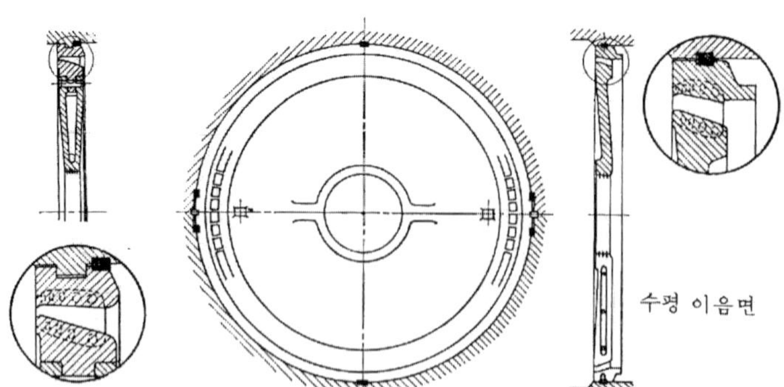

그림 18-21 격 판

차실은 주조 및 조립이 용이함과 동시에 충분한 강도를 가지고 열팽창이 자유롭고 균일한 구조로 한다. 강도에 관하여는 평면부를 되도록 피하고 적당한 형의 곡면으로 한다. 특히 고온의 부분은 열팽창으로 축 중심선이 변화하지 않도록 되도록 축에 대하여 대칭으로 만든다. 증기 온도가 500°C 이상이 될 때는 가장 고온이 되는 증기실을 차실과는 별개로 만들어 열팽창에 대하여 자유로운 지지 방법을 행하여 차실에 결합한다.

고온고압부에서는 2중 차실 구조가 사용된다. 내부 차실도 상하로 나뉘어져 보울트로 체결되고 내외 차실 사이에 출구측의 증기압을 작용시킴으로써 응력을 경감시킨다. 또 대형 터어빈에서는 차실의 내측에 별개의 실린더 링을 붙여서(그림 18-22) 여기에 격판 또는 고정깃을 붙여 차실의 변형에 의한 영향을 피하고 있다. 그림 18-22에서 고압부의 실린더 링 3개는 차실과 별개로 하여 보울트로 차실에 체결되어 있고 저압부의 실린더 링 3개는 차실과 일체로 되어 있다. 기밀을 유지하기 위하여는 조인트 플랜지를 두껍게 해야 하나, 두꺼워지면 차실 온도의 변화에 순응하기 어려우므로 기동시에 플랜지나 보울트에 큰 열응력이 작용한다. 따라서 플랜지에 홈을 만들고 증기를 통과시켜 가열하게 하는 경우도 있다.

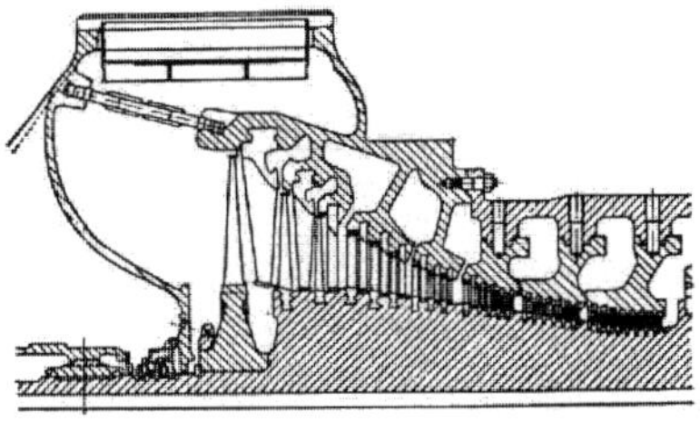

그림 18-22 실린더 링

차실의 지지는 축방향 및 반지름 방향의 열팽창이 자유롭게 한다. 저압측의 위치를 정하고 고압측을 축방향으로 이동시킬 수 있게 설치하는 경우가 많다. 그림 18-23은 그 한 예이며 저압측은 기초대 위의 3개의 키이로, 고압측은 기초대의 축방향 키이 위에 놓은 베어링대로 지지된다. 축방향 위치는 배기구의 중앙선상에 놓인 좌우의 횡방향 키이로 정해지고 고압측이 베어링대와 더불어 축방향으로 이동되게 되어 있다.

그림 18-24는 차실 배기단(端)의 형상의 몇 가지 예이다. 그림 (a)는 최종단의 출구부터 복수기 입구까지 유로면적을 증대하여 속도에너지를 압력에너지로 변환시켜 최종단 끝의 압력을 복수기의 입구 압력보다 낮아지도록 한 디퓨우저형 배기단이며, 그림 (b)는 배기로의 길이를 줄여서 복수기에 접근시켜 이 사이의 압력강하를 적게 한 것이고, 그림 (c)는 분기(分岐) 배기단으로 이 부분의 노즐 및 회전깃에 구획을 두어 증기를 분류(分流)시키고 몇 부분으로 나누어 팽창시키는 구조이다. 그림 (d) ~ (f)도 모두 유로면적을 증가시킬 목적으로 고안된 배기단 형상이다. 그림 (g)는 다실(多室)터어빈의 저압 차실이며 복류형(複流形)이다.

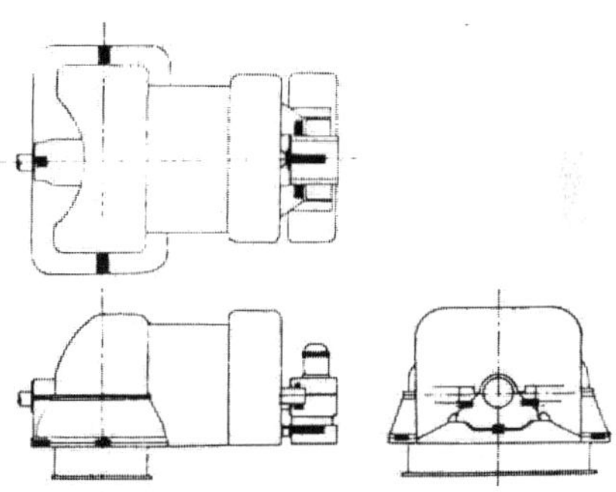

그림 18-23 차실의 지지법

차실의 재료로 고압부에서는 주강, 저압부에서는 주철로 하는 것이 보통이나, 온도가 400~440°C를 넘는 것에 대하여는 Cr-Mo 주강, 단조품에서는 Ni-Cr-Mo 강이 사용되고 또 저압부는 가볍게 하기 위하여 강판의 용접에 의존할 때도 있다.

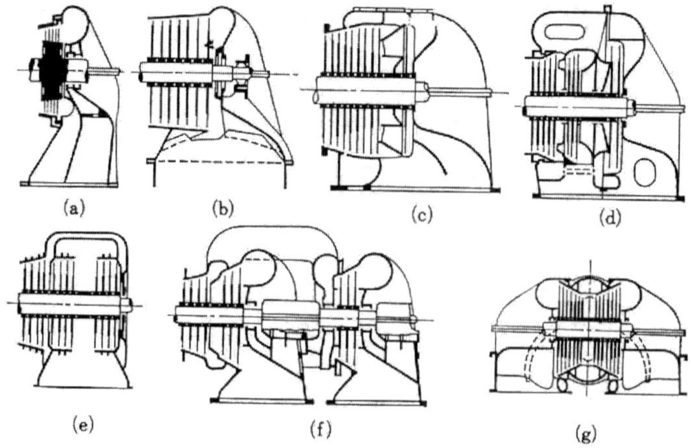

그림 18-24 배기단의 형식

18-5 누설 방지장치

터어빈축이 차실과 격판을 관통하는 부분에 설치되는 누설 방지장치에는 래비린드패킹, 탄소 패킹(carbon packing) 및 수봉(水封) 패킹(water seal packing)의 3종류가 있다.

가장 널리 사용되는 것은 래비린드 패킹이다. 이는 이미 설명한 바와 같이 회전축과 접촉해도 바로 휘거나 마멸되도록 끝을 얇게 한 휜(fin)을 다수 배열한 것이며, 이들의 교축(絞縮)작용을 이용하여 누설방지를 하는 것이다. 차실에 붙인 부시의 내측에 개개의 휜을 심는 경우와 그림 18-25와 같이 몇 개의 열(列)의 휜을 만든 몇 개의 원호 형상의 부품을 조합시켜 스프링을 넣어 붙이는 경우가 있다. 휜에는 여러 가지 형의 것이 사용되고 있고 재료는 황동, Ni황동 등이다.

복수터어빈의 저압측의 패킹에서는 공기가 누입하여 복수기에 좋지 않은 영향을 끼친다. 따라서 이 경우에는 패킹의 도중에 대기압 이상의 증기를 보내서 공기의 누입을 방지할 필요가 있다. 이 증기는 고압측 패킹의 도중에서 뽑은 누설 증기를 이용한다.

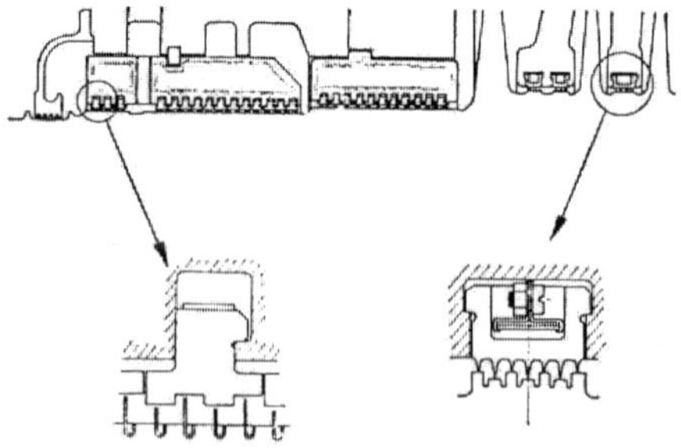

그림 18-25 래비린드 패킹

탄소 패킹은 몇 개의 원호 형상의 탄소편을 환상(環狀)으로 조합하여 스프링으로 가볍게 회전축을 접촉시킨 것이다. 틈새가 래비린드 패킹보다 작으므로 열수(列數)가 적어도 되고 패킹부를 짧게 할 수 있다. 그러나 증기 온도가 높은 경우나 축 주속이 50 m/s를 넘는 경우에는 축에 타서 붙을 우려가 있으므로 주로 소형 터어빈에서 사용되고 있다.

수봉 패킹은 작은 원심식 펌프를 터어빈 축에 붙여서 수실 내에서 회전시켜 물을 원심력으로 외주에 밀어붙이는 것이다.

고압측의 물은 그림 18-26과 같이 압력에 의하여 외측으로 밀리나, 양측 수면의 차이로 생기는 원심력의 차를 이용하여 압력을 버틸 수가 있게 된다.

이 패킹은 비교적 큰 회전 손실을 수반하나 증기의 누설을 방지할 수 있으므로 래비린드 패킹과 함께 사용될 때가 있다.

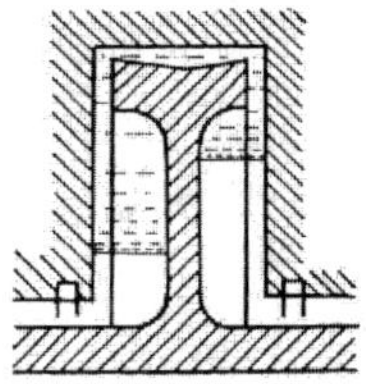

그림 18-26 수봉패킹

18-6 베어링 및 커플링

터어빈의 베어링에는 메인 베어링과 추력(推力) 베어링이 있다. 메인 베어링에는 회전 속도가 크기 때문에 보통 압입급유를 하는 저어널 베어링(journal bearing)을 사용한다. 베어링부의 축은 마찰 손실을 적게 하기 위하여 가늘게 한다. 베어링 압력은 투영면적당 15 kgf/cm² 이하로 한다. 윤활유는 터어빈 축으로 구동되는 원심 펌프나 기어 펌프로 보내지고, 윤활유 냉각기를 거쳐 순환한다. 베어링에의 급유압력은 0.5~2.0 kgf/cm²g, 급유량은 베어링 출구의 기름 온도가 약 70 °C 이하가 되도록 정한다. 윤활유 펌프는 조속기에 대한 압유(壓油)를 동시에 공급하는 경우가 많고 이에는 5 ~ 20 kgf/cm²g 의 압력을 요하므로 베어링에 대한 급유는 이를 감압하여 사용한다. 기동 및 정지시에는 다른 동력으로 구동되는 윤활유 펌프로 기름을 보내도록 한다.

추력 베어링(thrust bearing)에는 미첼(Michell)식의 것이 보통 많이 사용된다. 이는 그림 18-27과 같이 추력을 받는 부채꼴의 받침쇠를 피벗(pivot)으로 지지한 것이다.

피벗의 위치는 받침쇠의 중심부터 회전 방향으로 약간 전진한 위치에 놓이고 받침쇠는 자유로이 기울게 되어 있으므로 받침쇠와 축에 마련된 원판부와의 사이에 쐐기형의 유막이 생긴다. 이 때문에 베어링 압력을 30 kgf/cm² 정도의 높은 값까지 취할 수 있다. 또한 터어빈 축의 축방향의 위치 결정은 이 추력 베어링으로 이루어진다.

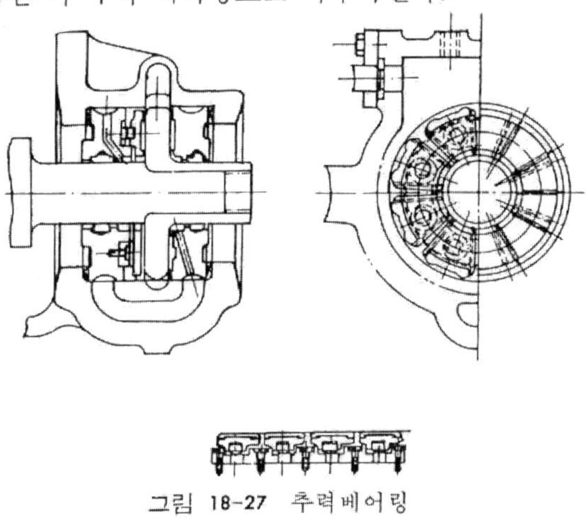

그림 18-27 추력베어링

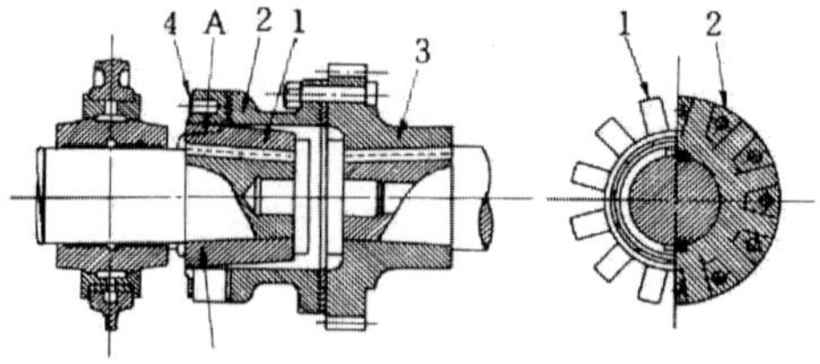

그림 18-28 굴요식 이음
1. 물림편 2. 물림부 3. 이음편 4. 고정링

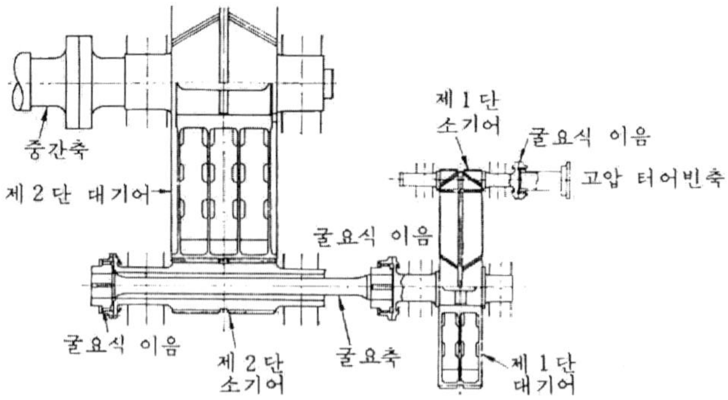

그림 18-29 선박용 터어빈 감속장치

터어빈 축과 피구동기의 축과를 연결하는 이음에는 고정식(fixed coupling)과 굴요식(屈撓式, flexible coupling)이 있다. 발전용 대형 터어빈에서는 터어빈과 발전기의 양축단에 플랜지를 붙이고 이를 보울트로 체결하는 고정식 이음이 보통이다.

굴요식은 설치나 운전 중의 열팽창에 의한 축심의 다소의 불일치를 허용하도록 한 것이며, 선박용 터어빈 등의 감속터어빈에 많이 사용된다. 그림 18-28 은 이의 한 예이며, 치형 모양의 맞물림 부분에 의하여 동력을 전달하는 이음을 보인다.

그림 18-29 는 선박용 터어빈의 기어 감속장치의 예이다. 터어빈 축은 한쪽이 치형 모양의 굴요식 이음으로 제 1 단 소기어를 구동하고 있고, 제 1 단 대기어는 굴요식 이음, 굴요축을 거쳐 제 2 단 소기어에 연락되어 있다. 또 제 2 단 대기어는 플랜지 커플링으로 중간축을 거쳐 프로펠러축에 연결된다.

제 19 장

19-1 교축조속과 노즐조절 조속

증기터어빈에서는 부하의 변화에 따라 터어빈 출력을 조정하여 회전 속도를 소정의 값으로 유지하도록 증기의 공급량을 가감해야 한다. 이 방법에는 교축조속법과 노즐조절 조속법이 있다.

교축조속법(絞縮調速法, throttle governing)은 터어빈 입구의 증기 가감밸브로서 교축밸브(throttle valve)를 사용하여 증기를 교축하여 터어빈에 유입하는 증기량과 압력을 변화시켜 출력을 조절하는 방법이며(그림 19-1), 제 1 단이 충동단이거나 반동단이거나 적용될 수 있다.

노즐조절 조속법(nozzle control governing)은 그림 19-2와 같이 제 1 단의 노즐을 몇 개의 그룹으로 나누어 각각에 마련한 밸브를 차례로 개폐하여 증기량을 가감하여 출력을 조절하는 방법이다. 이는 제 1 단이 충동단일 때 적용되며 이 단을 **조속단**(調速段, governing stage)이라고 한다. 노즐조절 조속법은 반동터어빈에는 적용되지 않으나 제 1 단에 커어티스 깃바퀴를 가진 경우에는 적용된다. 그림 19-1은 교축 조속장치를 그림 19-2는 노즐조절 조속장치의 증기 가감 밸브를 보인다.

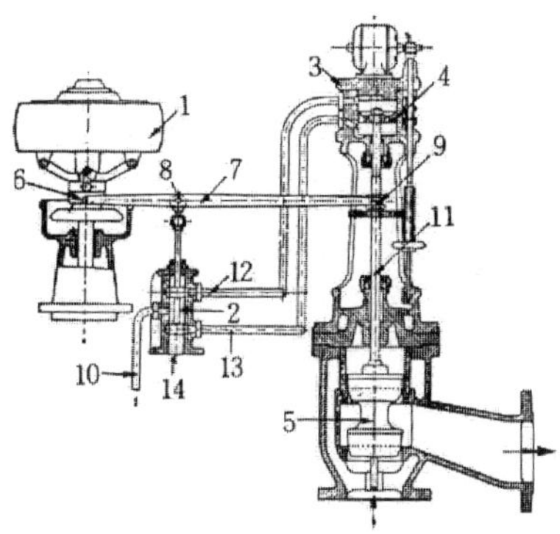

그림 19-1 교축조속장치

그림 19-1에서 터어빈의 회전수가 변화하면 조속기 1의 원심추의 위치가 변하여 슬리이브 6이 위로(또는 아래로) 이동하여 중계봉 7을 거쳐 9를 정점(定點)으로 하여 8을 끌어올려(또는 끌어내려) 중계 밸브 2가 위로(또는 아래로) 이동하여 파이프 10으로 송입되는 압유가 파이프 12(또는 13)를 지나 중계 실린더 3중의 피스턴 4의 위쪽(또는 아래쪽)에 작용하고, 아래쪽(또는 위쪽)의 기름은 13(또는 12)을 거쳐 14로 배출된다. 그 결과 4가 내려가고(또는 올라가고) 9 및 11이 하강(또는 상승)하여 교축밸브 5의 열림을 변화시켜 출력, 따라서 회전수가 변화하고 6이 원래의 위치에 접근함과 동시에 9의 이동이 중계봉 7을 거쳐 밸브를 본래의 중앙 위치로 접근시킨다.

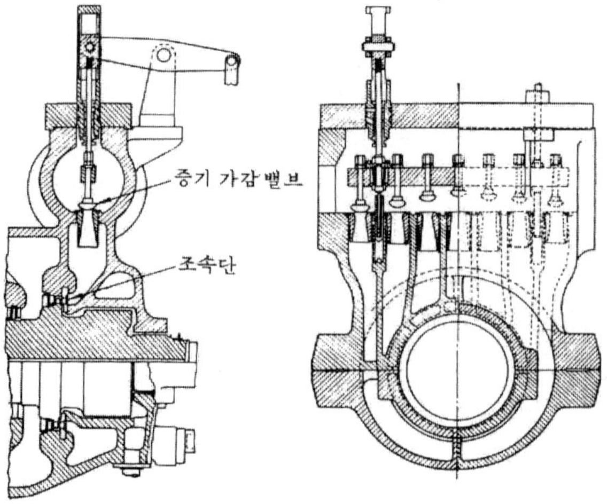

그림 19-2 노즐조절 조속장치의 증기 가감 밸브

이와 같은 동작으로 교축밸브 5의 열림이 적당한 값이 되어 중계 밸브 2가 다시 먼저와 같이 양유공(兩油孔)을 막는 중앙 위치로 와서 조속운동이 끝나게 되고 부하와 출력이 균형되게 된다.

교축조속법에 의하면 밸브 장치는 간단해지나 입구 증기를 교축하여 감압하므로 부분부하에서 터어빈 내의 상태 변화는 그림 19-3 (a)와 같이 된다. 따라서 단열 열낙차가 정격부하에서의 H_{tn} 으로부터 H_t 로 감소하여 부분부하에서의 터어빈 효율의 저하가 커진다. 노즐조절 조속법에서는 부하에 따라 필요한 노즐만을 열므로 교축을 받는 것은 반개(半開)상태에 있는 밸브를 지나는 일부의 증기뿐이며, 부분부하에서도 단열 열낙차는 거의 변하지 않는다. 이 때문에 부분부하에서의 소요 증기 유량과 증기 소비율은 조속법에 따라 그림 19-4와 같이 상이하여 이 차는 터어빈의 단열 열낙차가 작을수록 현저해진다. 따라서 소출력의 것 이외는 노즐조절 조속법에 의하는 것이 보통이다. 또한 부분부하시에는 증기 유량이 감소하여 제 2단 이후의 열낙차가 감소하므로 그림 19-3 (b)와 같이 노즐조절 조속에서는 조속단의 열낙차는 매우 커진다.

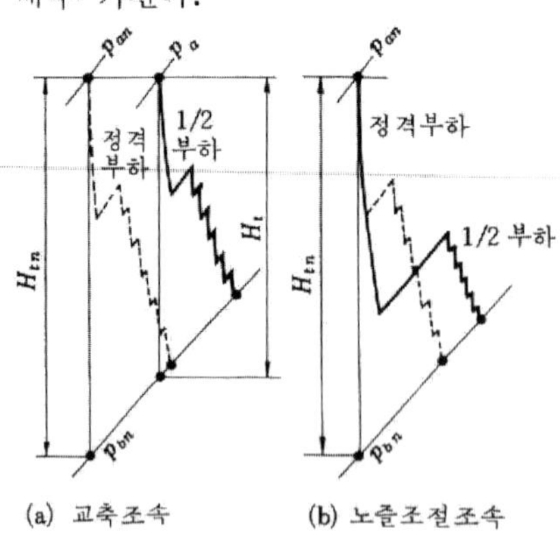

그림 19-3 부분부하시의 상태 변화

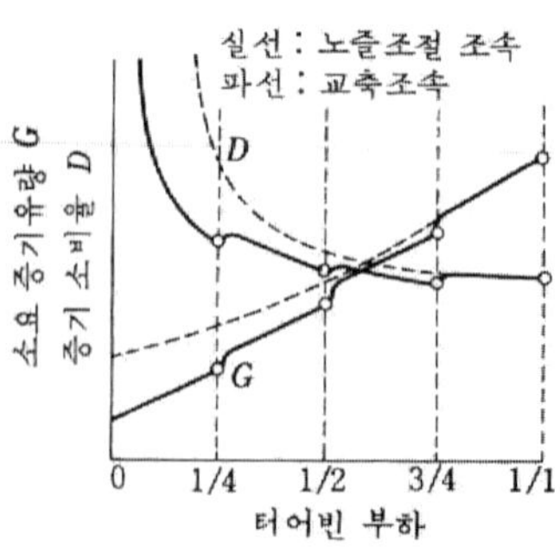

그림 19-4 증기유량과 소비율

19-2 증기유량과 압력의 관계

터어빈 부하와 증기유량과의 관계는 그림 19-4와 같이 되고 그 개략은 윌랜스선(線, 17-6절)으로 추정된다. 여기서 Flügel의 연구에 따라 증기유량과 압력의 근사적 관계를 구하고, 터어빈 내의 상태 변화의 개요를 설명한다.

먼저 한 단에 대하여 생각하여 고정깃 및 회전깃의 출구 면적을 각각 f_1, f_2, 출구 증기의 유속을 c_1, w_2, 비체적을 v_1, v_2라 하면 연속의 조건으로 증기유량은

$$G = f_1c_1/v_1 = f_2w_2/v_2$$

이상적인 경우를 생각하기로 하고, 단의 단열 열낙차를 h_t, 반동도를 r라 하면

$$c_1 = \sqrt{\frac{2g_c}{A}(1-r)h_t + c_0^2}, \qquad w_2 = \sqrt{\frac{2g_c}{A}rh_t + w_1^2}$$

$$\therefore\ G^2 = \frac{f_1^2}{v_1^2}\left\{\frac{2g_c}{A}(1-r)h_t + c_0^2\right\} = \frac{f_2^2}{v_2^2}\left(\frac{2g_c}{A}rh_t + w_1^2\right)$$

따라서

$$h_t = \frac{A}{2g_c}\left\{\left(\frac{Gv_1}{f_1}\right)^2 + \left(\frac{Gv_2}{f_2}\right)^2 - (c_0^2 + w_1^2)\right\} \tag{19-1}$$

지금 $Ac_0^2/2g_c = \varepsilon_1h_t$, $Aw_1^2/2g_c = \varepsilon_2h_t$라고 놓으면 다음과 같이 표시된다.

$$h_t/v_2^2 = G^2\Delta\phi \tag{19-2}$$

여기서, $\Delta\phi = \frac{A}{2g_c(1+\varepsilon_1+\varepsilon_2)}\left\{\frac{1}{f_1^2}\left(\frac{v_1}{v_2}\right)^2 + \frac{1}{f_2^2}\right\}$

이 $\Delta\phi$의 식에 포함되는 항 중 f_1, f_2는 일정하고 ε_1, ε_2는 1에 비하여 작은 값이며, (v_1/v_2)는 운전상태에 따라 변하나 그 변화는 비교적 적다. 따라서 $\Delta\phi$의 값은 근사적으로 운전상태에 의존하지 않는 일정값이며 표준 운전상태에서의 값과 같다고 볼 수 있다.

다음 다수의 단으로 되고 유동이 모두 음속 이하인 일반의 터어빈 또는 단락군을 생각하자. 이 때는 각 단마다의 식 (19-2)의 합계를 다음과 같이 쓸 수 있다.

$$\Sigma\left(\frac{h_t}{v_2^2}\right) = G^2\,\Sigma\,\Delta\phi = G^2\phi \tag{19-3}$$

식의 $\phi = \Sigma\,\Delta\phi$는 유로 면적에 변화가 없으면 위에서와 같이 운전 상태에 관계 없이 일정하다고 볼 수 있다. 또 단수가 많으면

$$\Sigma\left(\frac{h_t}{v_2^2}\right) = -\int\frac{dh_t}{v^2} \tag{19-4}$$

로 쓸 수 있다.

여기서 한 단에 에너지식을 적용하자. 식 (15-1), (15-2)에서 단 전후의 속도차는 무시한다. 즉 c_0와 c_2가 같다고 보고 마찰이 없는 이상적인 단열계를 생각하면 바로 다음 식을 얻는다.

$$-dh_t = AdL = -Avdp \tag{19-5}$$

또 증기를 이상기체로 보면 $pv^{\kappa}=\text{const}$, 따라서 이들 관계를 식 (19-3)에 대입하여 단락군의 입구 증기 상태를 p_a, v_a, 출구 압력을 p_b라 하면 유량은 다음 식으로 표시된다.

$$G^2\phi=-\int\frac{dh_t}{v^2}=-A\int\frac{dp}{v}=-\frac{A}{v_a}\int_{p_a}^{p_b}\left(\frac{p}{p_a}\right)^{1/\kappa}dp=\frac{A}{m}\left(\frac{p_a}{v_a}\right)\left\{1-\left(\frac{p_b}{p_a}\right)^m\right\} \tag{19-6}$$

여기서, $m=(\kappa+1)/\kappa=2-(\kappa-1)/\kappa$

표준이 되는 정격 운전상태에서의 유량을 G_n, 입구 증기상태를 p_{an}, v_{an}, 또 출구 압력을 p_{bn}이라 하면, 이 경우에도 식 (19-6)과 같은 관계가 성립되어 ϕ와 m은 정수로 볼 수 있으므로 임의의 부하에서의 유량 G와 정격부하시의 유량 G_n과의 비는 다음과 같이 된다.

$$\frac{G}{G_n}=\sqrt{\frac{p_a}{p_{an}}\cdot\frac{v_{an}}{v_a}}\sqrt{\frac{1-(p_b/p_a)^m}{1-(p_{bn}/p_{an})^m}}=\frac{p_a}{p_{an}}\sqrt{\frac{T_{an}}{T_a}}\sqrt{\frac{1-(p_b/p_a)^m}{1-(p_{bn}/p_{an})^m}} \tag{19-7}$$

단, T_a는 입구 증기의 절대온도이다. 증기에서는 비열비 $\kappa \fallingdotseq 1.3 \sim 1.13$이나, 실제의 증기터어빈 내의 변화는 $pv^n=\text{const}$가 되어 $n<\kappa$가 되므로 개략치로서 $m\fallingdotseq 2$로 놓을 수 있다. 또 T_a의 변화는 비교적 작으므로 $\sqrt{T_{an}/T_a}\fallingdotseq 1$로 보면 윗식은 근사적으로 다음과 같은 간단한 관계가 된다.

$$\frac{G}{G_n}\fallingdotseq\sqrt{\frac{p_a^2-p_b^2}{p_{an}^2-p_{bn}^2}} \tag{19-8}$$

다만 이 관계는 유로면적이 불변일 때 성립된다.

따라서 그림 19-3 (a)와 같이 교축조속을 하는 터어빈의 제 1 단 입구, 즉 교축밸브 후의 압력 p_a는 배압을 일정하다고 보고 $p_b=p_{bn}$으로 놓으면 다음 관계로부터 구해진다.

$$p_a^2-p_{bn}^2\fallingdotseq(p_{an}^2-p_{bn}^2)(G/G_n)^2 \tag{19-9}$$

복수터어빈과 같이 p_{bn}이 낮은 경우는

$$p_a=p_{an}(G/G_n) \tag{19-10}$$

이 되어 대략 유량비에 비례한다.

노즐조절 조속에서는 제 1 단, 즉 조속단의 유로 면적이 변화한다. 그러나 제 2 단 이후의 유로면적은 변하지 않으므로 제 2 단 입구와 터어빈 출구와의 사이에는 식 (19-8)이 성립되고, 제 2 단 입구 압력은 역시 식 (19-9) 또는 식 (19-10)으로부터 구할 수 있다.

그림 19-5는 노즐조절 조속에서 4 개의 가감밸브를 가지는 경우 조속단 전후의 각 압력이 증기유량에 의하여 어떻게 변화하는가를 나타낸 것이다.

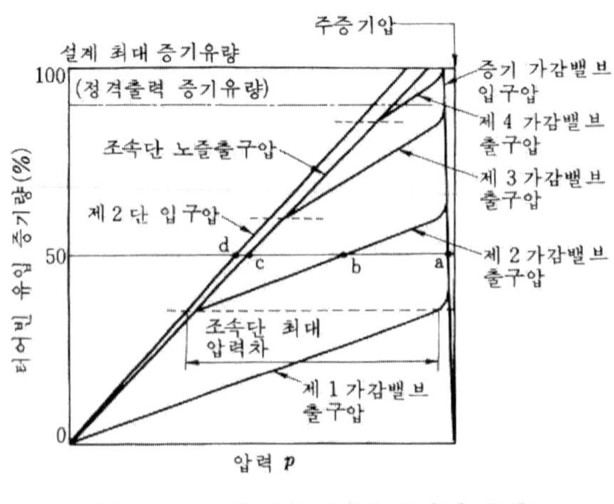

그림 19-5 노즐조절 조속의 조속단 특성

제 2 단 입구압력, 즉 조속단 출구압력은 증기유량에 비례하고 있다. 유량이 설계 최대값의 50 %의 경우는 제 1 가감밸브는 전개(全開)되어 있고 이 부분의 노즐에서의 압력차는 ac, 제 2 가감밸브는 반개(半開)상태이며 여기를 지나는 증기는 가감밸브로 압력 b 까지 교축되어 노즐에서 bc 의 팽창을 한다. d 는 조속단의 깃 이후의 압력이다. 이로부터 조속단의 압력차는 부분부하시에는 매우 커지고 제 2 가감밸브가 열리기 직전에 최대값에 달함을 알 수 있다.

19-3 조 속 장 치

증기터어빈에는 회전 속도를 소정의 범위 내에 되도록 일정하게 유지하기 위한 조속장치와 터어빈의 과속을 방지하기 위한 비상조속기가 설치된다.

터어빈 축의 회전 속도는 보통 축으로 구동되고 있는 원심식의 회전추의 위치 또는 축에 직결된 원심식 기름 펌프의 토출압력으로 검출된다. 그림 19-1은 전자에 속하는 것이며 소형 터어빈의 경우에 사용되고 있다.

조속장치(speed governor)는 이들의 변화를 이용하여 터어빈 입구의 증기 가감밸브의 열림을 변화시켜 터어빈 출력을 조정하여 회전 속도를 소정의 값에 유지하는 것이다. 다만 터어빈 출력을 변화시키려면 가감밸브 위치가, 즉 원심추의 평형 위치 또는 원심식 기름 펌프의 토출압력이 변화하지 않으면 안 된다. 따라서 터어빈의 회전수는 완전한 일정값을 취하는 것이 아니라, 조속장치의 특성에 맞추어 약간의 변화를 하게 된다. 또한 터어빈의 조속장치에서

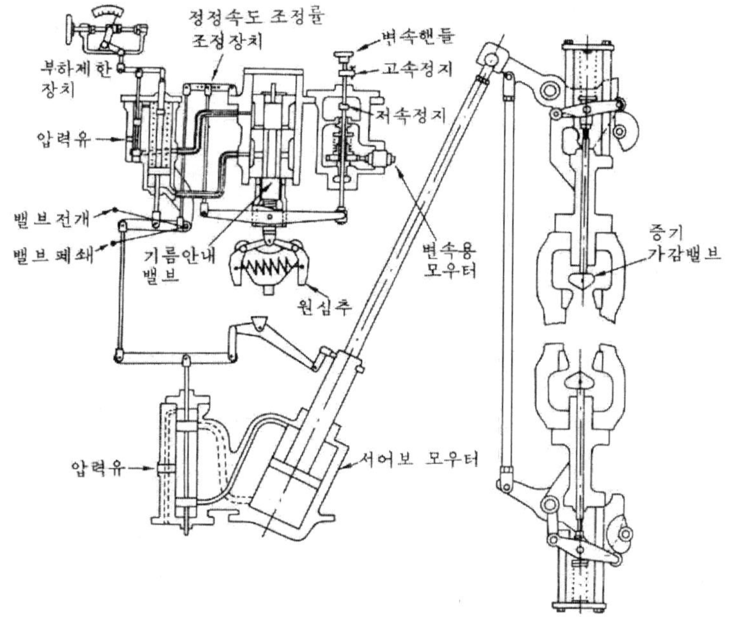

그림 19-6 조속장치의 예

는 유압 서어보 모우터로 힘을 확대하여 가감밸브를 움직이는 것이 보통이다.

터어빈 출력을 감소시키면 회전 속도는 조금씩 상승하나 발전용 터어빈의 조속장치에서는 조속기구의 설정을 변화시키지 않고 터어빈 출력을 정격부하로부터 무부하(無負荷)까지 점감(漸減)시켰을 때의 속도 변화의 정격속도(定格速度, rated speed)에 대한 비율, 즉 정정속도 조정률(整定速度調定率, parmanent speed variation)이 3～5%의 범위에 있는 것이 요구된다. 또 정격부하를 급격히 제거하였을 때 도달되는 순간적인 최대 속도는 비상조속기가 작동하는 속도 이하이어야 한다. 조속장치에는 터어빈 발전기를 전력 계통에 집어넣을 때 회전 속도를 정밀하게 계통 주파수와 동기시킬 수 있도록 무부하시에 정격속도의 상하 약 6%의 속도 조절을 행할 수 있는 변속장치를 갖출 필요가 있다.

그림 19-6에서는 모우터 및 수동의 양쪽으로 조작할 수 있는 변속장치 외에 정정속도 조정률의 조절장치와 부하 제한장치를 가지고 있다. 그림 19-7은 변속장치의 설정 위치와 터어빈 속도의 관계를 보이고 있다. 변속장치를 정격속도에서 정격부하가 되는 위치에 설정하여 출력을 무부하까지 낮추었을 때의 속도 변화가 정정속도 조정률이다.

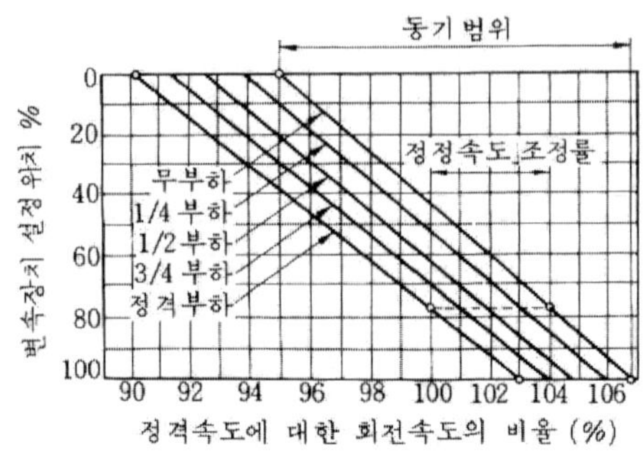

그림 19-7 변속장치 설정 위치와 터어빈 속도

비상조속기(非常調速機, emergency governor)는 터어빈축 끝에 부착되는 안전장치이며 편심체를 스프링으로 평형시킨 구조로 되어 있다.

어떤 원인으로 터어빈 속도가 증대하여 소정 속도에 달하면, 원심력 때문에 편심체가 스프링의 힘을 이겨 튀어나와서 비상용 기름 안내 밸브를 열고 스톱 밸브를 폐쇄하여 증기 공급을 차단한다.

비상조속기는 정격속도를 10(±1)% 초과하였을 때 작동하도록 되어 있다. 그림 19-8은 비상조속기를 이용한 증기 급속 차단장치의 예이다. 그림에서 1인 비상조속기가 작동하면 메인 스톱 밸브 4가 폐쇄하게 되어 있다.

비상조속기가 작동하여 스톱 밸브가 닫혀져도 터어빈 내의 잔류 증기 때문에 터어빈 속도는 잠시는 더욱 상승한다. 이 때 도달되는 최대 비상속도는 터어빈 및 발전기의 안전한계(일반적으로 정격속도의 115～120%) 이하이어야 한다.

재열터어빈에서는 재열기 내에 다량의 증기가 있으므로 부하가 차단된 경우에 입구의 가감밸브를 폐쇄하더라도 재열기 내에 남아 있는 증기 때문에 현저한 과속을 발생한다. 따라서 재열터어빈에서는 이상의 조속장치와 비상조속기 외에 재열증기의 입구측에 주조속기 또는 별도의 보조조속기로 움직이는 중간 첵밸브와 비상조속기에 연락되어 있는 중간 스톱 밸브를 둘 필요가 있다. 보조조속기는 입구 가감밸브의 주조속기와 같은 구조이며, 터어빈 속도가 정격속도의 101%에 달하면 중간 첵밸브를 닫기 시작하여 105%에 달할 때 완전히 폐쇄하도록 작동한다.

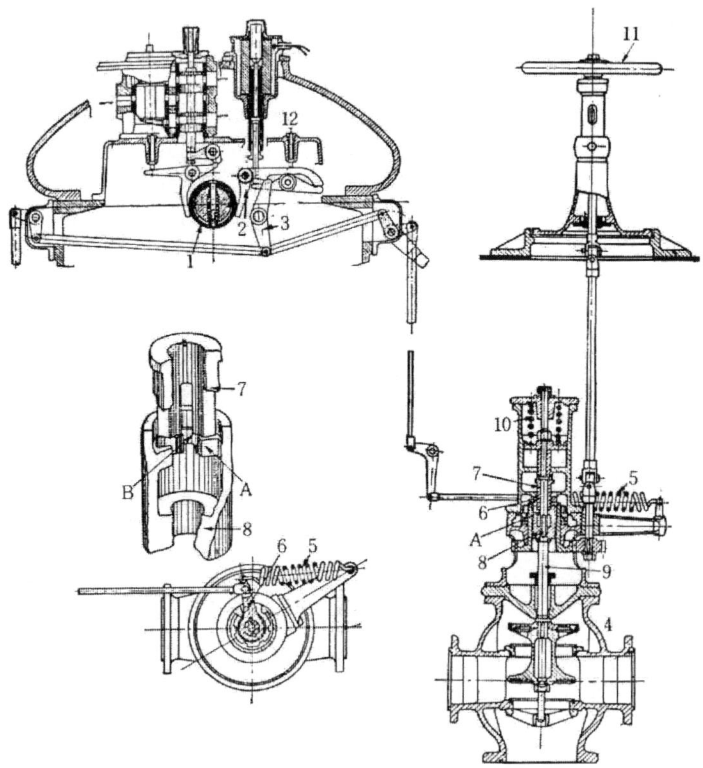

1. 비상 조속기
2. 아암
3. 아암
4. 메인 스톱 밸브
5. 스프링
6. 밸브심봉
7. 슬리이브
8. 슬리이브
9. 밸브심봉
10. 스프링
11. 핸들
12. 버튼
A. 돌출부
B. 공격부

그림 19-8 증기 급속 차단장치(비상조속기)

최근의 발전용 대출력 터어빈에서는 출력이 현저하게 증대한 데 비하여 터어빈 및 발전기 회전부의 관성 모우먼트의 증대는 그다지 크지 않으므로 부하가 급격히 차단되었을 때 생기는 순간적인 최대 속도를 정격속도의 110% 이내로 억제하는 것이 어려워지고 있다. 따라서 대출력의 것에서는 상술한 기계-유압식 제어에 대하여 전기-유압식 제어가 사용되는 경향이 있다. 전기-유압식 제어(electro-hydraulic control)는 회전 속도 등의 검출, 신호의 전달, 증폭, 연산을 전기적으로 행하여 신호의 시간 지체를 작게 하고 또 압력 110 kgf/cm²g 정도의 고압유를 사용하여 서어보 모우터를 소형화하여 밸브의 폐쇄 시간을 단축한 것이며 자동기동에도 적합하다. 또 전기식의 신호 전달방법은 복잡한 계의 추기터어빈의 제어장치에 적용되기도 한다.

선박용의 기어 감속장치를 가지는 터어빈에서는 각각 터어빈 속도와 출력 사이에 일정한 관계가 있으므로 조정장치로 밸브 열림을 변화시켜 출력 및 속도를 조절한다. 따라서 선박용 터어빈에서는 과속 방지를 위한 비상조속기만을 둔다.

또한 증기터어빈에는 비상조속기 외에 배기 압력의 상승, 윤활유 압력의 저하, 베어링 온도의 상승, 추력베어링의 이상 마멸 등이 발생하였을 때 증기의 유입을 자동적으로 차단하는 안전장치를 둘 경우가 많다.

19-4 조 압 장 치

배압터어빈이나 추기터어빈에는 조속장치 외에 배압 또는 추기압을 되도록 일정하게 유지하기 위한 조압장치(調壓裝置)가 마련된다. 이것은 피스턴의 한 면에 스프링을 두고 다른 면에 증기 압력을 작용시켜 증기 압력의 변화로 피스턴을 움직이게 한 조압기(調壓器)와, 이 움직임을 전달하여 밸브의 열림을 변화시키는 조압기구로 되어 있고, 밸브의 개폐는 일반적으로 조속장치의 경우와 같이 유압을 이용한다.

배압터어빈에서는 터어빈 출력과 증기유량의 관계가 정해져 있으므로 이 양자를 서로 무관계로 조절할 수는 없다. 따라서 단독 운전을 할 때는 조압장치를 사용하지 않고 복수터어빈과 마찬가지로 조속장치만으로 운전한다. 따라서 작업용 증기량의 변화로 생기는 배압의 변동은 여분의 배기의 방출 또는 보일러로부터의 생증기의 보급으로 조정해야 한다.

그러나 다른 발전장치와 병렬 운전을 하는 경우는 터어빈은 전력 계통과 동기(同期)된 회전속도로 유지되므로 조압장치를 작동시켜 배압을 일정하게 유지하도록 작업용 증기량의 변화에 응하여 입구의 증기 가감밸브의 열림을 변화시키도록 한다.

추기터어빈에서는 터어빈 출력과 증기유량의 관계를 상당히 넓은 범위에서 서로 무관계로 조절할 수 있다. 따라서 조속장치와 추기압의 조압장치를 관련시켜 작동시킴으로써 부하와 작업용 증기량의 양쪽의 변동에 대하여도 터어빈 속도와 추기압력을 일정하게 유지하며 운전할 수 있다. 그림 19-9 는 이 제어 계통을 표시한 선도이다. 입구의 가감밸브 외에 추기 가감밸브를 가지고 추기량의 조절은 이의 열림을 변화시켜 저압부로 가는 증기유량을 가감하여 행한다. 그림 19-9 에서 부하가 감소했다면 터어빈 속도가 증가하여 a 점이 위로 당겨지므로 c 점이 아래로 밀린다. 이 경우는 추기압이 일정하므로 레버는 b 점을 중심으로 하여 입구 가감밸브와 추기 가감밸브를 다 같이 폐쇄하도록 움직인다. 또 추기량이 증대했다고 하면 추기압이 저하하여 b 점이 아래로 밀리므로 레버는 c 점을 중심으로 움직여 입구 가감밸브를 열고 추기 가감밸브를 폐쇄하도록 작용하여 추기량을 증대시킨다.

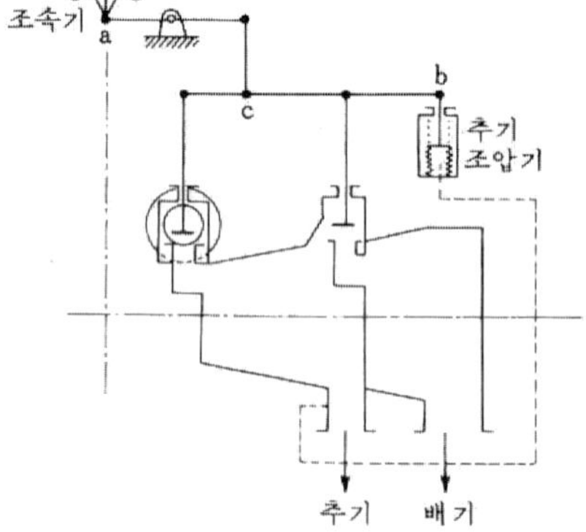

그림 19-9 추기터어빈의 제어 계통

제 Ⅲ 편

복 수 장 치

복 수 기

제 20 장

20-1 개 요

복수장치는 복수기를 주체로 하고 이에 부속되는 각종 펌프로 성립된다. 이는 증기원동기 등에서 배출되는 증기를 냉각하여 복수시키는 것이며, 일반적으로 복수시킴으로써 복수기 내의 압력, 따라서 원동기의 배압을 대기압 이하로 저하시킴과 복수의 회수를 꾀함을 목적으로 한다. 증기원동기에서 배압이 낮을수록 같은 증기를 사용하여 현저히 큰 출력을 얻을 수 있음은 이미 잘 아는 바이며, 그림 20-1은 배압과 증기원동소 사이클의 이론 열효율과의 관계이다. 한편 복수는 극히 양질의 보일러 급수가 되므로 이를 회수하는 것은 증기원동소로서 매우 중요한 일이다.

복수기는 밀폐된 용기이며 공급된 냉각수로 유입되는 증기의 증발열을 빼앗아 복수시키며, 이에 증기와 냉각수가 직접 접촉하는 혼합복수기(mixing condenser)와 전열면을 통하여 열교환을 하는 표면복수기(surface condenser)가 있다.

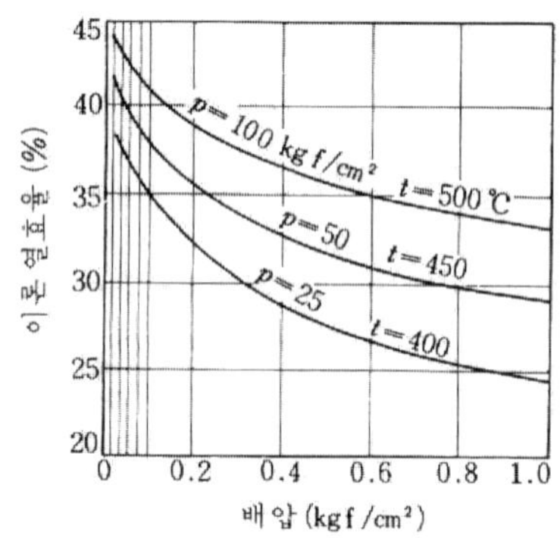

그림 20-1 배압과 이론 열효율

혼합복수기에는 바로메트릭(barometric) 형식과 이젝터(ejector) 형식의 2가지가 있다. 바로메트릭 복수기는 그림 20-2와 같이 높은 곳에 혼합기를 놓고 그 위로부터 냉각수를 뿌려 증기를 복수시키는 것이며, 복수와 냉각수는 혼합하여 10 m 전후의 긴 미관(尾管)을 흘러 그 수주의 압력차로 대기 중에 송출된다. 이 형식에서는 냉각수를 높은 곳으로 올리기 위한 냉각수 펌프와, 새어 들어오는 공기 및 냉각수에서 분리되는 공기 등의 비응축가스를 배출하기 위한 추기(抽氣)펌프를 필요로 한다.

이젝터 복수기는 그림 20-3과 같이 상방에 설치한 노즐로부터 물을 분사시켜 증기를 복수하며, 디퓨우저로 속도에너지를 압력으로 전환하여 복수와 냉각수의 혼합물을 대기 중으로 내보낸다. 이 형식은 전자에 비하여 고압이고 또한 다량의 냉각수를 보내는 냉각수 펌프를 요하나, 비응축가스를 복수와 함께 추출할 수 있으므로 추기펌프가 필요하지 않고 또 디퓨

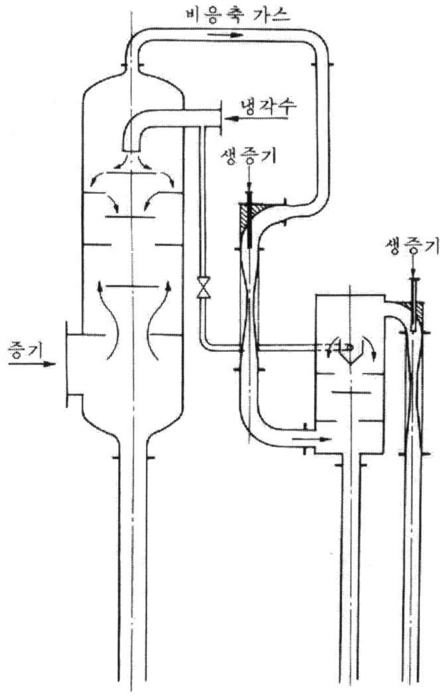

그림 20-2 바로메트릭 복수기

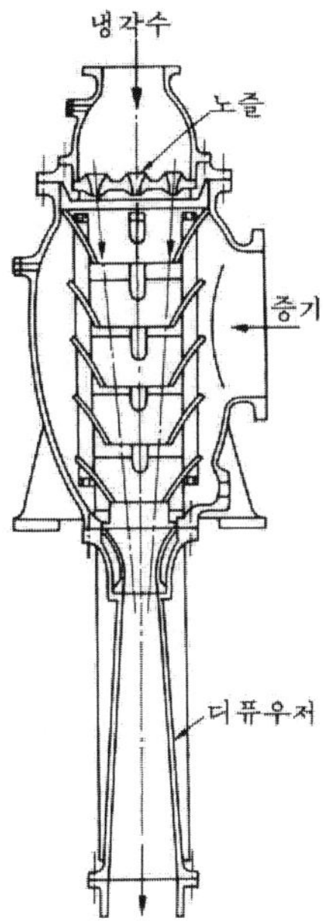

그림 20-3 이젝터 복수기

우저 출구의 미관(尾管)의 길이를 현저히 단축시켜 복수기의 높이를 줄일 수 있다.

이상과 같이 혼합복수기는 구조가 간단하고 형체도 비교적 적게 할 수가 있다. 그러나 이는 복수와 냉각수(이는 다량으로 요하게 되므로 보통 천연수를 사용하며 이는 많은 불순물을 포함한다)가 혼합되므로 보일러 급수로 양호한 복수를 회수할 수가 없다. 또 냉각수 중에 포함되는 다량의 비응축가스가 복수기 내에 분리되므로 고진공을 얻기가 곤란하다. 이들 이유로 증기원동기에 설치되는 복수기는 구조가 복잡하고 고가이나 보통 다음의 표면복수기가 사용된다.

표면복수기는 그 속에 전열면이 되는 다수의 지름이 작은 관, 즉 복수관을 두어 증기는 상방으로부터 직각으로 관 외를, 냉각수는 관 내를 흐르는 구조로 한 것이며, 관을 통한 열교환으로 증기가 복수된다. 따라서 복수는 냉각수와 혼합되지 않고 보일러 급수로 회수된다. 또 복수기 내의 비응축가스는 증기 중에 포함되는 것뿐이며, 비교적 소량이므로 고진공을 얻을 수 있다. 표면복수기에서는 비교적 대용량의 냉각수 순환펌프, 추기펌프 및 복수를 복수기에서 꺼내기 위한 복수펌프가 필요하다. 또 때로 출력이 비교적 작은 플랜트에서 냉각수를 얻기 어려울 때는 공냉복수기(空冷復水器, air-cooled condenser)를 적용할 때가 있다. 이 때는 바깥면에 휜을 붙인 복수관을 사용하여 공기를 이에 직교하도록 흘려서 복수관 내의 증기를 응축한다.

다음에 주로 증기원동기에 설치되는 표면복수기에 대하여 설명하기로 한다.

20-2 표면복수기의 구조

[1] 구조 개요

표면복수기의 구조는 그림 20-4에 표시된 바와 같이, 양단의 관판 사이에 끼운 다수의 복수관을 용기 내에 넣은 것이며, 관은 특별한 사정이 없는 한 수평으로 꽂는다. 복수기의 상단은 증기터어빈 등의 배기 플랜지에 접속된다. 증기는 이로부터 복수관군에 유입하여 복수되어, 하방의 온수조(温水槽, hotwell)로 모이고, 복수기 내에 있는 비응축가스는 충분히 냉각되어 증기 유로의 종단이 되는 추기공으로부터 추출된다. 한편 냉각수는 복수기 끝의 수실로 들어와서 복수관으로 유입된다.

복수관은 부식이나 기계적 궤식(潰殖)에 견뎌야 하며, 담수(淡水)에 대하여는 주석이 섞인 황동(黃銅, Cu : 70 %, Zn : 29 %, Sb : 1 %), 비소동(砒素銅) 등, 해수 또는 냉각수 유속이 2 m/s 이상일 때는 알루미늄황동, 아드미랄티 황동 및 백동(白銅, cupro-nickel) 등이 사용된다. 관의 바깥지름은 19, 22 또는 25 mm가 많고 두께는 0.9 ~ 1.2 mm, 또 관과 관 사이의 중심간 거리는 약 28 mm이다.

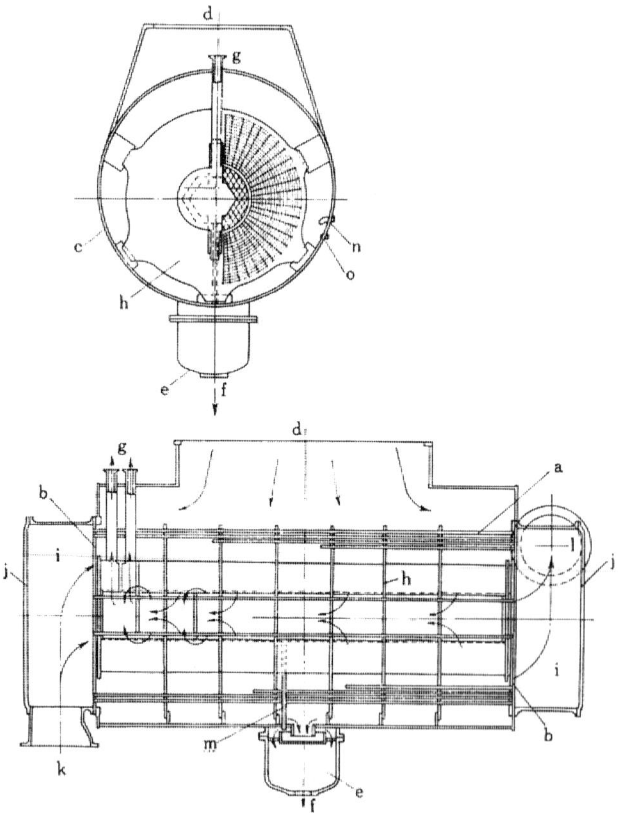

a. 복수관
b. 관판
c. 복수기동
d. 증기 유입부
e. 온수조
f. 복수 출구
g. 추기공
h. 관지지판
i. 수실
j. 수실 뚜껑
k. 냉각수 입구
l. 냉각수 출구
m. 탈기관
n. 이젝터 냉각기 드레인의 도관
o. 복수펌프 연락관

그림 20-4 표면복수기

관판은 황동판이고, 복수관은 여기 뚫린 구멍에 확관(擴管)으로 또는 금속 패킹 등으로 고정된다. 또한 이 복수관은 길이가 길므로 이를 보강하고 또 관의 진동을 방지하기 위하여 양단의 관판 사이에 관 지지판을 두는 것이 필요하며, 이에는 황동판 또는 아연 도금(亞鉛鍍金)을 한 연강판이 사용된다.

복수기의 동(胴)은 일반적으로 연강판을 용접하여 만들고 외압에 견딜 필요가 있으며, 또 좌우의 수실의 뚜껑은 내식성 라이닝을 한 연강판의 용접 또는 주철로 만든다. 이 두껑과 관판과의 접촉부는 부식을 막기 위하여 고무 패킹 등을 넣는다. 또 복수관의 국부전지(局部電池)에 의한 전해(電解) 부식을 막기 위하여 아연판을 냉각수측의 관판면에서 나온 황동봉(棒)에 또는 수실벽에 붙이는 일도 있다.

복수관의 관판에 고정하는 방법은 위에서와 같이 냉각수 입구측을 확관으로, 출구측을 면사(綿糸) 등의 패킹을 넣고, 링으로 고정하는 일이 많다. 그러나 최근에는 보일러가 고온고압이 됨에 따라 복수 중에 냉각수가 유입되는 것을 극히 회피함으로, 양단을 모두 확관으로 붙이고 복수기 동(胴)에 신축이음(伸縮接合, expansion joint)을 사용하여 열팽창을 피하는 구조가 많다(그림 20-5 참조).

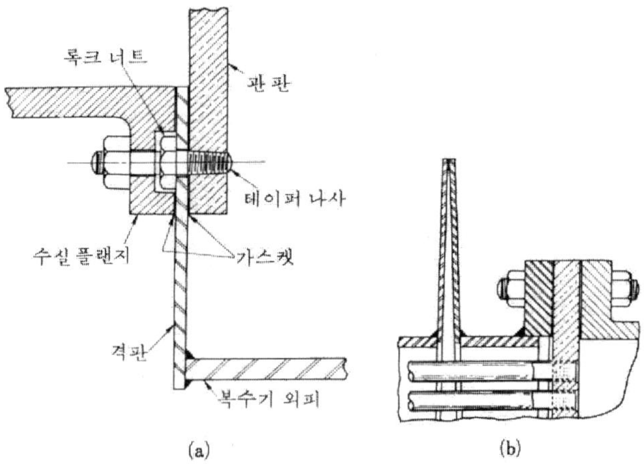

그림 20-5 복수기 외피의 신축(伸縮)이음

[2] 복수기의 형식

복수기의 구조는 증기의 유동방향과 냉각수의 통로수로 분류할 수 있다. 증기의 유동방향으로는 그림 20-6 (a), (b)와 같은 상방에서 하향으로 유입하는 하향류식(down flow type), 그림 20-4 또는 그림 20-6 (c)와 같이 전주에서 중심을 향하여 유입하는 반경류식(radial flow type) 및 그림 20-6 (d)와 같은 하방에서 상향으로 흐르는 도립류식(inverted flow type)이 있다. 이 중 많이 사용하는 것은 하향류식(down flow type)과 반경류식(radial flow type)이다. 또 냉각수의 유동 형식으로는 그림 20-4와 같이 한 방향으로만 흐르는 단류식(single flow type)과, 관군을 이분(二分)하여 한 군을 흐른 냉각수가 타단의 수실을 지나 다른 한 군으로 유입하는 복류식(double flow type)이 주로 사용된다.

[3] 복수관의 배치와 증기 유로

복수기의 구조에서 가장 문제가 되는 것은 복수관의 배치와 복수기 내에서의 증기 유로이다. 즉 이들을 적당히 마련하여 양호한 전열을 도모하고 증기의 유동저항이 적은 구조로 하는 것이 중요한 것이다. 양호한 전열을 도모하려면,

1) 증기가 관군에 균등하게 안내되도록 증기 유입부에 넓은 공간을 둘 것
2) 가장 유효하게 작용하는 제 1 관열의 관수를 되도록 많이 배치할 것
3) 관군의 내부의 관도 유효하게 이용하도록 관군을 몇 개의 집단으로 다시 분할하여 증기의 유입 통로를 만들 것
4) 증기 중에는 외부에서 유입된 약간의 공기가 포함되며, 이는 전열을 매우 저해하므로 복수기 중에 공기가 모이기 쉬운 장소를 없애고, 그 출구 부근에 추기펌프의 흡입구를 둘 것 등이 필요하다. 또 상방의 관군에서 복수된 물방울이 하방의 관에 접촉하지 않도록 구획판을 두는 일도 있다.

다음 증기의 유동저항을 적게 하려면

1) 관군 내에서의 증기 유로를 되도록 짧고 균일하게 할 것
2) 증기 유로의 면적이 복수에 따르는 증기체적의 감소에 따라 감소하도록 관 또는 구획판의 배치를 할 것

등이 필요하다. 또한 복수기에서 복수의 과냉각을 방지하고 또 충분히 탈기를 함과 추기펌프의 부하를 경감시키기 위하여 추출공기 온도를 되도록 낮게 할 필요가 있다. 전자는 보통 유입 증기의 일부를 직접 온수조에 안내하여 복수와 충분히 접촉시켜 재열하는, 이른바 재생식의 배치로써 이루어진다. 추출공기 온도를 내리는 것은 증기 유로의 종단이 되는 추기공을 항상 냉각수 온도의 가장 낮은 위치에 설치함으로써 이루어진다. 즉 추기공은 단류식(single flow type)에서는 냉각수의 입구측, 복류식(double flow type)에서는 냉각수의 제 1 통로의 관군 부근에 둔다.

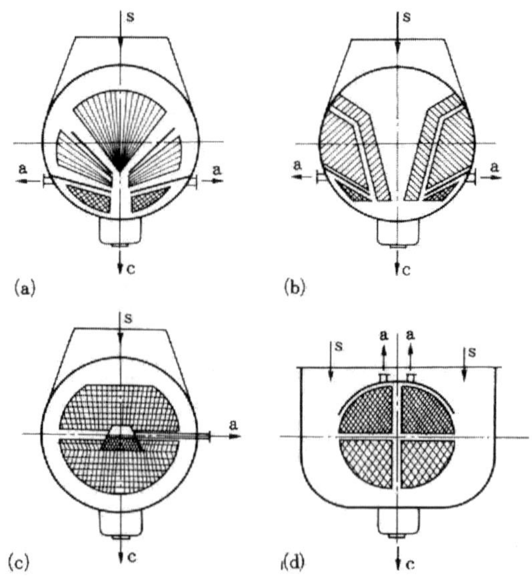

그림 20-6 복수기의 형식
s : 증기유입부 c : 복수출구 a : 공기입구

20-3 표면복수기의 성능

복수기 내의 압력은 냉각수 온도와 냉각수량에 관계되며, 만약 냉각수량이 무한대이면 복수기 압력을 냉각수 입구온도에 대한 포화 증기압력까지 저하시킬 수 있을 것이다. 그러나 실제로는 냉각수량이 제한되어 있으므로 이보다 높은 압력이 된다. 냉각수량이 정해지면 복수기 압력은 냉각수 입구온도와 전열면적으로 정해지나, 냉각수의 각 입구온도에 대하여

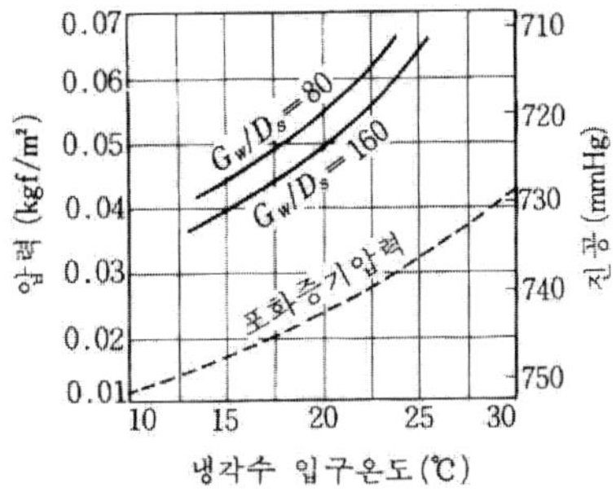

그림 20-7 복수기 압력
(G_w : 냉각수량, D_s : 증기량)

경제적으로 적당한 복수기 압력은 그림 20-7과 같다. 그림에서 점선은 냉각수 입구온도에 대한 포화 증기압력이다. 냉각수의 입구온도를 약 20°C 전후로 보면 복수기의 압력은 진공 710～730 mmHg 정도로 되는 것이 보통이며, 또한 이는 냉각수 출구온도에 5～10°C를 가한 온도의 포화압력에 거의 같다. 일반적으로 용량이 큰 것일수록 고진공을 얻게 되고, 대형 증기터어빈에서의 복수기 압력은 보통 0.04～0.05 kgf/cm² 이다.

또 온수조에서 나오는 복수는 2～3°C 과냉각될 때도 있으나 재생식에서는 입구증기의 포화온도와 거의 같다. 재생식으로 하면 온수조에서 행해지는 탈기작용으로 복수의 산소 함유량을 0.05 ml/l 이하로 내릴 수가 있다. 또한 증기 유입부에서 추기공까지의 유로에서의 압력 손실은 일반적으로 3～4 mmHg 정도이며 적당한 유로에서는 보다 적을 수도 있다.

20-4 표면 복수기의 계산

복수기에서 제거해야 할 열량과 소요 전열면적과의 관계를 구하면 다음과 같다.

지금 D_s : 복수기에 들어가는 증기량 [kg/h]

i_s : 유입 증기의 엔탈피 [kcal/kg]

t_s : 증기의 포화온도 [°C]

i_c : 복수의 엔탈피 [kcal/kg]

G_w : 냉각수량 [kg/h]

c_p : 물의 비열 [kcal/kg°C]

t_1, t_2 : 냉각수 입구 및 출구온도 [°C]

라고 하면, 복수기에서 제거한 열량 Q [kcal/h]는

$$Q = D_s(i_s - i_c) = G_w c_p (t_2 - t_1) \qquad (20\text{-}1)$$

또한 복수의 온도를 t_c [°C]라 하면 $i_c \fallingdotseq t_c$ 이며 복수의 재열을 하는 재생식에서는 $i_c \fallingdotseq t_s$ 라고 볼 수 있다.

또한 성능이 좋은 복수기에서는 복수의 엔탈피는 유입 증기압력에 있어서의 포화수의 엔탈피와 같다고 볼 수 있다. 따라서

$$Q = D_s x r \text{ [kcal/h]}$$

로 볼 수 있다.

단, x는 유입 증기의 건조도, r는 증발열이다. 압력 0.05 kgf/cm²abs에서 $r = 579$ kcal/kg, $t_s = 32.6$ °C이다.

한편 소요 전열면적 F [m²]는 복수관의 평균 열관류율을 k [kcal/m²h°C]라 하면

$$Q = kF\Delta t_m \tag{20-2}$$

단, Δt_m은 증기와 냉각수와의 대수평균 온도차[°C]이며

$$\Delta t_m = \frac{(t_s - t_1) - (t_s - t_2)}{\ln \frac{t_s - t_1}{t_s - t_2}} = \frac{t_2 - t_1}{\ln \frac{t_s - t_1}{t_s - t_2}} \tag{20-3}$$

따라서 위의 3식에서 유입 증기와 냉각수의 양과 상태를 알면 소요 전열면적을 구할 수 있고 또 역으로 전열면적을 주면 유입 증기의 상태로부터 복수기 압력을 구할 수 있다. 단, 그러기 위하여는 k의 값이 명백히 알려져야 한다.

복수관에서의 열관류율의 값은 관재질, 냉각수의 유속과 온도에 따라 다를 뿐 아니라 증기의 복수상태가 막상(膜狀)인가 적상(滴狀)인가에 따라, 또 증기 중에 함유된 공기 등의 비응축가스량 등에 따라 변화한다. 따라서 설계에 있어서는 실제의 것에 대한 경험값으로부터 이 값을 결정하는 경우가 많다.

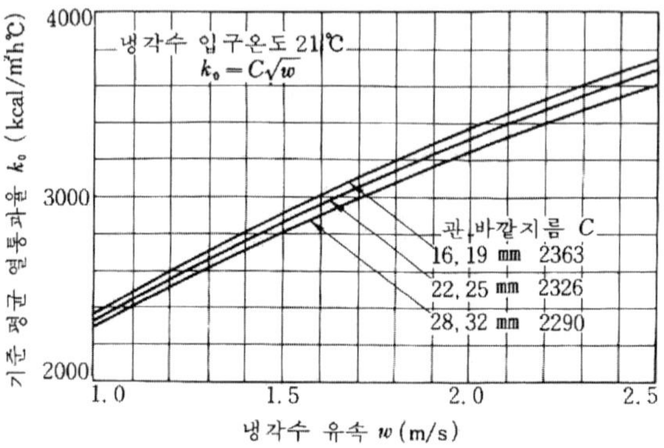

그림 20-8 복수기의 기준 평균 열관류율

그림 20-8은 미국의 많은 제작자에 의한 시험 결과로부터 얻은 냉각수 입구온도 21°C에서의 기준의 평균 열관류율 k_0를 냉각수 유속에 대하여 표시한 것으로, 이로부터 설계시의 평균 열관류율 k의 값은 다음과 같이 구해진다.

$$k = C_1 \cdot C_2 \cdot C_3 \cdot k_0 \,[\text{kcal/m}^2\text{h°C}] \tag{20-4}$$

여기서, C_1 : 관재질 및 두께에 의한 수정계수이며, 표 20-1의 값

C_2 : 냉각수 입구온도에 의한 수정계수이며, 그림 20-9에 표시된 값

C_3 : 관의 오염계수

이며, 일반적으로 $C_3 = 0.85$이다.

표 20-1 복수관 재질과 두께에 의한 수정계수 C_1

관재질 \ 두께 [mm]	0.56	0.71	0.89	1.24	1.65	2.11	2.77
아드미랄티황동	1.06	1.04	1.02	1.00	0.96	0.92	0.87
알루미늄황동	1.03	1.02	1.00	0.97	0.94	0.90	0.84
90-10 백동	0.99	0.97	0.94	0.90	0.85	0.80	0.74
70-30 백동	0.93	0.90	0.87	0.82	0.77	0.71	0.65
티탄	0.85	0.81	0.77	0.71			

냉각수의 유속은 보통 1.5 ~ 2.2 m/s이며, 2.0 m/s 이하인 경우가 많다. 냉각수 입구온도는 15 ~ 24 °C의 범위에 있다. 복수기 내 압력은 냉각수량과 수온에 관계된다. 일반의 복수기에서는 $t_s - 0.5(t_1 + t_2) = 5 \sim 10$ °C, 따라서 복수기 압력은 냉각수 평균온도에 5 ~ 10 °C

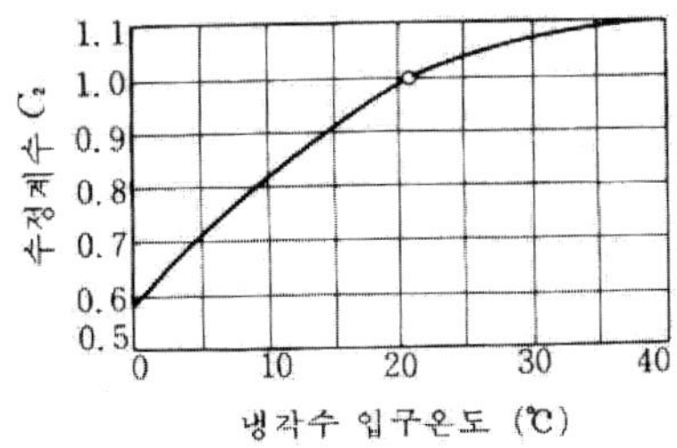

그림 20-9 냉각수 입구온도에 의한 수정계수 C_2

가한 값의 포화 압력으로 하는 것이 적당하다고 생각되고 있다.

냉각수 출구 온도는

$$t_2 = t_1 + \frac{D_s}{G_w} \cdot \frac{i_s - i_c}{c_p} \tag{20-5}$$

이며, G_w/D_s는 60 ~ 120 정도로 하는 경우가 많다. 단, 대형 증기터어빈에서는 설계복수기 압력을 0.05 kgf/cm²abs (진공 720 mmHg)로 하는 것이 보통이며 전열면의 단위 면적당 복수량은 약 35 ~ 45 kg/m²h 이다.

부속장치

제 21 장

21-1 추 기 펌 프

[1] 개 설

표면복수기에서는 유입되어 오는 공기를 배출하기 위한 추기펌프를 필요로 한다. 추기펌프로는 왕복식 펌프, 회전 펌프 및 증기 이젝터(ejector)가 있다. 현재는 주로 증기 이젝터가 사용되며, 이는 소형이고 구조가 간단하여 대용량의 추기를 행하는 데 적합하다.

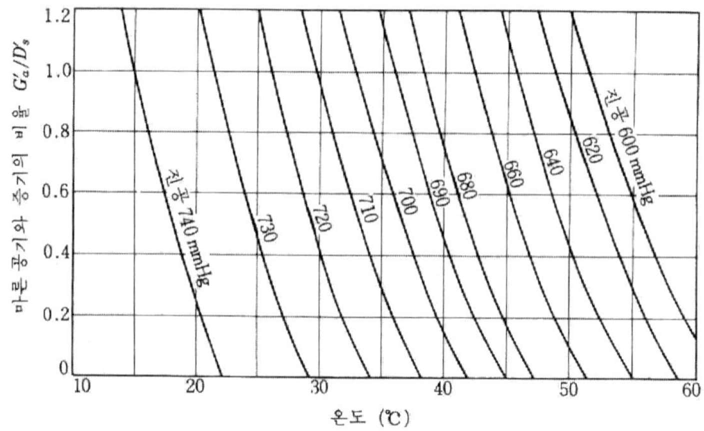

그림 21-1 추출기체 중의 공기비(중량)

유입 공기량은 터어빈 저압부 및 복수기의 구조나 결합방법에 따라 지배되며, 증기터어빈 복수기에서의 건(乾)공기는 복수기 증기 유량의 약 0.003～0.03%(중량) 정도이며 복수기 증기 유량이 큰 것일수록 작은 비율이 되어 있다. 그러나 추출되는 공기는 증기로 포화되어 있고, 그 비율은 온도와 압력에 따라 변화하나 추출공기 중의 전 공기를 G_a'[kg], 증기를 D_s'[kg]라 하면 그 관계는 그림 21-1과 같다.

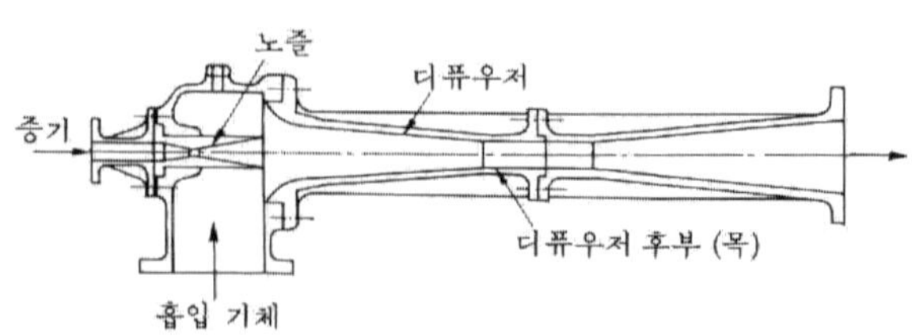

그림 21-2 증기 이젝터

[2] 증기 이젝터

증기 이젝터의 주요부는 그림 21-2와 같이 노즐과 디퓨우저이며, 이는 노즐에서 분출되는 고속(약 1000 m/s)의 증기 분류로 혼합실의 흡입될 기체를 빨아들인다. 그리고 증기와 흡입 기체는 혼합되어 가며 디퓨우저를 거쳐 속도에너지를 압력으로 전환함으로써 압축된다. 보통 노즐에는 스테인레스강 또는 황동, 디퓨우저에는 주철 또는 청동을 사용한다. 증기 이젝터에서 디퓨우저 내의 유동상태는 복잡하여 몇 가지 상태를 취할 수 있으나 이젝터가 고진공에서 효율 좋게 작동하기 위하여는 증기와 흡입기체와의 혼합기체가 디퓨우저의 목(throat) 입구로 음속 이상의 속도로 유입하는 것이 필요하다.

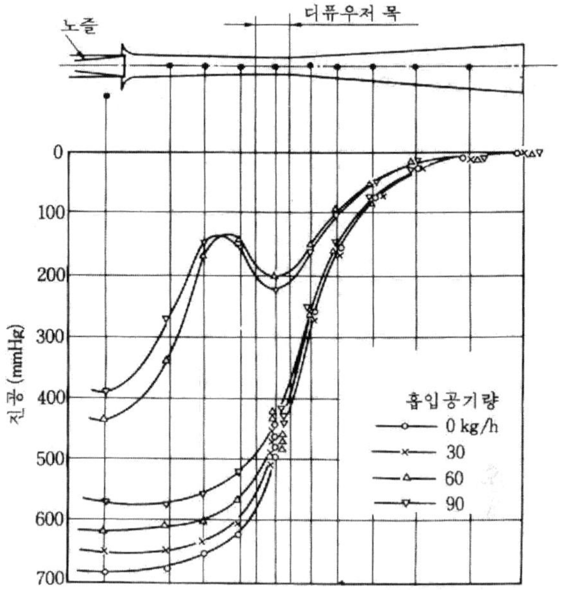

그림 21-3 디퓨우저 내의 압력 변화

그리고 이와 같은 유동을 할 때의 디퓨우저 내의 압력 변화는 그림 21-3의 밑의 4개의 곡선과 같이 된다. 또한 위의 2개의 곡선

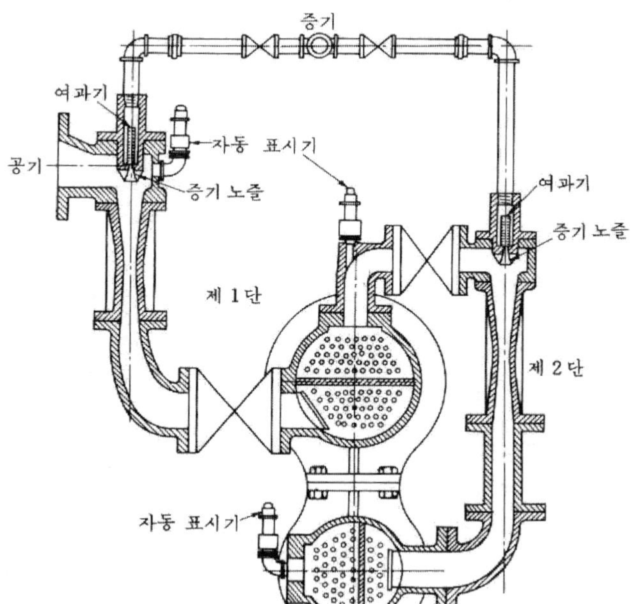

그림 21-4 2단 증기분사식 공기 이젝터

은 디퓨우저 목 입구로의 유입속도가 음속 이하인 경우이며, 이런 상태로는 고진공을 얻을 수 없다.

증기 이젝터의 성능은 각 흡입량에 대한 혼합실 진공과의 관계, 즉 흡입 성능과 디퓨우저 출구압력과의 관계, 즉 압축 성능의 2가지로 표시할 수 있다. 이 중 혼합실 진공, 다시 말하면 흡입성능은 디퓨우저의 목에 음속 이상의 흐름이 존재함으로써 목 후의 상태에는 무관계로 정해진다. 이에 가장 큰 영향을 주는 것은 디퓨우저 입구부의 크기이다. 이 면적을 크게 할수록 혼합실 진공이 향상된다. 또 디퓨우저의 축소부의 경사각은 보통 3~7°이며 이것이 적을수록 흡입량이 클 때의 혼합실 진공이 높은 값을 갖는다.

다음 디퓨우저 출구압력, 즉 압축 성능은 디퓨우저의 각종 치수의 영향을 받으나 각기의 경우 압축할 수 있는 최고의 출구압력(출구 한계압력)이 있다. 이젝터의 출구압력은 항상 이 한계압력 이하로 유지되어야 하며 이 때는 흡입 성능은 항상 일정하다. 그러나 이 출구 한계압력을 넘으면 디퓨우저 내의 유동 상태가 변화하여 혼합실 진공이 현저히 저하된다. 출구 한계압력을 상승시키려면, 디퓨우저 목부분의 길이를 목의 지름의 3~5배 정도, 디퓨우저 확대부의 확대각을 4~8°로 취하는 것이 좋다. 또한 동일 증기를 사용할 때는 혼합실 진공이 높을수록 출구 한계압력은 저하되며 또 노즐 전 증기압력을 높이면 혼합실 진공은 약간 저하되고, 출구 한계압력은 직선적으로 상승한다. 추기량은 기하학적으로 상사한 이젝터에서는 치수의 제곱(自乘)에 거의 비례한다.

실제의 표면복수기에서는 추출공기를 복수기 압력 0.04~0.05 kg/cm²(진공 730~720 mmHg 정도)에서 대기압까지 압축하여야 하나, 이는 1단의 이젝터로는 곤란하다. 따라서 그림 21-4, 21-5와 같이 2단 또는 3단의 이젝터를 사용하며 이 때 각 단의 중간에 각각 냉각기를 둔다.

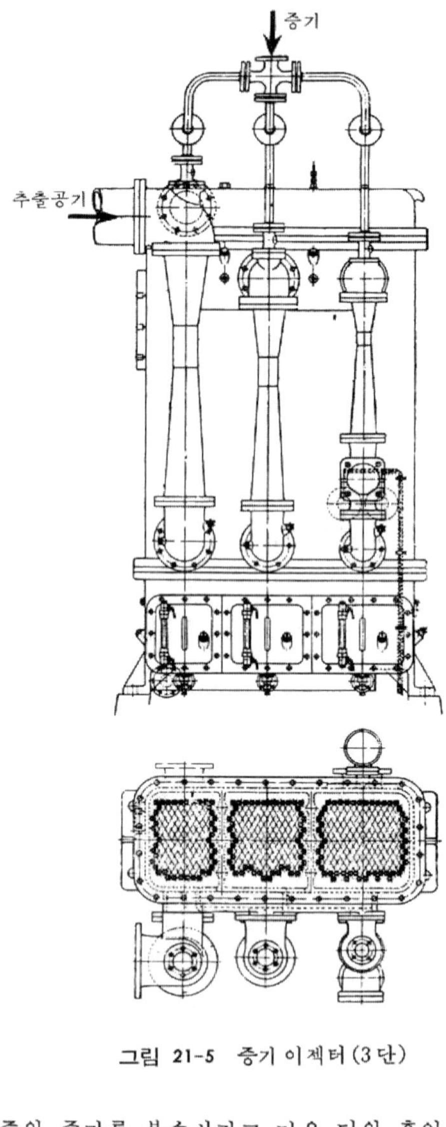

그림 21-5 증기 이젝터(3단)

이 냉각기는 전(前)단의 디퓨우저로부터의 배기 중의 증기를 복수시키고 다음 단의 흡입량을 감소시켜 작동을 용이하게 하기 위한 것이며, 동시에 냉각수로 복수기의 복수를 사용함으로써 증기의 열의 회수도 한다.

21-2 냉각수 펌프 및 복수펌프

표면복수기에서는 복수관에 냉각수(해수를 사용할 때도 많다)를 순환시키기 위한 냉각수 펌프와 복수기 내의 복수를 급수 계통으로 보내기 위한 복수펌프를 필요로 한다.

냉각수 펌프로는 주로 원심펌프가 사용되며 소요 동력은 냉각수량이 크므로 상당히 크다. 그 양정(揚程)은 낮고 주로 송입도관(導管) 복수기 및 송출도관에서의 유동저항〔복수기 위치까지의 높이에 의한 양정은 송출도관의 사이펀(siphon)작용으로 경감된다〕이며 소요 수량은 이미 말한대로 극히 다량이며 복수량의 80 배 전후이다.

이에 사용되는 원심펌프는 보통 그림 21-6 과 같은 1 단 양측 흡입의 저속펌프이고 회전수는 100 ~ 400 rpm, 양정은 3 ~ 12 m 정도이며 전동기 직결이 많다.

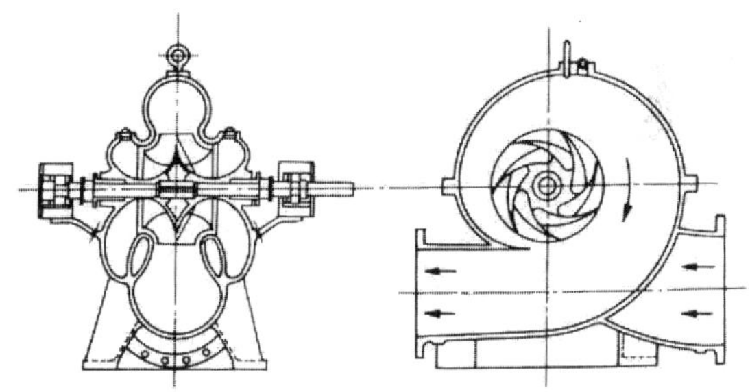

그림 21-6 냉각수 순환펌프

복수펌프로는 냉각수 펌프에 비하여 수량이 적고 양정이 30 ~ 100 m 정도로 높으므로 1 ~ 3 단의 터어빈 펌프가 사용된다. 복수펌프는 고진공의 거의 포화상태의 온수를 공급하는 것이므로 기포의 발생에 주의를 요한다. 따라서 펌프는 복수기 내의 수면보다 1 ~ 1.5 m 낮은 위치에 설치되는 것이 보통이며, 또 흡입관은 되도록 굵게 하여 유속을 1 m/s 이하로 유지하여 유동저항을 적게 함이 필요하다. 보통 소요 용량의 75 ~ 100 % 의 펌프가 2 대 설치된다. 그림 21-7 은 2 단의 복수펌프의 한 예이다.

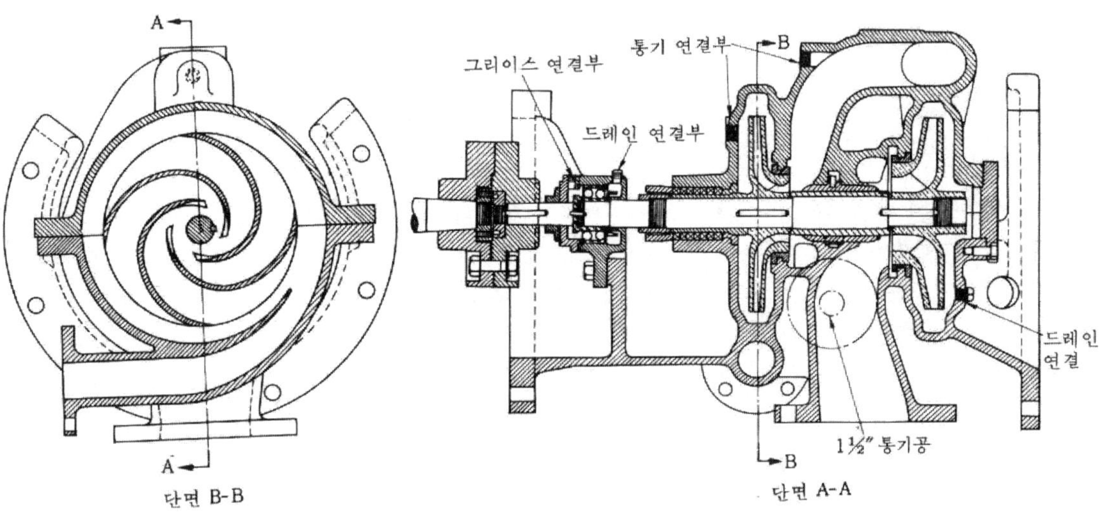

그림 21-7 2 단 복수펌프

21-3 급수계통

표면복수기로 회수된 복수는 보충수(급수처리를 한 것)와 함께 급수계통으로 보내어진다. 보급수의 양은 일반 복수터어빈에서는 급수량의 1～4% 정도이며 대형의 것일수록 작은 비율이 된다. 급수계통에는 개방 급수계통(開放給水系統)과 밀폐 급수계통(密閉給水系統)이 있다.

개방 급수계통은 대기에 개방된 급수조(槽)를 갖는 것이며, 복수는 복수기로부터 복수펌프로 개방 급수조로 보내지고, 이 급수로부터 여기에 공급되는 보충수와 함께 급수펌프로 보일러에 공급된다. 그러나 이렇게 하면 급수 중에 공기가 용해되므로 특히 급수 중의 용해 산소량이 문제가 되는 고압보일러에는 사용할 수가 없다.

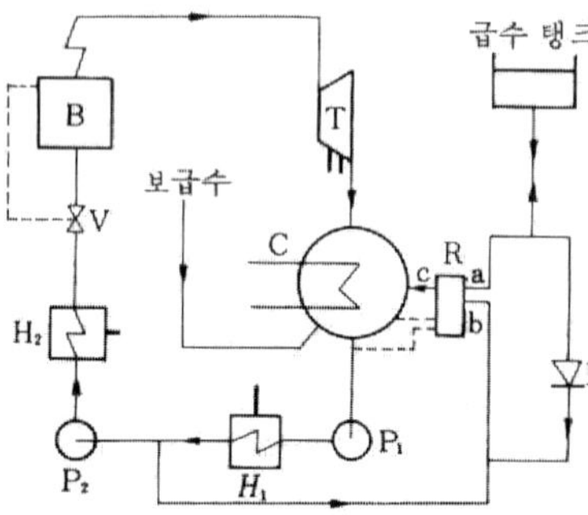

그림 21-8 급수계통

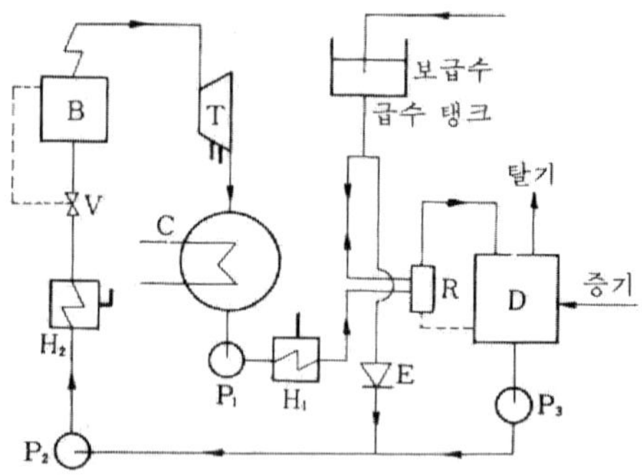

그림 21-9 급수계통

B : 보일러　H_1H_2 : 급수예열기　T : 터어빈　R : 밀폐급수 조절밸브
C : 복수기　V : 급수 조정밸브　P_1 : 복수펌프　E : 비상보급
첵밸브　P_2 : 급수펌프　P_3 : 흡출펌프　D : 탈기기

밀폐 급수계통은 급수 중의 용해 산소량을 적게 하기 위하여 복수기로부터의 복수를 대기에 접촉시키지 않고 급수펌프로 보내도록 배치한 것이다. 또한 여기서는 보일러 부하의 변동에 따라 급수의 과부족을 자동적으로 조절하는 장치를 필요로 한다.

밀폐 급수계통에서는 보충 수량이 급수량에 비하여 적을 때는 탈기기를 생략하고, 복수기에서 보충수의 탈기를 행할 수가 있다. 그림 21-8은 그 한 가지 계통 예를 표시한다.

보충수는 먼저 복수기로 흡입되어 탈기되고 복수와 함께 복수펌프에 의하여 수송된다. 그리고 이들 급수는 급수가열기(증기에 의한 가열)를 거쳐 급수펌프로 보내어져 여기서 다시 보일러로 공급된다. 또한 밀폐 급수 조정밸브는 보일러의 부하의 변동에 따라 변화하는 복수기 내의 수면을 일정하게 유지하도록 급수의 과부족을 조정하는 것이며, 보통 수면에 있는 플로우트(float)의 운동으로 작동된다. 즉 보일러 부하가 증가하여 보일러의 드럼 내의 수위(水位)가 저하되면 급수펌프 및 복수펌프의 송수량이 증가하여 복수기의 수위가 저하된다.

이 때 밀폐 급수 조정밸브가 작동하여 a와 c가 연락되어 급수조토부터 부족량을 복수기에 보급한다. 한편 보일러의 부하가 감소될 때에는 급수량이 감소되어 복수기의 수위가 상승한다. 이 때 조정밸브로 b와 a가 연결되어 과잉수를 복수펌프의 토출측으로부터 급수조로 보낸다.

보충수가 다량일 때 또는 고압 플랜트에서와 같이 급수 중의 용해 산소량을 매우 적게 하기 위하여는 그림 21-9와 같이 탈기기를 배치한다. 이 때의 밀폐 급수 조정밸브는 탈기기 내의 수위에 따라 작동되며 급수조로부터의 수량 또는 급수조로 보낼 수량을 조절한다.

또한 보충수의 처리에 증화기를 가질 때는 보충수를 먼저 증화기로 보내서 증발시키고, 이를 탈기기로 보내서 탈기기의 가열증기로 사용하고, 그 복수된 것이 탈기기 내에서 탈기된 복수기로부터의 복수와 합치도록 할 수 있다.

끝으로 급수가열기(feedwater heater)는 증기터어빈의 도중에서 추기(抽氣)한 증기 또는 기타의 증기로 급수를 예열하는 것이며, 이에 혼합식(contact type)과 표면식(surface type)이 있다. 전자는 주로 배기이용을 위하여 사용되는 수가 많다. 그림 21-10은 혼합식의 한 예이며 원통상용기 내에서 분사급수와 배기가 서로 혼합되고 밑에 고인 온수(93～99°C)는 급수펌프로 흡출된다.

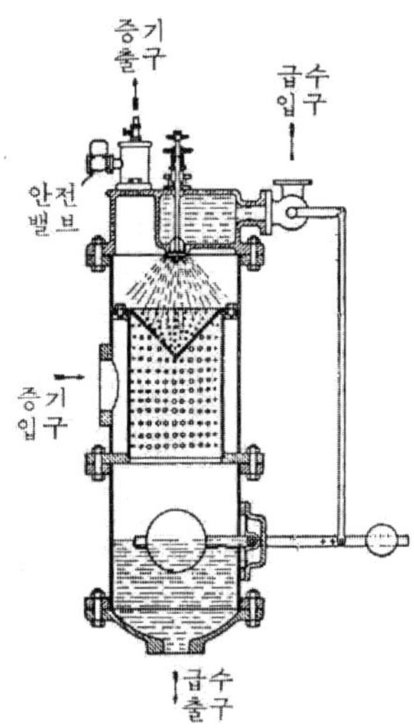

그림 21-10 혼합식 급수가열기

그러나 추기 급수가열기로 일반적으로 사용되는 것은 표면식이며 수평 또는 수직으로 배치된다. 표면식은 그림 21-11과 같이 소형의 표면 복수기와 구조가 같고, 관군의 내측을 급수가 흐르고 외측을 증기가 흐르게 되나 그 구조는 사용 압력에 따라 약간 다르다. 급수펌프보다 앞에 설치되는 저압 급수가열기(급수 압력은 보통 2～3 kgf/cm² 까지)에서는 관은 양단의 관판에 금속링으로 고정되고 관의 바깥지름은 16～25 mm이다. 급수펌프의 송출측에 설치되는 고압 급수가열기에서는 관은 관판에 확관으로 결합되고, 한쪽 끝은 열팽창에 대하여 자유로운 구조를 취한다. 직관이 사용되기도 하고 U자관이 사용되기도 한다. 관의 바깥지름은 16～19 mm이며 수실은 압력에 견디고 또한 기밀을 유지하도록 특수한 구조로 할 때가 많다.

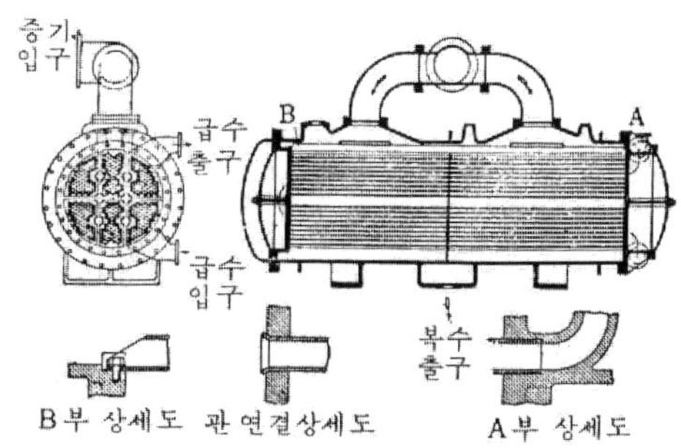

그림 21-11 표면 급수가열기

관 재질은 복수관과 거의 같으나, 고압 급수가열기에서는 니켈 동(cupro-nickel)이 많이 사용된다. 관의 두께는 1.2 ~ 1.6 mm 이다. 고온 고압플랜트에서는 동합금을 피하고 강관을 사용하는 경우가 많다.

급수가열기에서 생긴 복수는 그보다 저압의 급수 가열기 또는 복수기로 간다. 또 가열기에서 분리된 공기는 일반적으로 고압 급수가열기에서는 탈기기로, 저압 급수가열기에서는 복수기로 보낸다.

재생사이클로 작동되는 증기원동소에는 반드시 추기 급수가열기가 필요하다.

또한 급수가열기에 의한 급수의 가열 온도는 보일러가 절탄기만을 가질 때는 50 ~ 70°C, 공기예열기만을 가질 때는 150 ~ 180°C, 양자를 다 가질 때는 100 ~ 140°C 정도로 하는 것이 보통이다.

수 중의 포화용해 가스량은 가스의 분압에 비례하고, 수온이 높을수록 감소한다. 따라서 탈기기에서는 증기(증기터어빈으로부터의 추기)로 급수를 포화 온도까지 상승시켜 가스의 분압을 낮출 것과 심한 비등과 물의 미립화로 급수의 표면적을 증가시켜 가스의 탈출을 용이하게 할 것이 필요하다.

그림 11-3 는 탈기기의 예이며, 급수는 정부의 분사밸브로부터 분출하여 다수의 쟁반을 차례로 적하(滴下)하며 가열증기와 접촉하여 탈기된다. 급수는 급수탱크의 하방으로부터 급수펌프로 유도된다. 급수펌프에서 기포의 발생을 방지하기 위하여 탈기기는 높은 곳에 두어 급수 펌프와의 사이에 충분한 수두차(水頭差)를 둘 필요가 있다.

부 록

부 록 Ⅰ

SI 단위와 관용(慣用)단위

부 록 Ⅱ

증 기 표

[부 록 I] SI 단위와 관용(慣用)단위

현재 세계적으로 SI 단위가 점차 많이 사용되기 시작하는 경향에 있다. 공학에 관하여도 이는 예외가 아니다. SI 단위계에서의 기본적 단위의 비교표, SI 단위로의 환산표를 다음에 표시한다.

1. 기본단위

단위계 \ 양	길이	질량	시간	힘	에너지 (일)	에너지 (열량)	온도
SI 단위	m	kg	s	$N=kg\cdot m/s^2$	$J=N\cdot m=W\cdot s$		K
미터(C.G.S)단위	cm	g	s	$dyn=g\cdot cm/s^2$	$erg=dyn\cdot cm$,	cal	°C
미터중력단위	m	kg	s	kgf	kgf·m,	kcal	°C
영국제(f.p.s.)단위	ft	lb	s	$pdl=lb\cdot ft/s^2$	pdl·ft,	Btu	°F
영국제 중력단위	ft	lb	s	lbf	lbf·ft,	Btu	°F

중력가속도의 국제 표준치 $g=9.80665\ m/s^2=32.174\ ft/s^2$

2. SI 단위로의 환산표

1) 힘
- $1\ dyn=10^{-5}\ N$
- $1\ kgf=9.80665\ kg\cdot m/s^2=9.80665\ N$
- $1\ pdl=1.3825\times10^{-1}\ N$
- $1\ lbf=32.174\ lb\cdot ft/s^2=4.4482\ N$

2) 압력, 응력
- $1\ N/m^2=1\ Pa$
- $1\ dyn/cm^2=10^{-1}\ N/m^2$
- $1\ bar=10^6\ dyn/cm^2=10^5\ N/m^2$
- $1\ kgf/m^2=9.80665\ N/m^2$
- $1\ kgf/cm^2=1\ at=9.80665\times10^4\ N/m^2$
- $1\ atm=1.01325\times10^5\ N/m^2$
- $1\ pdl/ft^2=1.4881\ N/m^2$
- $1\ lbf/ft^2=4.7880\times10\ N/m^2$
- $1\ lbf/in^2=6.8948\times10^3\ N/m^2$
- $1\ mmHg=1.3333\times10^2\ N/m^2$
- 1 m 수주 $=9.80665\times10^3\ N/m^2$
- $1\ inHg=3.3866\times10^3\ N/m^2$

3) 에너지
- $1\ erg=10^{-7}\ J$
- $1\ kgf\cdot m=9.80665\ J$
- $1\ PS\cdot h=2.6477\times10^6\ J$
- $1\ kW\cdot h=3.6\times10^6\ J$
- $1\ pdl\cdot ft=4.2139\times10^{-2}\ J$
- $1 lbf\cdot ft = 1.3558 J$

4) 에너지(열량)
- $1\ cal=4.186\ J$
- $1\ kcal=4.186\times10^3\ J$
- $1\ Btu=1.055\times10^3\ J$

5) 동력
- $1\ cal/s=4.186\ W$
- $1\ kcal/h=1.163\ W$
- $1\ PS=7.3548\times10^2\ W$
- $1\ kW=10^3\ W$
- $1\ Btu/s=1.055\times10^3\ W$
- $1\ Btu/h=2.930\times10^{-1}\ W$

6) 온도, 온도차
- $°C+273.15=K$
- $1°F=5/9°C$

7) 열유속
- $1\ cal/cm^2\cdot s=4.186\ W/m^2$
- $1\ kcal/m^2\cdot h=1.163\ W/m^2$
- $1\ Btu/ft^2\cdot h=3.154\ W/m^2$

8) 열전도율
- $1\ cal/cm\cdot s\cdot°C=4.186\times10^2\ W/m\cdot°C$
- $1\ kcal/m\cdot h\cdot°C=1.163\ W/m\cdot°C$
- $1\ Btu/ft\cdot h\cdot°F=1.730\ W/m\cdot°C$

9) 열전달률, 열관류율
- $1\ cal/cm^2\cdot s\cdot°C=4.186\times10^4\ W/m^2\cdot°C$
- $1\ kcal/m^2\cdot h\cdot°C=1.163\ W/m^2\cdot°C$
- $1\ Btu/ft^2\cdot h\cdot°F=5.677\ W/m^2\cdot°C$

10) 비열

$$\left.\begin{array}{l}1\ cal/g\cdot°C\\ 1\ kcal/kg\cdot°C\\ 1\ Btu/lb\cdot°F\end{array}\right\}=4.186\times10^3\ J/kg\cdot°C$$

11) 엔탈피

$$\left.\begin{array}{l}1\ cal/g\\ 1\ kcal/kg\end{array}\right\}=4.186\times10^3\ J/kg$$

- $1\ Btu/lb=2.325\times10^3\ J/kg$

12) 점성계수
- $1\ g/cm\cdot s(poise)=10^{-1}\ kg/m\cdot s$
  $=10^{-1}\ N\cdot s/m^2=10^{-1}\ Pa\cdot s$
- $1\ kg/m\cdot h=2.7778\times10^{-4}\ kg/m\cdot g$
- $1\ kgf\cdot s/m^2=9.80665\ kg/m\cdot s$
- $1\ lb/ft\cdot s=1.4882\ kg/m\cdot s$

13) 동점성계수
- $1\ cm^2/s(stokes)=10^{-4}\ m^2/s$
- $1\ m^2/h=2.7778\times10^{-4}\ m^2/s$
- $1\ ft^2/s=9.2903\times10^{-2}\ m^2/s$

3. 에너지 단위의 환산

	Joule	int.J	kgf·m	lbf·ft	intkwh	ITkcal	Btu	ft²lb/in²	atm.dm²	PSh	HPh	R·°K
1 Joule	1	$9.9981 \cdot 10^{-1}$	$1.0197 \cdot 10^{-1}$	$7.3756 \cdot 10^{-1}$	$2.7772 \cdot 10^{-7}$	$2.3884 \cdot 10^{-4}$	$9.4782 \cdot 10^{-4}$	$5.1220 \cdot 10^{-3}$	$9.8692 \cdot 10^{-3}$	$3.7767 \cdot 10^{-7}$	$3.7251 \cdot 10^{-7}$	$1.2027 \cdot 10^{-1}$
1 int J	1.0002	1	$1.0199 \cdot 10^{-1}$	$7.3770 \cdot 10^{-1}$	$2.7778 \cdot 10^{-7}$	$2.3889 \cdot 10^{-4}$	$9.4800 \cdot 10^{-4}$	$5.1229 \cdot 10^{-3}$	$9.8711 \cdot 10^{-3}$	$3.7774 \cdot 10^{-7}$	$3.7258 \cdot 10^{-7}$	$1.2029 \cdot 10^{-1}$
1 kgf·m	9.8066	9.8048	1	7.2330	$2.7236 \cdot 10^{-6}$	$2.3422 \cdot 10^{-3}$	$9.2949 \cdot 10^{-3}$	$5.0229 \cdot 10^{-2}$	$9.6784 \cdot 10^{-2}$	$3.7037 \cdot 10^{-6}$	$3.6530 \cdot 10^{-6}$	1.1794
1 lbf·ft	1.3558	1.3556	$1.3825 \cdot 10^{-1}$	1	$3.7655 \cdot 10^{-7}$	$3.2383 \cdot 10^{-4}$	$1.2851 \cdot 10^{-3}$	$6.9444 \cdot 10^{-3}$	$1.3381 \cdot 10^{-2}$	$5.1206 \cdot 10^{-7}$	$5.0505 \cdot 10^{-7}$	$1.6306\ 10^{-1}$
1 intkwh	$3.6007 \cdot 10^{6}$	$3.6000 \cdot 10^{6}$	$3.6717 \cdot 10^{6}$	$2.6557 \cdot 10^{5}$	1	$8.6000 \cdot 10^{2}$	$3.4128 \cdot 10^{3}$	$1.8442 \cdot 10^{4}$	$3.5536 \cdot 10^{4}$	1.3599	1.3413	$4.3305 \cdot 10^{5}$
1 ITkcal	$4.1868 \cdot 10^{3}$	$4.1860 \cdot 10^{3}$	$4.2694 \cdot 10^{2}$	$3.0884 \cdot 10^{3}$	$1.1628 \cdot 10^{-3}$	1	3.9684	$2.1445 \cdot 10$	$4.1321 \cdot 10$	$1.5813 \cdot 10^{-3}$	$1.5596 \cdot 10^{-3}$	$5.0355 \cdot 10^{2}$
1 BTU	$1.0551 \cdot 10^{3}$	$1.0549 \cdot 10^{3}$	$1.0759 \cdot 10^{2}$	$7.7817 \cdot 10^{2}$	$2.9302 \cdot 10^{-4}$	$2.5199 \cdot 10^{-1}$	1	5.4040	$1.0413 \cdot 10$	$3.9847 \cdot 10^{-4}$	$3.9302 \cdot 10^{-4}$	$1.2689 \cdot 10^{2}$
1 ft²lb/in²	$1.9254 \cdot 10^{2}$	$1.9520 \cdot 10^{2}$	$1.9909 \cdot 10$	$1.4400 \cdot 10^{2}$	$5.4223 \cdot 10^{-5}$	$4.6631 \cdot 10^{-2}$	$1.8505 \cdot 10^{-1}$	1	1.9268	$7.3736 \cdot 10^{-5}$	$7.2727 \cdot 10^{-5}$	$2.3481 \cdot 10$
1 atm-dm²	$1.0132 \cdot 10^{2}$	$1.0131 \cdot 10^{2}$	$1.0332 \cdot 10$	$7.4734 \cdot 10$	$2.8140 \cdot 10^{-5}$	$2.4201 \cdot 10^{-2}$	$9.6038 \cdot 10^{-2}$	$5.1898 \cdot 10^{-1}$	1	$3.8268 \cdot 10^{-5}$	$3.7744 \cdot 10^{-5}$	$1.2186 \cdot 10$
1 PSh	$2.6478 \cdot 10^{6}$	$2.6473 \cdot 10^{6}$	$2.7000 \cdot 10^{5}$	$1.9529 \cdot 10^{6}$	$7.3536 \cdot 10^{-1}$	$6.3241 \cdot 10^{2}$	$2.5096 \cdot 10^{3}$	$1.3562 \cdot 10^{4}$	$2.6132 \cdot 10^{4}$	1	$9.8632 \cdot 10^{-1}$	$3.1843 \cdot 10^{5}$
1 HPh	$2.6845 \cdot 10^{6}$	$2.6840 \cdot 10^{6}$	$2.7374 \cdot 10^{5}$	$1.9800 \cdot 10^{6}$	$7.4556 \cdot 10^{-1}$	$6.4118 \cdot 10^{2}$	$2.5444 \cdot 10^{3}$	$1.3739 \cdot 10^{4}$	$2.6494 \cdot 10^{4}$	1.0139	1	$3.2287 \cdot 10^{5}$
1 R°K	8.3147	8.3131	$8.4786 \cdot 10^{-1}$	6.1326	$2.3092 \cdot 10^{-6}$	$1.9859 \cdot 10^{-3}$	$7.8808 \cdot 10^{-3}$	$4.2588 \cdot 10^{-2}$	$8.2060 \cdot 15^{-2}$	$3.1402 \cdot 10^{-6}$	$3.0973 \cdot 10^{-6}$	1

4. 각종 단위의 환산

1 in = 2.5400 cm
1 ft = 12 in = 0.3048 m
1 yd = 3 ft = 0.9144 m
1 fathom = 1.8288 m
1 mile = 1.6093 km
1 int mile = 1.8520 km
1 mile = 1760 yd
1 sq.in = 6.4516 cm²
1 sq.ft = 9.2903 dm²
1 sq.yd = 0.8361 m²

1 cu.in = 16.3871 cm³
1 cu.ft = 28.3167 dm³
1 cu.yd = 0.7646 m³
1 pint = 0.5683 dm³
1 imp gal = 4.5460 dm³
1 US gal = 3.7854 dm³
1 USqt = 0.9463 dm³
1 gal = 4 qt
1 qt = 2 pt
1 USgal = 231.00 cu.in

1 US bu = 9.3092 USgal
1 oz = 28.3495 g
1 lb = 0.4536 kg
1 sh,ton = 2000 lb
1 ton = 2240 lb
1 ft/sec = 1.0973 km/h
1 USgal/min = 0.2271 m³/h
1 inHg = $3.3421 \cdot 10^{-2}$ atm
1 inH_2O = $2.4583 \cdot 10^{-3}$ atm
1 lbf/sq.in = $6.8046 \cdot 10^{-2}$ atm

1 inHg = $3.4532 \cdot 10^{-2}$ at
1 inH_2O = $2.5400 \cdot 10^{-3}$ at
1 lbf/sq.in = $7.0307 \cdot 10^{-2}$ at
1 lb/cu.in = $2.7680 \cdot 10^{-2}$ kgf/cm³
1 lb/cu.ft = $1.6019 \cdot 10$ kg/cm³
1 oz/cu.in = 1.7300 g/cm²
1 oz/cu.ft = 1.0012 kg/m²
1 lb/USgal = $1.1983 \cdot 10^{-1}$ kg/dm³
1 lb/min = $2.7216 \cdot 10$ kg/h
1 lb/sec = 1.6229 t/h

1 Btu = 0.2520 IT kcal
1 Btu/lb = 0.5555 IT kcal/kg
1 Btu/°F = 0.4536 IT kcal/°C
1 Btu/lb°F = 1.000 IT kcal/kg°C
1 Btu/ft°F = 1.4884 IT kcal/m°C
1 Btu/in°F = 17.858 IT kcal/m°C
1 Btu/sq.ft°F = 4.8824 $\frac{\text{ITkcal}}{\text{m}^2\text{°C}}$
1 Btu/sq.in°F = 703.07 $\frac{\text{ITkcal}}{\text{m}^2\text{°C}}$
1 Btu/sq.ft = 2.7124 IT kcal/m²
1 Btu/in = 9.9211 IT kcal/m

[부록 Ⅱ] 증 기 표

1. 포화증기표(온도 기준)

온 도 [°C] t	압 력 [kg/cm²] p	비 체 적 포화수 [dm³/kg] v'	비 체 적 건포화증기 [m³/kg] v''	증기밀도 [kg/m³] ρ''	엔트로피 [ITkcal/kg°K] 포화수 s'	엔트로피 [ITkcal/kg°K] 건포화증기 s''	$s''-s'$ $=r/Ti$
0	0.006228	1.0002	206.3	0.004846	0	2.1863	2.1863
5	0.008890	1.0000	147.2	0.006795	0.0182	2.1551	2.1369
10	0.012513	1.0004	106.4	0.009396	0.0361	2.1253	2.0892
15	0.017376	1.0010	77.99	0.01282	0.0536	2.0970	2.0434
20	0.02383	1.0018	57.84	0.01729	0.0708	2.0697	1.9989
25	0.03229	1.0030	43.41	0.02304	0.0876	2.0436	1.9560
30	0.04325	1.0044	32.93	0.03036	0.1042	2.0187	1.9145
35	0.05733	1.0061	25.25	0.03960	0.1205	1.9947	1.8742
40	0.07520	1.0079	19.55	0.05114	0.1366	1.9718	1.8352
45	0.09771	1.0099	15.28	0.06544	0.1524	1.9498	1.7974
50	0.12578	1.0121	12.05	0.08298	0.1679	1.9287	1.7606
55	0.16051	1.0145	9.584	0.1043	0.1833	1.9085	1.7252
60	0.2031	1.0171	7.682	0.1302	0.1984	1.8891	1.6907
65	0.2555	1.0199	6.206	0.1611	0.2133	1.8702	1.6569
70	0.3177	1.0228	5.049	0.1981	0.2280	1.8522	1.6242
75	0.3931	1.0258	4.136	0.2418	0.2425	1.8349	1.5924
80	0.4829	1.0290	3.410	0.2933	0.2567	1.8178	1.5611
85	0.5894	1.0323	2.830	0.3534	0.2708	1.8015	1.5307
90	0.7149	1.0359	2.361	0.4235	0.2848	1.7858	1.5010
95	0.8619	1.0396	1.981	0.5045	0.2985	1.7708	1.4723
100	1.03323	1.0435	1.673	0.5977	0.3121	1.7561	1.4440
105	1.2318	1.0474	1.419	0.7045	0.3255	1.7419	1.4164
110	1.4609	1.0515	1.210	0.8265	0.3387	1.7282	1.3905
115	1.7239	1.0558	1.036	0.9650	0.3519	1.7150	1.3631
120	2.0245	1.0603	0.8914	1.122	0.3647	1.7018	1.3371
125	2.3666	1.0650	0.7701	1.299	0.3775	1.6895	1.3120
130	2.7544	1.0697	0.6680	1.496	0.3901	1.6772	1.2871
135	3.192	1.0746	0.5817	1.719	0.4026	1.6652	1.2626
140	3.685	1.0798	0.5084	1.967	0.4150	1.6539	1.2389
145	4.237	1.0850	0.4459	2.243	0.4272	1.6428	1.2156
150	4.854	1.0906	0.3924	2.548	0.4395	1.6320	1.1920
155	5.540	1.0963	0.3464	2.887	0.4516	1.6214	1.1698
160	6.302	1.1021	0.3068	3.260	0.4637	1.6112	1.1475
165	7.146	1.1082	0.2724	3.671	0.4756	1.6012	1.1256
170	8.076	1.1144	0.2426	4.122	0.4874	1.5914	1.1040
175	9.101	1.1210	0.2166	4.617	0.4991	1.5818	1.0827
180	10.225	1.1275	0.1939	5.157	0.5107	1.5721	1.0614
185	11.456	1.1345	0.1739	5.749	0.5222	1.5629	1.0407
190	12.800	1.1415	0.1564	6.392	0.5336	1.5538	1.0202
195	14.265	1.1490	0.1410	7.094	0.5449	1.5448	1.0000

(계 속)

온 도 [°C] t	엔탈피 [ITkcal/kg] 포화수 i'	엔탈피 [ITkcal/kg] 건포화증기 i''	증발열 [IT kcal/kg] r	내부에너지 [IT kcal/kg] 포화수 u'	내부에너지 [IT kcal/kg] 건포화증기 u''	$u''-u'$ $=\varphi$	$P\cdot(v''-v')$ $=\Psi$
0	0	597.2	597.2	0	567.1	567.1	30.1
5	5.03	599.4	594.4	5.03	568.8	563.8	30.6
10	10.04	601.6	591.6	10.04	570.4	560.4	31.2
15	15.04	603.8	588.8	15.04	572.1	557.1	31.7
20	20.03	606.0	586.0	20.03	573.7	553.7	32.3
25	25.02	608.2	583.2	25.02	575.4	550.4	32.8
30	30.00	610.4	580.4	30.00	577.0	547.0	33.4
35	34.99	612.5	577.5	34.99	578.6	543.6	33.9
40	39.98	614.7	574.7	39.98	580.3	540.3	34.4
45	44.96	616.8	571.8	44.96	581.8	536.8	35.0
50	49.95	619.0	569.0	49.95	583.5	533.5	35.5
55	54.94	621.0	566.1	54.94	585.0	530.1	36.0
60	59.94	623.2	563.3	59.94	586.7	526.8	36.5
65	64.93	625.2	560.3	64.93	588.1	523.2	37.1
70	69.93	627.3	557.4	69.92	589.7	519.8	37.6
75	74.94	629.3	554.4	74.93	591.2	516.3	38.1
80	79.95	631.3	551.3	79.94	592.6	512.7	38.6
85	84.96	633.2	548.2	84.95	594.1	509.1	39.1
90	89.98	635.1	545.1	89.96	595.6	505.6	39.5
95	95.01	637.0	542.0	94.99	597.0	502.0	40.0
100	100.04	638.9	538.9	100.02	598.4	498.4	40.5
105	105.08	640.7	535.6	105.05	599.8	494.7	40.9
110	110.12	642.5	532.4	110.08	601.1	491.0	41.4
115	115.18	644.3	529.1	115.14	602.4	487.3	41.8
120	120.3	646.0	525.7	120.2	603.7	483.5	42.2
125	125.3	647.7	522.4	125.2	605.0	479.8	42.6
130	130.4	649.3	518.9	130.3	606.2	475.9	43.0
135	135.5	650.8	515.3	135.4	607.3	471.9	43.4
140	140.6	652.5	511.9	140.5	608.6	468.1	43.8
145	145.8	654.0	508.2	145.7	609.8	464.1	44.1
150	150.9	655.5	504.6	150.8	610.9	460.1	44.5
155	156.1	656.9	500.8	156.0	612.0	456.0	44.8
160	161.3	658.3	497.0	161.1	613.0	451.9	45.1
165	166.5	659.6	493.1	166.3	614.0	447.7	45.4
170	171.7	660.9	489.2	171.5	615.0	443.5	45.7
175	176.9	662.1	485.2	176.7	615.9	439.2	46.0
180	182.2	663.2	481.0	181.9	616.7	434.8	46.2
185	187.5	664.3	476.8	187.2	617.6	430.4	46.4
190	192.8	665.3	472.5	192.3	618.3	426.0	46.5
195	198.1	666.2	468.1	197.7	619.1	421.4	46.7

(계 속)

온 도 [°C] t	압 력 [kg/cm²] p	비 체 적: 포 화 수 [dm³/kg] v'	비 체 적: 건 포 화 증 기 [m³/kg] v''	증기밀도 [kg/m³] e''	엔 트 로 피 [IT kcal/kg°K]: 건 포 화 증 기 s'	엔 트 로 피 [IT kcal/kg°K]: 포 화 수 s''	$s''-s'$ $=r/T$
200	15.857	1.1565	0.1273	7.857	0.5562	1.5358	0.9796
205	17.585	1.1645	0.1151	8.687	0.5675	1.5270	0.9595
210	19.456	1.1726	0.1043	9.585	0.5788	1.5184	0.9396
215	21.477	1.1812	0.09472	10.56	0.5899	1.5099	0.9200
220	23.659	1.1900	0.08614	11.61	0.6010	1.5012	0.9002
225	26.007	1.1991	0.07845	12.75	0.6120	1.4926	0.8806
230	28.531	1.2088	0.07153	13.98	0.6229	1.4840	0.8611
235	31.239	1.2186	0.06530	15.31	0.6339	1.4755	0.8416
240	34.140	1.2291	0.05970	16.75	0.6448	1.4669	0.8221
245	37.244	1.2400	0.05465	18.30	0.6558	1.4584	0.8026
250	40.56	1.2512	0.05000	19.98	0.6667	1.4499	0.7832
255	44.10	1.2629	0.04591	21.78	0.6776	1.4413	0.7637
260	47.87	1.2755	0.04213	23.74	0.6886	1.4327	0.7441
265	51.88	1.2888	0.03870	25.84	0.6994	1.4240	0.7246
270	56.14	1.3023	0.03557	28.11	0.7103	1.4153	0.7050
275	60.66	1.3169	0.03272	30.57	0.7212	1.4066	0.6854
280	65.46	1.3321	0.03010	33.22	0.7321	1.3978	0.6657
285	70.54	1.3484	0.02771	36.09	0.7431	1.3888	0.6457
290	75.92	1.3655	0.02552	39.18	0.7542	1.3797	0.6255
295	81.60	1.3837	0.02350	42.56	0.7653	1.3706	0.6053
300	87.61	1.4036	0.02163	46.24	0.7767	1.3613	0.5846
305	93.95	1.425	0.01991	50.22	0.7880	1.3516	0.6536
310	100.64	1.448	0.01830	54.64	0.7994	1.3415	0.5421
315	107.69	1.472	0.01682	59.46	0.8110	1.3312	0.5202
320	115.13	1.499	0.01544	64.79	0.8229	1.3206	0.4987
325	122.95	1.529	0.01415	70.68	0.8351	1.3097	0.4746
330	131.18	1.562	0.01295	77.20	0.8476	1.2982	0.4506
335	139.85	1.598	0.01183	84.55	0.8604	1.2860	0.4256
340	148.96	1.641	0.01076	92.90	0.8734	1.2728	0.3994
345	158.54	1.692	0.009759	102.4	0.8871	1.2586	0.3715
350	168.63	1.747	0.008803	113.6	0.9015	1.2433	0.3418
355	179.24	1.814	0.007875	127.0	0.9173	1.2263	0.3090
360	190.42	1.907	0.006963	143.6	0.9353	1.2072	0.2719
365	202.21	2.03	0.00604	165.6	0.9556	1.1829	0.2273
370	214.68	2.23	0.00498	201	0.9824	1.1474	0.1650
371	217.26	2.30	0.00472	212	0.9897	1.1370	0.1473
372	219.88	2.38	0.00443	226	0.9986	1.1246	0.1260
373	222.23	2.50	0.00410	244	1.010	1.1096	0.100
374	225.52	2.78	0.00358	279	1.033	1.083	0.050
374.15	225.65	3.18	0.00318	315	1.058		0

(계 속)

온 도 [°C] t	엔탈피 [IT kcal/kg] 포화수 i'	건포화증기 i''	증발열 [kcal/kg] r	내부에너지 [IT kcal/kg] 포화수 u'	건포화증기 u''	$u''-u'$ $=\varphi$	$P\cdot(v''-v')$ $=\Psi$
200	203.5	667.0	463.5	203.1	619.8	416.7	46.8
205	208.9	667.7	458.8	208.4	620.3	411.9	46.9
210	214.3	668.3	454.0	213.8	620.7	407.0	47.0
215	219.8	668.8	449.0	219.2	621.2	402.0	47.0
220	225.3	669.3	443.9	224.7	621.5	396.8	47.1
225	230.8	669.5	438.7	230.1	621.7	391.6	47.1
230	236.4	669.7	433.3	235.6	621.9	386.3	47.0
235	242.1	669.7	427.6	241.2	621.9	380.7	46.9
240	247.7	669.6	421.9	246.7	621.9	375.2	46.7
245	253.5	669.4	415.9	252.4	621.7	369.3	46.6
250	259.2	669.0	409.8	258.0	621.6	363.6	46.2
255	265.0	668.4	403.4	263.7	621.0	357.3	46.1
260	271.0	667.8	396.8	269.6	620.6	351.0	45.8
265	277.0	666.9	389.9	275.4	619.8	344.4	45.5
270	283.0	665.9	382.9	281.3	619.1	337.8	45.1
275	289.2	664.8	375.6	287.3	618.3	331.0	44.6
280	295.3	663.5	368.2	293.3	617.4	324.1	44.1
285	301.6	661.9	360.3	299.4	616.2	316.8	43.5
290	308.0	660.2	352.2	305.6	614.9	309.3	42.9
295	314.4	658.3	343.9	311.8	613.4	301.6	42.3
300	321.0	656.1	335.1	318.1	611.7	293.6	41.5
305	327.7	653.6	325.9	324.6	609.8	285.2	40.7
310	334.6	650.8	316.2	331.2	607.7	276.5	39.7
315	341.7	647.8	306.1	338.0	605.4	267.4	38.7
320	349.0	644.2	295.2	345.0	602.6	257.6	37.6
325	356.5	640.4	283.9	352.1	599.7	247.6	36.3
330	364.2	636.0	271.8	359.4	596.2	236.8	35.0
335	372.3	631.1	258.8	367.1	592.4	225.3	33.5
340	380.7	625.6	244.9	375.0	588.1	213.1	31.8
345	389.6	619.3	229.7	383.3	583.0	199.7	30.0
350	398.9	611.9	213.0	392.0	577.1	185.1	27.9
355	409.5	603.5	194.0	401.9	570.4	168.5	25.5
360	420.9	593.1	172.2	412.4	562.0	149.6	22.6
365	434.2	579.2	145.0	424.6	550.6	126.0	19.0
370	452.0	558.1	106.1	440.8	533.1	92.3	13.8
371	456.8	551.6	94.8	445.1	527.6	82.5	12.3
372	462.6	543.9	81.3	450.3	521.1	70.8	10.5
373	470.3	534.7	64.4	457.3	513.3	56.0	8.4
374	485.3	517.7	32.4	470.6	498.8	28.2	4.2
374.15	501.5		0	484.7		0	0

2. 포화증기표(압력 기준)

압 력 [kg/cm²] p	온 도 [°C] t	온 도 [°K] T	건포화증기의 비체적 [m³/kg] v''	증기밀도 [kg/m³] e''	엔트로피 [IT kcal/kg°K] 포화수 s'	엔트로피 [IT kcal/kg°K] 건포화증기 s''	$s''-s'$ = r/T
0.01	6.70	279.85	131.7	0.007595	0.0243	2.1447	2.1204
0.015	12.74	285.89	89.64	0.01116	0.0457	2.1096	2.0639
0.02	17.20	290.35	68.27	0.01465	0.0612	2.0847	2.0235
0.025	20.78	293.93	55.28	0.01809	0.0735	2.0655	1.9920
0.03	23.77	296.92	46.53	0.02149	0.0836	2.0499	1.9663
0.04	28.64	301.79	35.46	0.02820	0.0998	2.0253	1.9255
0.05	32.55	305.70	28.73	0.03481	0.1126	2.0064	1.8938
0.06	35.82	308.97	24.19	0.04134	0.1232	1.9908	1.8676
0.08	41.16	314.31	18.45	0.05421	0.1402	1.9664	1.8262
0.10	45.45	318.60	14.95	0.06688	0.1538	1.9478	1.7940
0.12	49.06	322.21	12.60	0.07738	0.1650	1.9326	1.7676
0.15	53.60	326.75	10.21	0.09791	0.1790	1.9140	1.7350
0.20	59.67	332.82	7.795	0.1283	0.1974	1.8903	1.6929
0.25	64.56	337.71	6.322	0.1582	0.2120	1.8718	1.6598
0.30	68.68	341.83	5.328	0.1877	0.2241	1.8567	1.6326
0.35	72.24	345.39	4.614	0.2169	0.2345	1.8436	1.6090
0.40	75.42	348.57	4.069	0.2458	0.2437	1.8334	1.5897
0.50	80.86	354.01	3.301	0.3029	0.2592	1.8150	1.5558
0.60	85.45	358.60	2.783	0.3594	0.2721	1.8001	1.5280
0.70	89.45	362.60	2.409	0.4152	0.2832	1.7874	1.5042
0.80	92.99	366.14	2.125	0.4705	0.2930	1.7767	1.4837
0.90	96.18	369.33	1.904	0.5253	0.3018	1.7673	1.4655
1.0	99.09	372.24	1.725	0.5797	0.3096	1.7587	1.4491
1.1	101.76	374.91	1.578	0.6337	0.3168	1.7510	1.4342
1.2	104.25	377.40	1.455	0.6875	0.3235	1.7440	1.4205
1.3	106.56	379.71	1.350	0.7410	0.3297	1.7375	1.4078
1.4	108.74	381.89	1.259	0.7942	0.3354	1.7315	1.3961
1.5	110.79	384.94	1.180	0.8472	0.3408	1.7260	1.3852
1.6	112.73	385.88	1.111	0.8999	0.3459	1.7209	1.3750
1.8	116.33	389.48	0.9952	1.005	0.3554	1.7115	1.3561
2.0	119.62	392.77	0.9016	1.109	0.3638	1.7029	1.3391
2.2	122.65	395.80	0.8246	1.213	0.3715	1.6952	1.3237
2.4	125.46	398.61	0.7601	1.316	0.3786	1.6884	1.3098
2.6	128.08	401.23	0.7052	1.418	0.3853	1.6819	1.2966
2.8	130.55	403.70	0.6578	1.520	0.3914	1.6759	1.2845
3.0	132.88	406.03	0.6166	1.622	0.3973	1.6703	1.2730
3.2	135.08	408.23	0.5804	1.723	0.4028	1.6650	1.2622
3.4	137.18	410.33	0.5483	1.824	0.4081	1.6601	1.2520
3.6	139.18	412.33	0.5196	1.925	0.4130	1.6557	1.2427
3.8	141.09	414.24	0.4939	2.025	0.4176	1.6514	1.2338
4.0	142.92	416.07	0.4706	2.125	0.4221	1.6474	1.2253
4.5	147.20	420.35	0.4213	2.374	0.4326	1.6380	1.2054
5.0	151.11	424.26	0.3816	2.621	0.4422	1.6297	1.1875
5.5	154.71	427.86	0.3489	2.867	0.4510	1.6195	1.1685
6.0	158.08	431.23	0.3213	3.112	0.4591	1.6151	1.1560
6.5	161.15	434.40	0.2980	3.356	0.4666	1.6088	1.1422
7.0	164.17	437.32	0.2778	3.600	0.4737	1.6029	1.1292

(계 속)

압 력 [kg/cm²] p	온 도 [°C] t	엔 탈 피 [IT kcal/kg]		증 발 열 IT [kcal/kg] r	내 부 에 너 지 [IT kcal/kg]		$u''-u'$ $=\varphi$	$p\cdot(v''-v')$ $=\Psi$
		포 화 수 i'	증 기 i''		포화수 u'	건포화 증 기 u'		
0.01	6.70	6.73	600.1	593.4	6.73	569.3	562.6	30.8
0.015	12.74	12.78	602.8	590.0	12.78	571.3	558.5	31.5
0.02	17.20	17.24	604.8	587.4	172.4	572.6	555.4	32.0
0.025	20.78	20.80	606.4	585.6	20.80	574.0	553.2	32.4
0.03	23.77	23.79	607.7	583.9	23.79	575.0	551.2	32.7
0.04	28.64	28.65	609.8	581.1	28.65	576.6	547.9	33.2
0.05	32.55	32.55	611.5	578.9	32.55	577.9	545.3	33.6
0.06	35.82	35.81	612.9	577.1	35.81	578.9	543.1	34.0
0.08	41.16	41.14	615.2	574.1	41.14	580.6	539.5	34.6
0.10	45.45	45.41	617.0	571.6	45.41	582.0	536.6	35.0
0.12	49.06	49.01	618.5	569.5	49.01	583.1	534.1	35.4
0.15	53.60	53.54	620.5	567.0	53.54	584.6	531.1	35.9
0.20	59.67	59.61	623.1	563.5	59.61	586.6	527.0	36.5
0.25	64.56	64.49	625.1	560.6	64.48	587.5	523.0	37.0
0.30	68.68	68.61	626.8	558.2	68.60	589.4	520.8	37.4
0.35	72.24	72.17	628.2	556.0	72.16	590.3	518.2	37.8
0.40	75.42	75.36	629.5	554.1	75.35	591.4	516.0	38.1
0.50	80.86	80.81	631.6	550.8	80.80	593.0	512.2	38.6
0.60	85.45	85.41	633.4	548.0	85.40	594.3	508.9	39.1
0.70	89.45	89.43	634.9	545.5	89.41	595.4	506.0	39.5
0.80	92.99	92.99	636.2	543.2	92.97	596.4	503.4	39.8
0.90	96.18	96.19	637.4	541.2	96.17	597.3	501.1	40.1
1.0	99.09	99.12	638.5	539.4	99.10	598.1	499.0	40.4
1.1	101.76	101.81	639.4	537.6	101.78	598.8	497.0	40.6
1.2	104.25	104.32	640.3	536.0	104.29	599.4	495.1	40.9
1.3	106.56	106.66	641.2	534.5	106.63	600.0	493.4	41.1
1.4	108.74	108.85	642.0	533.1	108.82	600.7	491.9	41.2
1.5	110.79	110.92	642.8	531.9	110.88	601.4	490.5	41.4
1.6	112.73	112.89	643.5	530.6	112.85	601.9	489.0	41.6
1.8	116.33	116.54	644.7	528.2	116.50	602.8	486.3	41.9
2.0	119.62	119.87	645.8	525.9	119.82	603.5	483.7	42.2
2.2	122.65	122.9	646.8	523.9	122.8	604.3	481.5	42.4
2.4	125.46	125.8	647.8	522.0	125.7	605.0	479.3	42.7
2.6	128.08	128.5	648.7	520.2	128.4	605.7	477.3	42.9
2.8	130.55	131.0	649.5	518.5	130.9	606.3	475.4	43.1
3.0	132.88	133·4	650.3	516.9	133.3	607.0	473.7	43.2
3.2	135.08	135.6	650.9	515.3	135.5	607.4	471.9	43.4
3.4	137.18	137.8	651.6	513.8	137.7	607.9	470.2	43.6
3.6	139.18	139.8	652.2	512.4	139.7	608.4	468.7	43.7
3.8	141.09	141.8	652.8	511.0	141.7	608.8	467.1	43.9
4.0	142.92	143.6	653.4	509.8	143.5	609.3	465.8	44.0
4.5	147.20	148.0	654.7	506.7	147.9	610.3	462.4	44.3
5.0	151.11	152.1	655.8	503.7	152.0	611.1	459.1	44.6
5.5	154.71	155.8	656.9	501.1	155.7	612.0	456.3	44.8
6.0	158.08	159.3	657.8	498.5	159.1	612.6	453.5	45.0
6.5	161.15	162.6	658.7	496.2	162.4	613.4	451.0	45.2
7.0	164.17	165.6	659.4	493.8	165.4	613.8	448.4	45.4

(계 속)

압 력 [kg/cm²] p	온 도 [°C] t'	도 [°K] T	건포화증기의 비체적 [m³/kg] v''	증기밀도 [kg/m³] e''	엔트로피 [IT kcal/kg°K] 포화수 s'	건포화증기 s''	$s''-s'$ = r/T
7.5	166.96	440.11	0.2602	3.842	0.4803	1.5974	1.1171
8.0	169.61	442.76	0.2448	4.085	0.4865	1.5922	1.1057
8.5	172.11	445.26	0.2311	4.327	0.4923	1.5874	1.0951
9.0	174.53	447.68	0.2189	4.568	0.4980	1.5827	1.0847
9.5	176.82	449.97	0.2080	4.809	0.5033	1.5782	1.0749
10	179.04	452.19	0.1981	5.049	0.5085	1.5740	1.0665
11	183.20	456.35	0.1808	5.530	0.5180	1.5661	1.0481
12	187.08	460.23	0.1664	6.010	0.5279	1.5592	1.0333
13	190.71	463.86	0.1541	6.488	0.5352	1.5526	1.0174
14	194.13	467.28	0.1435	6.967	0.5430	1.5464	1.0034
15	197.36	470.51	0.1343	7.446	0.5503	1.5406	0.9903
16	200.43	473.58	0.1262	7.925	0.5572	1.5351	0.9779
17	203.35	476.50	0.1190	8.405	0.5638	1.5300	0.9662
18	206.14	479.29	0.1126	8.886	0.5701	1.5251	0.9550
19	208.81	481.96	0.1068	9.366	0.5761	1.5205	0.9444
20	211.38	484.53	0.1016	9.846	0.5820	1.5160	0.9340
22	216.23	489.38	0.09251	10.81	0.5928	1.5078	0.9150
24	220.75	493.90	0.08492	11.78	0.6026	1.5060	0.8974
26	224.99	498.14	0.07846	12.75	0.6120	1.4926	0.8806
28	228.98	502.13	0.07288	13.72	0.6206	1.4857	0.8651
30	232.76	505.91	0.06802	14.70	0.6290	1.4793	0.8503
32	236.35	509.50	0.06375	15.69	0.6368	1.4732	0.8364
34	239.77	512.92	0.05995	16.68	0.6443	1.4673	0.8230
36	243.04	516.19	0.05658	17.68	0.6515	1.4617	0.8102
38	246.17	519.32	0.05353	18.68	0.6584	1.4564	0.7980
40	249.18	522.33	0.05078	19.69	0.6649	1.4513	0.7864
42	252.07	525.22	0.04828	20.71	0.6712	1.4463	0.7751
44	254.87	528.02	0.04601	21.73	0.6773	1.4415	0.7642
46	257.56	530.71	0.04393	22.76	0.6832	1.4369	0.7537
48	260.17	533.32	0.04201	23.80	0.6889	1.4324	0.7435
50	262.70	535.85	0.04024	24.85	0.6944	1.4280	0.7336
55	268.69	541.84	0.03636	27.50	0.7075	1.4176	0.7101
60	274.29	547.44	0.03310	30.21	0.7196	1.4078	0.6882
65	279.54	552.69	0.03033	32.97	0.7311	1.3986	0.6675
70	284.48	557.63	0.02795	35.78	0.7420	1.3897	0.6477
75	289.17	562.32	0.02587	38.66	0.7524	1.3813	0.6289
80	293.62	566.77	0.02404	41.60	0.7623	1.3731	0.6108
85	297.86	571.01	0.02241	44.62	0.7718	1.3654	0.5936
90	301.92	575.07	0.02096	47.71	0.7810	1.3576	0.5766
95	305.80	578.95	0.01964	50.91	0.7898	1.3500	0.5602
100	309.53	582.68	0.01845	54.21	0.7983	1.3424	0.5441
110	316.58	589.73	0.01637	61.08	0.8147	1.3279	0.5132
120	323.15	596.30	0.01462	68.42	0.8306	1.3138	0.4832
130	329.30	602.45	0.01312	76.23	0.8458	1.2998	0.4540
140	335.09	608.24	0.01181	84.68	0.8606	1.2858	0.4252
150	340.56	613.71	0.01065	93.90	0.8749	1.2713	0.3964
160	345.74	618.89	0.009616	104.0	0.8892	1.2564	0.3672
180	355.35	628.50	0.007809	128.0	0.9186	1.2251	0.3065
200	364.08	637.23	0.00620	161.2	0.9515	1.1879	0.2364
224	373.6	646.75	0.00382	262	1.0210	1.0962	0.0752
225.65	374.15	647.30	0.00318	315	1.058		0

(계 속)

압 력 [kg/cm²] p	온 도 [°C] t	엔 탈 피 [IT kcal/kg]		증발열 IT kcal/kg r	내 부 에 너 지 [IT kcal/kg]		$u''-u'$ $=\varphi$	$p\cdot(v''-v')$ $=\psi$
		포 화 수 i'	건포화 증 기 i''		포화수 u'	건포화 증 기 u''		
7.5	166.96	168.5	660.2	491.7	168.3	614.5	446.2	45.5
8.0	169.61	171.3	660.8	489.5	171.1	614.9	443.8	45.7
8.5	172.11	173.9	661.4	487.5	173.7	615.4	441.7	45.8
9.0	174.53	176.4	662.0	485.6	176.2	615.9	439.7	45.9
9.5	176.82	178.9	662.5	483.6	178.6	616.2	437.6	46.0
10	179.04	181.2	663.0	481.8	180.9	616.6	435.7	46.1
11	183.20	185.6	663.9	478.3	185.3	617.3	432.0	46.3
12	187.08	189.7	664.7	475.0	189.4	618.0	428.6	46.4
13	190.71	193.5	665.4	471.9	193.2	618.5	425.3	46.6
14	194.13	197.1	666.0	468.9	196.7	618.9	422.2	46.7
15	197.36	200.6	666.6	466.0	200.2	619.4	419.2	46.8
16	200.43	203.9	667.1	463.2	203.5	619.8	416.3	46.9
17	203.35	207.1	667.5	460.4	206.6	620.1	413.5	46.9
18	206.14	210.1	667.9	457.8	209.6	620.4	410.8	47.0
19	208.81	213.0	667.2	455.2	212.5	620.7	408.2	47.0
20	211.38	215.8	668.5	452.7	215.2	620.9	405.7	47.0
22	216.23	221.2	668.9	447.7	220.6	621.2	400.6	47.1
24	220.75	226.1	669.3	443.2	225.4	621.5	396.1	47.1
26	224.99	230.8	669.5	438.7	230.1	621.8	391.7	47.0
28	228.98	235.2	669.6	434.4	234.4	621.8	387.4	47.0
30	232.76	239.5	669.7	430.2	238.6	621.9	383.3	46.9
32	236.35	243.6	669.7	426.1	242.7	621.9	379.2	46.9
34	239.77	247.5	669.6	422.1	246.5	621.8	375.3	46.8
36	243.04	251.2	669.5	418.3	250.2	621.8	371.6	46.7
38	246.17	254.8	669.3	414.5	253.7	621.7	368.0	46.5
40	249.18	258.2	669.0	410.8	257.0	621.4	364.4	46.4
42	252.07	261.6	668.8	407.2	260.4	621.3	360.9	46.3
44	254.87	264.9	668.4	403.5	263.6	621.0	357.4	46.1
46	257.56	268.0	668.0	400.0	266.6	620.6	354.0	46.0
48	260.17	271.2	667.7	396.5	269.8	620.5	351.7	45.8
50	262.70	274.2	667.3	393.1	272.7	620.2	347.5	45.6
55	268.69	281.4	666.2	384.8	279.7	619.3	339.6	45.2
60	274.29	288.4	665.0	376.6	286.6	618.5	331.9	44.7
65	279.54	294.8	663.6	368.8	292.8	617.5	324.7	44.1
70	284.48	300.9	662.1	361.2	298.7	616.3	317.6	43.6
75	289.17	307.0	660.5	353.5	304.6	615.1	310.5	43.0
80	293.62	312.6	658.9	346.3	310.0	613.8	303.8	42.5
85	297.86	318.2	657.0	338.8	315.4	612.4	297.0	41.8
90	301.92	323.6	655.1	331.5	320.6	610.9	290.3	41.2
95	305.80	328.8	653.2	324.4	325.6	609.5	283.9	40.5
100	309.53	334.0	651.1	317.1	330.6	607.9	277.3	39.8
110	316.58	344.0	646.7	302.7	340.2	604.5	264.3	38.4
120	323.15	353.9	641.9	288.0	349.6	600.8	251.2	36.8
130	329.30	363.0	636.6	273.6	358.3	596.7	238.4	35.2
140	335.09	372.4	631.0	258.6	367.2	592.3	225.1	33.5
150	340.56	381.7	624.9	243.2	375.9	587.5	211.6	31.6
160	345.74	390.3	618.3	227.5	384.4	582.2	197.8	29.7
180	355.35	410.2	602.5	192.3	402.5	569.6	167.1	25.2
200	364.08	431.4	582.1	150.7	422.0	553.1	131.1	19.6
224	373.6	477.5	526.0	48.5	463.8	506.0	42.2	6.4
225.65	374.15	501.5		0	484.7		0	0

3. 과열증기표

(표 가운데 수평선 위는 액체 상태이고, 수평선 아래는 증기 상태임)

°0	1.0 at			5.0 at			10.0 at			25 at		
	v	*i*	*s*	*v*	*i*	*s*	*v*	*i*	*s*	*v*	*i*	*s*
0	0.001000	0.0	0.0000	0.001000	0.1	0.0000	0.001000	0.2	0.0000	0.000999	0.6	0.0000
10	0.001000	10.1	0.0361	0.001000	10.2	0.0361	0.001000	10.3	0.0361	0.000999	10.6	0.0360
20	0.001002	20.1	0.0708	0.001002	20.1	0.0708	0.001001	20.3	0.0707	0.001001	20.6	0.0706
30	0.001004	30.0	0.1042	0.001004	30.1	0.1042	0.001004	30.2	0.1041	0.001003	30.5	0.1040
40	0.001008	40.0	0.1365	0.001008	40.1	0.1365	0.001008	40.2	0.1364	0.001007	40.5	0.1363
50	0.001012	50.0	0.1680	0.001012	50.0	0.1679	0.001012	50.2	0.1678	0.001011	50.4	0.1677
60	0.001017	60.0	0.1984	0.001017	60.0	0.1983	0.001017	60.1	0.1982	0.001016	60.4	0.1980
70	0.001023	69.9	0.2280	0.001023	70.0	0.2279	0.001022	70.1	0.2278	0.001022	70.4	0.2275
80	0.001029	80.0	0.2567	0.001029	80.0	0.2566	0.001029	80.1	0.2565	0.001028	80.4	0.2562
90	0.001036	90.0	0.2848	0.001036	90.1	0.2847	0.001035	90.1	0.2846	0.001035	90.4	0.2843
100	1.730	639.1	1.7596	0.001043	100.1	0.3120	0.001043	100.2	0.3119	0.001042	100.5	0.3116
110	1.781	644.2	1.7733	0.001051	110.2	0.3386	0.001051	110.3	0.3385	0.001050	110.5	0.3382
120	1.830	649.1	1.7859	0.001060	120.3	0.3646	0.001060	120.4	0.3645	0.001059	120.6	0.3642
130	1.879	653.8	1.7979	0.001070	130.5	0.3901	0.001069	130.6	0.3900	0.001069	130.8	0.3896
140	1.927	658.5	1.8094	0.001080	140.7	0.4150	0.001079	140.7	0.4149	0.001079	141.0	0.4145
150	1.976	663.2	1.8205	0.001091	150.9	0.4395	0.001090	151.0	0.4394	0.001089	151.2	0.4390
160	2.024	667.9	1.8315	0.3918	661.3	1.6423	0.001102	161.3	0.4635	0.001101	161.5	0.4630
170	2.072	672.5	1.8422	0.4026	666.9	1.6552	0.001114	171.7	0.4873	0.001113	171.9	0.4867
180	2.120	677.2	1.8527	0.4132	672.2	1.6670	0.1987	663.6	1.5756	0.001126	182.3	0.5100
190	2.167	681.9	1.8629	0.4235	677.3	1.6781	0.2048	670.4	1.5899	0.001140	192.9	0.5330
200	2.215	686.6	1.8729	0.4337	682.3	1.6888	0.2105	676.2	1.6026	0.001156	203.6	0.5558
210	2.263	691.3	1.8826	0.4438	687.3	1.6991	0.2161	681.8	1.6143	0.001172	214.6	0.5785
220	2.311	696.0	1.8923	0.4539	692.3	1.7093	0.2215	687.4	1.6204	0.001190	225.4	0.6009
230	2.358	700.7	1.9018	0.4639	697.2	1.7193	0.2269	692.6	1.6361	0.08367	675.2	1.5078
240	2.406	705.5	1.9111	0.4738	702.2	1.7290	0.2322	697.9	1.6464	0.08646	682.5	1.5221
250	2.453	710.2	1.9202	0.4837	707.1	1.7385	0.2375	703.1	1.6563	0.08909	689.2	1.5350
260	2.501	715.0	1.9292	0.4936	712.0	1.7478	0.2427	708.3	1.6661	0.09161	695.6	1.5470
270	2.548	719.7	1.9381	0.5034	716.9	1.7569	0.2478	713.3	1.6757	0.09405	701.6	1.5584

(계 속)

°0	1.0 at			5.0 at			10.0 at			25 at		
	v	i	s	v	i	s	v	i	s	v	i	s
280	2.596	724.4	1.9468	0.5132	721.8	1.7659	0.2529	718.3	1.6850	0.09642	707.5	1.5692
290	2.643	729.3	1.9554	0.5230	726.7	1.7747	0.2580	723.5	1.6941	0.09874	713.4	1.5796
300	2.691	734.0	1.9638	0.5328	731.6	1.7833	0.2630	728.6	1.7030	0.1010	719.1	1.5896
310	2.738	738.9	1.9721	0.5425	736.6	1.7919	0.2681	733.7	1.7118	0.1033	724.7	1.5993
320	2.785	743.7	1.9804	0.5522	741.5	1.8003	0.2731	738.8	1.7205	0.1055	730.2	1.6088
330	2.833	748.5	1.9884	0.5619	746.4	1.8085	0.2781	743.8	1.7289	0.1077	735.7	1.6180
340	2.880	753.4	1.9964	0.5716	751.4	1.8166	0.2830	748.9	1.7373	0.1098	741.3	1.6270
350	2.927	758.2	2.0043	0.5813	756.3	1.8247	0.2880	754.0	1.7455	0.1120	746.7	1.6359
360	2.975	763.0	2.0120	0.5909	761.3	1.8325	0.2929	759.0	1.7535	0.1141	752.1	1.6444
370	3.022	768.0	2.0197	0.6005	766.3	1.8404	0.2979	764.1	1.7615	0.1162	757.5	1.6529
380	3.069	772.9	2.0272	0.6101	771.2	1.8480	0.3028	769.2	1.7693	0.1183	762.9	1.6612
390	3.116	777.8	2.0347	0.6197	776.2	1.8556	0.3077	774.2	1.7770	0.1204	768.2	1.6693
400	3.164	782.7	2.0421	0.6293	781.2	1.8630	0.3126	779.2	1.7845	0.1225	773.5	1.6772
410	3.211	787.7	2.0495	0.6389	786.3	1.8705	0.3174	784.4	1.7921	0.1245	778.9	1.6851
420	3.258	792.7	2.0567	0.6485	791.3	1.8778	0.3223	789.5	1.7995	0.1266	784.2	1.6929
430	3.305	797.6	2.0637	0.6581	796.3	1.8850	0.3272	794.6	1.8068	0.1286	789.6	1.7005
440	3.353	802.6	2.0708	0.6676	801.4	1.8921	0.3320	799.7	1.8140	0.1307	794.9	1.7090
450	3.400	807.6	2.0778	0.6772	806.4	1.8991	0.3369	804.9	1.8211	0.1327	800.2	1.7154
460	3.447	812.6	2.0847	0.6867	811.4	1.9061	0.3417	809.9	1.8282	0.1347	805.4	1.7227
470	3.494	817.6	2.0916	0.6963	816.5	1.9130	0.3465	815.1	1.8352	0.1367	810.7	1.7500
480	3.541	822.7	2.0984	0.7058	821.6	1.9199	0.3514	820.2	1.8421	0.1387	816.1	1.7371
490	3.588	827.8	2.1051	0.7153	826.7	1.9267	0.3562	825.4	1.8490	0.1407	821.4	1.7441
500	3.636	832.3	2.1117	0.7248	831.8	1.9333	0.3610	830.5	1.8557	0.1427	826.7	1.7510
510	3.683	838.0	2.1182	0.7344	837.0	1.9399	0.3658	835.8	1.8623	0.1446	832.1	1.7578
520	3.730	843.1	2.1247	0.7439	842.2	1.9465	0.3706	840.9	1.8690	0.1466	837.4	1.7646
530	3.777	848.3	2.1311	0.7534	847.4	1.9529	0.3754	846.2	1.8755	0.1486	842.8	1.7713
540	3.824	853.4	2.1375	0.7629	852.6	1.9593	0.3802	851.4	1.8819	0.1506	848.1	1.7779
550	3.871	858.5	2.1438	0.7724	857.7	1.9657	0.3850	856.5	1.8883	0.1526	853.4	1.7844
560	3.919	863.7	2.1502	0.7819	862.9	1.9720	0.3898	861.8	1.8947	0.1545	858.7	1.7909
570	3.966	868.9	2.1565	0.7914	868.1	1.9783	0.3945	867.1	1.9010	0.1565	864.1	1.7974

(계 속)

°C	1.0 at			5.0 at			10.0 at			25 at		
	v	*i*	*s*	*v*	*i*	*s*	*v*	*i*	*s*	*v*	*i*	*s*
580	4.013	874.1	2.1626	0.8008	873.4	1.9845	0.3993	872.4	1.9073	0.1584	869.5	1.8038
590	4.060	879.4	2.1687	0.8103	878.6	1.9907	0.4041	877.7	1.9135	0.1604	874.9	1.8101
600	4.107	884.6	2.1748	0.8198	883.9	1.9968	0.4088	883.0	1.9196	0.1623	880.3	1.8163
610	4.154	889.9	2.1808	0.8292	889.2	2.0028	0.4136	888.3	1.9257	0.1642	885.7	1.8225
620	4.201	895.2	2.1868	0.8387	894.5	2.0088	0.4183	883.6	1.9317	0.1662	891.1	1.8286
630	4.248	900.4	2.1927	0.8482	899.8	2.0147	0.4231	898.9	1.9376	0.1681	896.5	1.8346
640	4.295	905.8	2.1985	0.8577	905.1	2.0206	0.4278	904.3	1.9435	0.1700	901.9	1.8406
650	4.342	911.1	2.2043	0.8672	910.5	2.0264	0.4326	909.7	1.9494	0.1720	907.4	1.8465
660	4.389	916.5	2.2100	0.8766	915.9	2.0322	0.4373	915.1	1.9552	0.1739	912.9	1.8524
670	4.436	921.8	2.2157	0.8861	921.3	2.0379	0.4421	920.5	1.9609	0.1759	918.3	1.8582
680	4.484	927.2	2.2214	0.8955	926.7	2.0436	0.4468	926.0	1.9666	0.1778	923.8	1.8639
690	4.531	932.6	2.2270	0.9050	932.1	2.0492	0.4516	931.4	1.9722	0.1798	929.3	1.8696
700	4.578	938.1	2.2326	0.9144	937.6	2.0548	0.4563	936.9	1.9778	0.1817	934.9	1.8753
710	4.626	943.6	2.2381	0.9239	943.1	2.0603	0.4611	942.4	1.9834	0.1836	940.4	1.8809
720	4.673	949.0	2.2436	0.9334	948.5	2.0658	0.4658	947.9	1.9889	0.1855	946.0	1.8865
730	4.720	954.5	2.2490	0.9428	954.0	2.0713	0.4706	953.4	1.9944	0.1874	951.5	1.8920
740	4.767	959.9	2.2544	0.9522	959.4	2.0767	0.4753	958.8	1.9998	0.1894	957.0	1.8975
750	4.814	965.3	2.2598	0.9617	964.8	2.0821	0.4801	964.2	2.0052	0.1913	962.5	1.9030
760	4.861	970.8	2.2651	0.9711	970.3	2.0874	0.4848	969.7	2.0106	0.1932	968.1	1.9084
770	4.908	976.3	2.2704	0.9806	975.8	2.0927	0.4896	975.3	2.0159	0.1951	973.7	1.9138
780	4.955	981.8	2.2757	0.9900	981.4	2.0980	0.4943	980.9	2.0212	0.1970	979.3	1.9191
790	5.002	987.4	2.2809	0.9995	987.0	2.1032	0.4991	986.5	2.0265	0.1990	984.9	1.9244
800	5.049	993.0	2.2861	1.0090	992.6	2.1084	0.5039	992.1	2.0317	0.2009	990.5	1.9296

°C	50 at			75 at			100 at			125 at		
	v	i	s	v	i	s	v	i	s	v	i	s
0	0.000998	1.2	0.0001	0.000997	1.8	0.0001	0.000995	2.4	0.0001	0.000994	3.0	0.0002
10	0.000998	11.2	0.0359	0.000997	11.8	0.0358	0.000996	12.3	0.0358	0.000995	12.9	0.0357
20	0.001000	21.1	0.0705	0.000999	21.7	0.0703	0.000998	22.2	0.0702	0.000996	22.8	0.0701
30	0.001002	31.1	0.1039	0.001001	31.6	0.1037	0.001000	32.1	0.1035	0.000999	32.7	0.1033
40	0.001006	41.0	0.1361	0.001005	41.5	0.1359	0.001004	42.1	0.1356	0.001003	42.6	0.1354
50	0.001010	51.0	0.1674	0.001009	51.5	0.1671	0.001008	52.0	0.1667	0.001007	52.5	0.1665
60	0.001015	60.9	0.1977	0.001014	61.4	0.1974	0.001013	61.9	0.1970	0.001012	62.4	0.1967
70	0.001020	70.9	0.2271	0.001019	71.4	0.2268	0.001018	71.8	0.2264	0.001017	72.3	0.2260
80	0.001027	80.9	0.2558	0.001026	81.4	0.2554	0.001024	81.8	0.2550	0.001023	92.2	0.2546
90	0.001033	90.9	0.2838	0.001032	91.4	0.2833	0.001031	91.8	0.2829	0.001030	82.3	0.2824
100	0.001041	100.9	0.3111	0.001040	101.4	0.3106	0.001038	101.8	0.3101	0.001037	102.2	0.3096
110	0.001049	111.0	0.3377	0.001048	111.4	0.3372	0.001046	111.8	0.3367	0.001045	112.3	0.3362
120	0.001058	121.1	0.3637	0.001056	121.5	0.3632	0.001055	121.9	0.3626	0.001054	122.3	0.3622
130	0.001067	131.2	0.3891	0.001066	131.6	0.3886	0.001064	132.0	0.3880	0.001063	132.4	0.3875
140	0.001077	141.4	0.4140	0.001076	141.8	0.4134	0.001074	142.1	0.4128	0.001073	142.5	0.4123
150	0.001088	151.6	0.4383	0.001086	152.0	0.4377	0.001085	152.3	0.4371	0.001083	152.7	0.4365
160	0.001099	161.8	0.4622	0.001097	162.2	0.4616	0.001096	162.5	0.4608	0.001094	162.9	0.4602
170	0.001111	172.2	0.4857	0.001110	172.5	0.4849	0.001108	712.8	0.4841	0.001106	173.2	0.4835
180	0.001124	182.6	0.5090	0.001122	182.9	0.5081	0.001120	183.2	0.5072	0.001118	183.5	0.5065
190	0.001138	193.2	0.5320	0.001136	193.4	0.5310	0.001134	193.7	0.5301	0.001132	194.0	0.5292
200	0.001153	203.8	0.5547	0.001151	204.1	0.5537	0.001149	204.3	0.5527	0.001146	204.5	0.5518
210	0.001169	214.6	0.5773	0.001167	214.8	0.5762	0.001164	215.0	0.5751	0.001162	215.2	0.5741
220	0.001187	225.5	0.5996	0.001184	225.6	0.5984	0.001181	225.8	0.5973	0.001178	226.0	0.5961
230	0.001206	236.5	0.6217	0.001203	236.6	0.6204	0.001199	236.7	0.6192	0.001196	236.9	0.6180
240	0.001227	247.8	0.6439	0.001223	247.8	0.6426	0.001219	247.9	0.6412	0.001216	248.0	0.6399
250	0.001250	259.2	0.6661	0.001245	259.2	0.6647	0.001241	259.3	0.6632	0.001237	259.3	0.6618
260	0.001275	271.0	0.6885	0.001280	270.9	0.6868	0.001265	270.9	0.6852	0.001260	270.8	0.6836
270	0.04162	675.0	1.4423	0.001298	282.8	0.7088	0.001292	282.7	0.7071	0.001286	282.5	0.7054
280	0.04335	684.0	1.4588	0.001329	295.2	0.7313	0.001322	294.9	0.7293	0.001316	294.6	0.7274
290	0.04496	692.3	1.4737	0.02610	662.0	1.3849	0.001357	307.5	0.7520	0.001349	307.0	0.7496

(계 속)

°C	50 at			75 at			100 at			125 at		
	v	i	s	v	i	s	v	i	s	v	i	s
300	0.04647	700.0	1.4872	0.02749	673.6	1.4047	0.001398	320.7	0.7751	0.001388	319.9	0.7723
310	0.04791	707.3	1.4997	0.02883	684.3	1.4229	0.01852	652.4	1.3455	0.001433	333.6	0.7960
320	0.04928	714.2	1.5115	0.03005	693.7	1.4391	0.01985	666.8	1.3701	0.001491	348.3	0.8213
330	0.05060	720.8	1.5227	0.03118	702.4	1.4537	0.02102	678.9	1.3905	0.01439	646.8	1.3199
340	0.05189	727.3	1.5334	0.03225	710.7	1.4672	0.02206	689.7	1.4083	0.01563	663.3	1.3460
350	0.05314	733.6	1.5436	0.03327	718.4	1.4798	0.02301	699.5	1.4241	0.01665	676.9	1.3690
360	0.05436	739.8	1.5534	0.03425	725.8	1.4816	0.02390	708.4	1.4385	0.01754	688.7	1.3878
370	0.05556	745.9	1.5630	0.03519	732.9	1.5027	0.02475	717.0	1.4518	0.01837	699.4	1.4046
380	0.05673	751.9	1.5722	0.03609	739.7	1.5133	0.02555	725.2	1.4643	0.01914	709.2	1.4199
390	0.05789	757.8	1.5811	0.03696	746.4	1.5234	0.02631	733.0	1.4760	0.01986	718.5	1.4339
400	0.05904	763.6	1.5898	0.03781	752.9	1.5332	0.02705	740.4	1.4871	0.02054	727.2	1.4469
410	0.06017	769.5	1.5984	0.03865	759.5	1.5426	0.02776	747.8	1.4977	0.02119	735.5	1.4591
420	0.06128	775.2	1.6068	0.03947	765.8	1.5518	0.02845	754.8	1.5079	0.02181	743.4	1.4706
430	0.06239	780.9	1.6150	0.04028	771.9	1.5607	0.02913	761.7	1.5178	0.02240	751.0	1.4815
440	0.06349	786.6	1.6230	0.04107	778.0	1.5693	0.02979	768.5	1.5273	0.02297	758.4	1.4919
450	0.06457	792.3	1.6308	0.04185	784.1	1.5777	0.03043	775.2	1.5365	0.02353	765.7	1.5019
460	0.06565	797.8	1.6386	0.04262	790.0	1.5860	0.03107	781.7	1.5455	0.02408	772.8	1.5116
470	0.06672	803.5	1.6463	0.04338	796.0	1.5941	0.03168	788.1	1.5543	0.02462	779.7	1.5210
480	0.06778	809.1	1.6538	0.04414	801.9	1.6020	0.03229	794.5	1.5628	0.02516	786.5	1.5301
490	0.06884	814.7	1.6612	0.04489	807.8	1.6098	0.03288	800.8	1.5711	0.02567	793.2	1.5390
500	0.06989	820.2	1.6684	0.04563	813.6	1.6174	0.03347	807.0	1.5792	0.02616	799.9	1.5478
510	0.07094	825.8	1.6755	0.04636	819.5	1.6249	0.03405	813.1	1.5871	0.02665	806.4	1.5560
520	0.07198	831.3	1.6826	0.04709	825.3	1.6323	0.03462	819.1	1.5949	0.02714	812.7	1.5641
530	0.07301	836.9	1.6895	0.04781	831.1	1.6395	0.03519	825.1	1.6025	0.02762	819.1	1.5720
540	0.07404	842.4	1.6964	0.04853	836.8	1.6466	0.03576	831.1	1.6099	0.02809	825.3	1.5797
550	0.07507	848.0	1.7032	0.04925	842.5	1.6536	0.03632	837.1	1.6172	0.02856	831.5	1.5872
560	0.07610	853.6	1.7099	0.04994	848.3	1.6607	0.03687	843.0	1.6244	0.02903	837.6	1.5946
570	0.07712	859.1	1.7165	0.05064	854.0	1.6675	0.03742	848.9	1.6315	0.02949	843.6	1.6020
580	0.07813	864.6	1.7231	0.05134	859.7	1.6743	0.03797	854.8	1.6384	0.02994	849.7	1.6092
590	0.07914	870.1	1.7296	0.05204	865.4	1.6810	0.03851	860.6	1.6452	0.03038	855.8	1.6163

(계 속)

°C	50 at			75 at			100 at			125 at		
	v	*i*	*s*	*v*	*i*	*s*	*v*	*i*	*s*	*v*	*i*	*s*
600	0.08014	875.7	1.7360	0.05274	871.1	1.6876	0.03904	866.5	1.6519	0.03082	861.8	1.6233
610	0.08115	881.2	1.7423	0.05343	876.8	1.6941	0.03958	872.3	1.6585	0.03126	867.8	1.6301
620	0.08215	886.8	1.7486	0.05412	882.5	1.7005	0.04011	878.2	1.6651	0.03170	873.8	1.6368
630	0.08315	892.3	1.7548	0.05481	888.2	1.7068	0.04064	884.0	1.6716	0.03214	879.8	1.6434
640	0.08416	897.9	1.7609	0.05550	893.9	1.7131	0.04118	889.8	1.6780	0.03258	885.8	1.6500
650	0.08515	903.5	1.7670	0.05618	899.6	1.7193	0.04170	895.7	1.6843	0.03301	891.7	1.6565
660	0.08614	909.1	1.7730	0.05685	905.3	1.7254	0.04222	901.5	1.6906	0.03344	897.7	1.6629
670	0.08713	914.7	1.7789	0.05753	911.0	1.7315	0.04274	907.3	1.6967	0.03387	903.6	1.6692
680	0.08812	920.3	1.7848	0.05821	916.7	1.7375	0.04326	913.1	1.7028	0.03429	909.5	1.6754
690	0.08911	925.9	1.7906	0.05888	922.5	1.7434	0.04378	919.0	1.7089	0.03471	915.5	1.6816
700	0.09009	931.5	1.7964	0.05955	928.2	1.7498	0.04430	924.8	1.7149	0.03513	921.4	1.6877
710	0.09107	937.2	1.8021	0.06022	933.9	1.7552	0.04481	930.6	1.7208	0.03555	927.4	1.6937
720	0.09206	942.8	1.8077	0.06089	939.6	1.7609	0.04532	936.4	1.7266	0.03597	933.3	1.6996
730	0.09304	948.4	1.8133	0.06156	945.3	1.7666	0.04583	942.2	1.7324	0.03639	939.2	1.7055
740	0.09402	954.0	1.8189	0.06222	951.0	1.7723	0.04634	948.0	1.7382	0.03680	945.0	1.7113
750	0.09500	959.6	1.8244	0.06288	956.7	1.7779	0.04685	953.8	0.7439	0.03722	950.8	1.7171
760	0.09597	965.2	1.8299	0.06354	962.4	1.7834	0.04735	959.6	1.7495	0.03763	656.7	1.7228
770	0.09695	970.9	1.8354	0.06421	968.1	1.7888	0.04786	965.4	0.7551	0.03804	962.6	1.7285
780	0.09792	976.6	1.8408	0.06487	973.9	1.7943	0.04836	971.2	1.7606	0.03845	968.5	1.7341
790	0.09889	982.3	1.8462	0.06553	979.6	1.7997	0.04886	977.1	1.7664	0.03886	974.4	1.7397
800	0.09986	988.0	1.8515	0.06619	985.4	1.8051	0.04936	982.9	1.7715	0.03926	980.3	1.7452

(계 속)

°C	150 at			200 at			250 at			300 at		
	v	i	s	v	i	s	v	i	s	v	i	s
0	0.000993	3.6	0.0002	0.000991	4.7	0.0003	0.000988	5.9	0.0003	0.000986	7.1	0.0003
10	0.000994	13.4	0.0356	0.000991	14.6	0.0355	0.000989	15.7	0.0354	0.000987	16.8	0.0354
20	0.000995	23.3	0.0700	0.000993	24.4	0.0697	0.000991	25.5	0.0695	0.000989	26.6	0.0693
30	0.000998	33.2	0.1032	0.000996	34.3	0.1028	0.000994	35.3	0.1025	0.000992	36.4	0.1022
40	0.001002	43.1	0.1352	0.001000	44.1	0.1347	0.000997	45.1	0.1343	0.000995	46.2	0.1339
50	0.001006	53.0	0.1662	0.001004	54.0	0.1657	0.001002	55.0	0.1652	0.001000	56.0	0.1649
60	0.001010	62.9	0.1963	0.001008	63.8	0.1958	0.001006	64.8	0.1952	0.001004	65.8	0.1948
70	0.001016	72.8	0.2257	0.001014	73.7	0.2251	0.0010126	74.7	0.2244	0.001010	75.7	0.2239
80	0.001022	82.7	0.2543	0.001020	83.7	0.2536	0.0010186	84.6	0.2528	0.001015	85.5	0.2523
90	0.001029	92.7	0.2821	0.001027	93.6	0.2813	0.001024	94.6	0.2805	0.001022	95.5	0.2800
100	0.001036	102.7	0.3092	0.001034	103.6	0.3084	0.001031	104.6	0.3075	0.001029	105.5	0.3069
110	0.001044	112.7	0.3357	0.001042	113.6	0.3348	0.001039	114.5	0.3339	0.001037	115.4	0.3331
120	0.001052	122.7	0.3617	0.001050	123.6	0.3607	0.001047	124.5	0.3597	0.001045	125.4	0.3589
130	0.001062	132.8	0.3870	0.001059	133.7	0.3859	0.001056	134.5	0.3849	0.001054	135.3	0.3841
140	0.001071	142.9	0.4117	0.001068	143.7	0.4106	0.001066	144.6	0.4095	0.001063	145.3	0.4088
150	0.001081	153.1	0.4359	0.001078	153.8	0.4347	0.001075	154.7	0.4336	0.001073	155.4	0.4328
160	0.001092	163.2	0.4595	0.001039	163.9	0.4583	0.001086	164.8	0.4571	0.001083	165.5	0.4562
170	0.001104	173.5	0.4827	0.001101	174.1	0.4814	0.001097	174.9	0.4801	0.001094	175.6	0.4792
180	0.001117	183.8	0.5057	0.001113	184.4	0.5042	0.001109	185.0	0.5028	0.001106	185.8	0.5018
190	0.001130	194.2	0.5284	0.001126	194.8	0.5268	0.001122	195.5	0.5253	0.001118	196.0	0.5243
200	0.001144	204.8	0.5509	0.001140	205.3	0.5492	0.001135	205.8	0.5475	0.001131	206.3	0.5463
210	0.001159	215.4	0.5731	0.001154	215.8	0.5712	0.001150	216.3	0.5694	0.001145	216.7	0.5680
220	0.001176	226'1	0.5951	0.001170	226.5	0.5930	0.001165	226.9	0.5910	0.001160	227.2	0.5894
230	0.001193	237.0	0.6169	0.001187	237.3	0.6147	0.001182	237.6	0.6125	0.001176	237.9	0.6108
240	0.001212	248.0	0.6387	0.001206	248.2	0.6363	0.001199	248.5	0.6338	0.001193	248.7	0.6321
250	0.001233	259.3	0.6605	0.001225	259.4	0.6578	0.001218	259.6	0.6552	0.001212	259.7	0.6531
260	0.001256	270.8	0.6822	0.001247	270.7	0.6792	0.001239	270.8	0.6764	0.001232	270.8	0.6741
270	0.001281	282.5	0.7038	0.001271	282.2	0.7007	0.001262	282.2	0.6976	0.001253	282.1	0.6951
280	0.001309	294.4	0.7256	0.001298	294.0	0.7222	0.001287	293.8	0.7188	0.001277	293.6	0.7161
290	0.001341	306.7	0.7476	0.001327	306.1	0.7437	0.001315	305.7	0.7400	0.001304	305.3	0.7372

(계 속)

°C	150 at			200 at			250 at			300 at		
	v	i	s	v	i	s	v	i	s	v	i	s
300	0.001378	319.3	0.7699	0.001361	318.4	0.7655	0.001346	317.9	0.7614	0.001333	317.2	0.7581
310	0.001421	332.6	0.7930	0.001400	331.1	0.7878	0.001382	330.5	0.7830	0.001366	329.5	0.7795
320	0.001474	346.9	0.8173	0.001446	344.7	0.8109	0.001423	343.6	0.8054	0.001403	342.2	0.8009
330	0.001542	362.5	0.8435	0.001502	359.2	0.8351	0.001471	357.3	0.8286	0.001446	355.5	0.8232
340	0.001639	380.5	0.8732	0.001573	375.0	0.8611	0.001528	371.8	0.8528	0.001496	369.4	0.8463
350	0.01198	647.7	1.3072	0.001671	393.1	0.8904	0.001600	387.7	0.8788	0.001552	384.1	0.8702
360	0.01307	664.0	1.3347	0.001841	416.6	0.9280	0.001690	405.5	0.9080	0.001622	399.9	0.8954
370	0.01396	678.3	1.3571	0.00745	610.8	1.2330	0.001858	428.3	0.9441	0.00173	417.5	0.9230
380	0.01475	690.9	1.3765	0.00870	639.5	1.2772	0.00238	470.0	1.0049	0.00188	438.2	0.9549
390	0.01546	702.1	1.3936	0.00956	659.3	1.3073	0.00512	584.1	1.1813	0.00220	468.5	1.0009
400	0.01611	712.3	1.4090	0.01031	675.3	1.3315	0.00635	622.7	1.2389	0.00308	523.9	1.0839
410	0.01672	721.9	1.4232	0.01096	689.3	1.3518	0.00716	646.8	1.2743	0.00433	581.8	1.1695
420	0.01730	731.0	1.4363	0.01154	701.7	1.3697	0.00782	665.6	1.3015	0.00523	616.1	1.2192
430	0.01786	739.6	1.4485	0.01208	712.9	1.3859	0.00841	681.2	1.3240	0.00593	640.9	1.2550
440	0.01840	747.7	1.4599	0.01258	723.5	1.4006	0.00895	695.1	1.3436	0.00650	660.8	1.2830
450	0.01892	755.8	1.4709	0.01306	733.4	1.4143	0.00944	707.7	1.3611	0.00699	677.6	1.3065
460	0.01942	763.4	1.4815	0.01350	742.7	1.4272	0.00988	719.3	1.3770	0.00743	692.5	1.3269
470	0.01990	770.9	1.4917	0.01393	751.0	1.4394	0.01028	730.1	1.3917	0.00783	706.0	1.3451
480	0.02037	778.2	1.5015	0.01434	760.2	1.4511	0.01066	740.3	1.4054	0.00820	718.3	1.3616
490	0.02083	785.4	1.5110	0.01475	768.5	1.4619	0.01103	750.0	1.4182	0.00855	729.7	1.3767
500	0.02127	792.4	1.5202	0.01513	776.6	1.4725	0.01139	759.3	1.4303	0.00888	740.4	1.3907
510	0.02171	799.2	1.5290	0.01550	784.3	1.4825	0.01173	768.1	1.4418	0.00920	750.5	1.4036
520	0.02214	806.0	1.5376	0.01586	791.9	1.4922	0.01206	776.8	1.4527	0.00951	760.2	1.4160
530	0.02256	812.7	1.5459	0.01621	799.3	1.5014	0.01238	785.0	1.4629	0.00981	769.5	1.4276
540	0.02297	819.3	1.5541	0.01655	806.6	1.5104	0.01269	793.1	1.4728	0.01010	778.5	1.4387
550	0.02338	825.7	1.5620	0.01689	813.7	1.5192	0.01299	801.0	1.4825	0.01037	787.2	1.4493
560	0.02378	832.1	1.5697	0.01722	820.8	1.5277	0.01328	808.7	1.4918	0.01064	795.7	1.4596
570	0.02417	838.4	1.5773	0.01755	827.8	1.5360	0.01356	816.2	1.5008	0.01090	804.0	1.4695
580	0.02457	844.7	1.5847	0.01787	834.7	1.5441	0.01384	823.6	1.5096	0.01115	812.1	1.4790
590	0.02496	850.9	1.5920	0.01819	841.5	1.5520	0.01411	830.9	1.5181	0.01140	819.8	1.4881

(계 속)

°C	150 at			200 at			250 at			300 at		
	v	i	s	v	i	s	v	i	s	v	i	s
600	0.02534	857.1	1.5992	0.01850	848.1	1.5597	0.01438	838.0	1.5263	0.01164	827.4	1.4970
610	0.02572	863.3	1.6062	0.01880	854.6	1.5672	0.01464	845.0	1.5342	0.01187	834.9	1.5055
620	0.02610	869.5	1.6132	0.01910	861.1	1.5745	0.01489	851.9	1.5421	0.01209	842.2	1.5137
630	0.02647	875.6	1.6200	0.01940	867.5	1.5816	0.01514	858.7	1.5497	0.01231	849.4	1.5217
640	0.02684	881.7	1.6267	0.01969	873.8	1.5886	0.01539	865.4	1.5571	0.01252	856.5	1.5295
650	0.02721	887.8	1.6333	0.01998	880.1	1.5954	0.01563	872.0	1.5643	0.01273	863.5	1.5371
660	0.02758	893.8	1.6398	0.02027	886.4	1.6021	0.01587	878.6	1.5714	0.01294	870.4	1.5445
670	0.02794	899.9	1.6462	0.02055	892.7	1.6087	0.01611	885.1	1.5784	0.01315	877.2	1.5518
680	0.02830	905.9	1.6525	0.02083	898.9	1.6152	0.01635	891.6	1.5853	0.01335	884.0	1.5590
690	0.02866	912.0	1.6588	0.02111	905.1	1.6217	0.01658	898.0	1.5920	0.01355	890.7	1.5660
700	0.02902	918.0	1.6650	0.02139	911.3	1.6281	0.01681	904.4	1.5986	0.01375	897.4	1.5729
710	0.02938	924.1	1.8711	0.02167	917.5	1.6344	0.01704	910.8	1.6051	0.01395	904.1	1.5796
720	0.02974	930.1	1.6772	0.02194	923.7	1.6407	0.01727	917.2	1.6115	0.01415	910.7	1.5862
730	0.03009	936.1	1.6832	0.02222	929.9	1.6469	0.01750	923.5	1.6178	0.01435	917.3	1.5928
740	0.03045	942.0	1.6891	0.02250	936.0	1.6529	0.01773	929.8	1.6240	0.01455	923.8	1.5993
750	0.03080	947.9	1.6949	0.02277	942.0	1.6599	0.01796	936.1	1.6302	0.01474	930.2	1.6057
760	0.03115	953.9	1.7007	0.02304	948.1	1.6649	0.01818	942.4	1.6363	0.01493	936.6	1.6120
770	0.03150	959.8	1.7064	0.02331	954.3	1.6708	0.01840	948.7	1.6423	0.01512	943.1	1.6182
780	0.03184	965.8	1.7121	0.02358	960.4	1.6766	0.01862	955.0	1.6482	0.01531	949.5	1.6243
790	0.03218	971.8	1.7177	0.02385	966.6	1.6824	0.01884	961.3	1.6541	0.01550	956.0	1.6303
800	0.03253	977.8	1.7233	0.02411	972.7	1.6881	0.01906	967.5	1.6600	0.01569	962.4	1.6363

■ 찾 아 보 기 ■

《ㅋ》

《ㅌ》

《ㅍ》

《ㅎ》

Conversion of Energy Units

Korea Institute of Energy Conservation

	Kwh	KJ	Kcal	Bt	Kg–m	Coal(Tons)	Oil(bbl)	Oil(Ton)	Naturl gas(m^3)	U^{235}(g)	Abbr.
1 Kilo watt hour (Kwh)	1	3.60×10^{3}	8.60×10^{2}	3.41×10^{3}	3.67×10^{5}	1.23×10^{-4}	5.88×10^{-4}	7.95×10^{-5}	9.15×10^{-2}	4.34×10^{-5}	1 Kwh
1 Kilo joule (KJ)	2.78×10^{-4}	1	2.39×10^{-1}	9.48×10^{-1}	1.02×10^{2}	3.42×10^{-8}	1.63×10^{-7}	2.21×10^{-8}	2.54×10^{-5}	1.21×10^{-8}	1 KJ
1 Kilo calorie (Kcal)	1.16×10^{-3}	4.19	1	3.97	4.27×10^{2}	1.43×10^{-7}	6.83×10^{-7}	9.23×10^{-8}	1.06×10^{-4}	5.05×10^{-8}	1 Kcal
1 British thermal unit (Btu)	2.93×10^{-4}	1.06	2.52×10^{-1}	1	1.08×10^{2}	3.60×10^{-8}	1.72×10^{-7}	2.33×10^{-8}	2.67×10^{-5}	1.27×10^{-8}	1 Btu
1 Kilogram meter (Kg–m)	2.72×10^{-6}	9.81×10^{-3}	2.34×10^{-3}	9.29×10^{-3}	1	3.35×10^{-10}	1.60×10^{-9}	2.16×10^{-10}	2.48×10^{-7}	1.18×10^{-10}	1 Kg–m
1 Metric ton of Coal *1	8.14×10^{3}	2.93×10^{7}	7.00×10^{6}	2.73×10^{7}	2.99×10^{9}	1	4.79	6.47×10^{-1}	7.44×10^{2}	3.53×10^{-1}	1 MTCE
1 Barrelof Oil (=42gal) *2	1.70×10^{3}	6.12×10^{6}	1.46×10^{6}	5.80×10^{6}	6.24×10^{8}	2.09×10^{-1}	1	1.35×10^{-1}	1.55×10^{2}	7.37×10^{-2}	1 BOE
1 Ton of Oil *3	1.26×10^{4}	4.54×10^{7}	1.08×10^{7}	4.30×10^{7}	4.63×10^{9}	1.55	7.41	1	1.15×10^{3}	5.46×10^{-1}	1 TOE
1 Cubic meter(m^3) of natural gas *4	1.09×10^{10}	3.94×10^{4}	9.40×10^{3}	3.73×10^{4}	4.01×10^{6}	1.34×10^{-3}	6.42×10^{-4}	8.67×10^{-4}	1	4.75×10^{-4}	1 Nm^3 NG
1 Gram of U^{235} *5	2.30×10^{4}	8.30×10^{7}	1.98×10^{7}	7.86×10^{7}	8.45×10^{9}	2.83	1.36×10	1.83	2.11×10^{3}	1	

*1) 1 Ton of Coal=7×10^{6}Kcal — Source: Energy Conversion Equivalent Table, Shell Int'l Petroleum Co.,Ltd.

*2) 1 Barrel of Oil=5.8×10^{6}Btu — Source: Energy Conversion Equivalent Table, Shell Int'l Petroleum Co.,Ltd.

*3) 1 Ton of Oil=4.3×10^{7}Btu — Source: Energy Conversion Equivalent Table, Shell Int'l Petroleum Co.,Ltd.

*4) 1 m^3 of Natural Gas=9.4×10^{3}Kcal — Source: Energy Conversion Equivalent Table, Shell Int'l Petroleum Co.,Ltd.

*5) 1 gram of U^{235}=1.98×10^{7}Kcal — Source: Wilson Jones, Energy, Ecology, and The Environment, Conversion of Energy Unit.